EXCURSIONS AGRICOLES

FAITES EN FRANCE EN 1867.

SUIVI DE

NOTES AGRICOLES DIVERSES

DE

LETTRES ET RAPPORTS

PAR

LE COMTE CONRAD DE GOURCY

PARIS

LIBRAIRIE AGRICOLE DE LA MAISON RUSTIQUE

26, rue Jacob, 26

Mme Ve BOUCHARD-HUZARD   E. LACROIX
5, rue de l'Eperon, 5   15, quai Malaquais, 15

1869

EXCURSIONS AGRICOLES

ANGERS, IMP. P. LACHÈSE, BELLEUVRE ET DOLBEAU.

EXCURSIONS AGRICOLES

FAITES EN FRANCE EN 1867

SUIVI DE

NOTES AGRICOLES DIVERSES

DE

LETTRES ET RAPPORTS

PAR

LE COMTE CONRAD DE GOURCY

PARIS

LIBRAIRIE AGRICOLE DE LA MAISON RUSTIQUE
26, rue Jacob, 26

Mᵐᵉ Vᵉ BOUCHARD-HUZARD	E. LACROIX
5, rue de l'Eperon, 5	15, quai Malaquais, 15

1869

VOYAGE AGRICOLE

DE L'ANNÉE 1867.

Je suis parti le 15 avril de Pont-à-Mousson pour
Paris, le concours des charrues à vapeur ayant été an-
noncé pour la seconde quinzaine de ce mois ; mais il
n'eut pas lieu alors. Je quittai Paris le 9 mai, après
avoir visité quinze fois l'Exposition, qui était loin d'être
complète, me promettant d'y revenir, une fois Billancourt et assisté à Poissy au concours des bêtes grasses.

A l'Exposition, je me suis occupé principalement des
choses agricoles, et n'ai pris de notes que sur celles qui
me parurent les plus utiles. J'eus d'abord à admirer
l'exposition de l'administration forestière, ensuite celle
de la maison Vilmorin ; j'ai visité avec attention les
expositions de nos plus grands fabricants de machines
agricoles, Gérard de Vierzon, Albaret, Cumming,
Menmon, Dombasles, Peltier, de Paris, Lotz, de Nantes ;
celui-ci a construit une charrue à vapeur à deux socs,
une locomobile routière, et bien d'autres fabricants
encore, qu'il serait trop long d'énumérer.

La galerie des machines agricoles de la Grande-Bretagne était admirable ; celle des Américains du Nord

1

contient d'excellentes faucheuses, moissonneuses et des charrues sans avant-train, construites entièrement en acier fondu, qui m'ont paru excellentes.

La Prusse avait exposé de petites charrues en acier fondu, d'après des modèles américains et allemands, très-bien exécutées et fort bon marché.

La charrue à défoncer Vallerand, qui ramène à la surface le sous-sol de trente-cinq à quarante centimètres de profondeur, me paraît devoir faire mieux que toutes les autres défonceuses, lorsqu'elle sera manœuvrée par un appareil de Fowler ou de Howard, qui remplacera avec grand avantage les attelages de huit à douze bœufs ; mais il ne faut pas oublier que cette défonceuse est une copie agrandie du double brabant, qui lui-même a été formé dans les environs de Valenciennes sur le simple brabant belge.

Je suis allé à Billancourt le jour où l'on défricha une prairie, faute de terres labourables ; le peu de charrues françaises qui y aient été essayées appartenaient à des inventeurs qui avaient loué des chevaux nullement habitués au labourage : aussi ne firent-ils rien de bien ; les fabricants anglais avaient fait venir quatre paires d'excellents chevaux de ferme, chaque paire conduite par son laboureur ; ils ont eu grand soin de n'employer que les charrues les plus convenables pour défricher un ancien gazon, en terre assez compacte, et ils s'en sont tirés fort bien. La grande maison Ransome a fait travailler une charrue à versoir changeant, nouvellement inventée, qui a bien fait, quoiqu'elle n'ait pas été faite pour défricher.

Il est à regretter que des grands fermiers des environs de Paris n'aient pas pris part à ce concours de labourage.

Une chose que j'ai regrettée, dans ma visite de Billancourt, c'est qu'on ait fait faire aux fabricants de machines agricoles une troisième exposition de leurs grandes machines, ce qui a été une grande augmentation de dépense pour eux.

M. Hallet, de Brighton, le grand améliorateur de céréales, avait exposé un tableau contenant des épis d'une douzaine des plus belles variétés de grains qu'on ait jamais vues. Plusieurs Américains des États-Unis exposaient un grand nombre de variétés d'énormes épis de maïs ; j'avais un grand désir de pouvoir en obtenir quelques-uns ; mais tous ces exposants me refusèrent, en me renvoyant à la fin de l'Exposition. Enfin, revenant à la charge, un de ces exposants, à qui je demandais des renseignements sur la culture de l'État de Lillinois, d'où il était, m'a fait cadeau d'un très-bel épi de maïs, au moment où je le saluai ; j'ai pu en envoyer quelques grains à plusieurs cultivateurs habitant le Midi, espérant ainsi pouvoir propager en France cette belle espèce de maïs à énormes épis, et dont les tiges, hautes de quatre mètres, forment un des meilleurs en même que le plus abondant des fourrages verts ; trois de ces cultivateurs m'ont mandé depuis que cette variété de maïs avait bien réussi et bien mûri.

Dans les cinq derniers jours de l'Exposition, j'ai pu me procurer beaucoup de beaux épis de plusieurs pays, mais c'est l'Amérique du Nord qui m'en a fourni le plus de variétés, et en même temps les plus belles, avec de gros et longs épis ; j'ai envoyé quelques grains de toutes les espèces ou variétés à un très-grand nombre de cultivateurs, dans les pays où le maïs mûrit, ainsi que dans ceux où ils ne serviront qu'à faire connaître le très-abondant et excellent fourrage qu'on peut en tirer, car j'ai vu cultiver avec le plus grand succès, comme fourrage vert, un de ces maïs, celui appelé dent de cheval, dans le nord de la Prusse et en Silésie ; il y atteint une longueur de trois et quatre mètres, et un hectare peut bien nourrir une quarantaine de bêtes à cornes pendant plus de deux mois sans qu'on leur donne autre chose, on en passe les tiges par le hache-paille ; alors tout se trouve consommé ; cette plante gigantesque n'est pas difficile sur la qualité de la terre, pourvu qu'on laboure profondément et qu'on fume bien ; elle est très-sucrée une fois que les épis sont formés, ce qui arrive en août.

Je ne connais encore que M. de Gasquet, propriétaire et directeur de la ferme-école du Var, à Salgues, par Lorques (Var), qui puisse en fournir à un prix raisonnable : il en vend l'hectolitre 30 fr.

L'exposition de céréales en paille et en grains de M. Pilat, maire de Brebières, près Douai (Nord), m'a paru être des plus remarquables pour les cultivateurs. J'ai admiré avec quel soin tout était exposé : la longueur des gerbes, la longueur et la beauté des épis, le grain contenu dans de petits sacs placés au pied des gerbes, enfin le nombre d'hectolitres récoltés en 1866. Rien ne manquait : un froment blanc, à l'épi velouté, a donné cinquante-neuf hectolitres quatre-vingt-cinq litres par hectare sur un champ de plus de deux hectares ; un froment blanc d'Espagne, sur près de trois hectares, a produit quarante-quatre hectolitres à l'hectare ; sur un champ de deux hectares, quarante-huit hectolitres de froment d'Armentières ont été obtenus à l'hectare ; sur un champ de plus de six hectares, quarante-cinq hectolitres de froment blanc par hectare ont été récoltés ; enfin, cent deux hectolitres d'avoine blanche par hectare ont été obtenus sur deux hectares.

M. Porquet, cultivateur et marchand de superbes céréales à Bourbourg (Nord), exposait une immense quantité de petites gerbes de froment et autres céréales de toute beauté !

La Belgique avait une superbe exposition des plus remarquables, surtout en céréales, légumineuses et lins ;

ses charrues, connues sous le nom de Brabant, sont excellentes.

La Prusse avait une belle exposition agricole ; ce qui m'a paru le plus remarquable, c'est une machine à faire des tuyaux de drainage, des briques creuses et autres ; ses imitations de charrues américaines en acier fondu étaient très-bon marché : une de ces petites charrues, sans avant-train, mais toute en acier, ne coûtait que 47 fr. ; une autre de même, 60 fr. ; celle à avant-train, 100 fr. Le travail et les formes en étaient excellents.

L'exposition de M. Gérard, fabricant de machines à battre à Vierzon (Cher), était des plus belles parmi les machines françaises ; il a vendu en 1866 quatre-vingt-cinq locomobiles à vapenr, cent dix grandes batteuses à 2,000 fr. la pièce, quinze batteuses locomobiles avec leur manége 2,400 fr., et une quarantaine de petites batteuses au prix de 600 fr. Le produit de ses ventes cette année a dépassé la somme de 700,000 fr. Le nombre des médailles d'or que M. Gérard a déjà obtenues s'élève à cent vingt-six, et celles d'argent à plus de cinquante. J'ai appris depuis que sa locomobile à vapeur n'a consommé que 1 kil. 684 de houille par heure et par force de cheval ; ce minimum n'a été dépassé que par la maison Ransome d'Ipswich, comté de Suffolk, encore n'est-ce que de quatre grammes : elle n'a employé dans le concours de Billancourt que 1 kil. 680 gr., tandis que des maisons ang'aises et françaises ont employé jusqu'à 2 kil. 350 gr. et 2 kil. 665.

Cette dernière maison avait une superbe exposition, comme tant d'autres maisons anglaises ; mais elle était la plus considérable.

Autant que je puis en juger en voyant des moissonneuses ou des faucheuses au repos, je penche à croire que ce sont celles inventées en Amérique qui sont les meilleures ; celle de Seymour et Morgan, qui l'an dernier a remporté le premier prix dans le comté de New-York, vient d'être envoyée par son fabricant à M. Philippe Durand, à Lignières (Cher), qui en a pris le brevet d'importation en France ; elle a le mérite d'être en même temps faucheuse, tandis que celle de Mac-Kormic est seulement une moissonneuse. Ces deux machines ayant concouru avec d'autres à Amiens, M. Durand a eu le premier prix et celle de Mac-Kormic le second ; elles sont toutes deux du même prix, 850 fr. Les meilleures moissonneuses anglaises, ayant deux ou quatre rateaux, font un bon ouvrage ; mais elles ne permettent pas au conducteur d'être placé sur la moissonneuse : il est obligé de monter à cheval ; il a donc moins de facilité à bien diriger sa machine.

Grignon avait une fort belle exposition, qui contenait d'excellentes charrues.

Après avoir passé vingt-trois jours à Paris et avoir visité quinze fois l'Exposition, après avoir assisté au concours des bêtes grasses à Poissy, et été une fois à Billancourt, je me suis rendu à Blois, où se tenait le Concours régional, qui m'a paru moins beau que celui de Châteauroux, l'an dernier.

Les belles bêtes charolaises, ou, pour bien dire, nivernaises, y étaient les plus nombreuses ; vingt-quatre jeunes taureaux, onze autres âgés, et quarante-neuf femelles, se sont partagé trente-deux prix, se montant à la somme de 9,125 fr. ; elles ont eu, en outre, six mentions honorables. Il y avait soixante-neuf autres bêtes françaises qui ont obtenu une mention et treize prix, se montant à 4,440 fr.

La race durham, qui nous a donné les nivernais, si appréciés, y figurait pour trente-sept têtes, quinze mâles et vingt-deux femelles ; on ne leur a donné que douze prix, le jury ayant retenu un premier prix de taureau ; elles n'ont donc eu que 4,300 fr. à se partager.

On ne comprend pas encore en France que nos meilleures races bovines françaises pourront être améliorées, comme celle du Charolais, par les taureaux durham.

Il y avait à ce concours dix taureaux et vingt-deux femelles de races pures étrangères, dix ayrshire, onze hollandais et onze bêtes schwitz, qui ont eu onze primes, se montant à 3,500 fr., et deux mentions.

Quarante croisés durham, présentés par vingt exposants, ont obtenu dix primes ; on en a retenu une ; le chiffre est de 2,900 fr.

M. Poulain, fermier aux Bordes, près Pontlevoy, a remporté 900 fr. en trois primes pour bêtes croisées durham.

Vingt-deux têtes provenant de croisements divers ont obtenu 1,700 fr. en sept primes ; le chiffre total des primes, pour deux cent soixante-quinze bêtes bovines, s'élevait à la somme de près de 26,000 fr.

Si nous passons aux bêtes ovines, nous trouvons que trente béliers et quarante-cinq brebis de race mérine ont obtenu 1,100 fr. de primes.

M. Lebreton, directeur d'une colonie agricole, avait exposé, m'a-t-on dit, des bêtes de race mauchamp.

La race de la Charmoise comprenait vingt-neuf béliers et quarante brebis ; elle a eu 1,600 fr. en sept primes et quatre mentions.

Quarante brebis et dix-neuf béliers de race solognote se sont partagé 1,400 fr. en douze primes.

Neuf béliers et quarante brebis de race berrichonne ont eu huit prix, se montant à 1,150 fr. ; le fermier des Bordes, M. Poulain, en a eu deux de la valeur de 350 fr. Il a eu aussi deux primes de 550 fr. pour race charmoise.

La race de Crevant et celle du Morvan, qui exposaient deux lots de brebis et quatre béliers, ont obtenu 1,000 fr. en primes.

Trente-six béliers et trente-cinq brebis de l'excellente race southdown n'ont eu que 2,000 fr. à se partager, entre cinquante-sept lots de fort belles bêtes, pendant que les races berrichonne, solognote, Crevant et
du Morvan, au nombre de cent vingt-et-une têtes, ont
obtenu la somme de 3,550 fr. Est-ce bien encourager
l'importation de reproducteurs de bonnes races étrangères, qui nous sont si nécessaires, qui nous ont déjà été
si utiles, et dont l'importation est si chère et si embar-
rassante ?

M. Signoret, éleveur des environs de Nevers, qui a
remporté des primes dans les charolais, les durham, les
croisés durham et dans les southdown, a encore eu deux
prix pour bélier et brebis dishley.

Le vicomte Benoist d'Azy avait exposé deux béliers
et cinq brebis oxforddown, excellente race ovine, encore peu connue en France; il a eu 300 fr. de primes.

Les porcs adultes de race indigène étaient au nombre
de dix ; MM. Bodard, près Pontlevoy, et Riverain-Collin,
de Vendôme, ont exposé trois truies craonnaises qui ont
eu 500 fr. de primes.

Les porcs anglais adultes, au nombre de vingt-et-un,
ont obtenu douze primes, se montant à la somme de
1,780 fr. Les principaux exposants étaient M. Noblet, de
Châteaurenard, excellent cultivateur, qui a eu 700 fr., et
M. Poisson, directeur de la ferme-école de Laumois
(Cher), homme très-capable, qui a eu 600 fr. ; voilà une
somme de 2,280 fr. répartie entre trente-et-une bêtes
porcines qui se reproduisent si facilement, tandis que
soixante-et-onze southdown n'ont eu que 2,000 fr., et
trente-sept durham 4,300 fr.

Il est à désirer que l'argent destiné aux primes soit
mieux réparti. Par quelle raison accorde-t-on trente-
deux primes, se montant à la somme de 9,025 fr., à la
race charolaise, tandis qu'on n'en donne que treize,

n'arrivant qu'au chiffre de 5,100 fr., aux durham ? Cette décision ne paraît avoir été prise que pour flatter l'amour-propre français, en lui laissant croire que les charolais actuels sont un produit obtenu par la selection, tandis que dans le Nivernais, l'Allier et le Cher, tout le monde sait, et la plupart des éleveurs en conviennent, que c'est au croisement durham que cette immense amélioration est due.

On ne veut donc pas que nos autres bonnes races françaises s'améliorent comme l'a été la nouvelle race charolaise, puisqu'en diminuant les primes destinées aux durham, on diminue aussi l'élevage et l'importation des animaux les plus nécessaires à l'amélioration du bétail français.

Partout où la culture ou bien la terre sont assez bonnes pour qu'il y vienne assez de nourriture pour bien nourrir le bétail pendant toute l'année , la race courtes cornes peut prospérer, si on la soigne bien.

Les adversaires des durham leur reprochent de ne pas donner assez de lait ; dans toutes les vacheries durham que j'ai visitées dans mes nombreux voyages en Angle-terre, en Écosse, en Belgique et en France, on m'a montré des vaches donnant, pendant les trois premiers mois après le part, de quinze à vingt litres, et souvent plus, d'un lait plus butyreux que celui que donnent les vaches très-abondantes en lait ; il est généralement reconnu par les éleveurs qui font le croisement durham, que si la souche des vaches avec lesquelles ils ont com-mencé le croisement est peu laitière, les génisses croisées durham font sous ce rapport de meilleures vaches que leurs mères. On reconnaît aussi que si la souche des vaches est abondante en lait, le premier croisement ne diminue pas la production du lait ; même, cette pré-cieuse qualité se retrouve souvent encore chez les vaches qui ont reçu deux fois du sang durham. On reproche

encore à ce croisement de ne pas fournir de bons bœufs
de travail : ce que je puis dire à cet égard, c'est que j'ai
vu de jeunes bœufs croisés durham très-bien labourer à
deux, en terres à froment, non-seulement chez des cultivateurs français ou belges, mais même dans des sucre-
ries. Des bœufs croisés durham travaillent fort bien
depuis plus de vingt ans chez MM. Auclerc, à la Selle-
Bruère, près de Saint-Amand-Montrond, et lorsqu'un
bœuf croisé est lié au même joug avec un charolais, un
limousin, ou même avec un salers, j'ai remarqué que le
croisé était toujours en meilleur état que le bœuf d'une
de ces grandes et bonnes races de travail. J'ajouterai que
si je cultivais, je nourrirais mes veaux croisés de manière à les vendre gras, entre les âges de deux et trois
ans, dans les prix de 4 à 5 et même de 600 fr., et je les
remplacerais pour le travail par des bœufs achetés âgés
de quatre à cinq ans, si mes terres étaient fortes. C'est
ainsi que font le vicomte de Montagnac, près Montluçon,
et MM. de Vaulx frères, au château de Boucé, près
Varennes, non loin de Vichy. Si au contraire mes terres
étaient légères, j'imiterais le plus possible M. Fontbel,
au château d'Écherat, près Bellac (Haute-Vienne). Dans
une ferme de cent hectares, il fait toutes ses cultures
avec trente-six vaches croisées durham, et il n'a point
de bœufs d'attelage, mais seulement quatre chevaux de
trait, qui font les charrois et sont attelés à sa voiture.
M. Fontbel nourrit toute l'année à l'étable cent trente et
quelques bêtes à cornes, les veaux compris, quatre chevaux, et il vend chaque année de vingt-cinq à trente
bêtes bovines, après les avoir bien engraissées.

Je crois devoir donner ici le nom et l'adresse des éleveurs de durham, qui ont exposé au concours de Blois.
Ce sont : MM. Salvat, au château de Nozieux, près Blois ;
le marquis de Montlaur, au château de Lyonne, près
Gannat (Allier) ; de Béhague, au château de Dampierre,

près Gien (Loiret) ; Tiersomisco, au château de Gimouille (Nièvre) ; vicomte Benoist d'Azy, au château de Saint-Benin d'Azy (Nièvre) ; et Signoret, à Sermoise (Nièvre).

Je ferai la même chose pour les éleveurs de béliers southdown, mon vœu le plus cher étant de voir multiplier les reproducteurs de ces excellentes races. Ce sont : MM. le comte de Bouillé, au château de Villars (Nièvre) ; Nouette-Delorme, au château d'Ouzouer-les-Champs (Loiret) ; de Béhague, au château de Dampierre, près Gien (Loiret) ; Signoret, à Sermoise (Nièvre) ; le marquis de Vogué, à Sens-Baujeu (Cher) ; Riverain-Collin, à Vendôme (Loir-et-Cher) ; Delaville-Leroulx, au château de la Guéritaude (Indre-et-Loire) ; Bertoux, à Gannat (Allier) ; et le marquis de Vibraye, au château de Cheverny (Loir-et-Cher), qui a obtenu la prime d'honneur ; il est, je crois, un des meilleurs sylviculteurs d'Europe ; il s'occupe depuis environ quarante ans de l'amélioration de ses forêts situées dans plusieurs départements, et principalement de celle de Cheverny, qui occupait environ quinze cents hectares, et qu'il a augmentée en plantant ou semant plus de mille hectares, en bois ; il a planté une vingtaine d'hectares en vignes ; M. de Vibraye cultive deux fermes, dont une d'une manière intensive ; il y a créé des prés qu'il a irrigués. Il a drainé et marné.

Il a des vaches normandes auxquelles il a donné un taureau durham, acheté chez M. de Montlaur. Il croise un troupeau de brebis de Sologne avec des béliers southdown, et des truies de pays avec des verrats anglais.

Le marquis a réuni dans son parc et dans sa forêt les plus beaux chênes et arbres feuillus d'Amérique et plus de cent variétés d'arbres résineux des plus rares.

Son parc contient un établissement de pisciculture ; enfin M. de Vibraye a remis à neuf son magnifique château de Cheverny, construit en 1630. Je pense ne pouvoir faire mieux, qu'en faisant suivre ici, l'excellent rapport sur la prime d'honneur du département de Loir-et-Cher, dans lequel le rapporteur, marquis de Montlaur, fait si bien connaître une partie des mérites des concurrents à cette prime :

Rapport de la Commission chargée de décerner la prime d'honneur et les récompenses spéciales au concours régional de Blois, en 1867 [1].

« Messieurs,

« L'agriculture a créé les nations ; la charrue a fait le premier propriétaire. Cet art de couvrir les champs de récoltes, de modifier la nature, pour la rendre plus utile à l'homme, a devancé tous les autres. Et cependant, cette science si haute, si féconde en résultats, a été négligée pendant des siècles et abandonnée avec une sorte de mépris. Ceux qui portent l'épée passent avant ceux qui tiennent la bêche. Pendant tout le moyen âge, sauf à quelques rares moments, sous Charlemagne et saint Louis, par exemple, la condition du laboureur est triste

---

[1] La commission était composée de MM. Boitel, inspecteur général de l'agriculture, premier vice-président du jury, président de la section. — Masquelier, propriétaire agriculteur, à Saint-Maur (Indre). — Delaville-Leroulx, propriétaire agriculteur, à Montbazon (Indre-et-Loire). — Le Corbeiller, propriétaire agriculteur, à Cungy (Indre). — Noblet, propriétaire agriculteur, à Château-Renard (Loiret). — — Millot, propriétaire agriculteur, à Maulaix (Nièvre). — Marquis de Montgon, propriétaire agriculteur, à Lezoux (Puy-de-Dôme). — — Douville de Fransu, propriétaire agriculteur, à Fransu (Somme). — Foulhiade, propriétaire cultivateur, à Montvalent (Lot). — Léon Serre, propriétaire, à Sainte-Vitte, près Saint-Amand (Cher). — Heuzé, adjoint à l'inspection générale, *secrétaire*. — Le marquis de Montlaur, propriétaire agriculteur, à Cognat-Lyonne (Allier), *rapporteur*.

et précaire. Toutes les charges pèsent sur lui. La lutte est sans trêve sur tous les points du pays : comment l'agriculture aurait-elle pu prospérer ? La paix seule lui permet de vivre et de grandir. Au seizième siècle, époque de transformation sociale, elle reprend faveur. Olivier de Serres écrit son livre si curieux et si bon à consulter, même aujourd'hui ; Sully et son illustre maître, le cœur navré par les misères qui affligent les campagnes, déclarent que cet art si nécessaire est digne de tous les respects, et que les États ne restent forts qu'en s'appuyant sur lui. Ce retour aux idées saines et vraiment gouvernementales dure peu ; les désordres politiques arrêtent ce salutaire élan. Un écrivain contemporain a raconté, dans des pages qui émeuvent et font frissonner, les misères de notre pays au temps de la Fronde. Foulés aux pieds par des bandes armées, les champs restent en friche. Quand le calme est revenu, quand l'ordre a succédé à toute cette agitation mauvaise, les splendeurs de Versailles éblouissent tous les yeux et cachent la véritable situation du royaume. Quelques esprits plus clairvoyants en sont douloureusement frappés, et la Bruyère, cet implacable peintre de portraits, trace des paysans d'alors la terrible esquisse que vous savez. La détresse est profonde et l'on court à l'abîme. Cependant le dix-huitième siècle vient de s'ouvrir ; toutes les intelligences sont en travail ; on se préoccupe avant tout de réformes sociales ; l'économie politique est créée. On comprend que l'agriculture a un rôle important à jouer dans cette réorganisation de la société que l'on rêve, et à laquelle on met la main avec tant d'ardeur et d'inexpérience. Des comices sont institués, et dans les assemblées provinciales qui, à la veille de la révolution, avaient déjà posé les premières assises du monde moderne, assemblées dont un publiciste éminent a raconté les travaux et la trop courte existence, l'état des campagnes est la pre mière des questions qu'on discute. Il y a de grands maux ; chacun cherche avec bonne foi le remède. Depuis, l'agriculture a fait son chemin. Les progrès ont été lents peut-être, mais rien n'a pu les arrêter. Elle s'est développée énergiquement en tous sens, elle a été respectée et encouragée. Elle a conquis enfin la place qui aurait toujours dû être la sienne. On s'est senti honoré de lui appartenir, et un maréchal de France, qui est une des grandes figures contemporaines, a pu prendre aux applaudissements de tous, cette simple et noble devise : *Ense et aratro.*

« Sans rien répudier des conquêtes du passé, et tout en acceptant le legs glorieux qu'il nous a fait, soyons fiers, messieurs, de notre temps. Il aura rempli dignement sa tâche, et le feuillet qu'il laissera dans l'histoire ne sera pas, après tout, un de ceux que les générations qui se succèdent tournent rapidement et sans s'y arrêter. S'il a eu ses défaillances à certaines heures, il a aussi sa grandeur, et ce serait se montrer profondément injuste que de le méconnaître. Sans parler des immortelles inventions du génie moderne, qui ont transformé la face du monde, quand donc le bien-être a-t-il été plus général ? Quand donc les classes laborieuses ont-elles été mieux protégées ? Quand donc a-t-on montré autant de sollicitude pour leurs souffrances et leurs besoins ? Les habitants des campagnes ne sont-ils pas mieux vêtus, mieux nourris, mieux logés ? En regardant en arrière, nous ne trouverons pas à signaler un mouvement aussi général, un aussi ardent désir d'atteindre toutes les améliorations possibles. Les champs n'ont plus été délaissés comme autrefois, et l'on a vu des hommes d'une haute valeur, dont le nom est sur toutes les lèvres, consacrer leur vie à développer la fertilité du sol, à rechercher les moyens d'augmenter notre production nationale.

« Les concours régionaux, en éveillant une généreuse

et louable émulation, ont aidé puissamment à ce réveil éclatant, à cette restauration d'une science dont on connaît enfin tout le prix. Propriétaires, fermiers, métayers, se sont rencontrés et, en échangeant leurs idées, ont appris à s'apprécier. Bien des malentendus ont disparu, bien des rancunes ont été oubliées. La routine enfin a été battue en brèche, et l'on a marché résolument en avant. Le cultivateur auparavant isolé ne parvenait pas à défendre utilement ses intérêts, il lui a été permis d'élever la voix et de se faire entendre. Le gouvernement, fier de tous les progrès et les sollicitant, a ordonné cette enquête solennelle qui vient de se terminer, et dont l'agriculture ne peut que se féliciter, car elle a trouvé d'éloquents avocats pour défendre la plus juste des causes. Aussi, l'institution des concours a-t-elle acquis une légitime popularité. Le nombre des concurrents grandit chaque année, les prix sont disputés avec ardeur, et la récompense suprême, la prime d'honneur, est l'objet des plus grands efforts ; elle excite une ambition vraiment féconde. Ces encouragements donnés avec tant de libéralité ont beaucoup fait pour le développement de notre agriculture. La France est arivée à produire bien au delà de ses besoins. Il y a quelques années, il fallait avoir recours à l'importation ; aujourd'hui l'exportation est devenue une nécessité, et elle augmente sans cesse. Ce ne sont pas seulement nos céréales que nos vaisseaux et nos chemins de fer introduisent chez l'étranger, en Angleterre surtout qui, malgré sa riche agriculture, ne peut combler son déficit ; ce sont nos bestiaux qu'on vient nous demander et qui franchissent nos frontières de terre ou de mer. Le nombre de têtes importées pendant l'année qui vient de s'écouler a été quadruple de celui de 1864 ; il en a été de même pour le froment. Presque toutes les autres denrées ont suivi la même progression. Et si notre débouché extérieur s'est élargi à ce point, on a pu constater à l'intérieur un accroissement aussi considérable. La consommation de la viande par les ouvriers des campagnes s'accroît très-sensiblement. C'est un fait économique très-important à signaler ; il faut nous en applaudir, car n'est-ce pas la preuve que l'aisance se généralise et que, d'un autre côté, la culture qui améliore succède à la culture qui épuise? N'oublions jamais, nous tous agriculteurs, que ces revenus plus élevés qui sont la conséquence de nos travaux mieux dirigés, de notre élevage mieux compris, c'est sur notre sol qu'il faut les répandre sans parcimonie, j'allais dire avec prodigalité. Nous serons largement indemnisés de nos avances; plus on donne à la terre, plus elle rend. Sans doute, le prix de la main-d'œuvre s'est élevé d'une façon presque inattendue ; mais le sol bien ameubli, enrichi, fertilisé par les engrais de toute sorte, permettra d'acquitter ce surcroît de dépenses. D'ailleurs, ce n'est qu'avec des salaires en rapport avec les besoins actuels, que l'on retiendra aux champs des ouvriers trop prompts, par malheur, à les quitter, au grand dommage de l'agriculture et des mœurs. Les travaux si considérables des concurrents à la prime d'honneur, que nous allons passer en revue devant vous, attestent suffisamment qu'ici l'on a bien compris cette vérité, base de tout progrès agricole. En parcourant votre département en tous sens, depuis la lisière du département du Cher jusqu'aux limites des départements de la Sarthe et d'Eure-et-Loir, la commission a été vivement impressionnée par les transformations qui se sont si heureusement accomplies. Neuf années se sont écoulées depuis le dernier concours régional, qui se tenait ici pour la première fois en 1858, et ce laps de temps si court, car en agriculture rien ne s'improvise, a été, disons-le hautement, bien rempli. On avait à lutter contre de sérieux obstacles, sur bien des points ; on a triomphé complétement des uns, on a bien

amoindri les autres. Peu de contrées sont aussi curieuses
à étudier que le département de Loir-et-Cher, aucun ne
présente une culture aussi variée. Formée par le Blai-
sois, le Vendômois, le Perche et une partie de l'Orléa-
nais, comprenant la Sologne, il offre à l'observateur bien
des sujets d'étude. Ici, la culture des céréales ; là, les
bois ; plus loin, l'élevage ; aux bords de la Loire, ce beau
fleuve, tout à la fois votre orgueil et votre danger, la culture intensive. C'est en Sologne surtout que le progrès
est le plus sensible et frappe les regards même les plus
distraits. Abandonnée pendant si longtemps, elle a été
favorisée tout particulièrement par le gouvernement de
l'Empereur, qui, selon l'heureuse expression du rapport
de MM. Stourm et Godelle en 1852, en a entrepris la
conquête pacifique. Les propriétaires ont répondu par un
généreux élan à ces encouragements et à ces bienfaits.
Les étangs sont en grande partie desséchés ; les défricheurs sont à l'œuvre et remplacent les bruyères par de
belles moissons. Le curage des cours d'eau a assaini cette
contrée, où les fièvres paludéennes ne cessaient pas de
sévir ; les transports de marne, facilités et s'exécutant à
peu de frais, ont rendu fécondes les terres argileuses.
Enfin le décret du 15 octobre 1861 a classé de nombreuses routes, qui ne sont pas encore terminées, nous le re-
grettons avec vous, mais qui porteront la vie sur tous les
points. Dans ces dernières années, la population s'est ac-
crue en Sologne ; symptôme heureux, qui donne confiance dans l'avenir. Quelques mots encore, messieurs,
avant de répondre à votre bien légitime impatience et de
vous dire le jugement porté sur les diverses exploitations
que nous avons eu à examiner.

« Un deuil inattendu est venu attrister pour nous cette
journée de fête. La commission chargée de décerner la
prime d'honneur ne se présente plus tout entière devant
vous ; la mort a frappé dans ses rangs. Un de ses mem-

bres qui, l'an dernier, à pareil jour, à Châteauroux, remportait cette haute récompense si justement enviée, M. Masquelier, vient de mourir. Ce rude travailleur est tombé plein de force encore, et ne croyant pas sa tâche terminée parce qu'il avait conquis la palme du vainqueur. Sa mort a laissé d'unanimes regrets dans le département de l'Indre, dont il était le digne et glorieux représentant dans l'industrie agricole.

« Neuf concurrents se sont présentés ; sept pour disputer la prime d'honneur, deux dans l'espoir d'obtenir les médailles accordées pour les travaux concernant une spécialité.

« Chez tous, reconnaissons-le, nous avons pu noter d'excellents résultats, et nous les remercions des efforts qu'ils ont faits, des salutaires exemples qu'à des degrés divers ils ont donnés. A ces neuf candidats il faut ajouter M. Ménard, le lauréat de la prime d'honneur de 1858, qui, ne pouvant concourir, avait cependant demandé que le jury vînt constater sa persévérance et ses succès non interrompus.

« M. Poullain exploite la ferme des Bordes, près Pontlevoy. Ses cultures fourragères sont remarquables, et plusieurs de ses champs présentent ce magnifique aspect qu'on n'est habitué à rencontrer que sur des terres d'une fertilité supérieure. Sa vacherie contient des croisements durham-manceaux bien conformés ; sa bergerie renferme un troupeau de la race charmoise, cette belle création de M. Malingié. Plusieurs prix obtenus dans les divers concours régionaux l'ont déjà bien payé de son zèle et de son activité. Qu'il continue ainsi ; il est déjà désigné comme l'un des meilleurs cultivateurs de la contrée qu'il habite. Une médaille d'argent lui est décernée.

« M. Mojon aime l'agriculture avec passion ; il n'épargne ni les sacrifices ni les fatigues pour atteindre le but qu'il s'est proposé, c'est-à-dire la transformation d'une terre qu'il a trouvée dans un état complet d'épuisement et d'abandon. Il est jeune, instruit; aucune difficulté, si grande qu'elle soit, ne le décourage ; c'est ainsi qu'on arrive au succès. Il y touche presque; le temps seul lui a fait défaut.

« Devenu propriétaire dé Seillac., dans le canton d'Herbaut, en 1859, il n'y trouva ni pailles, ni fourrages, ni fumiers. Les bâtiments étaient insuffisants et complétement dégradés. Le bétail était médiocre et bien peu nombreux; on ne comptait guère qu'une tête pour sept hectares. Il y avait donc tout à créer.

« A la fin de 1865, M. Mojon avait agrandi ou reconstruit la ferme, et il nourrissait presque une tête de gros bétail à l'hectare, avec les racines et le foin récoltés sur son domaine. Pour en arriver là, il lui avait fallu modifier complétement le sol au moyen du drainage, du marnage et des fortes fumures.

« Il n'a pas non plus négligé la viticulture qui depuis quelques années a pris un grand développement dans le département, et dont nous aurons bientôt à parler plus longuement, à propos de deux autres concurrents. Il a adopté la culture en ligne sur fils de fer, méthode propagée avec tant de zèle et de talent par M. le docteur Jules Guyot. Les vignes sont trop jeunes pour avoir donné des produits, mais la vigueur des ceps, l'aspect très-satisfaisant de cette plantation peuvent faire bien augurer de son avenir. M. Mojon n'aura pas à regretter la dépense assez considérable qu'elle lui a occasionnée.

« Pour former son troupeau, il a croisé des brebis berrichonnes avec des béliers southdown. Les produits sont très-homogènes et d'un facile engraissement.

« Il est donc incontestable que le domaine de Seillac a beaucoup gagné à tous les points de vue ; qu'on y a appliqué avec discernement les nouveaux systèmes de culture ; mais les améliorations ne datent que d'hier, et il n'est pas certain que l'entreprise soit encore lucrative. Elle le deviendra bientôt, nous ne saurions en douter. Le jeune agriculteur persistera dans la voie où il s'avance avec tant de courage et de bonne volonté. Tout en augmentant son revenu, il répandra autour de lui de salutaires exemples, qui seront suivis, car le succès dans ce monde est la meilleure des leçons. Qu'il reçoive, lui aussi, une médaille d'argent ; il ne tiendra qu'à lui d'obtenir mieux un jour.

« Sortons maintenant de l'arrondissement de Blois, traversons Vendôme sans nous y arrêter, nous y reviendrons bientôt, et gagnons les limites du département. Nous sommes dans le Perche, enclavé aujourd'hui dans quatre départements, et dont une partie, celle où nous venons d'entrer, comprend tout le côté ouest de l'arrondissement de Vendôme. Peu de pays sont aussi charmants à parcourir, bien qu'il n'ait pas auprès des touristes, qui vont chercher au loin ce qu'ils trouveraient à leur porte, la réputation qu'il mérite. Pas de vastes plaines, mais une multitude de collines que coupent d'étroites vallées, arrosées par de nombreux ruisseaux, et où une herbe excellente pousse vigoureusement. Le sol est argileux, reposant d'ordinaire sur un sous-sol calcaire. La propriété y est assez divisée. Les champs y sont entourés de haies. Les prairies artificielles y sont très-répandues et, grâce aux soins qu'on leur prodigue, permettent de nourrir une population chevaline considérable, qui, on le sait, a fait la fortune de ce pays à toutes les époques. Depuis cinquante ans surtout, l'élevage, bien loin de diminuer, s'est développé, car les demandes arrivent de toutes parts, et il faut y répondre. Nulle part l'espèce chevaline ne s'élève dans des conditions meilleures. L'air est vif, le climat est sain, l'eau très-pure. Aussi il n'est pas nécessaire de parler des qualités précieuses de la race qu'on y rencontre, propre à tant de services, et que tout le monde connaît.

« C'est au milieu de cette contrée, où l'industrie de l'élevage est florissante, dans le canton de Mondoubleau, que M. Landron exploite depuis neuf ans (il y est entré en 1857), la ferme appelée *le Grand-Guériteau*, dans la commune de Choue. Aidé par sa famille et par quelques ouvriers à gages, il cultive soixante-dix-huit hectares. Bien que ses terres soient maigres et argileuses, il a su en obtenir des produits qui suffisent à l'entretien d'un cheptel assez important. Il a diminué la largeur des haies ; il a créé d'excellents pâturages de ray-grass et de lupuline, et a profité de la liberté d'action que lui laissait son propriétaire et d'un bail de vingt années, pour exécuter de sérieuses réformes. S'il n'y a rien à dire de ses bêtes à cornes de la race du pays, qui laissent à désirer, et auxquelles il n'accorde qu'une médiocre attention ; en revanche, les animaux de l'espèce chevaline qu'il entretient dans son écurie ont tous les caractères qui distinguent les meilleurs sujets de la race percheronne. Ils ont les membres sains et nets, une grande force musculaire, une certaine élégance et une taille assez élevée. Les produits de ses juments proviennent d'étalons de mérite et se vendent un prix satisfaisant. La commission, pour lui témoigner combien elle apprécie les efforts qu'il ne cesse de faire pour améliorer son élevage, lui accorde une médaille d'or.

« Le canton de Droué touche à celui de Mondoubleau que nous quittons. C'est là qu'est située la terre de la Fontenelle, appartenant à M. Bournet-Verron. Deux choses ont attiré particulièrement l'attention de la commission pendant la visite qu'elle y a faite : la ferme entièrement reconstruite par le propriétaire, sur un plan assez vaste, et les prairies naturelles qu'il a créées, en recueillant et dirigeant sur des champs inférieurs les

eaux de diverses sources. L'opération à laquelle s'est livré
M. Bournet-Verron, aidé par son représentant M. Da-
veine-Hallier, a été d'autant plus avantageuse, qu'auparavant les terres ainsi transformées ne produisaient que
des bois de peu de valeur. Quelques-unes de ses
prairies exigeraient cependant des engrais plus abondants, que le propriétaire pourrait leur concéder, s'il
entretenait un nombre d'animaux mieux en rapport avec
l'étendue de la terre de la Fontenelle. C'est là le côté
faible de cette exploitation, qui, sans cela aurait obtenu
une place meilleure parmi celles qu'il nous a été donné
d'apprécier, et sur lesquelles nous avons à dire notre
avis. Quoi qu'il en soit, les travaux exécutés par M. Bournet-Verron ont assez d'importance pour qu'une médaille
d'or lui soit décernée. Il a paru à la commission qu'il
s'en était rendu digne.

« Il nous faut de nouveau traverser tout le département, et des frontières du département d'Eure-et-Loir
revenir sur les confins de celui du Loiret, aux Bignons,
chez M. Adrien Gillet, qui nous attend.

« Nous voici dans cette Sologne où la misère autrefois était proverbiale, et qui, favorisée par une intelligente protection qu'il faut bénir, grâce au courage de
quelques hommes énergiques, à qui l'estime publique
restera pour toujours acquise, se réhabilite rapidement
et a offert, dans certaines parties, aux membres du jury,
un spectacle bien inattendu. M. Adrien Gilles est un de
ces hommes de cœur qui ont entrepris la régénération
de la culture dans ce coin si désolé de la France centrale.

« La ferme des Bignons est assez étendue ; elle compte
deux cent soixante-quatorze hectares. Lorsqu'il y a
vingt-six ans, le propriétaire actuel y entra, il se trouva
en présence d'un immeuble à peu près improductif, car
le revenu n'atteignait guère que le chiffre de 1,000 fr., et

les impôts étaient à sa charge. Bien décidé à faire cesser cette déplorable situation, il n'hésita pas à immobiliser un capital considérable. C'était un remède énergique ; mais il faut bien que les agriculteurs que le hasard place dans des conditions semblables le sachent et ne se fassent pas d'illusions, il n'en existe pas d'autres. Ce capital a-t-il été dépensé utilement, et les résultats obtenus sont-ils en rapport avec lui ? Nous n'hésitons pas à répondre affirmativement. M. Gillet a eu recours simultanément à l'écobuage, au marnage, au chaulage et au drainage. Il a apporté à ce sol pauvre les principes calcaires qui lui manquaient, et y a répandu d'une main libérale les engrais dont il avait été si longtemps et sans doute toujours privé. Nous disons *toujours*, car l'affirmation de l'historien du duché d'Orléans nous trouve un peu incrédule lorsqu'il écrit en 1648, que la Sologne « est abondante en prairies, étangs, futaies et terres à blé. » Les vaillants pionniers de ce temps-ci, messieurs, se sont chargés de justifier cette assertion, qui n'était alors, croyons-nous, qu'un rêve, et qui va devenir bientôt une réalité. M. Gillet a sa place parmi eux, et si son labeur a été rude, ajoutons tout de suite qu'il a été bien payé de ses sueurs. L'état de ses céréales est très-satisfaisant, et il serait difficile de reconnaître dans ses champs bien amendés, retournés profondément par la charrue, assainis avec tant de persévérance, les landes qui lors de son arrivée attristaient le regard. Le cheptel est nombreux, et la masse considérable d'engrais qu'il produit vient chaque jour augmenter la fertilité, réalisant ainsi les espérances du courageux propriétaire. Peu d'efforts restent à faire pour que l'entreprise soit achevée ; quelques bâtiments à reconstruire, un bétail amélioré à établir dans des étables mieux disposées. M. Gillet a donc presque toujours réussi, et l'on est en droit de signaler ses belles cultures et ses succès économiques. La médaille d'or qui lui est décernée lui rappellera que le jury s'est vivement intéressé à sa tentative.

« Nous parlions il y a quelques moments de l'influence des bons exemples ; sans diminuer le mérite de M. Gillet, n'est-il pas à croire que le voisinage de la ferme de Huppemeau, dirigée avec tant de savoir par M. Ménard, le lauréat de 1858, a été favorable à celle des Bignons ? Ces deux fermes se touchent en effet, et les bonnes méthodes adoptées dans l'une n'ont pas tardé à être suivies dans l'autre. Ce sont là de ces leçons dont il faut féliciter aussi bien celui qui les donne que celui qui les reçoit et sait les mettre en pratique. Nous n'avons pas à raconter de nouveau devant vous l'œuvre importante couronnée de succès de M. Ménard ; une voix plus autorisée que la nôtre s'est fait entendre à la même place que nous occupons aujourd'hui, et vous l'a fait apprécier dans tous ses détails. Disons seulement que la commission, en se transportant chez M. Ménard, pour répondre au désir qu'il avait manifesté, désir que tous ses membres partageaient de leur côté, a pu se convaincre que le fermier de Huppemeau ne s'était pas cru en droit de se reposer, qu'il ne s'était pas arrêté un seul jour, et n'avait vu dans la décision prise à son égard par le jury de 1858 qu'une obligation de servir avec la même ardeur qu'au début la cause du progrès agricole. Les améliorations qu'il avait entreprises ont été continuées et menées à bonne fin. Les terres de Huppemeau sont aujourd'hui complétement assainies, la culture résineuse rapporte de sérieux bénéfices, et par un système ingénieux, que nous engageons très-fort les propriétaires de Sologne à aller étudier et à appliquer à leur tour, il a détruit le principe acide de ses eaux, qui traversent les bois ou bruyères, et modifie heureusement ainsi la nature de plusieurs de ses prairies. On peut encore signaler certains procédés nouveaux qu'il a trouvés pour simplifier la fabrication des fromages. En somme, répétons-le, M. Ménard reste, comme il y a neuf ans, parmi ce petit groupe d'hommes d'élite qui poussent le département à développer tous les éléments de prospérité qu'il renferme dans son sein, et qui ont réussi déjà à lui faire faire un si grand pas en avant.

« Sur les quatre concurrents dont il nous reste à parler, trois ont été désignés pour la médaille d'or grand module, récompense très-haute et dont ils doivent se glorifier, car elle n'est accordée qu'à ceux qui occupent le premier rang parmi les agriculteurs français.

« C'est d'abord M. Salvat, qui se présente devant le jury comme créateur de la vacherie de Nozieux dans le canton de Blois. Cette étable, célèbre aujourd'hui par les nombreuses couronnes qu'elle a obtenues dans les grands concours, est composée, comme personne ne l'ignore, d'animaux appartenant à la race pure de Durham. Tous ceux qui, parmi nous, ont introduit dans leurs écuries des reproducteurs de cette race, ont entendu parler de la vacherie de Nozieux, l'ont même visitée, et plusieurs sont venus lui demander quelques-uns de ses produits. En sollicitant les suffrages de la commission, M. Salvat a désiré obtenir la confirmation des doctrines qu'il applique, et faire constater que son élevage, qui lui obtenait une médaille d'or en 1858, s'est maintenu dans la situation où il était alors, malgré les rivalités redoutables qui surgissent de tous côtés.

« C'est en 1843 qu'a été fondé l'établissement de Nozieux, par l'importation d'un certain nombre de taureaux et vaches de cette race de Durham, que nos voisins déclarent sans hésitation la première de toutes, et dont la précocité merveilleuse, l'aptitude incroyable à l'engraissement, la puissance d'assimilation ne peuvent plus être mises en discussion. Deux importations successives eurent lieu et enrichirent l'étable, en donnant une perfection plus grande aux produits. Dès 1854, les premiers prix étaient obtenus dans les concours, soit régionaux, soit de boucherie, par les animaux que présentait M. Salvat. Sa réputation était faite, et les reproducteurs qu'on lui demandait allaient régénérer les meilleures étables de plus de douze départements, dont quelques-uns assez éloignés. C'est en vue du développement et du maintien des conditions favorables de cette vacherie, que M. Salvat a organisé sa culture. Elle est en quelque sorte le pivot de l'exploitation. La nourriture qu'il peut donner à ses animaux est toujours abondante et régulière, condition indispensable pour mettre à profit les qualités supérieures qu'ils possèdent. Il a pu de la sorte, et l'un des premiers, présenter à Poissy des sujets ayant à peine trois ans et pesant déjà plus de mille kilos. En 1863, il a fait une nouvelle importation : quatre sujets très-remarquables, nés chez deux éleveurs distingués d'Angleterre, ont ajouté de nouveaux éléments de succès à ceux que Nozieux possédait déjà. Sans entrer dans des détails, que les trop courts instants qui nous sont accordés ne permettent pas, il suffira de dire, pour montrer l'importance et la haute valeur de l'élevage de M. Salvat, qu'il a obtenu soixante-sept prix, donnant un chiffre de 46,000 fr.

« Bien qu'il s'occupe d'une manière toute spéciale de sa vacherie, M. Salvat ne néglige pas pour cela, tant s'en faut, la culture de son domaine. Il vient tout récemment de renouveler un vignoble, en employant le palissage en fil de fer au lieu de l'échalassement. Il évite ainsi des frais toujours élevés de main-d'œuvre et obtient des résultats avantageux. La commission a été très-frappée par tout ce qu'elle a vu à Nozieux : une agriculture intensive, un élevage dont notre pays doit être fier, et dont les bons effets ont été ressentis au loin. Il lui a semblé que la médaille d'or grand module était légitimement due à M. Salvat. Elle viendra s'ajouter à cette haute distinction qui, l'an dernier, a couronné ses constants efforts et ses longs succès.

« M. Riverain-Collin, lui aussi, a été bien souvent vainqueur dans ces luttes pacifiques auxquelles l'agriculture convie ses disciples. L'autre jour encore, à Billancourt, son nom était proclamé avec honneur La commission, en visitant la ferme d'Areisnes, n'a pu qu'applaudir à l'élégance et à l'aménagement bien entendu des bâtiments. Il serait difficile de trouver une ferme mieux conduite et où règne un ordre plus parfait. Que Mme Riverain-Collin, dont la modestie égale l'intelligence veuille bien nous permettre de lui adresser publiquement nos sincères compliments pour l'heureuse direction qu'elle sait imprimer aux travaux d'intérieur. La bergerie est vaste, bien aérée ; la porcherie très-commodément installée. Les agriculteurs qui auront de semblables bâtiments à construire ne pourront mieux faire que d'appliquer chez eux des plans aussi bien étudiés.

« L'outillage de la ferme est au complet, et il n'y a pas un instrument dont l'utilité ait été généralement reconnue, que le fermier d'Areisnes ne se soit procuré. En amenant au milieu de sa ferme les eaux de la petite rivière de la Houzé, et créant ainsi une force de dix chevaux, qui fait marcher un moulin à deux paires de meules et divers instruments, soit pour battre les récoltes, soit pour préparer la nourriture des animaux, il a fait une opération vraiment digne d'éloges. Cette création a nécessité sans doute une dépense assez élevée, mais il n'a pas à la regretter, car les avantages qu'il en retire sont incontestables. Le cheptel est important et présente un remarquable ensemble. La vacherie ne contient que des croisements durham-cotentins ; les formes de quelques-uns d'entre eux laissent peu à désirer et attestent l'heureuse influence des taureaux pur sang durham, dont M. Riverain-Collin a su faire choix. Le troupeau se distingue par son uniformité ; il a été formé par l'accouplement de brebis du Berry avec des béliers southdown. La réussite est aujourd'hui complète. Il en est de même de la porcherie, dont les sujets très-nombreux ont été empruntés aux races reconnues les meilleures et donnant les plus hauts bénéfices, les races craonnaise, new-leicester et berkshire. Entrepreneur de messageries, le fermier d'Areisnes dispose d'une masse très-considérable de fumiers, qui ont singulièrement augmenté la fertilité de ses terres, il faut le reconnaître. Avec des moyens aussi puissants, il n'est pas douteux qu'il n'arrive à produire de riches récoltes, qu'il semblait au début impossible d'obtenir sur une moitié au moins de son domaine. N'oublions pas non plus que la comptabilité est régulièrement tenue par son fils, jeune homme plein d'avenir, et que M. Riverain-Collin peut se rendre compte, à chaque fin d'année, de la situation de son entreprise agricole. L'arrondissement de Vendôme, qui suit avec beaucoup de sympathie des expériences si utiles, applaudira, nous en sommes certain, à la décision du jury qui lui décerne la médaille d'or grand module.

« Retournons maintenant dans la partie la plus déshéritée du département, qui fait de si courageux efforts pour se relever, en Sologne, et cette fois pour n'en plus sortir. Il y a bientôt 28 ans que M. Julien achetait dans la commune de Selles-Saint-Denis, canton de Salbris, la terre des Anges, d'une étendue de près de 700 hectares, et venait s'y fixer. Il ne se dissimulait pas qu'il allait avoir à entamer une lutte sans trève contre une nature ingrate et rebelle à toute amélioration ; qu'une vie d'homme ne serait pas trop longue pour triompher de toutes les difficultés qui se montraient à chaque pas qu'il faisait sur son infertile domaine ; qu'enfin il fallait faire appel à toute l'énergie dont il se sentait doué pour ramener la fertilité sur un sol qui semblait frappé à tout jamais de stérilité.

« La terre des Anges, lorsqu'il y arriva, était aux mains de métayers, qui, ne possédant aucun capital, ne récoltaient qu'un peu de seigle et de sarrazin, et n'élevaient qu'un bétail de mince valeur, vivant ou plutôt mourant de faim au milieu de vastes bruyères. Leur situation était précaire, et le revenu du propriétaire presque insignifiant. Bien d'autres, et des plus hardis, auraient reculé devant une tâche aussi rude à accomplir ; M. Julien persista. Qu'il en soit remercié au nom de tous les agriculteurs. L'opération la plus urgente était l'assainissement des terres et l'écoulement des eaux presque partout stagnantes ; la petite rivière de la Rère, qui traverse la propriété, fut aussitôt curée et redressée. M. Julien fit plus, il éleva des digues, bordées de contre-fossés parallèles, et creusa, pour recevoir les eaux de tous les fossés, un canal de plus de deux kilomètres. Cet indispensable et coûteux travail achevé, le propriétaire put alors s'occuper de transformer une culture jusque-là forcément rudimentaire. Pour ne pas entreprendre au delà de ses forces, il ne se chargea de faire valoir qu'une partie de sa propriété ; c'était de la prudence, et il faut l'en louer. En agissant autrement, il était fort à craindre qu'il ne compromît le succès. Un amendement précieux lui vint en aide, la marne ; elle se rencontre en abondance sur la propriété même. Il en profita, non-seulement pour sa réserve, mais encore pour les autres domaines qu'il avait affermés. La culture du seigle et du sarrazin ne tarda pas à être réduite de beaucoup, et les rendements en froment et en avoine s'élevèrent rapidement et dans une proportion inespérée. Des prairies artificielles furent semées, et il établit une prairie permanente, qui lui donna des fourrages de bonne qualité, s'étant appliqué avec succès à détruire l'acidité des eaux. Les betteraves, les topinambours, les pommes de terre remplacèrent les genêts.

« Les bâtiments étaient à demi écroulés et trop restreints pour le nombre de bestiaux qu'il convenait d'entretenir sur la terre, si l'on voulait produire les fumiers indispensables; ils furent reconstruits et aménagés avec intelligence. Ils contiennent aujourd'hui de nombreuses vaches du pays cotentines ou bretonnes, et quelques animaux de la race d'Ayr, provenant de l'école impériale de la Saulsaie. En outre, il achète autour de lui, à bon compte, des bœufs qu'il engraisse. Cette écurie d'engraissement s'accroît chaque année; de quatre animaux il en est arrivé à cinquante. Son troupeau est composé de bêtes solognotes.

« La porcherie est très-importante, elle renferme plus de 150 têtes.

« M. Julien a planté en bois les terres situées dans la partie la plus élevée de sa propriété; ces bois ont bien réussi et donnent aujourd'hui des coupes régulières qui augmentent sensiblement le revenu. Nous en avons assez dit pour faire comprendre le mérite de M. Julien. Il a été tout à la fois prudent et persévérant. Sans éprouver un seul instant de découragement, il a poursuivi son œuvre en homme de cœur et de devoir. Toute une contrée gagne à posséder des caractères aussi énergiques. Les exemples qu'ils donnent, repoussés d'abord par les uns que la routine retient immobiles, admis par quelques bons esprits, ne tardent pas à se propager; leur sphère d'action s'agrandit bien vite. Ils prouvent aux indifférents que l'agriculture est une source de jouissances qui en valent bien d'autres, qu'elle est aussi une industrie profitable pour ceux qui la pratiquent. Les membres de la commission en lui décernant une médaille d'or, grand module, ont à cœur de lui témoigner en quelle estime ils le tiennent.

« Nous venons d'examiner devant vous les titres des

divers candidats, nous vous avons dit nos impressions et le jugement qu'après de mûres réflexions, nous avons cru devoir porter sur chacun d'eux. Tous, vous le voyez, ont lutté avec courage, tous ont aidé dans la mesure de leurs forces au développement de l'agriculture dans le département, et l'enseignement qu'ils ont ainsi donné ne sera pas perdu. Pour être choisi le premier parmi de tels rivaux, il faut être un de ces hommes qui, comprenant le rôle que la Providence leur a assigné, se dévouent corps et âme à la contrée qu'ils habitent, entreprennent une sorte d'apostolat, prêchent avec ardeur une croisade contre l'ignorance et les préjugés, et mettent au service de leurs concitoyens le savoir qu'ils ont acquis et la fortune que Dieu leur a accordée. Ayant étudié à fond, tout à la fois, les ressources et les besoins de leur pays, ils s'efforcent de l'éclairer et le font marcher résolument avec eux dans la route du progrès véritable.

« La commission a eu l'heureuse chance de rencontrer un de ces hommes et d'être appelée à juger ses travaux. Vous l'avez déjà nommé avant moi, c'est M. le marquis de Vibraye.

« La terre de Cheverny est une de ces vastes propriétés, dont le nombre décroît chaque jour en France, qui nécessitent des capitaux élevés pour être mises en valeur. Entre les mains d'un propriétaire qui joint à une grande fortune une intelligence supérieure, elles fournissent la preuve, trop longtemps méconnue, que l'agriculture est le meilleur des placements.

« Il y a aujourd'hui 38 ans que M. de Vibraye est devenu propriétaire de Cheverny. Il comprit, dès le début, qu'il y aurait impossibilité pour lui de transformer en terres arables une propriété d'une telle étendue et dans une condition aussi misérable. La culture lui parut avec raison devoir être restreinte et ne se développer que successivement. Il consacra ses premiers soins à la sylviculture. En agissant ainsi, il montrait qu'il avait envisagé sous toutes ses faces le problème qu'il avait à résoudre. Il était nécessaire d'abord d'assainir le sol ; pour cela, il creusa des fossés, cura les cours d'eau et pratiqua le drainage sur une grande échelle. Ces opérations préliminaires terminées, il entreprit des semis de bois, accordant une large place aux conifères dont la réussite, on en avait acquis la preuve, était assurée. Désireux d'enrichir la contrée et d'augmenter notre richesse nationale, aux risques de s'imposer des sacrifices sans compensation, il essaya la naturalisation d'espèces nouvelles. 120 espèces ont été ainsi introduites par lui ; sur ce nombre, 25 ont réussi complétement, se sont naturalisées sans peine et ont pu être répandues, offrant la certitude d'une reproduction facile. Dans les livres d'abord, dans ses voyages ensuite, qui complétèrent son instruction de naturaliste, M. de Vibraye a étudié tout particulièrement les conifères. On peut voir dans les bois et le parc de Cheverny des sujets très-vigoureux de ces gigantesques espèces de la Californie et des montagnes Rocheuses, dont l'introduction sur le sol français est une heureuse conquête aujourd'hui réalisée.

« Utilisant les anciennes terres en culture, pratiquant de larges défrichements, le propriétaire de Cheverny a semé en bois près de 850 hectares. La commission, qui a vu ces semis, devenus aujourd'hui des bois d'une rare vigueur, peut affirmer que, si importants que soient les capitaux immobilisés, jamais opération financière n'aura été plus fructueuse.

« La création des prairies permanentes vint ensuite ; sans elles, en effet, ses projets ne pouvaient aboutir. Il les prépara par plusieurs années de culture et s'occupa de les irriguer. Il put enfin se consacrer entièrement à la culture des terres qu'il n'avait pas converties en bois. Mais pour ne pas entreprendre au delà de ses moyens d'action, il s'est borné à l'exploitation directe de l'une de ses fermes, d'une contenance de 157 hectares; les autres suivront à leur tour. C'est en agriculture surtout qu'il faut marcher d'un pas mesuré; la précipitation peut causer d'irréparables désastres. Il a adopté l'assolement de Norfolk; les cultures sont dans un excellent état; les terres, bien préparées, reçoivent tous les engrais et amendements dont elles ont besoin. M. de Vibraye s'est procuré tous les instruments dont la supériorité et l'utilité ont été bien constatées. Plus aisément que bien d'autres, il aurait pu élever de ces bâtiments qui attirent les regards et exercent une certaine fascination sur l'esprit des visiteurs, mais dont le prix de revient est trop souvent un obstacle à la réussite d'une entreprise agricole. Il s'est servi des bâtiments anciens, se bornant à les modifier, suivant les besoins nouveaux. Nous nous plaisons à reconnaître qu'il en a tiré un excellent parti. Ils sont vastes, heureusement groupés, et le cheptel y est à l'aise.

« Il ne pouvait songer à introduire aussitôt des animaux de races améliorées; il y arrive cependant peu à peu. Il croise aujourd'hui ses brebis solognotes avec des béliers southdown, provenant de la bergerie célèbre de Villars, et ses vaches appartenant aux races cotentine et mancelle, avec un taureau durham, acquis plus récemment, qui a obtenu un premier prix à l'un de nos derniers concours régionaux.

« Depuis quelques années, il demande à la viticulture une nouvelle source de produits. Frappé de la situation critique où se trouvait la culture de la vigne, par suite de causes que nous ne pouvons développer ici, il propose l'introduction des cépages fins et propage de toutes ses forces cette idée qui sera pour le pays un précieux moyen de salut. Il cultive avec succès les cépages de Bourgogne et les cépages blancs de Sauterne; son exemple fera des prosélytes, et il y a tout lieu de croire qu'on s'en trouvera bien.

« Des tentatives si variées, s'exécutant sur une si grande étendue, ont exigé sans doute un capital important ; nous avons eu à nous rendre compte de son judicieux emploi et des résultats acquis. C'est là en effet le *criterium* auquel doit être soumise toute exploitation agricole.

« Une comptabilité très-clairement tenue nous a donné toute satisfaction. Nous ne pouvons apporter ici des chiffres et les grouper devant vous, comme nous l'avons fait entre nous, dans le silence du cabinet. Nous nous bornerons à dire que la plus-value de la terre de Cheverny, depuis l'époque où a commencé sa transformation radicale, est telle qu'elle dépasse toutes les espérances qu'on avait pu concevoir. Et qu'on veuille bien le remarquer, les vignes, dont la plantation est encore trop récente, ne figurent pas dans les comptes, et les bois sont loin d'avoir atteint la valeur énorme que les années leur donneront.

« Le présent répond éloquemment à toutes les exigences, même les plus sévères du programme, et va bien au delà ; l'avenir sera plus brillant encore.

« Il aura été donné à M. de Vibraye d'écrire une belle page dans l'histoire de l'agriculture en Sologne. Quand on sait de quelle noble ardeur pour le bien il est animé, on ne peut être surpris d'un aussi éclatant succès. Apôtre infatigable de la science, debout sur la brèche quand il s'agit de combattre les faux systèmes, il précède tous les autres et s'avance d'un pas ferme, quand il faut propager quelque heureuse découverte. Président du comice de Blois, membre de la Société impériale et centrale d'agriculture, membre correspondant de l'Institut, vous l'avez vu lorsque, l'an dernier, l'enquête agricole s'est ouverte parmi vous, modeste et dévoué toujours, faire profiter la commission de son expérience et de ses recherches, et dresser le bilan de votre situation agricole. Il n'a jamais voulu de ces faciles loisirs dont un poëte immortel de la vieille Rome remerciait Auguste. Le travail est sa vie ; le travail, cette nécessité des temps modernes à laquelle nul n'a le droit de se soustraire.

« En lui décernant la prime d'honneur à l'unanimité, le jury sera le fidèle interprète de l'opinion publique qui s'était déjà prononcée en sa faveur. Et ce n'est pas seulement ici, parmi vous, que M. le marquis de Vibraye est un initiateur et un maître ; dans le département de l'Aube, qui se préoccupe avec raison de ses richesses forestières, l'an dernier, la Société d'agriculture et le conseil général ont ouvert un concours entre les divers propriétaires qui ont aidé au reboisement. L'Empereur, toujours soucieux des destinées du généreux pays qu'il guide de sa puissante main, a envoyé une grande médaille d'or ; au moment même où nous parlons, le jury de l'Aube l'attribue à M. de Vibraye ; et ce nom que vos applaudissements viennent de saluer, on l'acclame aussi là-bas.

« L'agriculture s'acquitte noblement aujourd'hui envers ceux qui la défendent et l'aiment, et personne ne l'a mieux servie, ne l'a plus aimée que vous, monsieur de Vibraye. Ce que la France guerrière a fait depuis trois quarts de siècle, il n'est pas nécessaire de le rappeler ; le monde en est encore ébloui. Bien imprudents seraient ceux qui pourraient l'oublier, car à nos triomphes d'hier s'ajouteraient encore nos victoires de demain ! Si dans les travaux aussi glorieux et plus féconds de la paix, elle a pris la première place en Europe, c'est aux hommes tels que vous, monsieur, qu'elle le doit. Venez donc recevoir la légitime récompense d'une vie de dévouement et d'incessantes études. Acceptez-la et soyez-en fier. Le département tout entier vous la donne.

« Marquis DE MONTLAUR.

« Blois, 12 mai 1867. »

M. et Mme Salvat ont bien voulu me donner au château de Nozieux, pendant l'exposition, l'hospitalité, ainsi qu'à plusieurs autres personnes, et nous y conduisaient et ramenaient pour dîner.

La culture de Nozieux a eu terriblement à souffrir de l'inondation de la Loire, et ses récoltes s'en ressentiront cette année; heureusement que M. Salvat a pu nourrir, l'hiver, son magnifique troupeau de durham sans être obligé de le diminuer. Ses vignes, cultivées d'après les conseils du docteur Guyot, sont fort belles et lui ont donné, après quatre ans de transformation, près du double des anciennes vignes.

Je suis allé, à la suite du concours, passer une huitaine de jours au château de la Basme, chez ma belle-sœur pour me reposer des visites à l'exposition.

M'étant remis en route, je suis allé déjeuner chez Mme Duquesnoy, à la Quésardière, près Saint-Aignan. Monsieur son fils ne cultivera plus que les dix hectares qui sont plantés de doubles lignes de ceps à deux mètres l'un de l'autre, laissant pour la culture de petits champs, larges de douze mètres, entre les doubles lignes de ceps; le produit des vignes plantées ainsi est si abondant qu'il compte en augmenter l'étendue.

Je me suis rendu de Saint-Aignan dans la petite ville de Valençay, dont la population est d'environ trois mille âmes; c'était jour de marché, qui était très-animé, malgré le temps pluvieux.

J'ai profité d'une éclaircie pour voir une partie de l'immense parc du château de Valençay, qui forme une magnifique habitation.

J'avais fait, au concours de Blois, la connaissance de M. Lecorbellier, ancien professeur de chimie à Grignon, où il s'était lié avec M. Jollivet. Ces messieurs, dont le second est professeur de comptabilité, se sont associés, il y a dix ans, pour louer une des fermes de l'immense

terre de Valençay, Cungi ; cette ferme est bien bâtie.
M. Lecorbellier m'avait engagé à venir le voir ; ayant
demandé à mon arrivée à Valençay un cabriolet pour
me rendre à Cungi, on me dit que M. Lecorbellier allait
venir au marché. Je l'attendis ; et pendant qu'il faisait
ses affaires, je causai avec un des cinq jeunes gens qui
sont en pension chez ces deux messieurs, pour y acquérir
des connaissances en agriculture. Ce jeune homme, qui
a son frère cadet avec lui, vient de passer cinq années
dans un collége dirigé par des ecclésiastiques à Sorèze.
Leur père, grand propriétaire au Brésil, a voulu leur
donner une éducation française. Après avoir passé un
an chez ces messieurs, ils doivent aller le rejoindre. Ce
jeune homme me disait, entre autres choses, que la
viande, assez grasse pour être bonne à manger, se
payait chez lui aussi cher qu'en France ; comme cela
m'étonnait, il me dit qu'on payait la livre de bonne
viande 0 fr. 60, ce qui tenait à ce qu'on ne savait pas
engraisser les innombrables bêtes bovines qui parcourent
leurs savanes très-fertiles.

M. Lecorbellier m'emmena à Cungi, où ces messieurs
sont fort bien logés, ainsi que leur bétail ; ils payent
6,000 fr. pour loyer de deux cents hectares, ou 30 fr.
l'hectare. Leurs terres m'ont paru bonnes, mais avoir
grand besoin d'être drainées et chaulées ; ils ont une
marnière, mais le marnage demande trop de temps pour
être effectué promptement dans un pays où les gelées
d'hiver ne sont pas assez prolongées pour qu'on puisse
faire une bonne partie de cette amélioration dans la
morte-saison. Ces messieurs ne sont pas trop satisfaits
de leurs récoltes.

Ils ont vingt jolies vaches normandes, de moyenne
taille ; ils n'élèvent pas les veaux, mais ils les vendent
gras ; la vacherie est très-bien tenue par un vacher
suisse. Un marchand leur amène des vaches de Nor—

mandie pour remplacer celles qu'on réforme ; le lait sert à faire du beurre.

Le troupeau a été formé avec des brebis berrichonnes, qui ont reçu des béliers venus de la Charmoise ; on vend environ à 20 fr. les élèves, âgés de dix-huit mois, sans les engraisser.

Les cochons sont des hampshire, dont la souche est venue de Grignon.

Ces messieurs ont bordé une partie des chemins de pommiers à cidre, qui ne prospèrent pas, à cause du sous-sol imperméable et de l'humidité qui en est la suite.

Ils ont créé un vaste potager, entouré d'une belle haie de grands ajoncs bien taillés.

Ces messieurs ont encore huit ans de bail ; si leur intention est de le renouveler, ils devraient le faire de suite, à condition que leur ferme soit bien drainée. Ils auraient alors à construire un four à chaux dans une carrière de pierres calcaires, qui se trouve près de Valençay ; ils auraient ainsi de la chaux à 1 fr. ou 1 fr. 25 l'hectolitre. Leurs terres étant drainées, chaulées à cent hectolitres par hectare et bien fumées à l'aide de guano, pour suppléer au fumier, donneraient d'excellentes récoltes, et leurs bêtes à laine prospéreraient.

Je crois qu'il faudrait remplacer le taureau normand par un durham, élever les veaux et les vendre gras, âgés de vingt à trente-six mois, dans les prix de 500 à 600 fr., au lieu de faire du beurre, en imitant MM. Fontbel, d'Écheverac, et des Termes, près Bellac (Haute-Vienne), et M. de Montagnac, près Montluçon (Allier).

En quittant Grignon, il y a dix ans, ces messieurs furent suivis par cinq élèves de la ferme régionale, payant 2,000 fr. chacun, qui, paraît-il, se sont assez bien renouvelés depuis lors.

M. Lecorbellier est resté garçon. Mme Jollivet, qui

dirige le ménage, n'a pas d'enfant ; elle était allée voir l'exposition. M. Jollivet m'a reconduit à Valençay, d'où la diligence de Blois m'a transporté à Châteauroux. Le lendemain, je me suis rendu, pour la quatrième fois en quatre ans, dans la terre de Puymoreau. Je voulais visiter les six métayers vendéens que M. Guyet, le nouveau propriétaire de cette terre de quatre cents hectares, y a mis, en remplacement des métayers du pays qu'il y avait trouvés, il y a six ans ; ces braves Vendéens ont déjà bien changé l'état de la culture qu'ils ont trouvée en arrivant. M. Guyet habite Napoléon-Vendée, et vient deux fois par an voir sa propriété. Il a commencé par faire construire un four à chaux, qui fournit le mètre cube de chaux à 8 fr. 25 ; on chaule les terres, le plus vite possible, à raison de huit mètres l'hectare, ce qui, avec six cents kilos de phosphate de chaux, payés à la station du chemin de fer de Châteauroux à raison de 7 fr. 50 le cent, produit une bonne récolte de choux branchus du Poitou ; les métayers vendéens en ont fait par domaine de quatre à cinq hectares, de suite en arrivant sur les lieux, et ils augmentent chaque année cette si utile plantation, qui leur a fourni le moyen d'engraisser le bétail défectueux trouvé dans les domaines ; ils l'ont remplacé par de jeunes bœufs limousins et des génisses de race parthenaise, qu'ils ont amenés de leur pays ; ils ont beaucoup augmenté la masse du fumier.

Le domaine principal de la terre, qui contient encore deux tours de l'ancien château de Puymoreau, avait été partagé en deux pour les deux frères Chamare, cultivant chacun quarante hectares. Le cadet, nouvellement marié et n'ayant que de petits enfants, vient de prier M. Guyet de lui permettre de céder sa métairie à son frère, homme très-capable, et il a acheté, à deux lieues de Puymoreau, une propriété de douze hectares en bonnes terres calcaires, pour 14,000 fr. ; il a l'espoir de pouvoir l'augmenter à la vente en détail d'une ferme qui le joint. Son frère va donc se trouver à la Saint-Jean cultivateur de quatre-vingts hectares, dont soixante sont déjà chaulés à raison de huit mètres cubes ; il s'y trouve une vingtaine d'hectares de bonnes prairies artificielles et une dizaine de prés naturels.

Je lui dis que je regrettais qu'il eût doublé sa ferme ; quarante hectares étaient déjà trop grands pour lui ; il m'a dit qu'il pourrait peut-être y mettre un de ses grands fils, qui tous deux viennent de se marier d'une manière assez avantageuse pour leur position.

Chamare vient de louer une famille vendéenne composée du père, de sa femme, d'un fils et de filles ; les deux hommes sont nourris et ont 500 fr. pour deux ; la femme et ses filles seront logées, chauffées et employées à la journée dans la métairie, qui nourrit une soixantaine de bêtes à cornes ; on y élève, chaque année, de douze à quinze veaux de race parthenaise.

Les froments, seigles et avoines d'hiver, sont assez beaux, partout où le drainage n'est pas d'une pressante nécessité. Les betteraves, pommes de terre et rutabagas n'ont pu encore être semés, à cause des pluies presque continuelles de ce printemps. Notre visite des champs a été même interrompue par un orage avec grêle qui a rendu la terre toute blanche, et cela vers le 20 mai ; nous étions près de l'extrémité de la propriété et nous avons été nous réfugier chez le bon père Massé, propriétaire d'environ sept hectares de terres ou bruyères qu'il a payées il y a quinze ans 2,000 fr., avec la maison et l'étable. Ces braves gens, mari et femme, ont perdu leur fils unique, âgé de vingt ans, il y a quelques années. Ils nous ont reçus fort bien ; la femme a mis au feu un fagot qui nous a bien réchauffés. Le père Massé nous a fait voir sa petite culture une fois l'orage passé ; elle est très-bonne. Il serait fort heureux que tous les habitants

du pays fussent aussi avancés en culture. Sa vache lui a
fait, il y a trois ans, deux veaux mâles jumeaux qui font
ses labours, et il va bientôt vendre un jeune bœuf de
deux ans. Sa treille lui donne assez de vin pour leur
consommation. A l'exemple de ses voisins, les Vendéens,
il fait des choux branchus, des betteraves, rutabagas,
navets pour ses bêtes, et des pommes de terre pour le
ménage. Tout cela vient bien, car il a fortement marné
ses sept hectares, et il nourrit abondamment ses quatre
bêtes bovines, deux chèvres et deux porcs, avec de la
luzerne, du trèfle, des vesces et des racines ; par suite,
il peut fumer assez fortement et vendre une bonne partie
de ses récoltes.

Nous avons remercié ces braves gens et nous sommes
retournés à Puymoreau, où j'ai mangé une omelette. Le
temps étant devenu beau, le fils aîné de maître Chamare
a voulu me conduire chez son beau-père, dont la propriété longe la route de Puymoreau à Châteauroux. Voici
l'histoire de la personne chez laquelle on me conduisait :
Cette personne était fils d'un petit boucher des environs
de Tours, qui l'emmenait dès l'âge de dix à douze ans
dans les foires ou marchés, où il s'approvisionnait de
bêtes de boucherie. Il devint bientôt assez connaisseur
en bétail pour que son père le chargeât d'approvisionner
son étal, et même d'acheter des moutons pour aller les
revendre ailleurs. A l'âge de vingt ans, il devint marchand de moutons pour son compte, et parcourut ainsi
une partie de la France, observant et prenant note de ce
qu'il apprenait. Il se maria avec la fille d'un cultivateur
des environs de Paris ; il allait le plus souvent chercher
des troupeaux de moutons dans le centre de la France,
et il les vendait aux fermiers, pour faire le parc ; il avait
couché souvent dans une petite auberge isolée, qui se
trouve au sortir de la forêt, en venant de Châteauroux,
pour aller à Puymoreau ; l'aubergiste y vivait miséra-

blement, en cultivant quelques hectares, sur une propriété de dix-huit hectares presque tous en bruyères bordées par la forêt ; notre homme ayant amassé un petit capital, proposa à l'aubergiste de lui acheter sa propriété, qu'il obtint pour 7,000 fr., il y a de cela douze ans. Il vint alors s'y fixer avec sa femme, une fille de dix ans et un garçon de deux ans ; tout en continuant son commerce de moutons, il se mit à défricher peu à peu ses bruyères, que les métayers du voisinage lui labouraient ; il achetait près de Châteauroux, dont sa propriété n'est qu'à douze kilomètres, ce qu'on appelle les cendres des fours à chaux, formées en grande partie de chaux éteinte ; il les payait de 2 fr. à 2 fr. 50 le mètre cube ; son cheval les amenait, et avec le temps, il en a couvert ses dix-huit hectares, à raison de quinze à dix-huit mètres l'hectare ; ces terres portent maintenant de fort belles récoltes en froment et avoine, en trèfle, vesces et luzerne, choux branchus du Poitou, betteraves et navets. Il a assaini les parties humides au moyen de plusieurs fossés, qui reçoivent les eaux amenées par dix-huit cents mètres de rigoles de la largeur d'un fer de bêche et ayant deux pieds de profondeur ; il a rempli à moitié ces rigoles de cailloux et de petites pierres ramassés dans ses champs, a mis par-dessus un lit de bruyères, qu'il a recouvert de terre ; il a planté plus de mille pieds de jeunes sauvageons de pommiers, poiriers, mérisiers, qu'il allait arracher dans la forêt, et qu'il a greffés comme arbres à cidre ; il tient une douzaine de bêtes à cornes et son cheval attachés à des piquets, dans ses prés ou prairies artificielles, comme cela se fait en Normandie. Ce qui est certain, c'est que cet homme, très-intelligent et des plus actifs, a transformé ses dix-huit hectares de bruyères en terres couvertes d'abondantes récoltes ; jusqu'aux ados des fossés de la route et les bordures des haies ont été défrichés et rendus productifs, après que tout le reste a été achevé.

La femme de cet homme remarquable paraît capable et intelligente, et elle seconde bien son mari ; leur fils, âgé de quatorze ans, apprend avec son père l'état de marchand de moutons, qui lui a si bien réussi.

J'ai été enchanté de ma visite à ces braves et très-intelligents petits propriétaires, dont l'exemple sera très-utile aux voisins.

Je suis allé coucher à Issoudun, d'où une diligence m'a conduit à Saint-Florent, jolie petite ville et station du chemin de fer de Bourges à Montluçon ; j'ai employé la journée à visiter d'abord M. du Troncay, maire de cette petite ville et propriétaire d'une bonne terre calcaire, mais peu profonde, qu'il cultive à l'usage du pays ; il plante tous les ans de nouvelles vignes et m'a promis d'en planter un hectare comme essai, à la manière du père Denis. Ses fonctions de maire le rappelant en ville, il m'a proposé de me donner un cabriolet, avec son chef de culture, pour me faire visiter deux messieurs de son voisinage, qui chacun ont une bonne culture ; ayant accepté son offre avec plaisir, nous sommes allés, son chef de culture et moi, par des chemins de traverse impraticables, à travers d'excellentes terres, chez M. Bourkhart, qui malheureusement était absent ; son habitation est jolie et est entourée d'un parc à l'anglaise. Il ne se trouvait personne dans la ferme qui pût nous piloter ; mon guide m'a dit qu'il s'y trouvait une moissonneuse, mais nous ne l'avons pas trouvée ; le troupeau était au loin, mais les béliers étaient à la bergerie ; ils étaient, je pense, le résultat d'un croisement dishley-mérinos ; l'étable était vide.

Nous avons ensuite dirigé notre course vers la propriété de M. Tourangin, qui ne se trouvait pas non plus chez lui ; mais son régisseur, qui survint, nous dit que le propriétaire se mêlait peu de la culture ; il nous fit

voir de belles betteraves dans une terre d'une haute fertilité ; les béliers sont des croisés southdown et charmoise.

Il nous conduisit dans son étable, dans laquelle il
engraisse des vaches et des bœufs achetés à cet effet ; on
leur donne un mélange fermenté formé de cinq kilos de
tourteaux de colza, de farines, de siliques de colza, de
balles de froment et de racines ; cela donne beaucoup
d'excellent fumier, qui assure de bonnes récoltes.

Nous sommes retournés à Saint-Florent, et le chemin
de fer m'a conduit à Châteauneuf-sur-Cher, d'où l'omnibus m'a déposé au château de Bel-Air, près Lignières.
J'allais chez Mme Durand, la mère de mes jeunes amis ;
M. Benoist, l'aîné, m'a conduit le lendemain matin dans
leur terre de Bois-d'Habert, propriété d'environ quatre
cents hectares, qu'ils viennent de partager en cinq lots
pour les deux sœurs et les trois frères, ces derniers encore
garçons.

Il s'y trouvait soixante et quelques hectares de
bruyères qui viennent d'être défrichés, et qui, pendant
quatre ans de suite, ont donné de bonnes récoltes de
céréales et de colza, à l'aide d'une application annuelle
de quatre cents kilos de phosphate de chaux fossile,
dont le prix, rendu à la station du chemin de fer, est
de 7 fr. 50 les cent kilos.

M. de Saint-Georges, ancien officier supérieur d'ar-
tillerie, maire de la commune d'Ineuil, dont les bruyères
touchent celles de MM. Durand, en a déjà loué en détail
une grande étendue aux habitants de sa commune, pour
dix-huit ans, à raison de 35 fr. l'hectare avant défrichement, et à charge de les marner deux fois pendant la
durée du bail ; la marne se trouve dans le sous-sol. On
voit de très-belles récoltes de céréales et même de froment sur ces défrichements récents ; aussi, le prix de
vente de ces bruyères est-il arrivé à 600 fr. l'hectare.

M. Philippe Durand, qui a pris un brevet d'importation pour la moissonneuse-faucheuse de Morgan, Seymour et Ollen, il y a quelques années, vient de recevoir de la même maison une nouvelle faucheuse-moissonneuse encore perfectionnée depuis la première importation. M. Philippe a reçu en même temps un grand journal de New-York qui rend compte d'un concours de moissonneuses qui a eu lieu en 1866 entre huit de ces machines ; dans ce concours, la moissonneuse de Morgan a obtenu le premier prix, avec grande médaille d'or ; le prospectus de cette moissonneuse-faucheuse, qui porte le nom de New-Yorker, contient quarante-six lettres, adressées à la maison Morgan, pour lui faire l'éloge de cette machine ; une de ces lettres dit, qu'on a moissonné avec elle, en trente-cinq heures de travail, trente-sept acres ou quatorze hectares quarante ares de froments très-épais et très-hauts ; il n'y a rien eu de cassé ou de dérangé pendant ce travail, qui n'employait que le cocher conduisant deux bons chevaux de moyenne taille ; le rateau automate de la moissonneuse jette la javelle assez loin pour que les chevaux ne marchent pas dessus ; M. Philippe Durand, à Lignières (Cher), vend 850 fr. cette moissonneuse, pour laquelle il a pris un brevet d'importation.

M. Benoist Durand m'a conduit, le 26 mai, chez M. Poisson, directeur de la ferme-école du département du Cher ; c'est un ancien et excellent cultivateur, des environs de Paris ; il paye 55 fr. par hectare, et en exploite maintenant près de deux cents ; une cinquantaine sont entre les mains d'un métayer qui se laisse entièrement diriger par lui. Il a une porcherie très-considérable et parfaitement conduite ; il s'y trouve des middlessex, des yorkshire et des berkshire ; il vend les porcelets pour la reproduction, 100 fr. la paire, âgés de six semaines ou deux mois. Le croisement qui lui a fait remporter le plus de primes, dans les concours régionaux, est celui des middlessex avec les berkshire. Cette ferme-école est des mieux dirigées de toutes manières, aussi bien dans la culture des champs et des jardins, que dans l'élevage des bêtes à cornes, d'espèce charolaise; il n'élève pas de bêtes à laine ; mais il achète de jeunes moutons berrichons, qu'il revend à des cultivateurs des environs de Paris, pour faire le parc.

Son propriétaire vient de drainer vingt et quelques hectares à raison de 250 fr. l'hectare, dont M. Poisson paye cinq pour cent d'intérêt.

Son économe et comptable, dont il était très-satisfait, l'ayant quitté pour se marier, il l'a remplacé par un ancien élève de M. Malingié; il le loge, le nourrit à sa table, lui donne la première année 800 fr., avec une augmentation annuelle de 100 fr., jusqu'au chiffre de 1,500 fr. Un de ses élèves, après avoir fini son temps de ferme-école, était resté comme chef de pratique ; étant tombé, au bout de dix-huit mois, à la conscription, M. Poisson lui a' prêté, après six mois de service militaire, 3,000 fr. pour se faire remplacer, et il l'a réintégré comme chef de pratique; voilà près de quatre ans de cela, et les 3,000 fr. sont à peu près payés.

On venait d'amener de Paris à M. Poisson, le fils d'un riche fabricant de sucre de Cuba, qui demandait à être nourri à sa table, ce qui n'a pu être accordé; ce jeune homme a fini par consentir à entrer comme simple élève de ferme-école.

Nous avons quitté, M. Durand et moi, M. Poisson en le remerciant de son aimable réception.

La Société d'agriculture de Bourges, a décerné une médaille d'or, à Mme Guillot, pour avoir introduit dans le département du Cher, la culture des mûriers et la production des graines à vers à soie, non sujettes à produire des vers atteints de la muscardine.

J'ai voulu faire la connaissance de cette dame ; comme

elle n'était pas dans sa maison de ville, je fus le lendemain la chercher à la campagne; elle était malade; mais
madame sa mère, âgée de quatre-vingt-treize ans, a
bien voulu me recevoir; elle m'a conduit dans une
grande pièce, où se trouve la magnanerie; une autre
dame de la famille a remplacé Mme Guillot qui est devenue aveugle, pour surveiller cette éducation; ces deux
dames, dont la plus âgée a parfaitement sa tête, ont eu
la bonté de me raconter, que Mme Guillot s'était, il y a
trente-deux ans, amusée à élever des vers à soie, avec
les feuilles d'un mûrier qui était dans son jardin de
ville; ayant pris goût à cette occupation, elle a semé de
la graine de mûrier, pour pouvoir augmenter sa récolte
de feuilles; elle a planté peu à peu un hectare en mûriers; ayant fini par savoir qu'il y avait des variétés de
mûriers, dont la feuille est plus abondante, ou meilleure, elle a planté depuis des mûriers multicaules, des
mûriers loups, et des mûriers blancs à fleurs roses;
Mme Guillot a trouvé depuis, par expérience, que les
mûriers sauvages et les mûriers blancs à fleurs roses,
sont les meilleurs de ceux qu'elle connaît; aussi les
a-t-elle recommandés à sa belle-sœur, qui dirige maintenant sa magnanerie; cette dame a aussi planté des
mûriers, de même que son fils, dans deux autres propriétés; elle leur a encore conseillé de les espacer, plus
qu'elle ne l'avait fait elle-même; c'est-à-dire, de les
planter à trois mètres de distance en tous sens, ce qui
permet de les labourer ou scarifier facilement, afin de
les tenir bien nets de mauvaises herbes; il faut aussi les
tailler de manière à pouvoir cueillir toutes les feuilles,
sans être obligé de s'élever au-dessus de terre; on m'a
dit que lorsque toutes les feuilles avaient été enlevées, il
fallait tailler en ne laissant que des branches de vingt
centimètres de longueur; les mûriers que j'avais sous
les yeux, n'avaient que soixante-six centimètres de hau-

teur, sur six centimètres de diamètre ; on m'a fait remarquer que les branches des mûriers avaient été gelées
par le bout en hiver, mais qu'ils n'avaient pas souffert
de la gelée du 23 mai, qui n'a pas fait de mal non plus
aux vignes, tandis qu'elle a brûlé les tiges des pommes
de terre, des haricots, et les jeunes pousses de chênes.

Mme Guillot avait eu dans le temps de la peine à trouver un marchand à qui elle pût vendre sa soie ; ce marchand étant mort, sa mère lui conseilla d'écrire à la personne qui lui fournissait son huile d'olive ; elle obtint
ainsi une excellente adresse, et cette personne étant
venue, plus tard, la voir, l'engagea à essayer de produire
de la graine de vers à soie, ce qui lui serait bien plus
profitable ; on lui expliqua si bien ce qu'il y avait à faire,
pour arriver à un bon résultat, qu'elle a réussi à faire
depuis quelques années environ six kilos de graine par
an, en renonçant à la soie ; celle-ci ne lui rapportait
guère qu'une couple de mille francs bruts, tandis que la
graine lui donne à peu près le triple, sur quoi les frais
sont à déduire. La salle où se fait cette petite éducation
de deux onces de graines, a environ huit mètres de longueur sur six de largeur ; elle a quatre grandes croisées
garnies d'épais rideaux de couleur foncée, de manière à
tenir les vers dans l'obscurité lorsque c'est nécessaire ;
deux de ces croisées s'ouvrent au midi et deux au nord,
ce qui facilite l'entretien d'une égale température, qui
doit, autant que possible, ne pas dépasser vingt-six degrés centigrades. La salle est garnie de trois rangs de
tablettes superposées et séparées par quarante centimètres ; chaque rang a plus de six mètres de long ; les tablettes ont une largeur d'un mètre, et sont garnies d'un
petit rebord. On ne fait éclore les vers que lorsqu'on a
assez de feuilles ; on doit les découper d'abord, de ma--
nière à ce que les morceaux ne dépassent pas la grandeur d'une lentille ; à mesure que les vers grandissent,

on augmente la grandeur des morceaux ; on partage les feuilles en trois, dès que les vers ont acquis à peu près leur taille. La nourriture se distribue trois fois le jour ; la cueillette occupe de quatre à six femmes par jour ; elles aident aussi à la préparation et à la distribution de la feuille ; lorsque les vers sont à leur seconde mue, il faut trois personnes à l'intérieur de la magnanerie. Lorsque les vers commencent à monter, on garnit les côtés des tablettes de tiges de colza, ayant porté graine, dont on supprime les racines et le corps.

Une fois les cocons faits, on les enfile comme un chapelet, en passant l'aiguille en travers et non en long, et de manière à ne pas blesser la chrysalide ; lorsque les papillons sortent, on les dépose sur un linge de coton blanc ; on sépare ceux qui ne s'accouplent pas d'eux-mêmes, et on pose les mâles sur les femelles ; s'ils ne se séparent pas, après trois et quatre heures d'accouplement, on enlève tous les papillons mâles, qu'on distribue aux volailles, qui en sont très-friandes. On pose alors les femelles sur de grandes feuilles de papier, tendues sur des cadres qu'on appuie un peu obliquement contre les murs de la magnanerie ; le haut des cadres doit être garni d'un bourrelet garni de vieux linge, qui empêche les femelles qui pondent en montant, de sortir du cadre. Lorsque la ponte est terminée, on jette les papillons aux volailles ; les papiers garnis de graine, sont conservés en hiver, dans une pièce saine ; on les met, au printemps, dans un lieu assez froid pour empêcher l'éclosion, avant l'époque où l'on en a besoin.

La personne qui a conseillé à Mme Guillot de faire de la graine, au lieu de soie, est revenue la voir, il y a quelques années, et lui a dit que son nom était vénéré dans son pays, parce que la graine qui se fait en Berry et qui lui est due, est meilleure même que celle importée du Japon.

Mme Guillot est si obligeante, qu'elle a fait connaître à bien des personnes de sa connaissance, et à toutes celles qui sont venues la consulter, les méthodes qui lui ont le mieux réussi, pour faire ses petites éducations de vers à soie, qui conviennent tant pour la production de la graine ; une partie de ses élèves, qui habitent diverses parties du Berry, ont suivi son exemple, et propagent l'instruction qu'elles doivent à Mme Guillot ; il se fait ainsi beaucoup de graines dans les environs de Saint-Amand-Montrond, Montméliand, Bourges, et autres villes du Berry ; plusieurs personnes de Lignières m'ont dit que les terres légères, saines, et bien exposées des environs de cette ville, étaient recherchées et payées fort cher, de 2 à 3,000 fr. l'hectare, pour les planter en mûriers ; beaucoup de personnes s'occupent de la production de graine de vers à soie, qui est si profitable. Mme Guillot envoie sa graine de vers à soie, en février, à Salon, département des Bouches-du-Rhône ; elle la partage par kilos, contenus en sacs de lustrine ; chaque sachet est mis dans une boîte de zinc, dont le dessus est percé de trous du diamètre d'une pièce de 5 fr. en or ; on superpose six boîtes en zinc, dans une caisse de bois ; en formant les boîtes, on en ôte soigneusement tous les œufs qui ne sont pas d'une bonne couleur.

J'ai pris congé de ces dames, en les remerciant de la bonté avec laquelle elles m'ont fourni tous ces détails, et j'ai bien regretté de n'avoir pu faire la connaissance de madame Guillot, qui a rendu pendant le tiers d'un siècle un si grand service à la France, et particulièrement aux pays qui l'environnent ; son fils et celui de sa belle-sœur ont déjà planté, chacun, quatre cents mûriers ; ces Messieurs font venir de la ville de Salon de jeunes mûriers connus sous le nom de *Pourettes,* et les greffent lorsqu'ils sont assez forts.

M. Benoît Durand m'a conduit à Vallenais, chez M. Edmond Augier, qui était absent; nous avons vu chez lui, comme à Bois-d'Habert, de très-belles récoltes de céréales et de fourrages.

Je suis allé coucher chez M. Auclerc, que j'ai trouvé occupé de sa fenaison, qui lui donnera, il l'espère, cent mille kilos de foin et moitié en regain; plus des deux tiers lui sont fournis par ses prairies artificielles, et cependant il a nourri au vert une cinquantaine de grosses bêtes, sans compter les veaux, une centaine de moutons et de nombreux cochons; tout cela est produit sur soixante et quelques hectares dont seulement trois sont en prés naturels. Ses enfants étaient allés voir l'exposition, il y a déjà quelque temps.

M. Auclerc a maintenant en bœufs quatorze bêtes de travail dont une est pur durham, dix croisés durham et trois charolais; il a douze vaches ou génisses durham pures et huit vaches ou génisses qui ne sont pas portées sur le *Herd book* français; il a six taureaux, dont quatre prêts à faire le saut, et dont il demande 1,000 fr. la pièce, et deux veaux. Il vient d'acheter de M. Tiersonnier un taureau pour son service, celui qu'il avait acheté l'an dernier, à Corbon, ayant péri. M. Auclerc fait consommer en vert les tiges de topinambours à partir du 15 septembre; mais comme il s'est aperçu que cette nourriture, qui est très-bonne, est très-échauffante, il n'en donne que de deux jours l'un.

Les ouvriers se paient ici aux prix suivants : les hommes gagnent 1 fr. 75; les garçons de quinze à dix-huit ans, 1 fr. 25; les femmes, 0 fr. 75; lors de la moisson, les femmes reçoivent 1 fr. 25 et leur nourriture ; les faucheurs obtiennent 1 fr, 75, sont nourris et ont du vin; à la tâche, les bonnes prairies artificielles coûtent 8 fr. l'hectare. M. Auclerc m'a dit qu'on plantait beaucoup de mûriers et de vignes, et que cela avait rendu fort chères des terres pauvres, sablonneuses et caillouteuses, à sous-sol trop perméable ; elles se vendent de 1,500 à 1,800 fr. l'hectare. Il m'a fait voir une charrue à défoncer, dans le genre de celles de M. Vallerand, qu'il vient de faire venir du département de l'Aisne. Il m'a fait faire la connaissance d'un de ses neveux, M. Barbarin, ancien capitaine du génie, qui a quitté le service il y a dix ans, pour soigner sa mère, veuve et infirme : il ne s'est marié qu'après l'avoir perdue. Pour occuper sa grande activité, il s'est mis à entreprendre l'amélioration de la culture de quatre métairies, que possédait sa mère dans les environs de Saint-Amand-Montrond, où il habite ; il m'a dit que le métayer qui occupe sa meilleure et sa plus grande métairie, qui a cent quinze hectares en très-bonnes terres fortes, lui produit en moyenne neuf mille et quelques cents francs ; cet homme, du temps du père de M. Barbarin, avait d'abord occupé l'une après l'autre deux des fermes, de cinquante à soixante hectares ; ayant reconnu combien il était capable, M. Barbarin père le mit dans sa métairie de cent quinze hectares ; ce brave homme s'y était endetté de quinze à dix-huit cents francs pendant les premières années ; sa famille n'était pas assez nombreuse pour l'étendue de la métairie, ce qui le forçait à prendre des domestiques ; il voulut alors quitter, mais le propriétaire n'y consentit pas, et lui abandonna une partie de sa dette ; ce bon et brave métayer s'est bien relevé et se trouve avoir mis en quinze ans 25,000 fr. de côté ; la ferme est en très-bon état de réparation ; elle nourrit une grosse tête de bétail par chaque hectare. La métairie, d'une soixantaine d'hectares en terres plus faciles de culture, produit à M. Barbarin, pour sa moitié, une moyenne dépassant 60 fr. l'hectare ; celle d'environ cinquante hectares lui vaut plus de 50 fr. ; enfin, la quatrième métairie, formée d'une trentaine d'hectares de bruyères défrichées, en terres légères qui ont été marnées et chaulées, produit à peu près autant que la précedente ; elle se trouve placée dans le voisinage d'un grand communal en bruyères qui, il y a une vingtaine d'années, s'est trouvé à peu près envahi et défriché par des gens qui se sont construit des cabanes par trois ou quatre hectares qu'ils cultivent à la bêche ou au moyen d'ânes attelés à de petites charrues ; les bruyères attenantes ont été louées fort cher par leurs propriétaires à ces gens qui en tirent un bon parti, le voisinage de la marne ou de la chaux aidant, au dire de M. Barbarin. Ce digne propriétaire possède, dans les environs de Bourges, une autre ferme en bonnes terres calcaires, qu'il a été obligé de louer en argent, à cause de l'éloignement, au lieu de l'être en métairie; elle ne lui donne que 45 fr. l'hectare; une autre ferme qu'il possède près Laon, dans l'Aisne, est louée, quoiqu'en terres légères, 70 fr. l'hectare. M. Barbarin a bien voulu m'engager à venir le voir à mon premier voyage en Berry. Ce monsieur a remplacé M. Auclerc, comme président du comice agricole de Saint-Amand, position que celui-ci a remplie pendant une trentaine d'années, au grand avantage de l'agriculture de cette partie du département du Cher, à laquelle ses excellents exemples en culture, et son élevage de bêtes bovines de race durham ont aussi énormément contribué.

J'ai quitté ce digne homme, qui s'est enrichi par ses travaux agricoles parfaitement dirigés, tout en se rendant des plus utiles par ses bons exemples, et je me suis rendu chez un autre homme plus jeune, et qui a déjà fait beaucoup en améliorations agricoles, c'est M. Tabouet, à Vallons, troisième station avant d'arriver à Montluçon; on m'y reçut comme à l'ordinaire, de la manière la plus aimable. La ferme que M. Tabouet cultive par domestiques est de quatre-vingt-dix hectares, en sables dont le sous-sol contient un peu d'argile qui suffit pour empêcher l'infiltration de l'humidité, ce qui force M. Tabouet à tenir ses terres en planches bombées, d'une largeur de quatre mètres, séparées par des rigoles très-profondes ; il défonce toujours la première sole de son assolement quadriennal en enterrant une fumure de quarante mètres cubes de fumier de ferme, ou bien de quatre-vingts mètres cubes de boue de rue, de la ville de Montluçon, qui, arrivant par le canal du Cher, ne lui coûtent rendues au port que 2 fr. 50 le mètre ; il obtient ainsi de fort belles récoltes de carottes, betteraves, pommes de terre et navets, sur une dizaine d'hectares ; les carottes et betteraves sont semées en lignes alternatives, et ont produit l'an dernier soixante mille kilos ; le reste de la sole est semé en vesces et avoine d'hiver, qui sont d'une grande hauteur et épaisseur ; la deuxième sole est semée en froment, méteil et seigle, toute la ferme ayant été chaulée à raison de cent cinquante hectolitres de chaux ; troisième sole, trèfle et raygrass d'Italie sur la sole entière qui est de vingt hectares ; dans quatre ans, cette sole sera en luzerne, qui devra durer huit ans, comme celle qu'on a en ce moment, et qui est très-productive ; elle a reçu une très-forte fumure au moment où elle a été semée, et cette fumure a été renouvelée au bout de quatre ans. La quatrième sole reçoit des céréales d'hiver, y compris des avoines de cette saison ; on a en dehors de l'assolement, un champ de topinambours qui étant fumés tous les deux ans, donneront des récoltes très-profitables dans ces terres légères, en restant toujours dans le même champ. Le commencement de cette culture date d'environ seize ans ; mais elle était bien moins étendue alors, et faite dans le principe sur les meilleures terres ; le reste de la ferme était en si pauvres sables, qu'on ne s'est décidé à les cultiver que lorsqu'on a vu les belles récoltes qui résultaient des premières améliorations ; on a donc défriché chaque année, ces mauvaises pâtures, les engrais et la chaux de Montluçon aidant ; une fois qu'elles ont été toutes défrichées et améliorées, M. Tabouet s'en est si bien trouvé, qu'il a acheté l'an dernier pour 2,200 fr. sept hectares de sables blancs, profonds et humides, qui m'ont paru être tout ce qu'il y a de plus mauvais; il les traite de même que les précédents, c'est-à-dire en mettant par hectare cent mètres de boue de ville, qu'il enterre à trente-six ou quarante centimètres par un labour de deux charrues se suivant dans le même sillon et attelées chacune de quatre forts bœufs charolais; la seconde charrue est une charrue Bonnet, qui ramène à la surface le sous-sol, sable un peu argileux; on applique à cette terre si bien remuée cent cinquante hectolitres de chaux, enterrée par un hersage, on remet ensuite encore des boues de ville, et on ensemence en vesces et avoine d'hiver; ce que j'ai vu en cette position était superbe. On fait suivre ce fourrage par des pommes de terre, et des raves ensuite. Les récoltes de céréales d'hiver de M. Tabouet promettent au moins une trentaine d'hectolitres.

M. Tabouet a depuis dix ans pour maître valet, un cultivateur des environs de Lille; il est nourri avec sa femme et un enfant et gagne 500 fr.; il revenait d'une visite faite à sa famille, et avait passé à Paris, pour voir l'Exposition, une semaine, avec une trentaine d'ouvriers choisis dans le département de l'Allier. Un des trois frères Rambourg, riches maîtres de forge des environs de Montluçon, avait envoyé à Paris et défrayé ces ouvriers, pour contribuer à leur instruction; ce monsieur dépense chaque année une assez forte somme en primes pour l'amélioration de la classe ouvrière.

M. Tabouet nourrit une soixantaine de bêtes bovines, les veaux de lait en dehors. Il a eu, il y a quelques années, pendant cinq ans, un taureau durham, et l'a remplacé par un charolais, pour rentrer dans la couleur blanche, qui est absolument nécessaire pour vendre avantageusement les bêtes bovines charolaises, il engraisse donc tous les veaux mâles qui ne sont pas bien blancs, pour les vendre vers l'âge de trois ans ; il donne aux génisses un fort beau taureau charolais, et obtient ainsi le plus souvent la couleur blanche ; il a vendu, l'an dernier, cinq jeunes mâles d'un an à dix-huit mois, entre 5 et 600 fr. En ce moment, il en a trois à vendre. M. Tabouet reconnaît aux croisés durham plus de précocité et d'aptitude à prendre la graisse qu'aux bêtes charolaises, perfectionnées par suite du croisement durham ; la saillie de son taureau se paye 5 fr. et 0 fr. 50 pour le vacher. Son troupeau de bêtes à laine est formé de bonnes bêtes, qui prennent facilement la graisse et sont vendues âgées de quinze à dix-huit mois ; elles proviennent de croisements d'abord charmoise et ensuite southdown ; ce troupeau n'est pas homogène ; leur prix actuel est de 0 fr. 80 poids vif, ce qui amène la moyenne à 40 fr. par tête. M. Tabouet tient six chevaux, dont deux de selle pour ses fils.

Un de ses métayers est très-intelligent et très-actif ; il réussit fort bien, quoique n'ayant qu'une fille de vingt ans, un fils de seize et un de huit. Sa métairie contient quatre-vingt-dix hectares ; il est donc forcé d'avoir deux laboureurs à 300 fr. chacun, deux gamins à 150 fr., et deux servantes à 75 fr. chacune. Le métayer n'est dans cette ferme que depuis six ans, et son cheptel se trouve déjà doublé ; il est de quarante bêtes bovines charolaises, sans les veaux de l'année, dont douze vaches qui vont au taureau de M. Tabouet ; on élève tout. Il n'a pas de juments, mais il a un troupeau de cent cinquante moutons qu'il engraisse ; tous les produits de la métairie se partagent, cochons, volailles et œufs. On y cultive cinq hectares en racines fort bien soignées. La moitié des terres est semée en fourrage ; les patureaux et bruyères ont été défrichés ; les récoltes sont fort belles, et le métayer a eu l'an dernier, 1,500 fr. de bénéfice.

M. Tabouet paye les hommes 1 fr. 75 c. pendant huit mois, et 2 fr. pendant le reste de l'année.

Il met les jeunes bœufs à l'engrais vers l'âge de trente-deux mois ; on commence par leur donner quatre litres de farine, qui s'augmentent au fur et à mesure, jusqu'à huit litres, et l'on ajoute pendant les quinze derniers jours, quatre litres d'avoine ; ils consomment de trente à quarante livres de foin, et autant de racines ; il ne fait que peu d'avoine.

M. Tabouet tire ses charrues Bonnet de Moulins, et les paye 80 fr. ; on trouve aussi à Moulins beaucoup d'instruments et de machines agricoles perfectionnés chez MM. Berger et Barillot, et chez Bruel frères.

M. Tabouet tient trois à quatre truies croisées par un verrat anglais ; les porcelets se vendent couramment 20 fr., et il engraisse ceux qui lui restent.

Il emploie avec avantage de quatre à cinq cents kilos de phosphate fossile par hectare, dans ses sables.

Les terres en ferme valent dans ces environs de 1,000 à 1,500 fr. l'hectare.

Le mètre carré de terrain à bâtir, à Vallons, se vend de 1 à 2 fr.

Au moment où je montais en cabriolet, le 4 juin, pour aller voir M. Serres père, à Bussière, M. Mestre, un de ses fermiers, passait à Vallons, retournant chez lui ; il m'emmena à sa ferme, où M. Serres devait justement déjeuner ce jour-là ; effectivement, M. Serres arriva presqu'au même moment que nous chez Mme Mestro ; cette famille est venue, il y a une dizaine d'années, du Nivernais, d'où elle est originaire, pour prendre cette ferme d'environ cent hectares de terres fortes et difficiles à cultiver, situées sur un plateau fort élevé, dont on paye 20 fr. l'hectare ; le ménage est bien logé ; le cheptel se compose de huit forts bœufs de race salers, une douzaine de vaches et des élèves charolais, cent fortes brebis crevant, ayant un quart de sang dishley, et enfin, une belle jument percheronne, celle qui nous avait amenés.

Après déjeuner, M. Mestro nous fit voir une partie de ses cultures, entre autres de superbes vesces d'hiver, faites sur des terres restées, jusque il y a trois ans, en friches ou bruyères ; pour les obtenir, M. Mestro avait mis cent soixante mètres cubes de fumier par hectare ; avec de pareilles doses de fumier, on a toujours de belles récoltes ; mais tout le fumier fait dans la ferme ne couvrirait que vingt-cinq hectares fumés aussi bien, et jusqu'à présent, M. Mestro n'a encore fait que des essais de guano ou autres engrais du commerce, excepté en phosphate fossile, employé pour ses défrichements ; on nous a fait voir un grand potager que M. Serres avait fait défoncer à près d'un mètre de profondeur. Cet important travail en a rendu la terre encore plus forte ; mais les quenouilles y sont magnifiques. M. Mestro a planté un hectare en vignes, en suivant l'exemple de MM. Serres, dont le père, qui en avait trois hectares d'anciennes, en a planté vingt hectares depuis quatre ou cinq ans ; son fils, de son côté, en a planté dix hectares ; les lignes de ceps se trouvent à deux mètres et on les cultive à la charrue.

On arrive à la ferme de M. Mestro par une avenue de beaux châtaigniers, que M. Serres a plantés il y a plus de vingt ans.

M. Serres m'a emmené dans son château, placé au fond d'une charmante vallée, et de là, nous sommes montés par une excellente route qu'il a créée, pour arriver sur le plateau, fort élevé, existant vis-à-vis de son habitation ; il y a construit une ferme, dont les bâtiments lui ont coûté 80,000 fr. ; elle contient deux jolies maisons, dont l'une pourrait loger un riche fermier, et l'autre son chef de culture ; la première est occupée depuis deux ans par un jeune ménage, dont le mari était instituteur dans une commune ; ils sont nourris et ont 500 fr. ; M. Serres lui fait tenir la comptabilité en partie double, et le dresse pour qu'il puisse, par la suite, en faire un régisseur. M. Serres s'est arrangé, dans l'autre maison, un pied-à-terre où il peut déjeuner et se reposer par les chaleurs ; il y a logé son jardinier, qui a transformé, en six ans, une bruyère attenant à la maison en un grand et excellent jardin, dont les terres plutôt légères ont été défoncées avec avantage, drainées et chaulées à raison de deux cents hectolitres à l'hectare ; aussi, tout y vient à ravir, sur de bonnes fumures.

Un grand bâtiment de cette ferme peut loger cent bêtes à cornes, et comme il est très-élevé, les greniers peuvent contenir une grande partie des fourrages de cette ferme de plus de trois cents hectares ; les mangeoires de l'étable sont formées de murs recouverts de ciment de Vassy, et je n'ai pas remarqué que le ciment fût ébréché ; il est à regretter que M. Serres n'ait pas vu l'étable construite par M. de Montagnac aux Trillets, près Montluçon, car je pense qu'il aurait imité avec un grand avantage les petits abreuvoirs placés entre chaque deux bêtes, où l'eau arrive, ce qui permet aux bêtes de boire en mangeant, ce dont elles profitent avec plaisir et profit pour elles ; les hommes ne dîneraient pas bien, si on leur ôtait la possibilité de boire à table. M. Serres y eût vu aussi de petits chemins de fer qui facilitent énormément l'approche de la nourriture du bétail, qui, surtout en vert, est très-lourde ; ces chemins de fer aident de même à conduire les déjections sur le tas de fumier ; c'est très-commode, lorsqu'on n'a pas encore adopté une meilleure méthode de faire le fumier, qui est de le laisser au moins un mois sous les bêtes, en ayant le soin de tenir la litière bien à plat, et de saupoudrer les parties humides avec de l'argile pulvérisée et conservée à couvert. Le fumier est conduit directement au champ, lorsqu'on l'enlève de dessous le bétail ; une troisième amélioration à adopter, est de placer une barre de fer qui monte du plancher au haut de la mangeoire ; on y enfile l'anneau du bout de la courte chaîne qui sert d'attache à l'animal ; cet anneau descend très-aisément lorsque l'animal se couche, et remonte de même lorsqu'il se lève, ce qui permet à l'attache d'être courte et prévient la possibilité que les vaches ne se battent entr'elles, et cependant les bêtes se trouvent ainsi gênées le moins possible. Cette grande étable est peuplée de belles bêtes charolaises. M. Serres n'a que six chevaux pour charroyer ; les labours se font par des bœufs limousins. On fait ici vingt hectares de récoltes sarclées, les topinambours et les raves faites après les seigles en dehors. Les céréales, les trèfles mêlés de raygrass d'Italie et les vesces sont bien ; mais je n'ai pas vu de luzernes. On a entouré de châtaigniers une partie des très-grandes pièces de terre de la culture. Les pentes trop raides pour être labourées et dont l'exposition ne convenait pas aux vignes, ont été plantées et semées en bois. Les vignes n'ont pas de fils de fer, mais des échalas. En ne comptant pas la valeur des échalas, M. Serres annonce une dépense de 100 fr. par hectare pour ses vignes.

Il vient d'acheter au Concours régional de Blois la batteuse de Gérard, de Vierzon, qui venait d'y obtenir le premier prix, et une locomobile à vapeur de la force de six chevaux, du même fabricant, le tout pour 7,000 fr.

Il avait fait l'an dernier douze hectares de lin, qui a été fort beau, l'année ayant été très-humide ; il a été obligé pour s'en défaire de l'expédier à Turcoing, ville très-manufacturière près de Lille ; le port de cette récolte a dépassé 1,600 fr., et le produit de chaque hectare est ressorti à 460 fr. ; M. Serres n'a pas semé de lin cette année ; si un certain nombre de grands cultivateurs de ce pays pouvaient s'entendre pour faire du lin, qui vient fort bien, surtout sur de bonnes bruyères récemmeut défrichées, il ne serait pas difficile de décider un fabricant de lin, comme il y en a beaucoup dans le Nord et en Belgique, à venir s'y fixer, ou du moins à y établir une succursale ; il achèterait le lin sur pied, à un prix fixé d'avance, d'accord avec les cultivateurs qui se seraient engagés à cultiver en lin un nombre d'hectares suffisant, pour qu'il ait de l'avantage à fonder un nouvel établissement ; pareille chose se fait dans les environs de Paris, ainsi que dans ceux de Châlons.

M. Serres a construit une digue en pierres et chaux hydraulique, qui traverse sa vallée très-étroite ; il a formé ainsi un étang profond et d'une grande longueur, entre des coteaux fort élevés, ce qui lui permet de faire des irrigations et pourra lui donner une chute d'eau. Il a planté en vignes les bonnes expositions de ses coteaux et semé en bois les mauvaises expositions, dont les pentes sont trop inclinées pour pouvoir être labourées.

La terre de Bussière ne produisait guères que 10,000 fr. lorsque M. Serres en a hérité de son père ; il y a dépensé environ 200,000 fr. en acquisition de grandes fermes qui le joignaient ; cette terre s'étend maintenant sur à peu près quatorze cents hectares, dont il a donné cinq cents à M. Gabriel, son second fils, qui a récemment épousé Mlle Dubois, petite-nièce de M. Amiot, lequel a donné à sa nièce 100 mille écus de dot.

M. Serres père m'a dit qu'il avait dépensé plus de 300,000 fr. en améliorations territoriales, et que sa terre lui produit maintenant plus de 50,000 fr. de revenu. Il fait valoir lui-même une réserve de trois cent cinquante hectares, et il a cent hectares en bois ; le reste est loué ou en métairies.

Le lendemain, M. Serres m'a reconduit à Vallons, où il allait prendre le chemin de fer.

M. Béguin, voisin de M. Tabouel, m'attendait avec

son fils, jeune homme de vingt-cinq ans, qui est, comme son père, grand amateur de culture ; ces messieurs me firent voir leur beau bétail charolais, ainsi qu'un troupeau croisé, depuis une quinzaine d'années, par des béliers pris chez le comte de Bouillé, de même que son taureau actuel. M. Béguin vend de fort beaux agneaux béliers, âgés de six mois, au prix de 50 fr. ; les cultivateurs qui veulent améliorer leurs troupeaux, et qui ne sont pas assez riches pour payer des béliers southdown de 200 à 500 fr., feraient bien de prendre ici leurs béliers. Ces messieurs ont plusieurs hectares de récoltes sarclées, qui ont été fortement fumés ; aussi, les froments venus après récoltes de racines sont-ils des plus beaux que j'aie vus cette année ; j'ai visité de belles prairies artificielles en luzerne et en trèfle, et on m'a montré de très-bons prés irrigués.

Ces messieurs m'ont conduit dans un herbage enclos, où nous avons vu en liberté une partie de leurs belles vaches et six anthenaises-southdown, ainsi qu'un jeune bélier venu l'année dernière de chez M. de Bouillé.

M. Béguin a donné récemment à son fils un domaine, pour qu'il le cultive comme cela lui conviendra ; il n'a pas oublié d'y ajouter un capital suffisant pour tirer un bon parti de ce domaine ; c'est là un bon moyen d'occuper un jeune homme qu'on veut conserver près de soi à la campagne, et de l'empêcher de s'y ennuyer.

M. Béguin a construit une ferme très-commode pour sa culture ; il vient d'élever une habitation qu'il n'occupe pas encore, et il va l'entourer d'un parc à l'anglaise ; il s'y trouve une source assez abondante, qui pourra irriguer ses gazons.

Je suis allé ensuite remercier mes bons hôtes et prendre congé d'eux, pour me rendre aux Trillets, à deux stations de là, et passer vingt-quatre heures chez le vicomte de Montagnac, qui a bien voulu, malgré son état de souffrance, me montrer sa belle vacherie. J'y ai trouvé son beau vieux taureau, âgé de sept ans, qui fait son service à merveille, malgré son très-grand poids, qui dépasse mille kilos ; mais lorsque les vaches doivent être servies, on les place dans un travail où se trouve une soupente qui, placée sous leur ventre, les empêche de trop sentir le poids du taureau ; ce très-bon taureau avait gagné chez son premier propriétaire, M. Tiersonnier, un premier prix à un concours régional, il y a de cela cinq ans, et il a toujours donné depuis d'excellents produits, que le vicomte nourrit de manière à les vendre gras vers l'âge de vingt-quatre mois ; lorsqu'il y a, de ces jeunes bêtes grasses, un nombre suffisant pour remplir un wagon, M. de Montagnac écrit à un grand boucher de Paris, qui vient, ou envoie, les estimer et les payer. Le dernier wagon, parti récemment, a dépassé, par tête, le prix de 460 fr., sur lesquels il n'y a aucun frais à défalquer.

Le vicomte cultive à peu près cent hectares sur lesquels il a trouvé le moyen de créer une trentaine d'hectares de prés ; ces prés dont environ les deux tiers n'étaient que des cailloux tout à fait dénudés et bordant le Cher, ont reçu des terres de déblais du chemin de fer qui se trouve à petite distance ; M. de Montagnac a en outre créé une chute en barrant le Cher qui, ici, n'est encore qu'une petite rivière ; on a choisi un endroit où le cours de la rivière se trouve très-resserré par deux collines ; la chute, ainsi obtenue, met en mouvement une machine à battre à poste fixe, qui bat aussi les grains de la commune ; de plus, l'eau est employée à irriguer une bonne partie de cette vaste prairie, qu'on vient enfin de terminer, et qui s'est augmentée par un échange qu'il a su attendre patiemment depuis bien des années ; cette propriété, d'environ trois hectares de pâtures marécageuses, garnis de broussailles, appartenait à un paysan madré, qui enfin a été tenté par une soulte en argent, qui l'a rendu plus facile en affaire.

M. de Montagnac a pris en location pour dix-huit ans, à raison de 30 fr. par hectare, une métairie que le propriétaire ne voulait pas vendre, et dont une partie des terres, enclavées dans les siennes, le gênaient; après avoir retiré les pièces de terre qui lui convenaient, il y a laissé le métayer, qu'il a pu amener à une meilleure culture, et dont les vaches viennent à son taureau; tout cela a bien amélioré les produits de la métairie.

Une partie des terres de sa culture, ayant un sous-sol formé de pouddings, M. de Montagnac a fait faire une très-forte fouilleuse qui, attelée de six bons bœufs, suit une charrue Dombasle dans le même sillon et ramène à la surface les pierres qu'on enlève ensuite; il a déjà notablement amélioré, ainsi, une vingtaine d'hectares.

Il a fait venir huit hectolitres de froment Halett, de chez M. Fiévé, à Masny, près Douay, Nord, ayant entendu faire un grand éloge de cette variété de blé anglais, qui est très-productive en grains et en paille, et ne verse que difficilement; ce blé n'a pas gelé dans l'hiver de 1863-1864, pendant lequel une très-grande quantité même de froments du pays ont été détruits par la gelée.

J'ai vu ici à l'œuvre plusieurs instruments de culture perfectionnés, d'abord la faucheuse de Peltier, qui fauche bien; mais comme elle ne coupe que sur une largeur de soixante-six centimètres, ce n'est pas assez pour un attelage de deux chevaux, et cela fatigue trop un seul cheval; j'ai vu encore un râteau à cheval, un scarificateur Dombasle, un lourd cylindre en fonte qui tournant sur une plaque du même métal, sert à écraser les tourteaux et le plâtre; ce cylindre pourrait servir aussi à broyer les tiges annuelles du grand ajonc, qui en Bretagne et en basse-Normandie, rend de si grands ser-

vices, en fournissant une excellente et très-abondante
nourriture verte, pendant tout l'hiver; cette même
plante, sur les bords du Cher, est cultivée avec un grand
profit, pour fumer les vignes; semée dans les plus mauvaises terres, pourvu qu'elles ne soient pas humides,
elle produit par année de 70 à 100 fr. par hectare dans
ce pays de vignobles, où les cent fagots d'ajoncs se payent
de 15 à 16 fr.

M. de Montagnac a inventé une machine qui sert à
monter le purin dans une auge, d'où il peut couler dans
le tonneau à engrais liquides, ou dans les rigoles d'irrigation des prés, quand la position y prête; cette machine, qui coûte 200 fr., est très-solide, et ne peut,
comme une pompe, se détériorer par la sécheresse.

Le vicomte a cédé, pour 60,000 fr. à son gendre,
M. de Mérès, une jolie maison avec trente hectares de
très-bonnes terres légères situées dans une commune
voisine; le jeune ménage s'y est fort bien installé.

M. de Mérès s'occupe avec succès de sa petite
culture; il a de fort beau froment Hallett; la terre convient à merveille à la luzerne; il engraisse des vaches
qui bien achetées, et en ne comptant pas la valeur du
fumier, lui ont payé 1 fr. 50 c. par jour leur nourriture,
dans laquelle entrait du tourteau; il a fait copier par son
maréchal une herse Howard qu'on lui avait prêtée, et
elle ne lui a coûté que 80 fr.

Il m'a conduit chez un de ses voisins, ancien régisseur des environs de Lignières, où il avait vu la petite
magnanerie de Mme Guillot; ce Monsieur s'étant retiré
ici, et ayant pu louer pour 120 fr. à une lieue de sa
maison un champ planté de mille jeunes mûriers, dont
le propriétaire n'avait pas su tirer un bon parti, il s'est
mis à faire de la graine de vers à soie; il en a vendu,
l'année dernière, trois kilos sept cent cinquante grammes
pour 3,500 fr. Il m'a fait voir dans son très-petit jardin,

trente ruches à compartiments, dont il tire un bon produit ; il m'a dit avoir eu jusqu'à soixante ruches, lorsqu'il était régisseur.

J'ai quitté le château des Trillets, pour me rendre à trois stations plus loin que Montluçon, sur le chemin de fer allant à Moulins, d'où une carriole m'a conduit à Cosne-sur-l'Œil, commune située à trois lieues de la station de Villefranche, par où j'ai dû revenir et faire ainsi une vingtaine de lieues, tandis que le bourg de Cosne n'est qu'à cinq lieues de Montluçon.

Je venais visiter près Cosne une propriété de trois cent quarante hectares achetée, il y a quelques années, par un riche industriel de Lille, M. Mathieux, qui était venu dans ce pays, faire des fouilles, pour chercher de la houille ; ces fouilles n'ont pas réussi ; mais M. Mathieux s'est décidé à acheter pour un faible prix, qu'on n'a pu me faire connaître, deux fermes comprenant trois cent quarante hectares, dont une très-grande partie était couverte de mauvaises pâtures, au lieu de bruyères et ajoncs, ou genets, comme cela se voit habituellement dans le centre de la France ; M. Mathieux mit à la tête de son acquisition, M. Moisson, jeune homme des environs de Lille, qui avait dirigé les fouilles. M. Moisson, qui s'est marié depuis, a habité d'abord la ferme de l'Ouche, située à un kilomètre de Cosne, et qui n'est pas trop mal bâtie ; en trois ans, il l'a mise en assez bon état de culture ; M. Mathieux a envoyé de Paris un petit chalet, pour s'y faire un pied à terre ; il a ensuite établi M. Moisson à la ferme du Lac, ainsi nommée à cause du petit lac qui sépare les deux fermes ; on y avait construit une grand maison où M. Mathieux compte venir passer une partie de l'été avec sa famille.

Il a mis il y a près de trois ans à la tête de la ferme de l'Ouche, un jeune cultivateur belge, M. Coupé, qui vient aussi de se marier à Lille.

Ces deux chefs de culture ont chacun 2,500 fr. et sont nourris.

M. Coupé m'a fait voir une partie de sa culture qui porte de bonnes récoltes ; j'ai remarqué une luzerne bien réussie, qu'il a semée en août, en même temps que du trèfle incarnat dont il a une bonne coupe en juin ; ensuite il a obtenu une coupe assez abondante de luzerne ; j'ai vu de bons trèfles dans les terres anciennement cultivées, du seigle, de l'avoine d'hiver, dans les récents défrichements, et de superbes colzas repiqués sur défrichements de deux ans ; les betteraves, les pommes de terre et topinambours se trouvent sur les anciennes terres ; une très-grande étable est pleine de bêtes charolaises ; j'ai regretté de n'y pas voir un taureau durham, pour y faire de jeunes bêtes grasses ; sous un grand hangar de nouvelle construction , se trouvaient des instruments de culture Dombasle, une grande batteuse et sa locomobile à vapeur, de Gérard de Vierzon ; enfin, cette ferme est bien montée, et en bon train.

M. Moisson étant survenu, m'emmena à sa ferme du Lac, par un chemin à peu près impraticable pour un cabriolet. La maison à un étage dont il occupe une partie, est posée sur un bon fonds de terre n'ayant servi jusqu'à présent que de parcours ; on construit à côté les bâtiments de culture, car aucun de ceux de l'ancienne ferme ne peut être conservé ; ce ne sont que de misérables huttes qui, en attendant, logent le bétail encore peu nombreux ; car la ferme de l'Ouche avait absorbé, jusqu'à une date trop récente, toute l'attention du propriétaire ; c'est sur cette ferme de l'Ouche que se sont faits, en grande partie, les travaux d'amélioration ; ici, tout est à faire.

M. Mathieux veut entourer la maison d'un parc à l'anglaise, et fait faire le potager, dans le jardin et la chenevière de l'ancienne ferme.

Les friches ou pâtures de ces environs, ne ressemblent pas aux bruyères du centre de la France ; elles sont couvertes d'une espèce de gazon, au lieu de genêts et de bruyères ; les défrichements récents, ont reçu six cents kilos de phosphate fossile, et sont couverts de fort belles récoltes, de céréales d'hiver et de printemps, le froment et les vesces compris ; on continue le même genre de fumure pendant quatre ans, en la diminuant chaque année de cent kilos de phosphate ; on chaule et on fume au bout de quatre ans.

Ces deux régisseurs sont si contents du produit de leurs défrichements, qu'ils viennent de louer quarante hectares de ces terres vagues et communales pour sept ans, à 18 fr. par an.

Ils ont commencé à planter de la vigne ; je leur ai fait connaître le grand avantage et l'économie qu'il y a, à planter les vignes en chaintres, et je les ai fortement engagés à adopter cette méthode, qui produit souvent le double et au moins la moitié de vin en sus, que les vignes plantées à l'ancien usage.

M. Mathieux ne reculant pas devant les dépenses utiles, a déjà beaucoup drainé et chaulé ; en continuant ainsi, il amènera cette terre en peu d'années, à une grande production.

Je suis allé coucher à Montluçon où je ne suis arrivé que fort tard, pour me rendre le lendemain dans la ville d'Éveau-les-Bains, et de là, chez M. le comte Emmanuel de Montagnac.

Je l'ai trouvé dans un vaste enclos où un grand nombre de faucheurs et de faneurs coupaient et fanaient une très-forte récolte de fourrage, semé avec vingt-cinq kilos de trèfle et des graines prises dans les fenils ; le comte en estimait le produit à plus de cinq mille kilos. Il m'a fait voir, en nous rendant au château, de très-beaux froments Victoria et Chiddam, dont le produit moyen arrive à trente hectos l'hectare ; celui de l'avoine est d'environ quarante. Ses betteraves et pommes de terre ont eu beaucoup à souffrir d'une queue d'orage, qui a détruit, il y a peu de temps, toutes les récoltes d'une grande étendue de pays. Nous avons vu une luzerne bientôt bonne à faucher pour la seconde fois, qui avait bien cinquante centimètres de hauteur ; sa première coupe avait nourri quatre-vingts têtes de bêtes charolaises, qui avaient eu beaucoup à souffrir de la cocote, qui a enlevé en dix-huit mois une vingtaine de veaux et a forcé de réformer sept vaches et un beau taureau venu de chez M. de Bouillé. L'étable n'est pas encore complétement débarrassée de cette mauvaise maladie. M. de Montagnac nourrit habituellement l'équivalent d'une soixantaine de bêtes du poids de six cents kilos.

Nous sommes entrés dans une métairie d'environ quarante-huit hectares, dont sept de prés irrigués ; on y a drainé toutes les parties très-humides, ce qui a employé plus de mille mètres de pierres arrachées dans les champs ; les eaux de sources et de drainage suffisent à l'irrigation des sept hectares de prés ; on nourrit sur les quarante-huit hectares trente-cinq bonnes bêtes bovines, dont huit forts bœufs, provenant de croisements charolais, cent vingt bêtes à laine croisées par un bélier charmoise. Des produits, âgés de quinze mois se vendent gras de 28 à 30 fr. pièce ; le métayer nous a montré une paire de bœufs qu'il engraisse ; il assure qu'ils pèseront plus qu'une paire vendue récemment 1,160 fr. ; le poids de ceux-ci était de seize cents kilos. M. de Montagnac m'a dit devant ce bon métayer, qu'en 1850, lorsqu'il a hérité de cette terre, c'était une très-mauvaise tête, et qu'il avait, comme les autres métayers de la terre, été sept ans sans vouloir suivre les bons exemples de culture qu'il leur donnait ; cependant ses récoltes étaient infiniment plus belles que les leurs ; ils ne voulaient pas

non plus chauler ; voici comment il s'y prit pour les
amener à essayer ce premier et si effectif moyen d'amélioration agricole, sans lequel, dans une grande partie
des terres de la France qui ne sont pas calcaires, on ne
peut obtenir de bonnes récoltes de froment ou de légumineuses : comme chaque métayer devait un certain
nombre de journées de charroi à quatre bœufs, le comte
imagina d'employer ces journées à faire venir de la
chaux de Montluçon, qui est à trente-deux kilomètres
de chez lui ; les métayers étaient tous allés chacun avec
deux voitures, chercher de la chaux ; au moment où ils
arrivaient, le comte fut au-devant d'eux jusqu'à l'entrée
de la propriété, et les arrêtant, il leur dit : Maintenant
que voilà la chaux arrivée, vous pouvez la conduire chacun chez vous, je vous en fais cadeau ; si vous ne la
voulez pas, conduisez-la à la réserve ; ils restèrent quelque temps à se consulter, puis emmenèrent la chaux chez
eux ; ils lui ont dit plus tard qu'ils n'avaient accepté la
chaux que de crainte de lui déplaire ; ce premier essai fait
sur leurs terres a fini par les convaincre ; maintenant
toutes les terres des métairies sont chaulées à quarante
hectolitres, et on va commencer à donner une pareille
dose dix ans après la première ; mais, à cause du long
parcours dans un pays très-montueux, le comte veut se
charger de la dépense entière de la chaux. M. de Montagnac chaule ses terres à raison de quatre-vingts hectolitres ; ses métayers mélangent leur chaux avec de la
terre, comme cela se fait dans la Mayenne, où on répand,
en même temps que chaque fumure, une vingtaine
d'hectolitres de chaux. Ce qu'il y a de remarquable, c'est
que ces faibles chaulages, de quarante hectolitres, ont
amené les terres des domaines à un produit moyen de
vingt-cinq hectolitres de froment, et les terres à seigle
à une couple d'hectolitres en moins.

L'assolement des métayers est : première sole, récoltes

sarclées, dont un hectare en betteraves, deux ou trois en raves, deux en vesces, un en sarrasin et un en jarosse, le tout bien fumé. Deuxième sole, grains d'hiver ou de mars. Troisième et quatrième sole, trèfle mêlé de graines ramassées dans les fenils ; on fauche et on pâture jusqu'à la Saint-Jean la cinquième sole qui reçoit ensuite une demi-jachère pour grains d'hiver.

Le brave métayer chez lequel nous étions allés a soixante-neuf ans ; il est encore fort et très-actif ; il a trois grands fils, dont un est devenu métayer en se mariant ; les deux autres, mariés aussi, restent avec leur père. L'un d'eux a servi sept ans comme artilleur de marine, et a fait la campagne de Sébastopol.

Le comte est au moment de construire dans cette métairie, comme il l'a fait dans les autres, une grande grange adossée à la colline, ce qui fait qu'on entre les voitures de grains ou de fourrage dans le grenier, et que le rez-de-chaussée est consacré aux étables ; l'étendue de ces bâtiments est à peu près de huit mètres cinquante centimètres sur trente. Ils sont placés, si c'est possible, vis à vis l'ancienne grange, afin de former des cours carrées ; celle-ci fournit encore beaucoup de logements. Nous ne sommes arrivés que vers six heures au château qui date de plus de six cents ans ; j'ai été présenté à Madame qui lors de ma première visite, était avec ses trois enfants chez son père, en Bourgogne ; après dîner, Madame nous a proposé une promenade, qui nous a fait voir une métairie dans laquelle une très-grande maison va être transformée en étable ; la nouvelle habitation du métayer vient d'être achevée ; elle a seize mètres sur neuf ; le rez-de-chaussée se trouve sur une cave. Le domaine a quarante hectares de terre et dix de prés ; le bétail se compose de trente-deux têtes et un lot de brebis. Nous sommes arrivés ensuite au troisième domaine où l'on est en train de finir une grange considérable, dont le rez-

de chaussée loge le bétail ; elle est placée en face de l'ancienne grange qui, ainsi que la maison, sont en fort
bon état ; on voit que le comte tient à bien loger ses métayers et leur bétail dont le nombre va toujours en augmentant ainsi que la masse des récoltes. Nous avons
causé avec le métayer et son frère, deux jeunes gens très-
forts, dont le cadet est au service de l'aîné.

Le lendemain, dimanche, après avoir entendu la
grand'messe à Evaux, dans une fort belle église construite par des moines, M. de Montagnac m'a conduit
chez M. Fourot, jeune et riche propriétaire, qui vient
de construire hors de la ville une charmante habitation
dans une position délicieuse ; malheureusement nous ne
l'avons pas rencontré chez lui ; étant allés visiter, à quelque distance de là, une ferme de cinquante hectares,
que M. Fourot vient de construire sur un excellent
fonds, nous avons vu de très-beaux bâtiments de ferme
et une jolie maison de régisseur ; celui-ci est un ancien
élève de M. Malingié, à la Charmoise ; il était aussi absent pour conduire une partie de son beau bétail au concours régional d'Aurillac, où il a eu un premier prix
pour un taureau charolais élevé dans la ferme, et deux
seconds prix pour des génisses qui, au dire du comte,
méritaient bien des premiers prix, qui n'ont pas été
donnés ; l'une des deux était croisée durham ; la bergerie
contient de belles brebis croisées charmoise avec quelques bons béliers de cette bonne race, et un bélier southdown, acheté de M. Béguin de Wallon. Cette ferme étant
sur un plateau, et ne contenant point de prés, M. Fourot
lui a donné dix hectares d'un excellent pré qui se trouve
dans une jolie vallée que son château domine.

Etant retournés chez M. de Montagnac, il m'a fait voir
son quatrième domaine, qu'il a créé, il y a six ans, dans
la partie la moins fertile de sa propriété ; il s'y trouvait
encore une quantité considérable de bruyères, qui, de-

puis, ont été défrichées au moyen du phosphate fossile ;
cette ferme, qui n'est pas encore complétement achevée,
la bergerie y manquant ainsi qu'un hangar, lui a coûté
8,000 fr., le bois pris sur la terre n'ayant pas été compté ;
la maison contient deux grandes pièces sur cave et cellier ; une grange considérable, dont le rez-de-chaussée
est fait pour loger quarante bêtes à cornes. On trouve
ordinairement dans les fondations la pierre employée à
la construction. M. de Montagnac fait faire ses briques
sur place, comme cela a lieu dans le nord de la France
et en Belgique ; celles du grand modèle lui reviennent à
20 fr. le mille, au lieu de 40 fr. ; il se sert de tuiles de
Montchanin en Bourgogne, qui, prises à Montluçon,
reviennent à 75 fr. le mille ; il en faut treize par mètre
carré ; la tuile pèse trois kilos ; la neige ne pénètre pas
sous ce genre de couverture ; le comte forme le plancher
qui sépare ses étables de la grange par de petites voûtes
en briques dont le mètre carré lui coûte 4 fr., ce qui est
bien moins cher qu'un plancher en bois, et a le mérite
d'empêcher les exhalaisons du bétail et du fumier, de
pénétrer dans la grange et de donner un mauvais goût
au foin.

Les mangeoires des étables sont en briques et ciment,
ce qui prend moins de place que celles formées de moel-
lons, que j'ai vues ailleurs ; elles sont profondes et tiennent
l'eau qu'on y verse, lors des repas du bétail, ce qui lui
convient infiniment ; ces mangeoires ne coûtent que
3 fr. 50 c. par bête. Chaque métairie possède une chaudière en fonte de la contenance de deux hectolitres, servant en hiver à la cuisson des racines et des tourteaux
destinés à l'engraissement des porcs, et de deux paires
de bêtes bovines que chaque métayer vend annuellement ;
ces chaudières sont entourées d'un foyer en fonte, et ne
coûtent que 70 fr.

Le comte traite ses métayers comme s'ils étaient ses

enfants, et, comme sous son habile direction ils mettent tous les ans de l'argent de côté, et qu'ils vivent bien, ils suivent maintenant volontiers ses conseils et lui sont fort attachés; il vient d'engager deux de ces gens à acheter chacun un bélier southdown.

M. de Montagnac m'a dit dans cette promenade, qu'il a cinq sœurs, ce qui a réduit sa part de fortune, à cette terre de trois cents hectares évaluée, il y a dix-huit ans, à 197,000 fr. , sur lesquels il avait à rembourser 20,000 fr. à l'une de ses sœurs. Le vieux château, qui date de six cents ans, et qui est dans la famille depuis trois cent cinquante ans, n'était plus habité depuis longtemps; après l'avoir remis en état, il est venu l'habiter avec Madame sa mère, et s'étant marié depuis, il a pu continuer ses améliorations; les trois domaines et la réserve ne produisaient au début que 6,000 fr. ; les quatre domaines actuels produisent maintenant une moyenne de 12,000 fr. nets, et la réserve composée de soixante-quinze hectares, donne un produit de 18,000 fr. brut, et de 8,000 fr. net.

Le comte a l'assolement de quatre ans et a de fort belles récoltes. Son bétail est bon; il est composé principalement de charolais, mais il contient encore des bœufs limousins.

Son troupeau est en partie de race pure charmoise, et en partie croisé. Il en vend les jeunes bêtes, âgées d'un an, de 38 à 40 fr. la pièce.

Il a seize chevaux ou poulains qu'il occupe, lorsqu'il fait mauvais, à conduire des produits ou du bois à Montluçon, et à en ramener de la chaux. Lui et ses métayers entretiennent fort bien leurs chemins en les macadamisant. Les soixante et quelques hectares de prés, qu'il a sur la terre de la Couture, ont été créés pour moitié par cet actif et très-intelligent propriétaire; on en irrigue une bonne partie, au moyen de petits ruisseaux, sources et de petites pièces d'eau, qu'on vide souvent dans la saison pluvieuse, pour ces irrigations ; il y a à la réserve, un atelier de menuiserie, de charronnage et une forge, où de bons ouvriers de la ville d'Évaux viennent, quand on les demande, pour 2 fr. 50 c. et la nourriture.

Le comte paye ses journaliers suivant leur mérite ; les bons faucheurs ont 2 fr., sont nourris et ont une bouteille de vin ; les autres journaliers ont 2 fr. ou 1 fr. 75 c., sans nourriture. Les laboureurs à l'année, gagnent de 300 à 350 fr. ; les filles, de 150 à 160 fr.

M. de Montagnac arrache pour le chauffage, au fur et à mesure des besoins, les énormes têteaux de chênes qui entourent les champs, et il les remplace par des châtaigniers et des pommiers à cidre, le pays n'étant pas assez chaud pour la vigne ; en revanche, le voisinage des montagnes amène souvent de bonnes pluies d'été qui évitent les sécheresses nuisibles.

Les instruments de culture sont ceux de Dombasle ; il y a un rouleau Croskyll, et M. de Montagnac compte acheter une moissonneuse-faucheuse, lorsqu'il connaîtra la meilleure, qui est, je pense, celle de Morgan, que M. Durand, à Lignières (Cher), vend 800 fr.

On peut dire que M. le comte de Montagnac a bien mérité la prime d'honneur de la Creuse, qu'il a obtenue, il y a quelques années, et il continue à servir de modèle aux cultivateurs de ce pays.

Les terres de ces environs sont chères ; cela tient en grande partie à l'argent que les maçons qui émigrent en été, rapportent à l'automne ; les bons prés se vendent jusqu'à 10,000 fr. l'hectare ; les terres 2,000 et 3,000 fr. au détail. Les fermes valent de 1,000 à 1,500 fr. la même mesure.

On m'a dit que depuis que les propriétaires de ce pays, se mettent à améliorer la culture, il part moins de maçons pour leur voyage d'été.

Je me suis rendu après cette très-intéressante visite, à Néris, où j'ai pris dix douches pour renforcer mes genoux, trop fatigués depuis quelque temps.

La veille de mon départ de Néris, après ma demi-saison, M. Darnys, ancien rédacteur d'un journal industriel, que j'avais eu l'occasion de voir quelquefois à Paris, il y a bien longtemps, m'a reconnu, et nous nous sommes promenés ensemble ; voici ce qu'il m'a raconté : ses parents n'ont pu lui faire apprendre que ce qu'on enseignait, il y a soixante ans, dans l'école d'un petit village du Cantal, non loin d'Aurillac ; il travaillait avec beaucoup de zèle et de facilité, et comme il avait une excellente mémoire, cela le mit à même de vivre au chef-lieu du département, en y donnant des leçons à des enfants ; en même temps, il put suivre les cours du lycée où il était toujours l'un des premiers ; il arriva à être précepteur dans deux bonnes maisons, dont une était la préfecture, qu'il quitta après quatre ans ; il vint à Paris, où il finit par manquer de tout ; enfin, ayant eu le bonheur d'être employé à 200 fr. par mois par une personne bien posée, qui avait monté un journal industriel, il s'y trouva bien et y resta neuf ans, époque à laquelle le propriétaire du journal étant mort, ses héritiers lui cédèrent le journal pour 25,000 fr.

Une fois qu'il put diriger son affaire comme il l'entendait, il l'amena, en peu d'années, à prospérer, et enfin, à produire une moyenne de 50,000 fr. par an ; cela le mit en position de faire un bon mariage ; il a maintenant 100,000 fr. de rente, un équipage, et une bonne maison à Paris.

Etant revenu à Montluçon, j'ai fait une visite au fils aîné de M. Serre, qui habite, hors la ville, un vieux château à tourelles, placé au milieu d'un parc (clos de deux murs, de quatorze hectares) ; il a transformé son parc en herbage irrigué , et il y tient un petit troupeau de southdown, dont la souche a été achetée chez le comte de Bouillé, le bélier au prix de 350 fr. et les antenaises pour 150 fr. par tête.

Il a six vaches normandes, dont le lait, sa consommation prise, se vend 20 c. en ville. Deux fortes vaches salers rentrent les fourrages et font les petits travaux de cette réserve.

M. Serre a hérité d'un oncle la propriété des Ilets, qu'il habite; elle contenait cent-cinquante hectares, dont il a vendu une certaine étendue à 30,000 fr. l'hectare, à la compagnie du chemin de fer, pour y établir la gare extérieure des chemins de Moulins et de Limoges.

Une autre partie de ces terres si bien placées a été acquise par une société de Paris, dont les héritiers Gandillot font partie; elle s'est associée un M. Delignières, qui a monté ici une grande usine, pour la fabrication d'un nouveau genre de fer creux, qu'il a importé d'Angleterre; il fait principalement des tubes de fer creux de bien des diamètres, qu'on emploie maintenant à Paris, à transporter les lettres d'un quartier à l'autre. M. Deslignières a formé lui-même ses ouvriers; il m'a dit qu'il était fort content des ouvriers de ce pays, qui sont sobres et économes; dès qu'ils ont mis de côté un pécule de 300 fr., ils achètent pour 600 fr. de terres près la ville ; cela les force à faire de nouvelles économies; les ouvriers qu'il paie le moins cher, gagnent 2 fr. 50 c. et il en en a qui ont 5 et 6 fr. par jour; ces braves gens plantent les terres qu'ils achètent, en vignes qu'ils cultivent dans leurs heures de repos, et y emploient femmes et enfants.

M. Deslignières m'a dit aussi, que leur société, dont l'établissement principal est près Paris, va en transporter ici la plus grande partie; la quantité de charbon qu'ils payent 190 fr. à Saint-Denis, ne lui coûte à Montluçon que 80 fr.; il est chargé de commencer ici la transformation de cent mille fusils de munition, en fusils Chassepot ; le travail sera achevé à leur usine de Saint-Denis. J'ai vu faire dans cette usine de petites machines à faire de la glace.

M. Serre m'a appris qu'un des Messieurs Rambourg, l'un des trois frères, maîtres de forges, qui sont immensément riches, distribue chaque année une assez forte somme en primes à ses meilleurs ouvriers ; cette année, il a envoyé à Paris trente ouvriers, choisis dans les différents états, ainsi que parmi ceux de la culture ; il les a défrayés et les a fait piloter par une personne très-instruite ; ils ont pu ainsi, pendant une semaine entière, bien visiter l'Exposition ; cette action annonce un homme d'un grand mérite.

J'ai aperçu, dans ces environs, des ouvriers du pays, faisant des briques en plein champ, comme cela a lieu dans le nord de la France, et en Belgique ; mais les ouvriers d'ici font encore les briques à la main, au lieu d'employer une petite machine très-peu chère, qui permet de mieux faire un bien plus grand nombre de briques, plus grosses, et de les vendre 12 fr. au lieu de 18 fr. le mille. Le nommé Pierre Gévaert, maître briquetier à Lens (Pas-de-Calais), qui travaille pour M. Decrombecque, m'a dit qu'il va où on le demande.

Je suis revenu à six heures, dîner chez Mme de la Romagère mère, dans un grand et bel hôtel, séparé du boulevard par un charmant jardin ; de suite après le dîner, MM. Elion et Ludovic de la Romagère et leurs familles qui habitent avec leur mère, m'emmenèrent au chemin de fer de Guéret et d'Aubusson ; en trente minutes, nous sommes arrivés à la troisième station où deux chars-à-bancs nous attendaient.

Ces deux Messieurs ont partagé la terre de famille, où ils n'ont encore, chacun, qu'un pied-à-terre. L'aîné, M. Elion, que je connais depuis longtemps, m'a conduit

au vieux castel de la Romagère, qu'habitait son père,
avec trois de ses frères rentrés de l'émigration, dont l'un,
qui était évêque, et les deux autres chevaliers de Malte,
étaient venus l'y rejoindre en 1815. Cette grande terre
de dix-huit cents hectares, était cultivée par seize métayers; M. de la Romagère s'était conservé une grande
réserve.

M. Elion a, dans sa part, huit domaines; sa réserve
est de quatre-vingt-cinq hectares, dont neuf en prés et
en outre trente-cinq de futaies et cent trente-cinq de
taillis. Son père, qui aimait beaucoup les beaux arbres,
a planté de belles avenues et des bouquets de bois qui
embellissent singulièrement cette terre composée de collines et de charmantes vallées; la vieille habitation n'est
ni belle ni commode; elle n'a pour elle qu'un entourage
d'énormes châtaigniers, noyers et tilleuls ; il est même impossible de la rendre commode pour habitation, ou même
comme ferme. Aussi MM. de la Romagère qui ont des
mines de houille, et cinq énormes fours à chaux et qui sont
encore dans les affaires, ne pensent-ils à construire que
dans quelques années.

Mon excellent hôte m'a fait faire, le matin, dans sa
terre, une charmante promenade de quatre heures ;
nous avons visité quelques-uns de ses domaines, dont
plusieurs sont en métairies ; les autres sont encore affermés ; mais il a le projet de n'avoir plus de fermiers, le
métayage produisant plus ; le propriétaire a plus d'influence sur les métayers que sur les fermiers ; il parvient
mieux et plus vite, à faire faire les améliorations qui,
jusqu'ici, n'ont guère été que des chaulages qui ont
permis la culture du froment et du trèfle ; on a fait, en
1847, quelques chaulages ; mais les affaires ont empêché
ces MM. de s'y donner avec suite ; avant 1860, M. de la
Romagère mettait cent cinquante hectolitres par hectare
et déjà, il avait mis soixante hectolitres de chaux sur les

anciens et premiers chaulages ; depuis que les trèfles permettent de mieux nourrir, on a donné des taureaux charolais ; on arrange les bâtiments et on en augmente le nombre, pour pouvoir loger plus de bétail ; les métairies ont jusqu'à quarante bêtes bovines, et leur nombre va en augmentant.

J'ai vu une nouvelle grange en construction ; elle couvrira cent soixante mètres carrés et est fort élevée ; elle sera couverte en tuiles perfectionnées de Montchanin ; en ne comptant pas la valeur du bois pris sur la propriété, cette grange ne reviendra pas à 1,200 fr.

Ce domaine a soixante hectares en terres et huit en prés, nourrit trente-six bêtes à cornes et soixante dix brebis qui ont un bélier charmoise ; ces domaines donnaient du temps de M. de la Romagère père, de 1,000 à 1,100 fr. ; ils produisent en métairies, à peu près le double. Mon hôte possède trente-cinq hectares de futaies, et cent quarante de taillis ; une partie de la futaie contient de beaux chênes ; l'autre partie est en arbres résineux, plantés, il y a une quarantaine d'années, par le père ; ce sont les épiceas qui ont le mieux réussi.

La culture de la réserve contient quatre-vingt-cinq hectares ; M. de la Romagère a de beaux charolais, treize vaches, autant de bœufs et neuf veaux ; il a remporté cette année au concours régional de Blois, les deux premiers prix de taureaux de cette race, dont un avait été élevé par lui et l'autre venait de chez maître Doury, de Saincaise ; il y a ici deux vaches et deux génisses de race schwitz. Le troupeau composé de cent brebis charmoise, a de fort beaux béliers, dont un a été primé ; on a conservé une trentaine d'agneaux béliers, qu'on place assez facilement à 100 fr. par tête.

M. de la Romagère construit de l'autre côté de la vallée, que le vieux château domine, à peu près à un kilomètre, une bergerie pour y loger son troupeau et le tenir plus à la portée de pâtures à moutons, sur collines rocheuses.

Ces **MM.** possèdent et exploitent à Commentry des mines d'anthracite qui occupent cent vingt ouvriers ; ils ont cinq grands fours à chaux, dont quatre chauffent à la fois, dans les moments où les cultivateurs peuvent venir chercher de la chaux ; elle se vend un fr. l'hectolitre ; les bateaux du canal du Cher en exportent beaucoup ; l'anthracite se vend 1 fr. 25, ou 0 fr. 25 de plus que la houille. Dans ma course d'Evaux, j'ai remarqué que la route était couverte de voitures chargées de chaux.

M. de la Romagère a un fils, et une fille en âge de se marier. La grand'mère de ces **MM.** était sœur du général Lafayette.

Je suis allé, le jour d'après, déjeuner chez M. Lucien de la Romagère, dont l'ancien castel est plein d'ouvriers, son intention étant d'y venir passer quelques mois d'été ; il ne cultive pas ; mais il s'occupe de la création d'un parc à l'anglaise de seize hectares ; un architecte de jardins, paysagiste, lui en a fait le plan ; il lui a fait abattre, je crois à tort, bon nombre d'énormes et magnifiques châtaigniers, parce qu'ils étaient plantés en avenue. Il compte construire son habitation dans le parc, pour l'époque où son fils, qui n'a que cinq ans, sera en âge de se marier. M. Lucien a épousé une de ses nièces. Il m'a dit que lorsqu'il avait hérité, le métayage l'avait ennuyé, et qu'il avait affermé ; mais maintenant qu'il est père de famille et qu'il voit que les métairies produisent plus, et qu'on peut ainsi travailler plus facilement à leur amélioration, il remet ses fermiers à moitié ; il n'a pas de faire valoir, de réserve, mais comme il a en sus de ses sept domaines, beaucoup de bois abroutis et à clairières par suite du parcours du bétail dans les bois, il en arrache une certaine étendue, annuellement, depuis

plusieurs années ; il chaule ensuite à cent vingt hectolitres, fait deux assez bonnes récoltes de seigle de suite,
et une, d'avoine d'hiver, ce qui lui paye plus que les
frais de défrichement, de chaulage, de culture, et d'ensemencement en arbres résineux ; trente ans plus tard, ces
ensemencements donneront un millier de pieds de pins,
qui une fois arrivés à cet âge vaudront au prix actuel,
de 3 à 4 fr. la pièce ; ils pourront être employés comme
supports dans les mines de Commentry, qui ne sont
qu'à huit lieues, par chemin de fer. M. Elion compte
aussi dans le même but, semer en pins ses plus mauvaises
terres. On forme avec les pins âgés de 25 à 28 ou 30 ans,
quatre brins dont le petit bout doit avoir 0^{m}13 au moins
pour convenir comme supports dans les mines ; celles-ci
étant habituellement fort humides, c'est le mélèze qui
convient le mieux, car il est reconnu en Allemagne,
qu'il dure plus longtemps en terre comme support de
rails de chemin de fer, que même le chêne. J'ai vu
beaucoup de mélèzes venant bien dans les bois qui
entourent le vieux château de la Romagère ; s'ils
viennent aussi vite que les pins, à la même grosseur et
à une hauteur semblable, ils conviendraient mieux que
les pins sylvestres.

Pour former ces bois, il vaudrait mieux je crois élever
en pépinières, ou acheter le jeune plant, de 1 à 2 ans,
et le repiquer en place ; quand on sème à la volée les
plants se trouvent habituellement trop épais, s'étouffent
les uns les autres, et réussissent moins bien. Les laricios
et pins noirs d'Autriche, seraient aussi préférables aux
pins sylvestres et aux pins maritimes ou des Landes ;
ils viennent plus vite et plus droits que les sylvestres.

M. Elion et moi sommes retournés à Montluçon,
d'où je me suis rendu, par la diligence de Riom, dans
une petite ville d'Auvergne dont j'ai oublié le nom ; un
cabriolet m'a conduit de là, le 23 juin, chez M. Louis

Vayron, ancien notaire, qui depuis 1832, s'est occupé
de l'amélioration d'une terre ; cette propriété s'étend
maintenant sur quatre cent vingt-sept hectares, dont
environ deux cent cinquante sont en bois et produisent
en moyenne 7,500 fr. Il y a quatre fermes louées en
argent ; M. Vayron habite avec Mme, un grand château,
il n'a que deux enfants qui sont mariés. Il cultive cent
hectares pris, en partie sur ses bois, qu'il a défrichés
dans les parties planes ou en vallées ; après les avoir
améliorés par le drainage, le chaulage, de fortes fumures, et une bonne culture de plusieurs années, M.
Vayron les met en prés qu'on irrigue là où cela se peut ;
il y a trente-cinq hectares de prés, sur lesquels vingt-
quatre ont été créés ainsi, et le nombre s'en augmentera.
M. Vayron emploie depuis quelques années, le phosphate
fossile, dans ses défrichements, après avoir employé
précédemment le noir animal ; ses chaulages sont de dix
mètres cubes ; ses premières fumures sont de soixante
mille kilos ; son assolement est de 6 ans, dont 2 années
1/2 en prairies artificielles, fauchées ou pâturées, suivies
d'une demi-jachère ; il draine, partout où c'est utile, et
remplit les rigoles, avec les pierres qui pourraient nuire
aux labours ; il se trouve encore dans une partie des
terres, de petits tertres formés de roches, de grandes
pierres, ou de sable ; M. Vayron les fait arracher ou extraire ; il en charge ceux des habitants de sa commune
Blotte-l'Eglise, qui a trois cents feux et une population
de mille deux cent cinquante individus qui veulent
bâtir, ou bien, ceux qui, en hiver, manquent d'ouvrage, et les paye au mètre de l'extraction.

M. Vayron fait extraire de la terre, où l'on en trouve,
pour faire de nombreux composts qui contiennent un
dixième de chaux. Lui-même a employé une immense
quantité des pierres extraites de ces champs, où elles
gênaient ; il a construit ainsi une très-grande basse

cour, ou ferme, où il loge fort bien son bétail, et il a augmenté les bâtiments de ses fermes ; il a fait en pierres sèches des murs de clôture qui sont fort en usage dans ces environs ; enfin, il a établi une douzaine de kilomètres de chemins, praticables aux voitures, tandis que dans le début de ses grandes améliorations, qui datent de 1852, on lui apportait la chaux à dos de mulets.

Son nombreux bétail est croisé charolais-limousin ; ses trois cents bêtes à laine sont croisées southdown ; il a une bonne porcherie croisée par verrats anglais ; la cuisine du bétail contient hache-paille, coupe-racines, concasseurs de tourteaux, chaudière, laveur à racines ; son outillage est celui de Dombasle. J'ai vu un batteur locomobile à manége, de Cumming d'Orléans, des tarares et séparateurs, un rouleau Croskyll, et autres rouleaux, des herses Howard, un scarificateur, une houe à cheval.

La position du château est à plus de sept cents mètres, au dessus du niveau de la mer ; il est placé à petite distance du village ; les habitants étaient misérables avant l'époque où il a commencé à faire ses grands travaux d'améliorations agricoles et ils les voyaient d'un mauvais œil ; mais ayant trouvé de l'ouvrage chez lui, et vu les résultats de ses récoltes, ils ont fini peu à peu par l'imiter ; ils ont semé des trèfles, des sainfoins, ils ont fait des raves et ont chacun un peu de betteraves, et des pommes de terre.

M. Vayron commence à manquer d'ouvriers, au moment des fenaisons et des moissons ; aussi, pense-t-il à acheter râteau à cheval, faneuse, moissonneuse-faucheuse et n'attend que le résultat des concours de ces machines, à Paris, pour savoir lesquelles choisir ; je lui ai conseillé la moissonneuse-faucheuse de Morgan, ainsi que l'acquisition d'un taureau durham, pour faire de jeunes bêtes de boucherie, au lieu de bœufs de travail; il achètera ceux-ci, âgés de quatre ou cinq ans, époque à laquelle on peut leur demander un bon travail, qui paye leur nourriture.

M. Vayron administre fort bien ses bois ; il les aménage à vingt ans ; il les fousille, c'est-à-dire qu'il débarrasse le taillis à dix ou douze ans, des épines, ronces, bruyères et des mauvaises tiges. Il se crée une futaie de vingt hectares ; de ses bois, il tire un produit moyen de 30 fr. la feuille, par hectare.

Il m'a fait visiter une locature située au-dessous du village, dont les terres qu'il a payées mille fr. ont été transformées, en partie, par lui en prés, irrigués avec les égouts du village ; il pourrait vendre ses prés six ou sept mille fr. l'hectare, s'il le voulait. M. Vayron m'a dit que les habitants qui veulent bâtir, payent 1 fr. le mètre carré sur rue.

Il m'a dit qu'il vit chez lui simplement, mais bien ; il fait une rente à ses enfants mariés, et emploie le reste de son revenu en améliorations agricoles.

Le surlendemain de mon arrivée chez lui, il m'a donné un cabriolet pour me conduire à Gannat ; après avoir suivi, pendant quelque temps, la route de Montluçon à Riom, nous en avons pris une autre qu'on est en train de faire, et qui finit bientôt par nous laisser dans un chemin de traverse, qui nous a fait monter une hauteur dont les terres étaient si pauvres, que les seigles qu'on y avait semés, ne devaient guère donner plus que la semence employée à les produire. Mon cocher, beau jeune homme d'une vingtaine d'années, m'a paru fort intelligent ; il m'a montré de loin, un hameau au milieu de ce désert, et m'a dit que son père y a élevé dix enfants, dont lui est un des derniers ; son frère aîné, après avoir été soldat est revenu chez ses parents, s'y est marié et est resté avec eux ; quant à lui-même, à l'âge de quatorze ans, il est entré comme petit domestique de ferme chez

M. Vayron , où il est devenu cocher et gagne 220 fr. ; il a eu la chance, il y a deux ans, de tirer un bon numéro, qui l'a exempté de la conscription. Un de ses frères est valet de chambre, et deux sœurs sont cuisinières à Paris.

Mon jeune cocher m'a conduit chez M. Berthoud, riche propriétaire à Gannat, dont j'avais fait la connaissance au concours régional de Châteauroux, l'an dernier ; il y exposait de belles bêtes charolaises et des southdown dont la souche avait été tirée de chez le comte Charles de Bouillé.

M. Berthoud devant prendre le chemin de fer, pour Moulins, deux heures après, a eu l'obligeance, malgré cela, de me faire voir une partie de son troupeau de southdown, qui ne compte encore que cinquante et quelques bêtes ; j'ai remarqué dix-neuf fortes et belles brebis, ayant chacune un gros agneau ; un bélier arrivé récemment de Villart, venait d'être donné à six fortes antenaises ; deux béliers antenais, reste de six dont quatre ont été vendus 300 fr. la pièce ; un des deux restant, fort beau du reste a la tête un peu forte ; M. Berthoud le laisserait pour 200 fr. ; mais le dernier étant sans défaut, il ne comptait le laisser qu'au même prix que les quatre premiers. Voilà tout ce que j'ai pu voir. Le faire-valoir a peu d'étendue, trenté hectares en terres de Limagne ; il est à deux kilomètres de la ville. M. Berthoud a reconstruit en partie les bâtiments de sa petite ferme ; il a une partie de son troupeau en ville. Il possède à la ferme dix vaches, un taureau, et des élèves charolais, sans compter les bœufs de labour ; et a déjà vendu bon nombre de jeunes taureaux, âgés de 6 mois à 1 an, de 600 à 800 fr. la pièce.

M. Berthoud m'a dit qu'il se rendait dans une propriété de trois cents hectares située non loin de Moulins, qu'il améliore depuis longtemps et exploitée par métayers ; son revenu a plus que doublé, depuis qu'il a chaulé, et transformé le bétail, en le croisant : les bêtes bovines, par des taureaux charolais, et les bêtes à laine, par des béliers southdown.

En quittant M. Berthoud, à la première station après Gannat, je me trouvai à un kilomètre du château de Lyonne, habitation du marquis de Montlaur, que je venais visiter ; après avoir été présenté par lui à Mme la marquise, M. de Montlaur m'a fait faire la connaissance d'un de ses amis et parents, le comte de Pont-Gibaut, qui allait partir ; celui-ci m'a dit qu'il cultivait en Auvergne et en Normandie ; je le priai alors de vouloir bien me donner des détails, sur deux cultures en pays si différents, il a bien voulu me le promettre et il a eu la bonté de faire, en m'envoyant des notes détaillées sur ses deux cultures, ce que le marquis a bien voulu faire aussi, sur la sienne.

M. de Montlaur m'a fait voir sa vacherie durham, dont il a ramené la souche de chez Jonas Webb et d'autres bons éleveurs, après avoir eu du Pin et de Corbon plusieurs taureaux ; il en existe encore un dans les étables, qu'il veut céder pour 1,200 fr. ; celui dont il se sert maintenant est venu de chez le marquis de Poncin ; il est très-beau, mais comme il a six ans, le marquis cherche à le remplacer. J'ai remarqué treize vaches ou génisses pleines ; la plus âgée, qui a treize ans, est venue d'Angleterre, et donne encore à nouveau lait, près de trente litres ; une autre en donne vingt ; les jeunes bêtes sont belles, promettent beaucoup ; les étables, quoiques bâties anciennement sont très-commodes et très-bien tenues ; les veaux sont en liberté dans leurs boxes.

Le marquis ayant à écrire, m'a donné alors, son régisseur, pour me faire voir sa réserve, qui est de quarante hectares, et quelques-unes de ses fermes et locatures ; il a importé chez lui le froment Hallett, et en a assez récolté pour en donner à tous ses fermiers. Il a aussi importé des meilleures races anglaises de cochons, qui se sont répandues dans les pays environnants.

La terre de Lyonne a plus de quatre cents hectares d'étendue, en terres de la plus grande fertilité, partout où le sous-sol calcaire ne se rapproche pas trop de la surface ; mais elle est collante et difficile à cultiver ; il s'y trouve six fermes de quarante à quarante-cinq hectares et cinq locatures de dix hectares ; l'hectare, y compris les menus suffrages ou charges, est loué 123 fr. ; l'impôt est payé par les fermiers.

Le bétail des fermes se compose à peu près de vingt-cinq têtes, les veaux compris, une jument, une grosse truie avec ses produits, et une douzaine de grosses bêtes à laine, qui ont reçu du sang de cotswold ; les bêtes à cornes, charolaises, reçoivent des taureaux durham ; plusieurs de ces gens m'ont assuré que les bœufs croisés durham, travaillent fort bien ; ils m'ont fait voir dans les champs, des places où l'on avait arraché des pierres mêlées de marne ; le froment y est, disaient-ils, toujours plus beau qu'ailleurs ; cela devrait faire supposer que le marnage serait utile ; leurs chemins sont bordés de superbes noyers. Leurs froments, surtout les champs d'orge, sont d'une grande beauté.

M. de Montlaur m'a donné l'adresse du marquis de Poncin et de deux de ses voisins de l'autre côté de Roanne, en m'engageant à les visiter ; c'est ce que j'ai fait le lendemain, en m'arrêtant à la station de Balbigny, la cinquième après Roanne. Arrivé à deux heures et demie, j'ai déjeuné, et ensuite j'ai traversé la Loire sur un pont qui a près de deux cents mètres de long ; j'ai vu alors des terres d'alluvion, d'une immense fertilité, dans lesquelles une grande pièce de chanvre, était de toute beauté ; j'ai appris, depuis, qu'elle n'avait été semée que

par suite de la terrible inondation de l'automne précédent, qui avait empêché d'y semer du froment ; l'inondation ayant envahi une grande ferme de la vallée, on
en a déplacé les habitants et le bétail, qui sont maintenant dans une superbe et très-grande ferme, dont ils
partagent le local avec une autre partie de leur famille ;
cette ferme est posée à l'entrée d'un beau village, et on
y est à l'abri des inondations ; les trois kilomètres faits
depuis le pont, m'ont fait voir des récoltes magnifiques ;
étant arrivé au faîte du coteau, une avenue d'énormes
et très-beaux tilleuls, qui partait de la route, m'indiqua
le chemin du château de la Salle où je me rendais, en
suivant le conseil de M. de Montlaur.

MM. Pallua père et fils, étaient allés à Saint-Étienne
où ils ont de grands intérêts ; après m'avoir offert des
rafraîchissements car il faisait très-chaud, Mme Pallua
engagea M. Liabœuf, élève sorti après deux années
d'études de la ferme régionale de la Saulsaye et placé
chez M. Pallua comme stagiaire, à me faire voir la ferme
que M. son fils a créée depuis peu d'années ; nous nous
sommes rendus à la ferme, en voiture, en suivant une
quadruple avenue de peupliers d'Italie, dont la triste
apparence, ne prouvait pas que cette terre, légère et
blanche, leur convînt ; arrivés à la ferme, qui est à deux
kilomètres du château, j'ai vu une grande pièce de trèfle,
bien garnie de plantes, mais dont la récolte était rentrée ;
le chemin que nous suivions était planté de jeunes
saules ; en ayant demandé la raison, mon conducteur
m'a répondu, que la terre, à sous-sol d'argile, était très-
humide et froide ; on en a drainé une assez grande partie, mais seulement à quinze mètres, entre les rigoles ;
pour obtenir de bons résultats de ce drainage, il faudrait
ajouter une rigole entre deux ; en attendant, on forme
des planches bombées pour semer le froment ; celui venu
en quatrième récolte, après une fumure de cinquante

mille kilos, est beau en paille, mais il n'a que de petits épis ; il en serait autrement, s'il avait reçu deux cents kilos de guano, étant si loin de la fumure.

Le froment semé sur une grande étendue de terres non encore drainées, et qui n'ont pas encore obtenu une fumure, ne vaut rien ; la fumure a été insuffisante, et le blé est resté clair, il n'a pas un mètre de hauteur, et n'a que de maigres épis ; dans un sol pareil, il vaudrait mieux laisser les terres en friche, que de les emblaver sans une forte fumure, surtout en terres non drainées.

M. Liabœuf m'a dit que, l'an dernier, les récoltes sarclées après chaulage et forte fumure, avaient donné de très-belles récoltes de betteraves et de carottes.

Nous sommes entrés dans la ferme qui est fort belle et très-commode ; les bêtes bovines charolaises, au nombre de trente, en ne comptant pas les veaux de l'année, proviennent d'une souche importée de chez M. de Bouillé ; M. Joseph Pallua vient d'acheter chez M. de Poncin, au prix de 600 fr., un jeune taureau durham destiné à croiser ses bêtes.

Il a amené les eaux de drainage dans la cour pour abreuver le bétail.

Le régisseur de la terre qui, depuis vingt ans, est dans la propriété nous a dit que ce plateau est à sous-sol argileux et a grand besoin de drainage qui jusqu'à cette heure, n'a été, pour ainsi dire, qu'essayé ; on n'a encore acheté que pour quelques mille fr. de guano. Les deux taureaux sont tenus chacun dans une boxe, avec petite cour ; les veaux sont tenus détachés, chacun dans sa boxe.

On laboure avec des bœufs du pays, et on se sert d'instruments Dombasle avec un rouleau squelette, au lieu d'un Croskyll, le semoir d'Arras ; on a une faneuse anglaise et un râteau à cheval Américain. Les brebis, d'assez grande taille, ont été cherchées en Auvergne ;

elles reçoivent des béliers southdown. On tient trois chevaux, qui amènent d'une lieue d'ici, de bonnes terres
d'alluvion, pour améliorer cette ferme ; ce serait une
véritable amélioration, si la bonne terre était plus rapprochée de la nouvelle ferme.

Si on veut tirer un bon parti de cette culture, je
pense qu'il faut se dépêcher de la drainer à dix mètres
d'intervalle, défoncer à la charrue Vallerand, ou à la
vapeur, chauler à deux cents hectolitres l'hectare, faire
le plus de bon fumier possible et acheter beaucoup de
guano ; car la culture des pauvres terres est ruineuse,
sans de pareils précédents.

Au lieu de fermiers payant en argent, il faudrait des
métayers qui suivraient les bons conseils du propriétaire ; il faudrait aider ces métayers à chauler et à bien
fumer, une fois que le propriétaire aurait drainé à son
compte il serait très-utile de faire dans une carrière à pierres calcaires, la plus rapprochée, un four à chaux, pour
obtenir la chaux au meilleur compte possible. M. Pallua
en a donné à une certaine quantité de ses fermiers pour
qu'ils l'essayassent ; ils l'ont fait, et en ont été très-satisfaits ; mais aucun d'eux n'en a acheté, quoique son prix,
à une lieue, ne soit que de 14 fr. le mètre cube.

La terre de la Salle est d'environ mille hectares ;
quinze sont en taillis, soixante hectares en terres d'alluvion, dont on paye 7,500 fr. ; soixante autres hectares
en terres touchant celles d'alluvion, loués 3,500 fr. en
deux fermes, occupées par la mère et ses quatre enfants.
Les autres domaines qui se trouvent sur le plateau ont
une étendue moyenne de soixante à quatre-vingts hectares et sont loués de 2,000 à 3,000 fr. Ces fermes seraient bonnes si elles étaient drainées et chaulées. Cette
terre a été payée, en 1830, 1 million ; on y a ajouté depuis deux cents hectares ; elle produit une cinquantaine
de mille fr. de rente.

Mme Pallua m'a dit avoir eu le malheur de perdre trois enfants de dix-huit à vingt ans, sur quatre; son fils a perdu sa femme qui lui a laissé trois charmants enfants; c'est Mme Pallua qui les élève avec une institutrice.

Mme Pallua a été parfaite pour moi, et m'a fait conduire le lendemain au chemin de fer, qui m'a déposé à la première station, à Feurs, où j'ai trouvé le marquis de Poncin, montant en wagon pour se rendre à Saint-Étienne; il y avait un rendez-vous à la société des courses; il m'engagea à aller l'attendre chez lui, où je trouverais Mme la marquise et ses enfants; il me promit de me rejoindre le soir.

Un cabriolet m'a fait faire les cinq kilomètres qui me séparaient du but de ma course, à travers une plaine dont la première partie, qui entoure la ville de Feurs, était couverte de bonnes récoltes, en petite culture; mais bientôt après, nous étions entourés de pauvres sables avec de pitoyables récoltes qui nous conduisirent jusqu'à petite distance de la ferme dont M. de Poncin a entrepris en 1860 la transformation complète. J'ai trouvé Mme la marquise entourée de ses cinq enfants; elle m'a paru prendre un grand intérêt aux travaux de son mari et parle fort bien agriculture; après déjeuner, elle m'a donné le maître valet qui d'abord m'a conduit dans un vaste bâtiment construit en pisé; il contient une grande étable, dont le plancher, en madriers, est à claire-voie pour écouler les urines qui se rendent dans des citernes; il y a huit boxes, ayant chacune une petite cour, servant à loger des taureaux ou des vaches avec leur jeune veau, et vingt autres boxes plus ou moins spacieuses suivant l'âge des animaux qu'elles doivent recevoir. Les veaux y restent sans être attachés; cette étable forme le rez-de-chaussée de la grange, qui a une longueur de quarante-quatre mètres sur quatorze de largeur.

Une des bergeries a soixante-douze mètres sur cinq ;
l'autre a quarante-cinq mètres sur treize ; le plancher
de celle-ci est à claire-voie ; le grand hangar a soixante
mètres sur seize de profondeur ; tous ces bâtiments, sans
compter bien d'autres, sont très-solidement construits
en pisé et couverts en tuiles de Bourgogne ; il se trouve
des murs de refend soutenant les toitures ; le marquis m'a dit le lendemain qu'il a des bâtiments couvrant trois mille six cents mètres carrés, dont la construction lui a coûté 70,000 fr. ; je n'ai pas encore cité
ses nombreux hangars logeant les machines, les ateliers
de forge, charronnage et menuiserie ; ses écuries, qui
peuvent loger trente chevaux ou poulains, contiennent
maintenant cinq étalons approuvés, neuf juments de
pur sang ou demi sang, et quinze poulains ; M. de Poncin
a ajouté qu'il devait faire une vente en septembre, et si
ses poulains venus ne lui produisaient pas 1,500 fr. en
moyenne, il voulait renoncer à l'élevage ; il ne conserverait que ses chevaux de chasse et de voiture ; ses remises
sont garnies de belles voitures.

Après avoir parlé des immenses constructions en pisé
pour bâtiments de fermes, on sera étonné de savoir la
marquise avec ses cinq enfants, dont l'aîné n'a que
douze ans et le plus jeune trois, le marquis, l'institutrice
et les domestiques logés dans l'ancienne maison de
ferme ; cette maison était assez grande, et avait un étage
dont le marquis a su tirer un bon parti, en y faisant des
cabinets ou chambres à lit, même dans la toiture ; il
peut ainsi recevoir son frère, ou son beau-frère, avec
leurs familles, qui sont au moins aussi nombreuses que
la sienne ; cela est d'autant plus extraordinaire qu'il
possède à deux lieues d'ici, le château de Saint-Cyr, entouré de huit cents hectares.

Mais je reviens au bétail durham, dont le nombre
s'élève à trente-cinq têtes ; il y a trois taureaux, dont le

premier, fort bel animal, rend encore de bons services, malgré son âge avancé, neuf ans; son remplaçant, âgé de deux ans, serait à vendre, si l'on offrait 3,000 fr.; M. de Poncin se procurerait alors un taureau d'une autre famille; enfin un troisième mâle de six mois; les vaches qui sont fort belles ainsi que les élèves, se trouvaient dans les herbages. Les vastes bergeries ne contiennent que des moutons, le marquis ayant eu à souffrir de la cachexie; on m'a conduit alors dans la partie des bâtiments où l'on prépare les aliments du bétail; on y moud les graines, on y hache les fourrages, on y coupe les racines et on concasse les tourteaux; il y a deux énormes chaudières pour cuire des boissons farineuses ou oléagineuses, servant à arroser la paille coupée; on fait ensuite fermenter, avant la consommation. On m'a fait voir une machine locomobile à vapeur, une batteuse avec tarare et séparateur; enfin l'énorme scarificateur à vapeur, monté sur quatre larges roues de deux mètres de diamètre; c'est avec ces instruments qu'on a pu défoncer les parties des terres dont le sous-sol était plein d'épais pouddings; les autres terres ont été défoncées au moyen de fortes charrues, attelées de quatre paires de bœufs.

Les herbages créés par M. de Poncin, l'ont été dans les anciens étangs, dont une grande partie de la ferme, d'environ cent hectares, se trouvait couverte; il a eu à faire une immense quantité de fossés et même de canaux, pour pouvoir assainir ces terrains d'étangs marécageux, dont il existe encore quelques-uns sur les propriétés voisines; il a voulu conserver un étang de huit hectares, pour servir aux irrigations; pour arriver à ce but et pour augmenter la masse d'eau pour les temps de sécheresse, le marquis a fait entourer ces huit hectares d'une chaussée, afin d'élever le niveau de l'eau.

Les herbages sont entourés, en grande partie, de deux

fils de fer, pour les enclore ; douze puits ont été creusés
pour abreuver le bétail dans les herbages dont les fossés
ne contiennent pas d'eau ; chaque puits a son auge
formée d'un ciment qui ne craint pas la gelée, et qu'un
nommé Chétadé fabrique et vend 30 fr. la pièce à
Roanne ; ces puits ont toujours de l'eau, à deux ou trois
mètres de la surface ; un homme armé d'une pompe
posée sur une brouette, va remplir les auges lorsque
cela est utile.

Les terres ont toutes été chaulées à dix mètres cubes
l'hectare.

On m'a fait voir une pièce de quatorze hectares de froment très-beau, et de bonnes céréales de printemps, et
sept hectares de récoltes sarclées promettant une bonne
récolte. L'assolement est alterne.

M. de Poncin a planté des massifs d'arbres, pour servir d'abris contre les vents violents qui règnent dans ces
grandes plaines ; en même temps ces abris orneront la
ferme.

Le marquis m'a dit qu'il avait choisi la plus mauvaise
de ses fermes, qui n'était louée que 15 fr. l'hectare, et
où les fermiers se ruinaient, pour voir s'il ne pourrait
pas en tirer un meilleur parti ; cette amélioration a exigé
l'emploi d'un capital de 200,000 fr.

M. de Poncin a bien voulu me faire conduire au château de Sourcieux, près la station de Montrond, chez
M. Balay, membre du Corps législatif, qui vient de remporter la prime d'honneur ; la famille était absente ;
M. Monin, le régisseur, est un élève de la ferme-
école de Blanc-Champagne près Carignan, département
des Ardennes ; j'ai connu le premier directeur de cette
ferme, M. Vacant, que son fils, ancien élève de Grignon,
a remplacé. M. Monin a été cinq ans à la ferme-école
comme élève et comme teneur de livres ; voici les détails
qu'il a bien voulu me donner : La terre qu'il administre

est de trois cents hectares, dont cinquante en bâtiments
et parc, et deux cent cinquante en culture; environ
moitié de cette excellente propriété est en terres d'alluvion bordant la Loire ; l'autre partie est en bonnes terres
fortes; celles-ci se louent dans le pays 35 fr. l'hectare, et
celles d'alluvion 80 fr. On évalue la valeur des terres du
Val à 3,000 fr., et celle des terres fortes à 2,000 fr.
l'hectare. Le propriétaire, qui est fort riche, a une nombreuse famille, huit enfants ; il cultive sa propriété
depuis 1852. Il sème ses terres d'alluvion en luzernes,
qui au bout d'une douzaine d'années deviennent des
prés; il y en a maintenant soixante hectares. Voici l'assolement : Première sole, quinze hectares en betteraves,
sur fumure de soixante mille kilos ; elles produisent cinquante mille kilos; six hectares en pommes de terre, de
cent à cent-cinquante hectolitres par hectare ; un hectare
de carottes à quarante-cinq mille kilos; haricots sur un
hectare cinquante ares à quinze hectos ; un hectare de
chanvre; deux hectares de maïs et sorgho fourrage.

Deuxième sole, orge ou avoine, quarante-cinq hectol.;
troisième sole, trèfle ou vesce ; quatrième sole, froment,
vingt-cinq hectol. ; cinquième sole, seigle, vingt-cinq
hectol.

L'assolement des terres fortes est quadriennal, commençant avec quarante-cinq mille kilos de fumier par
colza ou féverolles, à seize ou dix-huit hectolitres;
deuxième sole, de vingt à vingt-deux hectolitres; troisième sole, trèfle ou vesces et quatrième sole de quinze à
dix-huit hectol.

La comptabilité est tenue en partie double par un
comptable à 1,000 fr., logé, chauffé, etc., prenant des
légumes au potager.

Un maître vacher suisse, non nourri, mais logé et
chauffé, a 800 fr. ; son garçon 360 fr. ; voici le produit
du lait pour vaches de différentes espèces : Les vaches

hollandaises les meilleures, donnent à nouveau lait de dix-huit à vingt-deux litres, et en donnent encore huit après neuf mois; une vache durham pure, âgée de quatre ans, produit dix-huit litres et après huit mois de part, elle en donne encore huit; une fort belle durham a donné à nouveau lait vingt litres; mais huit mois après seulement quatre litres; huit vaches durham donnent en moyenne quatorze litres, fraîches vêlées; une vingtaine de vaches croisées durham charolais, donnent fraîches vêlées, de quatorze à quinze litres; mais elles tarissent ici du sixième au septième mois. On a ici vingt-un durham femelles, veaux compris, et cinq taureaux durham; on les vend 500 fr. à six mois, et de 7 à 800 fr. à un an. Le total des bêtes à cornes, les bœufs compris, est de cent quarante-neuf têtes.

Un troupeau southdown pur sang s'élève avec les agneaux, à trois cent quarante-trois bêtes; il faut y ajouter deux cent-vingt bêtes croisées; il y a huit poulains, mais j'ai oublié le nombre des chevaux de trait; ajoutons encore deux verrats, dix-huit truies, cinquante-deux porcelets, qu'on vend de 15 à 20 fr,, enfin huit cochons à l'engrais. Voilà la composition du cheptel. On vend 600 fr. les jeunes bœufs gras âgés de quarante mois.

On a fait six kilomètres de bons chemins.

Je suis allé coucher à Saint-Chamond, ville manufacturière, à deux stations plus loin que Saint-Étienne; et je suis allé le lendemain matin de bonne heure chercher M. de Boissieu dans sa charmante maison de campagne, posée sur une colline et entourée de beaux arbres, d'où l'on jouit d'une vue admirable; il a transformé vingt-cinq hectares de terres qui l'entouraient en excellents prés irrigués avec l'eau de plusieurs sources; M. de Boissieu continue à les améliorer, en les couvrant de terres prises dans les jardins, sur lesquels s'élèvent de

nouvelles constructions ; il y répand aussi des boues de
ville. Une jolie ferme très-bien tenue, loge des vaches
hollandaises importées avant la peste bovine, et qu'il est
forcé de remplacer maintenant par des vaches schwitz ;
le lait se vend 20 c., ce qui rend très-profitable le produit des bonnes vaches hollandaises qui donnent en
moyenne de huit à neuf litres pendant les trois cent
soixante-cinq jours de l'année. M. de Boissieu va doubler l'étendue de ses prés, en reprenant des terres à son
fermier ; il vend le lait intact, soir et matin, sans faire écré-
mer celui de la veille au soir, comme c'est assez généralement l'usage, malheureusement ; on fait cuire ici les racines, en y ajoutant deux à trois kilos de tourteaux de
colza par jour et par tête de vache ; cette cuisson fait
disparaître le mauvais goût du colza, qui se communi-
querait au lait, sans cette précaution.

La charmante famille que je visitais s'est ar-
rangée une petite Suisse, dans ce pays d'âpres montagnes, que la fumée des nombreuses usines n'embellit
pas ; après déjeuner, on a eu la bonté de me conduire à
la station, à temps pour que je pusse aller par le nouveau chemin de fer qui vient de s'ouvrir, de Saint-
Étienne au Puy-en-Velais.

J'ai visité, le 1er juillet, la ferme-école de la Haute-
Loire, dont M. Chouvon est le directeur depuis bien des
années ; ce qu'il y a ici de remarquable, outre l'excellente culture, c'est que tous les bâtiments bien établis de
cette ferme, qui loge plus de quarante personnes et un
nombreux bétail, ont été construits par les élèves sous
la direction de leur habile directeur et sans qu'on y ait
employé des ouvriers étrangers à l'établissement ; c'était
la seconde visite que je faisais à M. Chouvon ; j'y étais
venu en 1858, lors du congrès scientifique et agricole
que le savant et infatigable M. de Caumont, a su créer
et organiser, et qui parcourt toute la France en l'ouvrant

chaque année sur un point différent du territoire et dans une nouvelle ville.

J'ai trouvé la culture de la ferme-école encore bien améliorée, elle est couverte de belles récolies de tout genre ; les froments rendent en moyenne de vingt-sept à vingt-huit hectolitres. On a drainé les terres et les prés ; on a irrigué ces derniers ; on a arraché les pierres et petits rochers, très-abondants dans les terres volcaniques de ce pays.

On y cultive du maïs pour fourrage et j'y ai vu un essai de maïs caragua ; j'y ai vu pour la première fois, un petit champ de vesces velues, semées avec un peu de seigle ; cela forme un fourrage épais et magnifique, de plus de cinq pieds de haut ; nous en avons porté quelques poignées aux bœufs, qui l'ont bien mangé ; M. Chouvon en a tiré la semence d'un grainetier d'Annonay dont j'ai perdu le nom ; il me semble que cette plante mérite, par son grand produit, d'entrer dans la culture ordinaire.

La ferme-école est toujours au complet ; elle a même un élève de plus ; ils sont trente-un, et il en est ainsi, habituellement.

Je me suis rendu le lendemain chez M. Calemard de la Fayette dont j'avais eu l'avantage de faire la connaissance (au congrès organisé par M. de Caumont, au Puy, en 1858) ; M. de la Fayette y avait été remarqué par tous les membres, pour sa facilité d'élocution, et pour ses nombreuses connaissances.

M. de la Fayette, qui a une maison en ville, m'a conduit à sa terre dont sa jolie habitation se trouve à sept cent cinquante mètres au-dessus du niveau de la mer ; elle est entourée d'un parc bien planté ; lorsqu'il faisait son droit, il s'occupait déjà de l'embellir en y plantant des arbres rares, à cette époque. M. de la Fayette a commencé en 1849, à s'occuper de l'amélioration de

cette propriété de cent trente-huit hectares qui occupent
les flancs et le plateau d'une montagne volcanique, dont
la terre serait excellente, si elle n'était pas si peu profonde et garnie de pierres et de roches de lave ; il faut
extraire du moins en partie ces pierres et ces roches,
pour pouvoir labourer ; à cette époque, on trouvait
aisément des hommes qui entreprenaient le piochage et
l'extraction des pierres et petites roches, travail qui
remplaçait un labourage superficiel ; les conditions
étaient le droit pour eux d'y semer, la première année,
une espèce de petite lentille produisant quatorze à seize
hectolitres qui annuellement se vendent de 35 à 40 fr.
l'hectolitre et vont dans le Midi ; leur seconde récolte
était du seigle ; maintenant on a de la peine à trouver
de ces défricheurs, en leur abandonnant trois années de
jouissance de la terre. Lorsque M. de la Fayette faisait
faire ce travail à la tâche, il lui revenait à 180 ou 200
fr. l'hectare ; encore, fallait-il faire sauter les roches
avec de la poudre. Il a ensuite employé la manière suivante de tirer partie de ces demi défrichements ; elle
consiste à construire des maisons contenant une grande
chambre, une étable pouvant loger quatre vaches, ou
élèves, de huit à dix bêtes à laine, un cochon et des
volailles ; le grenier sert de grange et de fenil ; une maison nouvellement construite que nous avons été voir,
avait douze mètres sur sept, entre les murs ; les basses-
gouttes avaient sept mètres de hauteur ; la couverture
était en ardoises ; cette maison revenait à 2,000 fr. en
ne comptant pas la valeur des bois pris sur la propriété.
M. de la Fayette trouve des familles qui entrent comme
métayères, dans ces maisons assez confortables, leurs
bêtes à laine peuvent aller en pâture avec le troupeau de
la réserve ; ces braves gens dérochent chaque hiver, le
plus qu'ils peuvent, et quelques années après, la moitié
du propriétaire s'élève à 700 ou 800 fr. ; ils ont un pré

d'environ 0ᵐ80, et une dizaine d'hectares de ces terres peu profondes.

M. de la Fayette a cinq métairies, dont le produit moyen lui vaut au moins 3,500 fr.; c'est ce que la propriété entière donnait, lorsqu'il est venu en 1849 pour l'améliorer. Il fait valoir quatre-vingts hectares, le parc compris, et a environ dix hectares en pentes rocheuses boisées, où se trouvent des pins sylvestres qui servent à faire les constructions. Il a dix-huit hectares de prés dont une forte partie a été créée par lui ; il a trois pièces d'eau qui servent de réservoir aux eaux de pluie et aux sources et permettent d'irriguer; quatre hectares de prés sont attachés aux métairies ; un enclos de trois hectares de ces prés, partage avec un propriétaire voisin, la jouissance de l'eau d'une source très-abondante et surtout très-fertilisante ; chacun des deux propriétaires dispose de l'eau pendant une semaine ; dans ces conditions, un enclos produit jusqu'à trente mille kilos de foin ou de regain, et donne une excellente pâture de printemps et d'automne, il paye 135 fr. d'impôt, et il a été estimé 30,000 fr. lors du partage en famille.

J'ai vu dans la culture de la réserve, une grande étendue de fort beau méteil estimé devoir rendre vingt-cinq hectolitres ; quatre hectares d'une très-belle luzerne ; un beau champ de froment bleu ; de bons trèfles, des vesces, et des récoltes jachères bien sarclées ; on sème habituellement beaucoup de raves ; mais elles ne sont pas encore semées, parce qu'une bonne partie de ces terres est séparée de la ferme par une profonde vallée, ce qui gêne beaucoup le transport des fumiers.

M. de la Fayette a fait faire en planches de sapin, un hangar qui se démonte pour le déplacer à volonté ; il y loge des bêtes, après l'avoir posé près d'une prairie artificielle, qui sert à les nourir ; de cette manière, le fumier se fait en partie sur place, et le parcage d'un troupeau de trois cent cinquante bêtes à laine, fait le reste. Il a monté un petit chemin de fer de près de deux cents mètres de longueur, qui sert à transporter les roches et pierres arrachées dans les champs, dans des parties tellement garnies de roches qu'elles ne peuvent être cultivées ; d'autres fois ont les entasse sur les pentes ou le long des chemins, où elles servent à former des murs en pierres sèches, pour clore les champs.

Le cheptel de sa culture est composé du troupeau cité plus haut, en assez fortes brebis de pays, qui devraient avoir des béliers southdown ; il faut y ajouter plusieurs truies berkshire et leur progéniture, puis deux bonnes juments percheronnes, pour la voiture , et enfin une quarantaine de bêtes à cornes, les veaux compris, ces bêtes sont de la race mezene qui a beaucoup augmenté de taille et de poids, depuis qu'elle est bien nourrie et bien soignée chez lui ; les vaches sont assez bonnes laitières.

M. de la Fayette s'est mis sur les rangs pour la prime d'honneur qui sera donnée l'an prochain, au concours régional du Puy.

J'ai regretté qu'il n'ait pas employé sa grande intelligence, son activité et son capital, à améliorer une bonne terre de plus de deux cents hectares qu'il a en Berry, et qu'il m'a fait voir il y a quelques années.

Je me suis rendu, le lendemain, chez le docteur Olivier, au château de Charragne, dans un joli vallon à peu près circulaire, entouré de montagnes volcaniques, dont les éruptions de lave, n'ont été recouvertes que d'une trop petite épaisseur de terre légère , dans une partie du vallon et qui se trouvent souvent toucher des terrains de la plus haute fertilité et d'une grande profondeur. Arrivé au château, Mlle Olivier, fille unique, jeune personne de douze ans et son institutrice me reçurent, et firent chercher M. Olivier ; quand je l'eus rejoint, il me mena dans une vaste prairie fort bien irriguée, où un grand nombre de faucheurs et de faneurs étaient occupés, et d'où plusieurs attelages ramenaient du foin ; j'y ai aperçu un râteau à cheval ; en continuant notre promenade , le docteur m'a fait traverser des champs tellement couverts de pierres, qu'il m'a dit qu'une douzaine de femmes remplissaient en fort peu de temps un tombereau sans le changer de place ; il se débarrasse des petites pierres en les faisant conduire sur les chemins que le cantonnier de la commune lui indique à cet effet, les plus grosses pierres sont mises en tas le long des chemins, et il en fait faire en partie des murs en pierres sèches ; mais comme la quantité des pierres est énorme, et qu'elle s'augmente beaucoup, chaque fois qu'on laboure plus profondément, M. Olivier a trouvé une nouvelle manière de les employer ; ayant beaucoup à drainer, il fait, dans les parties de sa propriété où le sol a une grande profondeur, labourer la terre sur une largeur de six pieds ; des ouvriers armés de pelles, jettent la terre sur les deux côtés de la largeur labourée; alors la charrue recommence à labourer sur la même largeur, et les ouvriers, à vider la terre ameublie par le labour ; on renouvelle cette opération autant de fois qu'on le peut, en augmentant le nombre de paires de bœufs, nécessaires, pour que le soc de la charrue puisse fonctionner ; dans certains champs, on a pu approfondir cette espèce de canal, jusqu'à plus d'un mètre ; cette grande opération a deux buts également utiles ; on obtient aussi de la terre, soit pour améliorer de grands prés récemment faits, si la terre se trouve d'une qualité convenable ; soit pour être transportée sur des champs dont le sol n'est pas assez profond ; quand la terre est enlevée, on met les pierres dont on veut se débarrasser, dans le canal qui, une fois rempli à 0^{m}40 de la surface devient un maître drain, pour l'assainissement de la terre.

La bifurcation du chemin de fer de Clermont allant au Puy et à Marseille, est placée sur la propriété du docteur ; elle est à moins d'un kilomètre du château, et la compagnie du chemin de fer a dû acheter au docteur, pour faire la gare, quatre hectares qu'elle a payés une trentaine de mille francs ; elle va lui prendre encore pour à peu près pareille somme, afin de faire l'embranchement allant sur le Puy, qui n'est pas encore commencé. La terre de Chassagnon que le docteur Olivier a hérité de son père, avait cent deux hectares ; il y a ajouté par une acquisition, cinquante-six hectares, qui lui ont coûté 30,000 fr. ; elle se compose de deux étangs dont vingt et quelques hectares ne sont qu'une pauvre pâture, remplie de rochers, et incultivable ; mais, en revanche, les trente hectares restant, offrent la meilleure terre qu'on puisse désirer ; à ces cent cinquante-huit hectares, le docteur vient de joindre un domaine de cinquante hectares, par un nouvel achat, et un autre de cent hectares par l'héritage d'une tante ; ces deux biens faisaient anciennement partie de cette terre ; sa propriété a donc maintenant plus de trois cents hectares d'étendue, d'un seul bloc.

Le docteur a déjà drainé d'une manière complète, soixante-quatre hectares à dix mètres de distance entre les rigoles, et il a dans sa cour seize mille tuyaux, pour commencer de nouveaux drainages, dans ses nouvelles propriétés. Ses rigoles d'assainissement ont trente-huit mille mètres de longueur, dont vingt-neuf mille cinq cent quarante sont garnis en pierres, et huit mille cinq cent treize en tuyaux. Il a en outre drainé quarante-sept hectares irrégulièrement en faisant huit mille cinq cent quatre-vingt-six mètres de rigoles remplies de pierres ; cela forme un total de cent onze hectares drainés.

Il a fait huit mille trois cent soixante-cinq mètres de chemins macadamisés ; il a construit quatorze mille huit cent qurante-huit mètres courants de murs en pierres sèches, pour clôtures, le long de routes ou pour soutenir les terres.

Pendant les quatorze années durant lesquelles sa propriété était cultivée par métayers, avant qu'il ne fît valoir, la moyenne du revenu brut annuel des deux cents hectares a été de 4,107 fr. Pendant les onze premières années de son faire-valoir, où la terre avait cent cinquante-huit hectares, il est arrivé à 16,505 fr.

Les immenses travaux que le docteur a faits pendant les neuf années qu'il a employées à améliorer les cent cinquante-huit hectares de terre avaient été précédés par un même espace de temps, employé à faire de la médecine; il est en train de recommencer ses immenses travaux sur les autres cent-cinquante hectares ; mais l'expérience acquise, et l'augmentation de sa fortune, lui permettront de les exécuter plus vite.

Voici le résumé de l'inventaire du 25 décembre 1866.

En mobilier rural. . . . .   7,318 fr.
En bétail   22,668
En grains   31,067
                                ————————
                                61,053 fr.

Une de ses œuvres les plus utiles, que je n'ai pas encore mentionnée, est d'avoir amené d'une grande distance les eaux d'un ruisseau, qui ont pu être maintenues à une assez grande élévation et être employées à l'irrigation de plus de vingt hectares de terres légères, peu profondes et à peu près improductives, et qui ne servaient qu'au parcours des moutons. La disposition de cette eau lui a permis de les transformer ; l'eau manquant en été, il continue à améliorer cette belle prairie, par des apports de l'excellente et très-profonde terre de ses étangs et marais desséchés.

Le docteur a planté des vignes à de bonnes expositions; je l'ai fortement engagé à aller visiter les vignes en chintres de Chissay, avant d'en planter d'autres; dans les environs du docteur, on produit de fort bons vins de table.

M. Ollivier a construit d'immenses étables ne contenant que des bêtes de la race de l'Aubrac qui est très-active pour le travail; mais comme elle n'est pas d'un très-grand poids, ni bonne pour le lait, je l'ai engagé à essayer le croisement durham, en ne reculant pas devant la dépense de 2 ou 3,000 fr. pour avoir un bon étalon, chose des plus essentielles pour réussir dans l'élevage; je l'ai aussi engagé à se procurer de bons béliers southdown ou shropshire pour améliorer son troupeau de pays, et un verrat du Suffolk pour sa porcherie. A ses machines agricoles, il ferait bien d'ajouter un fort rouleau Croskyll, une faneuse, une moissonneuse-faucheuse Morgan, et enfin, maintenant que son faire-valoir est doublé, une batteuse et sa locomobile à vapeur de la maison Gérard de Vierzon.

Dans notre promenade du lendemain matin, le docteur m'a fait voir les magnifiques froments et les remarquables prairies artificielles que lui donnent ses étangs; il m'a fait visiter une très-grande maison à plusieurs étages qu'il a construite pour l'entrepreneur des travaux du chemin de fer, il y a quelques années, et qu'il a pu racheter à bon compte, une fois que l'entrepreneur a eu terminé, sur ces lieux, ses grandes entreprises, et a dû se rendre plus loin ; il pense pouvoir louer ce grand bâtiment, quand la bifurcation sera établie.

Le docteur m'a proposé une promenade en voiture, l'après-midi, pour me faire voir ses environs; nous avons fait une visite au baron de Flageac, qui habite le beau et fort ancien château de ce nom, remis, ainsi que ses cinq grosses tours, dans le meilleur état, à l'extérieur comme à l'intérieur, et parfaitement meublé.

Cette belle, mais un peu sévère habitation, domine une charmante vallée que le baron cultive, et qui est garnie d'excellentes prairies irriguées.

Le baron, qui nous a reçus seul, Madame et ses enfants l'ayant précédé dans un château voisin où l'on devait dîner, a été attaché d'ambassade dans plusieurs capitales, entr'autres à Saint-Pétersbourg.

L'entourage du château est fort joli et parfaitement tenu. Le baron a fait de très-grandes améliorations, en drainage, et surtout en dérochements et épierrements, lont une énorme quantité de pierres ont été enfouies dans de profondes et larges tranchées. Il s'est formé plus tard une réserve qui nourrit huit chevaux et autant de vaches, et il a loué la grande ferme à une cultivateur qui vient de se mettre sur les rangs comme concurrent à la prime d'honneur, de même que le docteur, qui l'a déjà été, il y a huit ans. Cette fois, ce fut le marquis de Ruolz, au château d'Alleret, qui obtint la prime d'honneur. J'avais fait sa connaissance au congrès de M. de Caumont, et le marquis m'avait ramené chez lui ; comme je voulais renouveler ma visite à Alleret, le docteur a voulu m'y conduire lui-même, car il est resté lié avec cette famille après avoir été longtemps son médecin.

Nous avons trouvé M. de Ruolz et Madame la marquise en bonne santé et toujours excellents, dans leur belle et confortable habitation ; ils n'ont qu'une fille qui n'habite pas chez eux, mais y est attendue.

Le marquis, malgré son âge avancé, est toujours zélé agriculteur, viticulteur et éleveur de la belle et bonne race de Salers, qu'il a bien améliorée par sélection, depuis neuf ans que je l'ai visité ; ses bêtes sont bien moins hautes sur jambes et sont, en général, mieux faites ; mais je n'ai pu m'empêcher de dire à ces Messieurs, qu'il faudrait donner à ces fort belles vaches, un bon taureau durham, payé au moins un couple de mille francs, en le choisissant autant que faire se pourrait, dans une étable où l'on tient aussi à avoir de bonnes vaches laitières ; on obtiendrait aussi des vaches mieux faites, plus belles, donnant plus de lait que leur mère, quoique celles-ci ne soient pas mauvaises sous ce rapport ; elles s'engraisseraient plus vite que les salers, et enfin donneraient plus de poids et plus de viande lorsqu'on voudrait s'en défaire ; les veaux mâles croisés durham bien nourris et engraissés seraient vendus très-cher, vers l'âge de trente-six mois au plus ; leur vente est facile maintenant qu'on a le chemin de fer pour Paris, et le deviendra plus encore, un peu plus tard, lorsque ceux allant à Marseille ou à St-Étienne et Lyon vont être terminés ; je suis persuadé qu'on obtiendrait de ces jeunes bêtes de trois ans un prix plus élevé que celui des bœufs salers de cinq ans ; deux jeunes bœufs croisés durham-salers, gras, se vendent à Paris 1,100 fr. tous frais payés, et leur voyage pour aller à Lyon ou à Marseille, coûtera moins que celui pour aller à Paris. On ajoutera pour le labour, des bœufs salers de cinq ans, qui travailleront mieux, n'ayant pas besoin d'être ménagés, comme les jeunes bœufs salers qu'on aurait élevés pour le joug et qu'on ne peut faire travailler beaucoup dans leur troisième et quatrième année ; j'espère avoir réussi à convaincre ces Messieurs.

M. de Ruolz laboure cent-vingt hectares de terres plutôt fortes et à sous-sol imperméable, qu'il a toutes drainées ; il a soixante-dix hectares de prés ou herbages, dont la plus grande partie a été irriguée par les eaux de sources ou de drainage ; il a en outre dix-neuf hectares de vignes et le reste de sa terre, qui compte trois cents hectares, est en bois ; pour fumer cette culture, il a cent quatre têtes bovines, élèves et veaux compris, deux cent-cinquante bêtes à laine et des porcs de race berkshire ; ses huit chevaux, ajoutés à cela, forment plus d'une grosse tête de bétail, par hectare en culture.

M. de Ruolz a planté, il y a plusieurs années, neuf hectares de vignes de la manière conseillée par le docteur Guyot; il en a été si content qu'il va arracher un rang de ceps entre deux, dans toutes les anciennes vignes, afin de les avoir toutes taillées et conduites d'après ce système et pouvoir les cultiver à la charrue.

Le drainage de ses terres qui ont un sous-sol imperméable, a très-bien fait et toutes ses récoltes sont belles; ses froments produisent en moyenne de vingt-huit à trente hectolitres l'hectare.

J'ai vu dix hectares de récoltes sarclées, très-propres, et la même étendue en maïs pour grains ou pour fourrage; il va faire du maïs dent de cheval, l'année prochaine.

Quinze hectares de bonnes luzernes le mettent à même de bien nourrir à l'étable son nombreux et beau bétail.

Depuis une précédente visite, il a amené dans la cour du château les eaux d'une source et celles de drainage qui se réunissent dans une belle coupe en pierre de Volvic, d'où elles se partagent ensuite entre le château et la basse-cour, de manière à en avoir partout où elles sont utiles.

J'ai vu une batteuse à manége de Cumming, une faucheuse de Wood, un gros rouleau Croskyll, et les instruments de culture de Dombasle. Le régisseur, que le marquis a pris, il y a douze ans, parmi les élèves de M. Chouvon, à la ferme-école de la Noya près du Puy, est fort intelligent; le jardinier sort aussi de cette ferme-école qui depuis plus de vingt ans a formé un très-grand nombre de bons agriculteurs et horticulteurs; il serait bien à désirer que tous les départements fussent en possession d'une ferme-école et qu'elles fussent aussi bien conduites que celle de la Haute-Loire.

L'amélioration de la culture de la belle et bonne terre d'Alleret, a été commencée dans les premières années du siècle, lors de la rentrée d'émigration de M. de Machecot, père de Mme de Ruolz ; il a défoncé peu à peu toutes ses terres, remplies de roches et de pierres ; les bons exemples de culture qu'il a donnés durant sa longue vie, ont fini par être imités par les habitants de ses environs, qui ont organisé, il y a quelque temps, une souscription dont le montant va servir à faire faire le buste de M. de Marchecot, ponr perpétuer la mémoire de ce digne vieillard ; ce qu'il y a de remarquable, c'est que plusieurs communes des environs ont souscrit, et l'une d'elles a donné 600 fr. ; depuis une trentaine d'années que M. de Marchecot est mort, son gendre, le marquis de Ruolz, a continué ses bons exemples ; ils ont d'autant mieux profité, qu'on voit qu'il arrondit de temps à autre sa terre, par de bonnes acquisitions.

Le marquis m'a fait boire d'excellent vin blanc de son crû, et le vin rouge de table est fort bon.

M. de Ruolz m'a fait faire le tour de la vallée, en me conduisant aux deux stations du chemin de fer les plus proches de chez lui ; il m'a fait voir quelques jolis sites, et en général une bonne petite culture ; on voit beaucoup de champs de pommes de terre, de haricots, de navets, et en moindre nombre de petits champs de betteraves ; le marquis produit chez lui de la semence de betterave et en donne aux petits cultivateurs.

J'ai quitté cet excellent ménage, bien reconnaissant de son aimable réception, et je suis allé coucher à Brioude, petit voyage des plus pittoresques ; le lendemain me conduisit, en longeant la riche vallée de l'Allier, à Clermont, et puis le soir à travers la riche Limagne, à Lezoux, petite ville que je quittai le lendemain de bonne heure, pour revoir pour la troisième fois, la culture du marquis de Pierre.

Etant arrivé à la première ferme de cette grande terre, La Gagère, le chef de famille, qui n'est ni métayer, ni domestique, ni même garde-bestiaux, m'a fait voir son bétail, quatre bœufs, autant d'assez bonnes vaches salers, dont deux élèvent leurs veaux, et trois élèves de deux à trois ans, neuf truies croisées anglais, avec les porcelets, qu'on vend autant que possible, au moment du sevrage, ou qu'on engraisse en l'automne, si on n'a pu les vendre jeunes, enfin les jeunes truies qui doivent remplacer celles qui ont produit deux ou trois fois et qu'on engraisse ensuite; voici la position de la famille : le père, la mère, les filles et enfants, soignent le bétail; ils prélèvent le quart du produit net des ventes de bétail; ils ont la sixième partie des céréales; un ou deux fils, âgés de seize ans et au-dessus, sont payés à 300 fr. l'un; mais ils sont nourris, comme le reste de la famille, sur le quart du profit du bétail et le sixième des récoltes des céréales; on leur laisse le lait de deux vaches, en vendant les veaux à six semaines, ou deux mois; les cochons sont nourris avec les pommes de terre qu'on fait faire autant que possible à moitié; pour cela, on fume la terre, mais elle est béchée par le preneur, qui plante, sarcle et arrache les pommes de terre ; si l'on est content de leur culture, on conduit leur moitié chez eux. Comme il faut une grande quantité de pommes de terre, dans la ferme qui a entre vingt-cinq et trente hectares, on en cultive une assez grande étendue à la charrue pour en avoir assez pour la famille, ainsi que pour la porcherie ; on leur fournit deux kilos et demi de son par portée ; les truies reçoivent en hiver un kilo de son, en sus des pommes de terre cuites, tant qu'elles allaitent des porcelets ; hors cela, toutes les bêtes porcines n'ont en hiver que cinq cents grammes de son par tête et des topinambours, à moins qu'il ne reste des pommes de terre.

L'assolement est quadriennal sur six hectares fumés à soixante mètres par hectare, dont quatre en pommes de terre, à deux cent cinquante hectolitres l'hectare ; mais comme deux hectares sont faits à moitié, il ne reste que la récolte de trois hectares ou sept cent-cinquante hectolitres pour la ferme, un hectare en bette-raves, carottes et navets, produisant environ quarante mille kilos de racines ; deuxième sole, froment ou seigle à seize hectolitres ou cent hectolitres, dont un sixième pour la famille, dix-sept hectolitres ; troisième sole, six hectares en vesces ou trèfle ; quatrième sole, en seigle à scize hectolitres ou seize hectares. Ces trente-trois hecto-litres fournissent le pain de six grandes personnes com-posant la famille ; le cochon salé, les légumes et le lait de deux vaches complètent leur nourriture. Restent quatre hectares en prés et en topinambours qui, avec la paille, achèvent la nourriture des bêtes ; on fume les to-pinambours tous les deux ans.

Le marquis prend toute la récolte des céréales et leur tient compte du sixième de la vente ; il les fournit de bon pain de méteil dont la farine a été très-bien blutée, car on a grand besoin de son ; le pain est fabriqué à la réserve et ses gens le payent au prix de revient.

Voici le compte que m'a fait un jeune métayer fort intelligent qui tient les comptes des fermes par écrit, et qui m'a dicté ce qui suit :

La ferme n'est que de vingt-six hectares et demi ; il a quinze truies qui donnent chacune de deux à trois portées ; n'en comptant que deux à six porcelets arrivant au sevrage, cela en fait cent quatre-vingts, dont cinq des plus beaux sont conservés, pour remplacer cinq mères, cent soixante-quinze porcelets vendus à 12 fr. au moins en moyenne, cela forme la somme de. . . 2,100 fr.

Cinq truies grasses d'une forte taille, à 120 fr. 600

Deux bœufs à 700 fr., deux vaches, 500 fr. et deux élèves, 300 fr 1,500

Ensemble . . . . . 4,200 fr.

Report. . . . . 4,200 fr.

On achète pour 600 fr. de farine et de
son et 10 fr. pour châtrer 610

Reste . . . . . . 3,590 fr.

Somme dont le quart est pour le métayer, soit en compte
rond, 900 fr.

Douze hectares de froment ou de seigle, bien cultivés
et bien fumés donnent en moyenne pour le blé plus de
vingt hectolitres par hectare, cela fait cent-vingt hectolitres à 20 fr. . . . . 2,400 fr.

Cent-vingt hectolitres à 15 fr. 1,800

Ensemble . . . . . 4,200 fr.

dont le sixième pour le métayer est de . . 700 fr.
le quart du produit du bétail ci-contre. . 900

Le métayer reçoit en outre pour deux domestiques 600

2,200 fr.

Voici maintenant le compte de la dépense du métayer
pour nourrir ses vieux parents, sa femme, deux enfants,
un de cinq ans et un d'un an, lui-même et deux jeunes
garçons qu'il loue et doit nourrir ; ils coûtent 400 fr.

Pour le pain à 30 c. le kilo. 450
Pour deux cochons tués et salés . . . 150
Pour l'huile, le sel et l'épicerie. . . . 70
Pour fleur de farine 20
Du vin pour. 50

1,140 fr.

Pour divers objets oubliés et pour le char-
ron, le maréchal. 160

1,300 fr.

L'habillement n'est pas compté, se trouvant payé par

8

le beurre et les nombreuses volailles élevées et vendues.

Dans son jardin le métayer a du chanvre pour faire du linge ; il a des haricots et d'autres légumes, à ajouter aux pommes de terre, carottes, navets et choux cultivés dans les champs.

1,300 fr. à déduire sur 2,200 fr. reste 900 fr. à placer, sauf les maladies ou autres accidents.

Lorsque les enfants du métayer pourront remplacer ses domestiques, cela ira encore mieux.

Tel est le résumé de la conversation que j'ai eue avec ce brave homme ; j'ai été enchanté de son raisonnement et de son bon sens ; malgré une sécheresse extrême qui désole ces environs, il ne perd pas courage et est satisfait de son sort.

Il m'a conduit au château d'où toute la famille est absente ; le marquis de Pierre et Madame sont à Paris ; l'aîné de ses deux fils habite un château voisin, avec sa tante et sa femme, petite-fille du maréchal Clausel ; ils n'ont pas d'enfants.

Le second de ces Messieurs, récemment marié avec la fille du comte de Murat, vient d'aller chez son beau-père qui habite une terre près d'Issoire.

On m'a dit que le baron avait acheté, il y a deux ans, cent cinquante hectares de bois, dilapidés par le pâturage ; il s'occupe de leur défrichement, ce qui se fait par des gens du voisinage, qui lui achètent la superficie, partagée en petits lots ; ils arrachent les souches qui les payent du piochage du fond, en leur donnant leur chauffage et du travail pour l'hiver. M. de Pierre y construira, au fur et à mesure des défrichements, six nouvelles métairies, comme il en a déjà formé dix-huit, aussi sur de pauvres bois défrichés ; ces bâtiments de petites fermes se composent le plus ordinairement d'une maison ayant une grande chambre au rez-de-chaussée et une deuxième sous la toiture ; à côté se trouve un cellier, et au-dessus,

un grenier à grain planchéié ; puis il y a une grange dont
le rez-de-chaussée est en étable pour quatre bœufs, six
vaches, huit élèves d'un et deux ans, et six veaux ; des
hangars forment la cour en carré, et contiennent les
très-nombreux toits à cochons, et un poulailler ; ces
fermes, construites en pisé et couvertes en tuiles, ne lui
reviennent qu'à 5,000 fr., la charpente payée. Les nombreuses porcheries, une fois les tubercules et racines
consommés, sont alimentées par les jeunes trèfles ou
leurs repousses ; on leur alloue alors cinq cents grammes
de son mis dans de l'eau. On pourrait les nourrir pendant l'été avec des betteraves comme je l'ai vu faire en
Écosse. Le marquis a planté déjà une grande étendue de
vigne sur des bruyères retournées à la charrue, et il
continue à en planter.

Le lendemain matin, 9 juillet, je me suis rendu de
bonne heure aux Guéras, habitation de M. Baudet La
Farge, le savant secrétaire perpétuel de la Société d'agriculture de Clermont, Puy-de-Dôme ; il faisait semer des
lupins à fleurs blanches, qui, si la sécheresse ne les empêche pas de s'élever à la hauteur d'un mètre ou au
moins de quatre-vingts centimètres, lui donneront enterrés pour fumure un beau froment sans autres engrais ;
on les sème à raison de deux héctos ou mieux vaut de
deux cent-cinquante litres, après un trèfle incarnat ou
une vesce d'hiver fauchés et enlevés.

M. La Farge récolte lui-même sa semence de lupins,
qu'il sème vers le 15 avril en lignes espacées de quarante centimètres : on en trouve de la graine chez des
marchands à Lizon et à Thiers, à 3 fr. le double décalitre ; il m'a montré un beau froment bleu qui n'a eu
pour fumure que des lupins, enterrés à la charrue.
M. La Farge a introduit dans tous ses environs la culture des lupins, ainsi que les marnages.

Il a essayé la culture du brôme de Schrader, pendant

quelques années ; ses bêtes le mangent volontiers ; il y renonce à cause de son peu de produit.

Il a de belles carottes mêlées de betteraves en lignes ; ce mélange produit beaucoup et a en outre le mérite de faciliter le premier sarclage à la houe à cheval, les betteraves apparaissant sur terre plus tôt que les carottes.

Les loirs et autres rongeurs dévoraient ses pêches à mesure de leur maturité ; quelqu'un lui a indiqué, il y a six ou sept ans, un moyen de conserver ses fruits, qui lui a fort bien réussi depuis lors ; il entoure ses espaliers de pêchers de fougères vertes, ce qui éloigne ces vilaines bêtes.

Mme La Farge m'a proposé d'aller voir un vieux château, fort laid par lui-même, mais très-remarquable par son admirable position ; il domine la charmante vallée de la Dore, en même temps qu'une autre vallée étroite, garnie d'une superbe futaie, et qui amène un ruisseau pouvant servir à l'irrigation des prés qui descendent jusqu'au bord de la rivière ; ce qui est le plus extraordinaire de cette propriété de cent soixante-dix hectares, dont on demande 300,000 fr., c'est que le propriétaire qui vient de mourir, avait très-bien fait reconstruire six fort belles et grandes tours, dont toutes les nombreuses ouvertures sont en pierres de taille de Volvic ; Sauvagnot est le nom de cette propriété qui se trouve à trois lieues de la station du chemin de fer de Clermont à Thiers, et à neuf de celle de Riom.

Mme La Farge a des orangers couverts de fleurs, dont le feuillage annonce une vigueur extraordinaire ; elle m'a dit que cela venait de l'application de restes de marc de raisin dont les poules avaient mangé ce qui leur convenait ; j'ai admiré chez elle un arbuste à fleurs et feuilles charmantes ; son nom est poinciana.

Les Guéras, propriété de près de 105 hectares, en pauvres terres légères, ont été si bien améliorées par

M. La Farge, qu'elles lui donnent un revenu moyen de 70 fr. par hectare, quoiqu'il ne s'y trouve que soixante-cinq ares de vignes; mais cette terre contient près de vingt-cinq hectares de prés; M. La Farge fait valoir soixante-deux hectares, et son métayer qu'il dirige, quarante-trois. Je suis étonné d'un pareil revenu pour d'aussi pauvres terres.

M. La Farge m'a dit qu'il possédait en Limagne des terres sans bâtiments de ferme, dont il vend en détail les parties qu'on lui demande, à raison de 7,896 à 8,000 l'hectare, quoiqu'elles ne soient pas rapprochées d'habitations.

J'ai visité, le 17 juillet, la terre de Bressolles située à cinq kilomètres de Moulins (Allier); les propriétaires étant absents, le régisseur a bien voulu me donner les renseignements suivants; le docteur Guyot en parle dans ses ouvrages, c'est ce qui m'avait amené ici.

M. le baron de Bressolles ayant trouvé il y a une quinzaine d'années, lorsqu'il a hérité de sa terre, les fermes et locatures louées à moitié, voulut les louer à prix d'argent; les 4 fermes, d'une étendue de quarante à cinquante hectares chacune, furent louées de 50 à 60 fr. l'hectare; tandis que ses quatorze locatures, composées d'environ sept à huit hectares, dont à peu près deux hectares étaient en vignes, furent louées de 122 à 130 fr. l'hectare.

Le jour de ma visite étant un dimanche, le régisseur a eu la complaisance de me conduire dans quelques-unes de ces locatures, situées dans le village; elles m'ont paru être fort petites et peu commodes : nous avons prié quelques-uns de ces locataires de nous faire voir leurs vignes; quatre de ces bonnes gens nous ont conduits; les rangs de ceps sont séparés par un mètre trente-trois centimètres; dans la ligne, ils ne le sont que de trente-trois centimètres; ils les cultivent, disent-ils, à la bêche, ce qui ne les empêche pas d'être pleines de mauvaises herbes ; ils nous ont assuré que le produit moyen de ces vignes à l'hectare était tout au plus de vingt-cinq hecto-litres de vin rouge dont le prix moyen est de 25 fr. l'hectolitre ; ces locataires m'ont paru très-satisfaits de leur position.

En retournant au château qui est beau et très-bien tenu, le régisseur m'a dit que les locataires payent bien leur loyer.

Le lendemain je me suis rendu chez M. Berger, pro-priétaire de la terre du Pavillon , que j'avais visitée il y a une dizaine d'années ; M. Berger a transformé depuis ma visite, un assez grand nombre de locatures, qui lo-geaient des familles de journaliers, en petites métairies, en y ajoutant une grange contenant deux étables et un hangar ; il y a attaché vingt et quelques hectares, dont trois à quatre sont en prés ; les métayers ont l'air d'être satisfaits ; en entrant dans une de ces petites métairies, nous avons vu la métayère servant le dîner de la famille ; les assiettes étaient pleines de carottes au lard , qui avaient une mine appétissante, ainsi que le pain.

Les récoltes n'étaient pas mauvaises en apparence ; mais si on avait ajouté aux fumures, même aux champs d'avoine , de cent à cent cinquante kilos de guano, l'augmentation du produit eût laissé un beau bénéfice, l'engrais payé.

La terre contient onze métairies et de beaux bois ; M. Berger m'a dit que son produit net est d'environ 21,000 fr.

Il a fait de bons chemins bien entretenus et les a bor-dés de pommiers à cidre.

Le chemin de fer de Moulins à Chagny, qui sera ou-vert l'année prochaine, aura une station à deux kilomè-tres de son habitation.

Je suis revenu à Moulins et me suis rendu le lende-

main chez M. Bernard Dubost, fermier de cent-trente
hectares à Bagneux, à vingt kilomètres de Moulins;
il était absent, ainsi que Madame; mais j'ai rencontré
son régisseur, homme fort intelligent et très-complai-
sant. Il m'a fait voir d'abord les taureaux durham, dont
le plus âgé est fort beau; il a coûté 1,700 fr. il y a quelques années, à la vacherie impériale de Corbon; son
futur remplaçant vient d'être payé 1,200 f. à la même
vacherie; un troisième taureau durham provient de chez
M. Gernigon, près de Châteaugontier; j'en ai oublié
le prix.

Les bêtes étant en pâture, il ne restait à l'étable que
neuf veaux, auxquels on ne laisse pas tout le lait de
leurs mères qui sont des vaches demi-sang durham; les
vaches demi-sang durham sont au nombre de quatorze :
onze vaches qui ont trois quarts de sang viennent de
faire leur premier veau; tous les onze ont été conservés
et on leur abandonne tout le lait de leurs mères.

Le régisseur m'a conduit sur les bords de l'Allier,
dans une plaine de terres légères, qui sont souvent inon-
dées dans la saison d'été par suite des infiltrations de la
rivière; ces terres ne conviennent ni au froment ni à la
luzerne.

Les vingt-cinq vaches croisées durham qui forment
le beau troupeau que je venais visiter, m'ont fait
grand plaisir à voir; M. Bernard n'a pas voulu, comme
on fait si souvent mal à propos, acheter une ou deux
vaches durham pures, pour remplacer le taureau durham qu'on paye ordinairement fort cher, si on veut le
bien choisir; s'il élevait ses reproducteurs chez lui, il
serait obligé de prendre ce qui lui arriverait, au lieu de
pouvoir choisir sur un grand nombre le taureau qui lui
convient et il peut en même temps le prendre dans une
autre famille. Je n'ai pu voir les élèves qui étaient assez
loin; il faisait très-grand chaud et j'étais fatigué. Mon

guide m'a dit qu'on vendait les élèves gras vers l'âge de trois ans ; on les nourrit en pâture ou au vert, l'été ; en hiver, au foin et aux betteraves ; on ne commence à les engraisser qu'en novembre pour les vendre en mars ; on ajoute alors à leur nourriture ordinaire, un mélange par moitié de tourteaux de noix et de tourteaux de colza, et dans les derniers mois de l'engrais, on leur donne de la farine. Ces jeunes bêtes arrivent jusqu'à valoir 600 fr. pièce.

M. Bernard a monté un nombreux troupeau de brebis de pays, croisées, les premières années, par des béliers charmoises qu'il a remplacés, depuis, par des béliers southdown ; les derniers sont venus de chez le comte Charles de Bouillé et ont été payés 300 fr. la pièce ; la bergerie construite en briques faites sur place, et couverte en tuiles de Bourgogne, a trente-cinq mètres de long sur neuf de large ; elle contient deux chambres de bergers ; la dépense de construction a été de 6,000 fr. ; le maître berger est artésien.

M. Bernard ne fait que seize hectares de céréales ; il fait beaucoup de récoltes sarclées et surtout du fourrage. Il paie 7,500 fr. la location de cette ferme, et il y est depuis dix ans. Le régisseur a 800 fr. et est nourri à la table de M. Bernard.

En revenant de Bagneux, je me suis arrêté chez M. Dubost, parent de M. Bernard, propriétaire d'une fort belle maison entourée d'une quarantaine d'hectares de terres, prés et vignes, d'un seul tenant ; elle est située dans la commune de Montilly, à huit kilomètres de Moulins (Allier) ; quatre hectares sont plantés en lignes de ceps de vigne blanche, qui sont à huit mètres les unes des autres, et les ceps sont à un mètre cinquante centimètres dans les lignes qui sont garnies de quatre rangs de fils de fer, s'élevant de terre jusqu'à un mètre soixante-six centimètres. Ces quatre hectares couvrent un coteau à pente douce, en bonne terre bien exposée ; ils sont cultivés, ainsi que les intervalles qui les séparent, par trois métayers qui en ont ainsi, chacun un hectare trente-trois ares ; ils ont encore à peu près un hectare soixante-dix ares de vignes rouges, plantées et cultivées à l'ancien usage, et cinq hectares de terre.

M. Dubost m'a dit que les treilles de ces quatre hectares lui ont donné depuis l'acquisition de cette propriété, il y a une dizaine d'années, une moyenne de cent-soixante hectolitres de vin blanc, un peu piquant, qui se vend 10 à 12 fr. l'hectolitre ; en le comptant à 10 fr., cela fait annuellement 1,600 fr., dont 800 fr. pour le propriétaire.

Les vignes rouges, fumées tous les sept ans, à raison de soixante mille kilos comme le font les bons propriétaires du voisinage, donnent une moyenne de trente hectolitres, vendus le plus souvent 25 fr. l'hectolitre, ce qui fait 750 fr. l'hectare, dont 375 fr. pour le propriétaire ; mais là-dessus, il faut déduire le prix de cette forte fumure, dépense dans laquelle les métayers n'entrent pas, mais ils transportent le fumier. Les terres sont conduites à l'assolement quadriennal ; la première sole est fumée à quarante-cinq mille kilos ; elle produit des haricots, betteraves, pommes de terre et carottes ; la deuxième sole qui reçoit une demi-fumure, porte du froment ; la troisième sole est pour trèfle, pois ou vesces ; la quatrième sole donne froment ou seigle. La moitié de ces récoltes qui étaient toutes très-belles donne au propriétaire un revenu moyen de 100 fr. par hectare de terre emblavée ; mais les quatre hectares y compris la valeur du vin des treilles lui produisent un revenu moyen de 300 fr. par hectare.

M. Dubost a très-bien logé ses métayers ; ils ont deux chambres, une cave, un grenier, une étable pour quatre vaches et deux élèves, un toit à porcs pour deux cochons qui ne doivent jamais sortir de la cour et un poulailler; le jardin a vingt ares; les bêtes des métayers vont pendant les quatre mois d'été avec les vaches de la réserve dans un îlot de l'Allier, propriété de M. Dubost, en dehors des quarante hectares. Les vaches labourent et charroient les récoltes et fumiers. Les métayers payent 110 fr. pour impôt et logement; les métayers des environs payent habituellement 250 fr.; les cinq métayers de M. Dubost rentrent à la basse-cour toute la vendange et font le vin; ils y rentrent aussi toutes les récoltes et les battent; la moitié des récoltes sarclées appartient au propriétaire, ainsi que la paille des champs dout il a fourni le fumier pris dans sa cour. Les engrais achetés pour les champs, sont payés par moitié. Ses cinq métayers sont chargés de faucher, faner, et rentrer les dix hectares de foin de son clos de pré, moyennant 200 fr. qu'ils se partagent.

Après partage, ils emmènent chez eux la moitié qui leur revient du vin, des grains et des pailles; les fourrages et leur moitié de récoltes sarclées y vont directement des champs; toutes ces cinq familles habitent ses métairies depuis plus de vingt ans.

J'ai envoyé cet hiver ce compte-rendu de la culture des Herrards à M. Dubost, en le priant de me dire si je ne m'étais pas trompé et il l'a approuvé. Il m'a mandé qu'ayant besoin de main-d'œuvre pour l'amélioration d'une autre propriété qu'il vient d'acheter, non loin de celle qu'il habite, il construit quelques locatures pour y loger des familles de cinq et six personnes; il leur donnera deux hectares de terre, dont il plantera cinquante ares en vignes; ils auront trente-trois ares de prés, pour nourrir leurs vaches; ils pourront tenir un porc au toît et des volailles. Leur loyer sera de 100 fr., qu'ils payeront en journées; il aura ainsi la main-d'œuvre qui lui manque, à un prix raisonnable.

Je suis arrivé à Moulins à temps pour prendre la voiture de Bourbon-l'Archambaut, où j'ai été coucher.

J'avais une lettre d'introduction pour un des riches propriétaires de cette ville de bains, M. Desbordes, qui habite une charmante maison entourée de fort beaux jardins, à l'entrée de Bourbon ; ce monsieur m'a très-bien reçu et a bien voulu me conduire dans une propriété qui est à quelques kilomètres de chez lui, et dont il a entrepris l'amélioration il y a douze ans, quoique jeune encore. M. Desbordes a commencé d'abord par arranger deux métairies dont il a remis les anciens bâtiments en très-bon état ; puis il a ajouté à chaque ferme une grange de vingt mètres sur dix, elles sont construites en pierre à hauteur d'un mètre ; le dessus est formé d'une charpente garnie de planches qu'on repeint tous les deux ans au goudron de gaz ; la toiture est en ardoises ; elles ont coûté chacune 4,500 fr., il s'y trouve de bonnes étables, et on m'a dit que depuis douze ans qu'elles existent, elles n'ont exigé aucune réparation. On y a établi un petit chemin de fer pour la sortie du fumier.

Les bergeries sont bien aérées et ont un compartiment où les mères ne peuvent pénétrer, afin de permettre aux agneaux de consommer tranquillement leur provende ; le troupeau reçoit depuis dix ans des béliers southdown, achetés chez le comte de Bouillé ; on en vend 100 fr. les béliers antenais ; les fermes ont des taureaux charollais, achetés 7 et 800 fr. ; depuis qu'on les améliore, les cheptels sont donc charollais, et sont composés de huit bœufs, douze vaches, les élèves, deux chevaux et deux chèvres attachées à la bergerie, d'où elles ne peuvent sortir ; on n'y élève pas de porcs.

Les terres ont été chaulées à cent-vingt hectolitres l'hectare et la chaux a été payée 1 fr. 25 à l'hectolitre rendu dans les terres. Les ouvertures des logements du bétail sont garnies de persiennes qui en se fermant, sont transformées en volets; une pompe au puits facilite le remplissage des auges.

Les deux familles de métayers sont forcées de prendre des domestiques, leurs enfants ne travaillant pas encore.

Les champs humides ont été drainés, et les récoltes m'ont paru belles; on voit que cet excellent propriétaire n'a rien épargné pour le bien-être de ses métayers, dont il est fort content; tous les produits, même les volailles, se partagent par moitié.

Nous sommes allés ensuite dans une ferme de cent hectares que M. Desbordes cultive depuis deux ans, par domestiques et dont il veut faire un modèle pour ses métayers; on y cultive les récoltes sarclées plus en grand; il y a semé du maïs-fourrage; il n'a pas encore essayé le guano; il a les instruments Dombasle, une faneuse et un râteau à cheval. M. Desbordes m'a ensuite ramené chez lui et m'a conduit, après déjeuner, à huit kilomètres de Bourbon, au château de Lamotte, chez un très-riche parisien, M. Blenart, qui a acheté en 1846, pour 180,000 fr., une terre de quatre cent-cinquante hectares, dont cent soixante en bois.

M. Blenart a construit un grand château et formé de beaux jardins.

La famille n'était pas encore revenue de Paris.

M. Petit, le régisseur de la terre, cultive cent cinquante hectares; il est ancien élève de la ferme-école du Cher, que M. Poisson dirige si bien; ce jeune homme étant tombé à la conscription, a fait comme zouave, la campagne d'Italie; il n'y a que quatre ans qu'il est ici. M. Blenart lui donne tout ce qu'il faut pour très-bien cultiver; aussi s'est-il très-bien monté en machines et instruments de culture; il a une grande batteuse et sa locomobile, de la maison Gérard, de Vierzon; une paire de meules est mise en mouvement par la locomobile, ainsi qu'une pompe et une meule à écraser le plâtre et les tourteaux ; il a encore une faneuse Nicholson, un râteau à cheval, une machine à faucher, des herses articulées, des herses-chaînes de Howard, un hache-paille et un coupe-racine de Bental, enfin des instruments Dombasle.

M. Petit a trente hectares de prés, irrigués, en partie, dans les saisons pluvieuses et dont environ moitié ont été drainés.

Il achète par an pour 5,000 fr. de guano du Pérou, et pour 1,500 fr. de chaux employée comme second chaulage, à dix mètres cubes par hectare ; enfin il achète cinq mille kilos de tourteaux, comme nourriture.

Il a trente-cinq hectares de luzerne, dix de trèfle, quatorze de vesces et maïs, et dix hectares de betteraves, carottes et pommes de terre. Il a déjà rentré trois cent cinquante milliers de fourrage ; il a plus de soixante bêtes à cornes, six cents bêtes à laine charmoises, dont les moutons, âgés de quinze mois, se vendent 35 fr. la pièce, tondus ; et quatre truies croisées par verrat anglais.

Quatre métairies sont louées depuis sept ans au prix de 8,000 fr. à un fermier général qui offre 2,000 fr. d'augmentation pour renouveler le bail de neuf ans.

Le berger et sa femme, qui n'ont pas d'aide, gagnent 1,000 fr., logés et chauffés ; ils ont 2 fr. par vingt-quatre heures de parcage, et emploient trois mille cinq cents bêtes pour parquer un hectare ; le berger a 25 centimes pour chaque agneau amené à l'âge d'un an, et 10 centimes par bête grasse vendue. Les gages des laboureurs sont de 350 fr. en moyenne ; les servantes ont 200 fr. ; les hommes employés toute l'année, sans être nourris, gagnent suivant leurs forces, de 7 à 800 fr.

M. Petit ne tient que douze bœufs charollais et deux

forts chevaux pour cent-vingt hectares de terres en culture. Sa machine à battre donne par jour jusqu'à cent-soixante hectol. de froment nettoyé, ou deux cents d'avoine ; il la loue 60 fr. pour vingt-quatre heures ; elle a ainsi gagné 3,600 fr. à battre pour d'autres ; il l'avait payée 6,000 fr. M. Petit est un homme fort intelligent et des plus actifs ; il partage avec M. Blenart le bénéfice net des produits de sa culture, après avoir versé 9,000 fr. à la caisse.

Je suis arrivé le 17 juillet à Saint-Benin d'Azy, dans la vaste terre de ce nom, propriété du comte Benoist d'Azy ; de son magnifique château orné de cinq grosses tours, qu'il a construit, il y a une dizaine d'années, sur la partie culminante d'une colline, on jouit d'une vue admirable sur le bourg et sur les beaux herbages du Nivernais, qui occupent la plus grande partie de ce riche pays ; j'avais déjà visité cette propriété en 1829, du temps de M. Brière d'Azy, père de Mme Benoist d'Azy ; il avait fait venir alors plusieurs fermiers anglais avec leurs durham, dont M. Brière d'Azy fit lui-même des importations ; on peut donc dire que c'est à lui qu'est due la formation de la belle race des charollais améliorés ; on donne aussi à cette race le nom de bêtes nivernaises, car ces fermiers anglais, mal vus par leurs voisins, dont ils ne savaient pas la langue, vendirent leurs bêtes durham quelques années après pour retourner dans la Grande-Bretagne ; c'est alors que l'habile fermier de Sailaise, M. Doury, acheta de ces pauvres fermiers anglais, à un faible prix, quatre veaux durham, deux mâles et deux femelles ; c'est par ces veaux, d'après M. Doury, qu'a commencé l'amélioration des animaux que lui et ses deux fils ont dans leurs étables ; c'est encore de là qu'est sorti un des deux taureaux charollais qui ont fait obtenir cette année à M. de la Romagère les deux premières primes données au concours

régional de Blois, pour taureaux charollais. J'ai visité
M. Doury l'an dernier, parce que je lui avais vu obtenir
au concours régional de Châteauroux, 1,200 fr. comme
premier prix pour deux taureaux charollais.

M. Doury, lors de ma visite en 1866, avait encore
quelques vaches durham de pur sang, et il m'a assuré
que si tous les six ou sept ans, il ne donnait pas un peu
de sang durham à ses bêtes, elles déchoiraient.

En arrivant au château d'Azy, j'ai appris que M. le
comte Benoît d'Azy se trouvait en famille, chez un de
ses fils, dans une terre du même département. Le lendemain matin, de bonne heure, j'ai visité le vieux château habité par le régisseur qui m'a fait voir le troupeau
charmoise; ce troupeau souffrait du piétin; il avait pour
bergerie une cour carrée dont les murs soutiennent de
petites toitures en chaume formant d'étroits hangars
entourant l'intérieur de cette cour. La ferme, qui loge des
durham, et un troupeau croisé par des béliers oxfordshire,
était trop éloignée pour que je pusse la visiter, avant le
départ de la diligence que je devais prendre pour retourner à Nevers, mais j'ai pu voir de fort beaux prés
irrigués.

Arrivé à Nevers, j'ai pris le convoi de Paris, et je me
suis arrêté à la station de Sancerre, pour me rendre au
château de Thauvenay; je l'avais déjà visité, du temps
de M. Maurice de Taschère; ce jeune et fort bon agriculteur est mort à la fleur de l'âge, dans un voyage au
Caucase; M. Chabot de la Tour, son beau-frère et son
héritier, a probablement continué les améliorations entreprises par M. de Taschère; comme il était alors en
voyage, ainsi que Madame, je fus à la ferme; cette
ferme de plus de cent hectares, ne produisait que
1,500 fr. lorsque M. de Taschère en entreprit la culture;
elle offre maintenant des récoltes admirables en céréales, luzernes et trèfles, vingt hectares de prés irrigués,

et dix hectares de récoltes sarclées bien propres; toute la ferme a été drainée et chaulée.

Il s'y trouve un moulin à deux paires de meules, marchant par la vapeur, ainsi que la batteuse. L'étable contient soixante-dix têtes de bêtes charollaises, dont cinq jeunes taureaux ont été vendus cette année entre 5 et 600 fr. Le troupeau, de trois cents bêtes charmoises, fait remporter à tous les concours un grand nombre de prix à M. de la Tour qui trouve à vendre bon nombre de béliers à 100 et même 200 fr. par tête, m'a-t-il été dit.

Le nouveau propriétaire a planté sept hectares de vignes, de manière à pouvoir les cultiver à la charrue; il y a fait mettre un grand nombre de boutures de chasselas; c'est ainsi que cela a lieu à Pouilly-sur-Loire et environs, où les marchands de fruits de Paris achètent à 50 centimes et plus, le kilo de grappes de chasselas qu'ils font cueillir à partir du moment où le raisin commence à mûrir, jusqu'à une époque fixée, ce qui produit depuis 2 jusqu'à 4,000 fr. par hectare.

Le chef de culture de la ferme de Thauvenay m'a dit que M. de la Tour avait refusé l'offre d'un bon fermier qui voulait louer la ferme pour 7,000 fr.; mais il aime trop la culture, pour vouloir y renoncer.

De là, je voulais me rendre chez le marquis de Vogué, près de Cosne; mais j'appris qu'il ne se trouvait pas dans cette terre.

Je fus coucher à Montargis, d'où je partis à trois heures du matin avec le courrier de Château-Renard, pour aller voir la culture du docteur Noblet que j'avais vu remporter tant de primes, dans plusieurs concours; je suis arrivé à cinq heures chez le docteur qui habite en ville, loin de la ferme; il était souffrant et ne devait se lever qu'assez tard; je me rendis donc à sa propriété, à l'autre bout de la ville; le chef de ferme m'a appris que le docteur possédait et cultivait depuis vingt ans la ferme où je me trouvais. Elle contient quarante hectares de terres et de prés bordant une charmante rivière, à la sortie de Château-Renard.

M. Noblet a loué une ferme bien construite, avec cent hectares touchant sa propriété ; il paye 40 fr. l'hectare de terre et 100 fr. les prés.

Comme je me rendais à Paris pour assister au concours des faucheuses et des moissonneuses, je devais retourner à la station du chemin de fer, à neuf heures ; je n'ai donc pu voir qu'une partie de la propriété du docteur, et non la ferme qu'il loue et où il tient la plus grande partie de son bétail ; je n'ai vu qu'une vingtaine de vaches hollandaises dont le lait est vendu en ville, au prix de 15 centimes le litre. Ses béliers mérinos sont la plupart sans cornes ; il n'emploie que ceux-là pour la monte de son troupeau, dont le nombre s'élève à cinq cents têtes ; mais il vient encore un certain nombre de béliers cornus qui sont préférés par les fermiers des environs. Le prix de vente de ses béliers est de 100 à 400 fr., suivant leur plus ou moins de mérite.

Depuis deux ans, il a adopté la manière allemande, de ne faire venir les agneaux qu'à partir du 15 juillet ; on assure que cette méthode est plus économique ; on m'a fait voir un certain nombre de cochons de la race de Windsor, que j'ai trouvés très-beaux, comme les béliers ; on tient ceux-ci séparés par petits lots, dans une bergerie partagée en petits compartiments.

Une assez grande étendue de la propriété du docteur, dans la partie que j'ai vue, était couverte de magnifiques récoltes de luzernes, trèfles et vesces, de récoltes sarclées parfaitement cultivées, et de beaux prés.

En allant rejoindre la voiture, j'ai rencontré le docteur et son fils qui voulaient m'emmener à leur grande ferme, ce que j'ai bien regretté de ne pouvoir faire, après avoir admiré de si belles récoltes.

En revenant à Montargis, je me suis placé à côté du conducteur, afin de profiter du jour et pour pouvoir mieux admirer la charmante vallée, parcourue par la jolie rivière de Loisne, bordée par de nombreuses plantations et de bons prés ; les coteaux bordant la vallée, étaient couverts de vignes aux bonnes expositions et d'arbres fruitiers, là où le soleil manque. Un monsieur qui me reconnut pour avoir voyagé en chemin de fer avec moi, quelque temps auparavant, m'a dit qu'il possédait et cultivait une propriété de deux cents hectares, près de Château-Renard ; il m'a fait remarquer près du bourg de Saint-Germain-les-Prés, une propriété de trois cents hectares qu'il m'a dit appartenir à un jeune homme, M. Noquet, qui la cultive fort bien et y dépense beaucoup en améliorations.

En partant de Montargis, le convoi prit, après quelques stations, une direction nouvelle qui m'a fait passer par Milly et Corbeil ; c'était la première fois que je suivais cette ligne, qui m'a fait voir de charmants points de vue.

La pluie fut si continuelle pendant les deux premiers jours de mon arrivée à Paris, que je ne me rendis pas à Fouilleuse, pensant qu'on ne pouvait ni faucher ni moissonner par un temps pareil ; je me décidai donc à revoir l'Exposition, le temps étant toujours le même le troisième jour.

Je finis par apprendre à l'Exposition qu'on essayait à Fouilleuse les faucheuses et moissonneuses, malgré ces mauvaises conditions. Je me rendis donc à Saint-Cloud ; n'ayant pu trouver une voiture, je me fis indiquer le chemin de la ferme impériale, que je n'atteignis qu'après cinq quarts d'heure de marche, bien crotté et bien mouillé ; on avait essayé grand nombre de faucheuses et moissonneuses qui ne pouvaient bien fonctionner par un temps pareil, quand une averse plus forte arrêta les essais ; on avait marqué les machines qui avaient le moins mal fonctionné , pour leur donner rendez-vous à la ferme impériale de Joinville, près Vincennes, deux jours après ; à ce moment, une éclaircie étant survenue, on recommença les essais des moissonneuses ; celle de Morgan, présentée par M. Durand, de Lignières, département du Cher, et celle de Peltier, à un cheval, furent jugées dignes de concourir à Joinville où, heureusement, le temps fut beau ; le concours commença vers onze heures, dans un beau champ d'avoine ayant plus d'un mètre de haut ; comme j'ai égaré les notes que j'avais prises ce jour-là, je suis obligé de recourir à ma vieille mémoire, pour dire ce qui m'a le plus frappé à ce très-intéressant concours. Treize moissonneuses y ont été essayées ; on en trouvera les détails dans le Journal pratique et dans celui de l'Agriculture, journaux que je reçois, mais que j'envoie, après les avoir lus, à mes neveux, je ne puis donc les consulter maintenant ; bon nombre de ces moissonneuses ont fonctionné fort bien ; parmi celles qui m'ont paru faire le mieux, j'ai remarqué celle de Samuelson, fabricant à Banbury, comté d'Oxford ; je ne vois qu'un reproche à lui faire : les quatre râteaux qui font la javelle, empêchent son conducteur de s'asseoir sur la machine et de la voir fonctionner ; il est obligé de monter sur un de ses chevaux, et il tourne par conséquent le dos à sa machine dont le prix en Angleterre est de 850 fr.

J'ai remarqué trois autres bonnes machines : la faucheuse et moissonneuse américaine de Morgan et Seymour, dont M. Philippe Durand a le brevet d'importation ; celle de Mackormik, mais qui ne fauche pas, et dont il a cédé la fabrication à la maison Albaret de Paris ; enfin la moissonneuse à un cheval de Peltier qui a aussi

très-bien fait, mais qui emploie sur la machine un cocher et un homme armé d'un râteau, elle ne fait que
moitié de l'ouvrage des autres machines, tout en fati-
guant trop un cheval.

Ces deux dernières moissonneuses n'ont pas eu d'a-
voine versée à couper dans leur lot; elles n'ont pas laissé
un peu de chaume aplati, comme les autres en laissaient,
partout où l'avoine était versée.

Dans ces conditions, le jury a donné le premier prix
à la moissonneuse inventée par Mackormik, parce qu'il
ne savait pas qu'elle ne fauche pas, ce que j'ai appris de
l'inventeur qui était présent à ce concours.

La faucheuse-moissonneuse de Morgan n'a eu que le
second prix, tandis qu'au concours d'Amiens, elle avait
eu le premier, et celle de Mackormik le second; la faucheuse-moissonneuse de Morgan a encore remporté le
premier prix aux concours régionaux d'Auxerre et de
Châteauroux; en Amérique, elle a remporté le premier
prix et la médaille d'or, en concourant en 1866 avec
huit autres moissonneuses.

J'ai repris le chemin de fer après le concours des
moissonneuses, pour visiter près de Sancerre une terre
considérable du marquis de Vogué, où se trouve un
grand et vieux château qu'il n'habite pas, mais près
duquel il fait valoir une grande ferme; son régisseur, qui
est frère de celui du comte Benoist d'Azy, m'a dit avoir
passé une couple d'années dans le nord de la France,
pour s'y perfectionner en agriculture. Il m'a fait voir
une quantité considérable de belles bêtes charollaises et
un nombreux troupeau croisé southdown; le pays est
beau et fertile; une petite rivière arrose de nombreux
prés qui ornent de charmantes vallées. Cette visite faite,
j'ai rejoint la station de Sancerre et j'ai été coucher à
Nevers, voulant profiter du courrier pour me rendre
chez M. de Champigny, grand propriétaire dans le

Morvan, où il fait de grandes améliorations. Parti à deux heures du matin, j'arrivais au château de Champigny, vers dix heures ; j'y fus fort bien reçu.

M. de Champigny habite un pays très montagneux, dont les vallées sont fertiles, et ont heureusement des carrières de pierres calcaires ; le pays étant très boisé, les fagots de menus branches n'y sont pas de défaite ; M. de Champigny les emploie à faire de la chaux avec laquelle il améliore ses terres de côtes, qui sont granitiques ; il m'a dit qu'il employait ses fumiers dans ses terres les moins élevées, pour éviter à ses attelages, les fortes montées ; il fait parquer les terres en montagne et achète pour ces mêmes terres, beaucoup de guano, et s'en trouve fort bien. Il a créé beaucoup de prés, et les irrigue le plus qu'il peut, avec les eaux d'une petite rivière, avec celles de nombreuses sources, et celles de drainage, enfin avec les eaux de pluie, qu'il réunit et conserve le mieux possible dans des pièces d'eau créées dans bien des endroits de sa grande terre.

Il améliore son nombreux bétail et celui de ses métairies, par des taureaux charollais, et les bêtes à laine, par des béliers southdown ; il fait beaucoup de récoltes sarclées et surtout des topinambours qui conviennent parfaitement à toutes les bêtes et ne sont pas difficiles, quant à la qualité de la terre, pourvu qu'on ne les laisse pas manquer d'engrais.

M. de Champigny allait entrer à Saint-Cyr vers 1830 ; mais par suite du changement de gouvernement, son père se décida à le conserver chez lui, et lui donna quelques années après, une ferme, avec le capital nécessaire pour l'améliorer ; il s'est occupé, depuis lors, de culture, a défriché les bruyères les unes après les autres avec du noir animal d'abord, et depuis, avec du phosphate de chaux fossile ; quelques années après le défrichement et le chaulage, il les convertit en prés, si le terrain s'y prête, ou en pâtures, en les semant avec des poussiers pris dans les greniers à foin ; on y ajoute un peu de graines de trèfle ordinaire, de trèfle blanc, et de trèfle hybride ; ces deux derniers trèfles ainsi que le raygrass anglais, et le thymoti ou le fléole des prés, s'y conservent longtemps, surtout si on leur donne de temps en temps du guano ; ce repos de la terre, en herbe, avec les engrais que les moutons y répandent, améliore le sol défriché, pour quelques années ; ensuite on le cultive et on le remet en pâture, alternativement, avec de bons résultats.

M. de Champigny étant fort bon chasseur, a été nommé, très jeune encore, lieutenant de louveterie ; il a vingt et quelques beaux chiens courants ; son château est plein de fort belles peaux de loups et de sangliers ; je lui ai demandé s'il savait le nombre de ces bêtes, tuées dans ses chasses ; il me répondit qu'on y avait abattu plus de mille de ces bêtes nuisibles ; malgré cette grande destruction, un loup lui avait encore emporté un agneau, quelques jours auparavant.

M. de Champigny a eu le malheur de perdre un fils d'une vingtaine d'années, et n'a plus qu'une fille, âgée de dix-sept ans.

Il a bien voulu me faire conduire le lendemain, dans une petite ville, où le courrier m'a repris. On m'a fait voir le château du marquis de Saint-Phale, dont le fils aîné est un agriculteur zélé. J'ai remarqué dans sa ferme une cheminée de machine à vapeur ; ce pays est habité par de grands propriétaires qui cultivent, et j'ai aperçu plusieurs châteaux, avant de m'arrêter près de celui du comte Benoist d'Azy, qu'on m'avait dit devoir être de retour pour cette époque ; effectivement, j'ai trouvé Monsieur et Madame, qui m'ont reçu de la manière la plus aimable ; voici ce que le comte a bien voulu répondre par écrit, aux questions que je lui avais posées de même.

La terre d'Azy a une étendue de deux mille six cent cinquante-cinq hectares, dont deux cent soixante-cinq en prés, quarante en pâture, quarante en parc, vingt en vignes, et vingt en jardins ou vergers, enfin cinq moulins, avec vingt hectares.

La ferme d'Azy que le comte fait cultiver par domestiques, compte quatre-vingt-dix hectares de prés, vingt de pâtures et deux cent quarante de terres, formant un total de trois cent cinquante hectares ; le vicomte, son fils aîné, cultive deux fermes, qui ont ensemble soixante-cinq hectares de prés, vingt de pâtures et deux cents de terres, en partie argilo-calcaires, total deux–cent quatre-vingt-cinq hectares. Le parc, les jardins et les vergers couvrent soixante hectares dont bonne partie en prés ; il a vingt hectares de vignes.

Cinq fermes sont louées en argent, les terres à raison de 40 à 60 fr. l'hectare, les prés de 110 à 120 fr.; elles ont ensemble cent dix hectares de prés et six cent dix hectares de terres, total 720. Les deux mille six cent cinquante cinq hectares de la terre d'Azy, rapportent environ 130,000 francs de rente, sur quoi l'impôt qui est d'environ 10 pour 0/0 est à déduire, sans compter les autres charges de la propriété.

Le comte possède une autre terre près Decize; son nom est Faye, sa contenance en terres, prés et pâtures, est de neuf cent cinquante hectares et de sept cents hectares en bois ; total seize cent cinquante hectares ; le nombre d'hectares des deux terres, forme un total de quatre mille trois cent cinq hectares.

Une paire de bœufs charollais âgés de quatre à cinq ans, de la culture du comte Benoist d'Azy, se vend maintenant de 1,100 à 1,300 fr.; ce prix a augmenté beaucoup depuis quelques années ; ils ne valaient autrefois que 800 fr.; un jeune bœuf gras, à trois ans et demi ou quatre ans, se vend sur le pied de 0 fr. 80 c. le kilo poids vif ; les bœufs de labour, achetés maigres, pour être engraissés, qu'on paye de 500 à 505 fr., doivent être vendus 700 ou 750 fr. gras; les frais d'herbages pour engraisser un bœuf, sont de 50 à 60 fr.

Un jeune taureau vaut, à un an, suivant son mérite, de 500 à 1,000 fr., les jeunes taureaux que le comte envoie dans sa terre de Faye, pour y améliorer le bétail, sont comptés à 800 fr., une vache charollaise pleine, vaut 600 fr. ; avec son veau de deux mois, elle se paye de 700 à 800 fr.

Un domaine de cent hectares et plus, a toujours ce qu'on appelle dans le pays, une charrue de chevaux, c'est-à-dire, trois juments et les poulains; ces derniers se vendent, âgé de six mois, aux emboucheurs qui les mettent pour le premier hiver, dans de bons herbages, où ils restent en petit nombre tout l'été suivant; ils les vendent à l'entrée du second hiver, pour les environs de Clamecy, qui les nourrissent si bien, qu'au printemps suivant, ils sont grands et gras vendus pour la Beauce ; là, ils mangent de l'avoine et sont revendus âgés de cinq ans pour les omnibus.

Sur la culture personnelle du comte, on tient environ deux cent cinquante bêtes à cornes charollaises, qui remportent de nombreux prix dans les concours régionaux, huit juments et des élèves, et cinq cents bêtes à laine charmoises; les charretiers mariés sont logés, mais ils se nourrissent; ils ont de 45 à 50 fr. par mois; les servantes nourries ont 200 fr. Le fauchage des prés et des premières coupes de prairies artificielles se paye de 12 à 15 fr. l'hectare, et les secondes coupes 9 fr.

Le vicomte Benoist d'Azy fils aîné, possède et fait valoir la terre de Brille, sur les bords de la Loire, près Fourchambault et Nevers; son étendue est de   365 h.
Son faire-valoir, y compris les deux fermes
qu'il cultive, et qui ont . . . . 635 h.

s'étend sur un millier d'hectares. . . . . .1,000 h.

Ses deux frères ont eu tous deux le malheur de perdre leur femme ; l'un est un ancien officier de marine, et cultive en Nivernais ; l'autre est ingénieur, et dirige de grandes forges dans le Midi où son père a des intérêts.

M. le comte du Pré de Saint-Maur, gendre de M. le comte Benoist d'Azy, cultive et améliore une terre peu éloignée d'ici ; son autre gendre habite Paris.

Le comte m'a fait visiter une ferme de son fils, où il y a un assez grand nombre de durham, et un beau troupeau de brebis du pays, qui reçoivent depuis quelques années des béliers oxfordshiredown.

Les terres que j'ai vues sont argilo-calcaires un peu fortes.

Le surlendemain, Madame m'a fait voir les environs, en faisant une visite dans un château voisin.

Le lendemain, le courrier m'a reconduit à Nevers, d'où je suis allé visiter la ferme de Crille ; le vicomte Benoist d'Azy était absent, ainsi que son régisseur.

J'ai vu une très-grande étable nouvellement construite, une vingtaine de très-belles vaches charollaises, et leurs nombreux élèves de divers âges, dans des enclos entourés de fils de fer ; le tout dans des herbages de la plus grande fertilité. On venait de déballer une moissonneuse Mackormik.

Ayant repris le chemin de fer, je me suis arrêté à Saincaise, d'où je me suis rendu au château de Gimouille, chez M. Tiersonnier, qui était en Suisse avec sa famille. J'ai vu son beau et nombreux bétail durham ; le troupeau des bêtes à laine est en partie croisé dishley, et en partie croisé southdown.

De Saincaise, je suis allé à la station suivante de Mars, et près de là, chez le comte Charles de Bouillé qui, malgré la chaleur excessive de cette année, à laquelle on n'est pas habitué, a bien voulu me faire faire une tournée dans sa culture : j'y ai vu de fort belles récoltes en tous genres, pendant que celles de ses voisins ne sont pas bonnes; ce résultat est dû à une longue suite de cultures bien dirigées et surtout à de fortes fumures; le comte a vingt hectares de récoltes sarclées très-propres. Il vient d'acheter, pour 1,500 fr. l'hectare, 8 hectares de terres que les travaux du chemin de fer avaient abîmés; il nivelle ce terrain et bouche les creux avec des terres accumulées bordant la voie ferrée; ce grand et coûteux travail lui sera profitable, car les terres ont pris une grande valeur autour de chez lui.

Il double le loyer de ses fermiers à la fin du bail; un d'eux, qui l'avait quitté il y a six ans, vient de relouer pour 7,000 fr., ce dont il payait 4,500 fr.; c'est la beauté de leur bétail charollais qui leur permet de donner d'aussi forts loyers. M. de Bouillé vend ses jeunes taureaux, âgés de huit à douze mois, de 8 à 1,200 fr.; les génisses d'un an 500 fr.; et les vaches un millier de fr. Environ quatre-vingts béliers antenais de son troupeau renommé de southdown, donnent une moyenne de 300 fr., et presque tous sont vendus; les brebis sont vendues 300 fr. et les agnelles vont à 120 fr.; il vient de remplacer une bonne partie des hangars de sa bergerie économiquement établie, par un bon hangar couvert en ardoises, dont le dessous est garni en paille, afin d'éviter à ses bêtes la trop grande chaleur du soleil d'été. Il a conservé sa manière de nourrir économiquement ses domestiques; j'en ai donné le détail lors d'une de mes précédentes visites. Le comte est décidé à acheter une faucheuse moissonneuse; c'est lui qui m'a appris que celle exposée par M. Philippe Durand, à la ferme impériale de Joinville, près Vincennes, avait eu la seconde prime.

Il a grandement augmenté le nombre de ses locatures, qui sont maintenant au nombre de treize; elles sont louées 100 fr. avec un jardin; ces gens ont toujours de l'ouvrage chez lui. L'ancien chef de culture se retire, et

M. de Bouillé en a formé un autre pour le remplacer. M. de Bouillé est assurément un des meilleurs cultivateurs et éleveurs de France. Je l'ai quitté pour aller à Bourbon-l'Archambault, afin d'y prendre une douzaine de douches, désirant remettre un peu mes jambes, que je fatigue trop. Je prenais mes douches à quatre heures du matin, et j'allais, après déjeuner, visiter des cultivateurs des environs; je suis allé, le 11 août, visiter M. Saulnier de Pringy, ancien capitaine, qui avait été garde du corps; il cultive une réserve et a cinq métairies d'une étendue de cinquante à soixante hectares; son habitation se trouve dans une charmante vallée qui contient de riches herbages; elle est entourée de grands jardins, remplis de beaux arbres fruitiers; le père de M. de Pringy, mort il y a peu d'années, aimait beaucoup les plantations; lui et son fils ont créé plusieurs avenues et fait de bons chemins dans la propriété; M. de Pringy ne s'occupe de sa propriété que depuis sept ans; il a commencé à remettre tous ses bâtiments de culture en fort bon état, et en a ajouté de nouveaux où c'était utile; il prend des taureaux chez le comte d'Azy, pour lui et ses métayers; il m'a fait voir deux vaches prises au même endroit, et payées ensemble 1,300 fr. Les deux fermes que j'ai vues avaient de trente-cinq à quarante bêtes à cornes; on y élève chaque années huit veaux; on vend une ou deux paires de bœufs pour le travail dans les prix de 800 à 1,000 fr., et des vaches de 3 à 400 fr. Il a introduit l'assolement quadriennal dans ses métairies, où le trèfle revient tous les quatre ans; comme il en connaît les inconvénients, il amène ses gens à faire des luzernes; ses métayers ont par ferme de trente à quarante cochons, qui, jusqu'à cette heure, n'ont encore que fort peu de sang anglais. M. de Pringy m'a dit que ses métayers plaçaient chaque année au moins 300 fr. J'ai regretté de voir dans leurs cours des tas de fumier, commencés depuis les semailles d'automne, ils sont en partie décomposés; cela prouve qu'ils ne font pas ou qu'ils ne font que peu de récoltes sarclées.

Le frère de M. de Pringy habite une belle maison entourée d'un beau parc, dans des terres à pierres calcaires; Mme de Pringy, mère, en occupe une charmante près de chez lui.

Un des neveux de M. Desbordes, qui est avocat à Montluçon, m'a dit que son père, propriétaire près de Vichy, a de fort bonnes terres, louées en petites métairies, formées de quatre à six hectares de terres et vignes; comme ses occupations personnelles ne lui permettent pas de s'en occuper, elles sont louées à un fermier général, qui en paie 150 fr. par hectare; il ajoutait que des propriétaires voisins qui administrent eux-mêmes, tirent de leur moitié de 2 à 300 fr. l'hectare; ces terres se vendent de 5 à 6,000 fr.; ces petits métayers tiennent ordinairement trois vaches.

Dans une de mes excursions dans les environs de Bourbon, je me suis trouvé dans le coupé de la voiture à côté d'un cultivateur d'une cinquantaine d'années, ayant une belle et bonne figure qui me donnait bonne opinion de lui; nous avons causé agriculture, et il en parlait si bien que j'en étais enchanté; il est en même temps fermier et propriétaire; plusieurs de ses fils sont aussi fermiers; ils se servent depuis plusieurs années de taureaux charollais améliorés; ils engraissent bon nombre de bœufs ou vaches chaque année, et en ont conduit aux concours de bêtes grasses, cette année, à Châteauroux; ils achètent du guano péruvien comme supplément au fumier qu'ils font, et en sont très-satisfaits. Il a essayé en petit plusieurs prétendus guanos et en a été mécontent; il a acheté cette année deux cents kilos de phospho-guano; mais il n'en connaît pas encore l'effet; lorsqu'il n'a plus de fumier il emploie le guano seul; je l'ai engagé dorénavant à ajouter deux cents kilos de guano à des demi-fumures d'engrais de ferme; il a adopté depuis long-temps la culture des betteraves, en place de jachères complètes; il les fait très-bien sarcler à la tâche, par les familles d'une douzaine de locataires qu'il loge, en leur donnant un jardin, pour 60 fr. par an; l'usage du pays est de louer des locatures 80 fr. et plus; en louant moins cher, il peut choisir de braves familles, offrant de bons ouvriers; une de ses conditions, en louant des locatures, est que la famille lui doit semer à la main un hectare de betteraves; elle doit les tenir bien nettes de mauvaises herbes, en les sarclant convenablement; elle les arra-chera, effeuillera et chargera dans le tombereau; elle les mettra en silos, bien arrangés, le tout pour 80 fr. l'hec-tare; mais il surveille bien la bonne exécution de ces divers travaux, qui sont indispensables pour obtenir une récolte complète, après une bonne fumure; celle-ci de-vrait toujours être de soixante mille kilos de fumier dont au moins moitié devra être enterrée avant ou pendant l'hiver; si le fumier manque, il vaut mieux n'en mettre que la moitié, et ajouter de trois cents à cinq cents kilos de guano, suivant la qualité de la terre.

On ne peut mieux raisonner culture que ne le faisait ce brave M. Redon; il serait à désirer que tous les pro-priétaires cultivateurs de notre pays eussent une aussi bonne manière de comprendre et d'agir. J'ai appris de-puis que ce qu'il me disait, il le pratique.

Je suis allé, le 17 août, voir pour la troisième fois M. Charles Riant; c'est un Parisien que j'ai l'honneur de connaître depuis longtemps; comme il avait le goût de l'agriculture, il a été en Angleterre pour s'y perfection-ner; plus tard, il a épousé Mlle Clairmorin, fille unique, et il vit depuis lors chez son beau-père, grand proprié-taire de ce pays; ces messieurs possèdent ensemble mille trois cents hectares, formant pour la majeure partie dix-

huit métairies ; le reste est en bois. M. Riant a acheté,
il y a dix ans, pour 67,000 fr. une ferme de cinquante-
six hectares, louée 2,400 fr., et placée non loin d'un
bourg ; il a vendu, il y a une couple d'années, neuf hectares en parcelles détachées de cette métairie, et n'étant
pas trop éloignées du bourg ; il en a obtenu 30,000 fr.; il
a cultivé les quarante-sept hectares restant pendant sept
ans; il y a dépensé en bâtiments et autres améliorations
une vingtaine de mille francs ; M. Riant a eu le désir
d'améliorer une autre métairie de près de cent hectares, en terres fortes, ayant besoin de drainage ; comme
il trouvait cette étendue beaucoup trop grande pour une
famille, il transféra celle qui y était dans la métairie
améliorée, de quarante-sept hectares, et lui a laissé le
beau cheptel de bêtes charollaises, qu'il y avait formé ;
la moitié du produit qu'il en retire maintenant lui vaut
un revenu de près du double de l'ancien loyer, malgré
la diminution de son étendue de neuf hectares ; le drainage, le chaulage, l'augmentation des étables et l'amélioration du cheptel, sont les principales causes de cette
grande augmentation de revenu. Ces messieurs ont obtenu déjà souvent un semblable résultat en mettant des
métayers soumis à leur direction dans les fermes qu'ils
avaient améliorées.

M. Riant s'occupe de faire des chemins praticables
dans son domaine de cent hectares, qui était inabordable par le mauvais temps ; il le draine, et emploie autant que possible, en irrigations, les eaux de drainage ;
il chaule, et il arrache les haies intérieures, qui sont
garnies d'arbres et de têtaux; afin de former des enclos
de quatre à six hectares. Il a planté un verger en bons
arbres fruitiers, et cultive entre leurs rangs très-espacés ;
il plante le long des chemins des pommiers à cidre, car
on ne cultive pas la vigne dans leur canton, sans qu'il
en comprenne la raison ; aussi a-t-il l'intention d'en

planter; je l'ai fortement engagé à visiter les vignes de Chissay, plantées en chaintres; il m'a promis de le faire quand il ira rendre visite à Mme Malingié, avec le mari de laquelle il était très-lié; il compte aussi y envoyer M. Amiot, son régisseur, ancien élève de la Charmoise, et qui est de ces environs; cela me fait espérer que M. Riant importera dans l'Allier cet excellent genre de culture de la vigne, si peu cher à établir, dont la culture est des moins dispendieuses, et qui est des plus productifs en vin; ce sera un grand service à rendre à ce pays, comme à tous ceux où on l'introduira. M. Riant vient d'acheter une machine à vapeur locomobile, pour le battage de ses moitiés de céréales.

Il aime les arbres rares, et en plante un assez grand nombre dans son parc; il a le soin de défoncer à un mètre tous les massifs à planter.

Il a, dans le domaine qu'il améliore, et où son régisseur loge, un taureau et quelques vaches durham; mais il s'occupe principalement du croisement par taureaux durham avec vaches charollaises, pour en engraisser les produits jeunes. Son troupeau est en partie de race charmoise pure, et le reste est croisé. Les métayers tiennent aux bêtes charollaises; ils ont aussi des béliers de race charmoise.

Je suis allé, le 17 août, chez M. de Bonant, président du comice agricole de Moulins; il était absent ainsi que Madame; ils viennent de très-bien arranger un beau et vieux châeau-fort, orné de cinq belles tours et entouré de profonds et larges fossés; cela forme maintenant une belle habitation, posée sur un plateau élevé, où malheureusement de beaux arbres manquent. M. de Bonant a beaucoup de vignes cultivées par de petits propriétaires voisins; il est en train de se former une réserve, qu'il fume fortement; sa terre n'étant qu'à deux lieues de la ville, il a le projet de transformer en herbages ses terres élevées sur un plateau qui m'a paru pierreux ; il aurait ainsi moins besoin de main-d'œuvre. On m'a fait voir d'anciennes étables fort bien arrangées.

Mme de Bonant est revenue de la ville, avec ses charmants enfants, au moment où je partais ; elle a été des plus aimables, mais l'heure m'a forcé de la quitter bientôt après, pour aller prendre la diligence de Souvigny.

Je me suis rendu le 18 août chez deux frères de M. Charles Riant, qui sont venus, il y a quelques années, acheter à vingt kilomètres de chez lui la grande terre de la Salle ; l'étendue en dépasse onze cents hectares ; le vieux château, orné de plusieurs tours, m'a paru fort beau ; la famille était absente, mais j'ai rencontré le régisseur, M. Dauphin, ancien élève de M. Malingié ; il m'avait vu souvent à la Charmoise, et je l'avais retrouvé comme régisseur chez M. Masquelier, près Châteauroux, où il est resté dix ans. Il m'a fait voir avec empressement une partie des travaux qu'il a dirigés depuis cinq ans qu'il est ici ; j'ai vu de belles pièces de luzerne sur des terres qu'il a trouvées drainées, à seize mètres entre les rigoles ; il devra ajouter un drain entre deux, pour conserver cette belle prairie artificielle ; il m'a fait voir un champ de huit hectares de belles betteraves faites, comme la luzerne, sur des labours de défoncements à la charrue à sous-sol, et après y avoir mis un fort chaulage ; il a six hectares en maïs pour fourrage, mais il n'a pas encore de maïs dent de cheval ou du caragua, qui donne le double des maïs ordinaires ; il a fait une grande étendue de topinambours ; je n'ai pu voir ses trèfles qu'il m'a dit être bons ; sa culture s'étend sur une centaine d'hectares.

Il croise durham et a un bon taureau de chez M. Tiersonnier ; un troupeau de deux cents brebis avait reçu des béliers southdown ; mais comme les métayers ne veulent accepter que des béliers à figure et à pattes blanches, on vient de mettre dans le troupeau de la réserve, des béliers de race charmoise, pris chez M. Charles Riant.

Les étables contiennent un nombre considérable de vaches et d'élèves croisés durham.

Les récoltes de céréales sont déjà battues; mais le compte en hectolitres n'est pas encore fait. M. Dauphin sème les céréales en lignes. Les terres de la réserve ont été chaulées à cent soixante hectolitres par hectare.

Les instruments Dombasle sont employés ici, et j'ai vu un semoir de Smith, à sept lignes.

On a une batteuse et sa locomobile à vapeur, ainsi que toutes les machines nécessaires pour préparer convenablement la nourriture du bétail.

L'extrême chaleur m'a empêché de voir le reste de la culture de M. Dauphin; il fait des défrichements de bruyères et y met du phosphate de chaux fossile; il m'a dit employer du guano dans sa culture; il s'occupe aussi de repeuplements dans les grands bois.

Je l'ai quitté pour me rendre à Theneuil, chez M. Bignon; mais M. Doucé, régisseur, et Mme Doucé étant allés à Paris, je fus coucher dans la petite ville de Cérilly.

J'avais eu l'avantage à Bourbon de faire la connaissance de M. Soumain, inspecteur des forêts à Moulins, et il m'avait engagé à venir passer une journée au pavillon de la grande forêt du Tronçay, dont il m'avait fait un grand éloge; il m'attendait le lendemain, pour déjeuner, ainsi qu'un de ses amis des environs de Moulins avec sa famille.

L'aubergiste chez lequel je couchais s'occupe aussi du commerce de bétail, et de culture dont il parlait fort bien; il m'a dit qu'il venait de faire un troc dont tous ses voisins le blâmaient, en échangeant surface pour surface une petite ferme en bonne terre, contre la même étendue

d'assez pauvres bruyères ; sa propriété était à douze kilomètres de chez lui, tandis que les bruyères qu'il prenait se trouvent à un kilomètre de la ville ; elles joi-
gnent une petite ferme qu'il possède là et de l'amélioration de laquelle il s'occupe ; il m'a dit que ce qui
l'avait décidé à faire cet échange, que tout le monde
déclarait être une folie, était la difficulté du transport
des fumiers par de mauvais chemins, ainsi que le
manque de surveillance à une aussi grande distance.

Le lendemain m'étant rendu au pavillon de la forêt,
M. l'inspecteur, après un excellent déjeuner, nous emmena, son ami, M. de Chavigny, et moi, dans sa calèche,
pour nous faire voir quelques-unes des plus belles parties de la forêt du Tronçay, dont l'étendue en y comprenant une petite forêt qui la joint, dépasse onze mille
hectares ; M. Soumain nous a appris que cette forêt
contient dix-huit cents hectares de futaies de chênes, des
plus belles et des plus vieilles de France ; une de ses
parties approche de l'âge de deux cents ans. Nous avons
parcouru à pied pendant une heure environ, des parties
garnies de chênes magnifiques et d'une hauteur perpen-
diculaire, comme je n'en avais jamais vus dans mes
nombreux voyages en France et en Allemagne ; M. l'inspecteur nous a montré des chênes ayant jusqu'à vingt-
quatre mètres de hauteur, sans branches, pouvant servir pour la marine, et des pièces de merrain de plus
d'un mètre de diamètre ; il nous a fait voir quelques
chênes estimés 1,500 fr., pour faire du merrain ; je n'a-
vais jamais rien vu de pareil ni entendu parler d'un tel
prix pour un arbre.

Nous sommes passés près d'une forge dans laquelle
M. Rambourg, père des trois frères de ce nom, a fait
une belle fortune que ses fils ont énormément augmentée.

M. l'inspecteur nous a fait voir un étang qui a plus

de cent hectares d'étendue, et de grands semis de chênes d'une belle venue.

Il nous a dit qu'il était chargé, comme chef du service extraordinaire des forêts du centre, celle d'Orléans comprise, de faire l'aménagement de toutes les parties de la forêt du Tronçay, et de faire l'inventaire de tous les gros arbres, afin de délimiter les parties de ces futaies, qui, malgré leur grand âge, pourront encore être conservées sans dépérir ; c'est afin que les fendeurs de bois et autres ouvriers qui forment la population des villages entourant cette grande et belle forêt, ne soient pas exposés à manquer d'ouvrage, avant que les jeunes futaies ne soient arrivées à l'âge d'être exploitées ; c'est aussi pour que le grand commerce des marchands de bois, ne soit ni déplacé, ni suspendu ; c'est enfin pour rétablir la succession des bois de tous âges qui n'existe pas dans cette grande masse forestière ; on va exploiter dans une première période de trente ans, tout ce qui ne peut pas attendre ; les révolutions des six séries adoptées pour l'exploitation de ce grand massif sont de cent quatre-vingts et cent quarante-quatre ans.

Nous sommes rentrés à six heures et demie de notre grande et admirable promenade, faite en voiture et à pied, enchantés de ce que nous avions vu et appris de notre savant et aimable guide.

M. de Savigny habite une terre près de Moulins, et s'occupe aussi de son amélioration ; il m'a dit avoir employé avec succès, un moyen pour arrêter la diminution des familles de métayers, dont les enfants adultes s'ennuient de travailler pour leurs parents ; ceux-ci, le plus souvent ne leur donnent pas assez d'argent pour s'habiller et pour s'amuser un peu, et enfin, peu ou pas de dot lorsqu'ils s'établissent.

Etant revenu à Moulins, j'y ai visité deux grands magasins, fort bien montés en machines et instruments aratoires ; une de ces deux maisons, connue sous le nom de Berger et Barillot, a été fort bien établie par le fils aîné de M. Berger que j'ai visité au pavillon ; elle fabrique de bons instruments et l'établissement en contient beaucoup, prêts à être livrés, à des prix qui ne nous ont pas paru chers ; on y trouve aussi un magasin bien fourni en graines agricoles.

J'ai visité une pépinière dont le propriétaire fort intelligent, M. Perrin, m'a dit cultiver ainsi quatre hectares ; il s'est chargé de la culture d'une surface égale de vignes que le frère de M. de Bonant, président du comice, a plantée à la manière du docteur Guyot, il y a quelques années, à une lieue de la ville ; M. Perrin partage le produit en vin avec le propriétaire ; il m'a dit que les frais de culture ressortaient à 150 fr. l'hectare ; cet arrangement est d'une date trop récente pour qu'il puisse en juger le résultat.

Les rangées de ceps sont trop rapprochées, pour qu'on puisse les cultiver à la charrue.

M. Perrin a planté, il y a deux ans, quatre hectares en asperges, à côté de ses pépinières, dans une terre qu'il a achetée à un kilomètre de la ville ; le tout est entouré d'un rang de poiriers en quenouilles ; il a augmenté encore ses nombreuses occupations en louant il y a trois ans, quatre cent cinquante hectares dont la plus grande partie, partagée en deux domaines, se trouve à six kilomètres de la ville ; ces domaines n'avaient que peu de terres cultivées, et le reste des deux métairies était en bruyères couvertes de petits ajoncs, ce qui annonce un bon fonds ; il a déjà défriché beaucoup de ces bruyères au moyen de phosphate de chaux fossile ; il a de belles récoltes de céréales ; il chaulera après les trois premières récoltes.

M. Perrin jouit encore de onze locatures composées à peu près de deux hectares de vignes et de cinq hectares

de terres légères ; elles sont louées par lui à des maraî-
chers au prix de 7 à 800 fr. chacune ; elles sont à côté
d'une troisième ferme où il nourrit habituellement une
trentaine de bêtes à cornes ; à côté encore se trouve un
ancien étang de sept hectares, transformé en bons prés
où les deux vaches de chaque locature ont le droit de
pâturer, une fois le foin enlevé ; cette partie de la grande
ferme n'est qu'à un kilomètre de Moulins ; son bail a
quinze ans de durée, et lui coûte 13,000 fr. par an ; il
loge dans ce moment dans une de ses deux fermes, une
douzaine de chevaux de l'entrepreneur du chemin de fer
qui doit aller de Moulins à Chagny, et il fournit la litière pour avoir le fumier.

J'ai dit à M. Perrin, après avoir parcouru sa ferme,
combien j'approuvais ce qu'il a si bien commencé ; mais
il faut que ni l'argent ni le temps ne lui manquent pour
continuer, et il paraît bien entreprenant.

Il m'a dit que son fils, qui est encore en pension, l'ai-
dera d'ici à quelques années, et qu'il compte, en attendant, prendre un bon garçon pépiniériste, à qui il donnera 800 fr. pour diriger pépinières, jardins, asperges
et vignes ; il lui donnera en outre un tant pour cent dans
les bénéfices, pour en être bien servi et afin d'avoir le
temps de bien conduire ses trois fermes.

Cet homme est très-intelligent et très-actif, et il est
bien à souhaiter qu'il réussisse aussi bien dans l'avenir
que par le passé ; car il a commencé avec rien, en sortant
d'une ferme-école.

Je suis arrivé chez un des MM. Larzat, très-connus
comme agriculteurs distingués, près de Belsai, première
ou deuxième station du chemin de fer de Moulins à Vichy ;
c'était un jour de foire et il était très-occupé ; il m'a
donné son maître-valet pour visiter sa ferme qui est
éloignée de son habitation ; en y allant, voici ce que mon
guide m'a appris : Son maître a un neveu du même nom,

qui occupe une ferme dans la même commune ; le père de ce neveu possède une ferme à herbages dans la commune de Germiny, dans le Cher ; ces deux messieurs se servent de taureaux durham.

M. Larzat, que je visitais, a donné sa fille unique à un jeune homme, qui habite avec lui.

M. Larzat cultive, depuis vingt ans, la même ferme, d'environ trois cents hectares, en terres légères d'alluvion ; un tiers en est fort bon ; un autre tiers est moins bon, et le reste est en sables profonds dont il ne retirait presque aucun produit pendant son premier bail ; mais depuis, cette portion donne les plus belles récoltes de luzerne qu'on puisse désirer, lorsque le temps n'est pas trop sec ; cette année, sa troisième coupe de luzerne est fort bonne ; j'ai vu de très-belles betteraves dans des terres fortes ; une partie de la terre est sujette aux inondations de la Loire. Les bâtiments de ferme sont considérables, mais vieux et peu commodes ; ils sont pleins de belles bêtes charollaises, élevées à la ferme ; j'ai remarqué douze bœufs de travail, et huit énormes bœufs à l'engrais ; ceux-ci sont toujours nourris à l'étable ; mais un taureau, douze très-belles vaches et une vingtaine d'élèves de divers âges vont en pâture ; sept chevaux de travail labourent à deux, tandis que les charrues sont attelées de quatre bœufs, dont deux le matin et deux le soir ; ils ne mangent pas d'avoine, mais ils consomment trois fois autant de foin que les chevaux, et ils font moins d'ouvrage, me disait mon guide.

M. Larzat payait 9,000 fr. pendant ses deux premiers baux de neuf ans ; il a été augmenté de 4,000 fr. pour son troisième bail, ce qui fait à peu près 43 fr. par hectare. La première luzerne que M. Larzat a semée a duré douze ans.

Le maître-valet et sa femme, qui est cuisinière, gagnent 500 fr.

Je suis allé coucher à la station da Varennes, le 23 au soir, et le lendemain matin, un cabriolet m'a conduit au vieux castel de la grande et excellente terre de Boncé; M. Louis Rambourg, l'un des trois frères maîtres de forges, dont j'ai parlé, en a fait l'acquisition, il y a dix ans, du comte de Barral, à 800 fr. l'hectare ; son étendue est d'environ sept cents hectares ; mais on ne tirait qu'un bien faible parti du tiers environ de cette grande terre, faute de pouvoir la drainer. La petite rivière qui traverse cette vallée qu'on présume avoir été un lac et dont le sol ressemble un peu à celui de la Limagne, a son cours obstrué, traversant un grand nombre de propriétés différentes. J'étais venu, il y a près de deux mois à Boncé pour voir les grands travaux de MM. de Vaulx, dont le vicomte de Montagnac, leur parent, m'avait beaucoup parlé et fait l'éloge ; mais ces messieurs étaient alors tous deux absents. J'ai trouvé cette fois, dans son vieux castel, M. Paul de Vaulx, qui est garçon; MM. de Raffin, deux de ses cousins, dont un est officier de marine, étaient venus de chez M. Franc de Vaulx pour lui demander à déjeuner. M. Paul de Vaulx m'apprit que M. Louis Rambourg, après avoir acquis cette terre, s'était arrangé avec son frère et lui, et qu'ils s'occupaient depuis longtemps de l'amélioration d'une vingtaine de métairies, dont une bonne partie était leur propriété. Ces messieurs sont chargés de la direction des immenses améliorations à faire dans la terre de Boncé, moyennant une certaine part dans les bénéfices de la mise en valeur de cette terre.

Après avoir déjeuné, M. Paul nous a fait parcourir la propriété; il m'a dit que M. Rambourg avait déjà transformé par le drainage une grande terre qu'il habite en Nivernais, sur les bords de l'Allier; malgré son expérience en assainissements et malgré sa grande persévérance, il avait été plus de quatre ans avant de parvenir à former un syndicat entre les propriétaires des terres parcourues par la rivière du Valençon et par plusieurs de ses affluents, qui gâtaient une grande partie de la plaine de Vondelle ; les ingénieurs des ponts et chaussées avaient fait les plans des travaux à exécuter pour parvenir au curage de ces cours d'eaux ; les travaux commencés le 1er juillet 1861, n'ont été terminés que le 1er août de l'année suivante ; ce travail est ressorti à une dépense de 47,000 fr., qui ont servi à curer 35,586 mètres de longueur ; d'après les calculs de MM. les ingénieurs, il y a possibilité d'assainir par le drainage quinze cents hectares sur lesquels la commune de Boncé en possède quatre cents. M. Rambourg a eu à rembourser 18,828 fr. sur la dépense totale, et il a dû y ajouter encore 8,000 fr. pour curage et redressement de ruisseaux entièrement sur sa propriété.

En présence des résultats obtenus par M. Rambourg à la suite de cette opération, plusieurs propriétaires dont les terres se trouvaient au-dessus de la partie assainie ont obtenu de faire partie du syndicat, ce qui a augmenté encore le premier assainissement de cinq cents hectares et l'a porté à deux mille. Ces travaux ont singulièrement amélioré la salubrité sur toute l'étendue de ce bassin ; ces messieurs ont employé depuis tous les ouvriers qui se présentent, au drainage complet des terres ; ces ouvriers peuvent ainsi gagner 2 à 3 fr. par jour, sous la direction de conducteurs des ponts et chaussées ; chaque année on augmente la dépense du drainage, qui au 24 juin 1864 se montait déjà à plus de 50,000 fr., y compris les 26,000 fr. environ, dépensés pour le curage ; dans cette somme figurent aussi des marnages très-utiles faits à la suite de la découverte de marnières, que la fouille profonde de quelques rigoles principales a fait connaître.

Ces améliorations et les défrichements qui ont suivi

ont obligé à construire quatre fermes; on va en établir encore deux autres, pour loger deux familles de métayers, qui trouvent les terres très-fertiles et très-productives, et ont consenti à patienter pendant deux ou trois ans dans de misérables locatures, où eux et leur bétail sont logés aussi à l'étroit et aussi mal que possible; les matériaux de ces deux fermes, les pierres comprises, sont amenés au moins de dix kilomètres par des chemins sur terres grasses que la pluie rend impraticables; d'ailleurs, M. Rambourg n'a fourni qu'un certain capital, et après épuisement de ce capital, on est bien obligé d'attendre la vente des produits et la rentrée de leur valeur; en outre, il faut encore retenir l'intérêt à 5 0/0 des capitaux avancés; toutes ces nécessités retarderont infiniment l'achèvement des améliorations commencées, qui ne s'achèveront, je le crains, qu'au bout de quinze ans, terme de l'arrangement fait par MM. de Vaulx avec le propriétaire; il ne leur restera que bien peu de chose, pour les travaux si pénibles qu'ils auront exécutés pendant ces quinze années. J'ai été étonné que ces messieurs n'aient pas construit les fermes en briques faites sur place, au lieu de faire venir les pierres de si loin, par des chemins impraticables dès la moindre pluie, ce qui doit ruiner leurs bœufs. Les produits des terres drainées sont tout à fait extraordinaires, surtout dans la métairie de Lignières; c'est la plus grande de la propriété, elle a quatre-vingts hectares qui sont occupés par un veuf et sa belle-sœur, veuve aussi, ayant chacun de grands enfants formant sept ménages et vingt-deux personnes, les grands parents et petits enfants compris.

Lors de ma première visite dans la terre de Boncé, pendant que je me séchais à un grand feu qu'on avait fait pour moi, après avoir essuyé un furieux orage, le père m'avait dit qu'avant le drainage, ils ne récoltaient guère que le grain nécessaire à leur consommation; ils s'endettaient chaque année davantage, en mangeant la part de froment revenant au maître ; depuis l'assainissement, leur moitié est arrivée à dépasser deux cents hectolitres de froment et deux cent quatre vingt-un hectolitres d'avoine ; d'un autre côté, l'augmentation de valeur de leur beau cheptel, composé de bêtes charollaises croisées durham et d'un troupeau charmoise, leur permet de faire de belles économies ; ce brave homme a ajouté qu'ils étaient huit hommes dans la métairie, lui, les fils et les gendres et que chacun avait sa part dans l'argent gagné.

Il y a sur la propriété, deux taureaux durham auxquels toutes les vaches sont amenées ; on nourrit très bien les produits qui sont vendus gras ; les femelles ont alors environ vingt-quatre mois, et arrivent au prix de 450 fr. les mâles sont castrés à deux mois, et vers l'âge de trente et trente-six mois, ils se vendent de 550 à 600 fr. la pièce. Les agneaux, croisés charmoise ou bien southdown, pesés vers l'âge de six mois, arrivent à quarante-cinq et même cinquante kilos, poids vif.

Dans les fermes où il n'y a pas de défrichements à faire, on n'a ordinairement que deux forts bœufs charollais, qu'on paye facilement avec l'argent produit par la vente de deux mâles âgés de trois ans. Les fortes vaches font très bien les travaux de la ferme. Une chose à remarquer, c'est que le cheptel de la terre de Boncé, à l'époque où MM. de Vaulx en ont pris la direction, en 1857, était de 31,000 fr. ; il était arrivé, en 1864, à près de 89,000 fr. et a encore beaucoup augmenté depuis trois ans.

M. Paul de Vaulx étant garçon, est trop mal logé pour avoir des lits à donner ; aussi, en rentrant de notre grande visite, avons-nous été tous quatre dîner et coucher chez M. Franc de Vaulx, son frère, à deux lieues de Boncé, au château des Morets, par Saint-Gérand-le-Puy,

Allier ; les environs de son habitation, en pays de coteaux, sont charmants et très fertiles ; les terres sont faciles à cultiver et à sous-sol calcaire. Ces Messieurs cultivent depuis fort longtemps vingt métairies de moyenne et de petite étendue, qui sont garnies d'un très beau bétail ; ils donnent depuis une dizaine d'années, à de fortes vaches charollaises qui font les travaux, des taureaux durham, dont tous les produits sont vendus gras, âgés de deux à trois ans, dans les prix de 400 à 600 fr. par tête ; ils ont des béliers charmoise et southdown, dont les produits sont vendus gras âgés de dix-huit mois, de 40 à 45 fr. la pièce.

Leurs métayers, auxquels ces Messieurs savent faire gagner de l'argent, ont en eux la plus grande confiance et leur obéissent volontiers.

Après avoir visité plusieurs métairies, mon hôte m'a conduit dans ses trois locatures, qu'il m'a dit produire encore plus par hectare, que les métairies ; en voici un exemple : le ménage n'est composé que du maître, de sa femme qui est auvergnate, de leur fille âgée de dix-sept ans, et d'un garçon de six ans, qui ne peut encore les aider ; ils ont deux vaches pour faire leur culture, deux génisses, une énorme brebis qui a du sang dishley, et qui fait chaque année deux agneaux, et une truie dont ils élèvent les petits ; ils ne cultivent que quatre hectares, mais cela si bien, que la moitié du produit du propriétaire ressort en moyenne à 500 fr. ou 125 par hectare ; mais il faut dire que les femmes de l'Auvergne sont de bonnes ouvrières, ce qui, en général, n'est pas trop l'usage dans le centre de la France, au dire de M. de Vaulx.

Les hommes des métairies font même les sarclages, ce qui se fait dans les pays bien cultivés, par les femmes et les enfants.

Madame de Vaulx a huit enfants dont plusieurs sont de grands et beaux garçons ; l'aîné a vingt-trois ans et est arrivé récemment de Chine ; il est aspirant dans la marine impériale, et est au moment de devenir enseigne de vaisseau ; le second est chez un oncle propriétaire de vignes à Bordeaux, et fait un grand commerce de vins ; le troisième, après avoir fait de bonnes études, aide son père ; l'aînée de ses filles vient de se marier ; ils ont un abbé pour précepteur des enfants. Un de leurs cousins, M. de Raffin, habite avec son père, dans le Bourbonnais, où ils cultivent. Il m'a conduit dans une petite ville chez M. Blanchard, secrétaire du Comice agricole de Lapalisse et très bon agriculteur par métayage ; il avait fait trois ans avant, sur les meilleures cultures des environs, un rapport au préfet, dans lequel il est parlé beaucoup de la terre de Boncé ; ce rapport qu'il a bien voulu me donner m'a paru très intéressant, et je le ferai imprimer à la suite de mes notes de voyage. M. de Raffin m'a beaucoup parlé d'un M. Avril, grand industriel des plus habiles, qui a monté à Montchanin, une grande tuilerie ; c'est cette tuilerie qui fournit à une partie de la France, ces tuiles connues aussi sous le nom de tuiles de Bourgogne ; cependant elles se payent 150 fr. le mille prises sur place, prix très élevé ; leur port à de grandes distances est très coûteux ; elles doivent leur succès à leur bonté, leur solidité, et leur élégance. Ce M. Avril est aussi un excellent cultivateur ; il a soixante vaches dont le lait se détaille au Creusot. M. de Raffin me disait que les énormes bâtiments de M. Avril, étaient construits très-solidement, et malgré cela si économiquement que les personnes qui ont à construire auraient un très grand avantage à visiter M. Avril, chez lequel on peut apprendre bien des choses utiles. M. de Raffin a construit un bâtiment de vingt-neuf mètres de long sur douze de large ; une partie sert d'étable et l'autre partie est en grange ; ce bâtiment ne lui a coûté que 2,500 fr. ; une maison à deux chambres, de quinze pieds en carré, avec un four, ne lui a coûté que 1,000 fr.; c'est en suivant l'exemple de M. Avril, qu'il a pu obtenir un tel résultat.

M. de Vaulx m'a dit que plusieurs de ses métayers qui ne cultivent que de vingt à trente hectares, arrivent à placer jusqu'à 1,000 francs d'économie par an.

J'ai quitté cette aimable famille qui m'avait si bien accueilli, pour aller visiter une des trois propriétés de M. de Gartempe, qui ne se trouve qu'à une lieue de l'extrémité de la terre de Boncé. M. de Gartempe, ayant vu les résultats des drainages exécutés par M. Rambourg, fait drainer soixante-seize hectares de prés couverts de haies ayant de deux à trois pieds de bonnes terres sur un sous-sol marneux ; ils étaient tellement gâtés par l'humidité, et par l'ombre, qu'ils étaient à peu près improductifs et le peu de foin qui y venait, était rebuté par le bétail.

M. Dubost, gendre du précédent fermier général de la terre de Montolin est beau-frère de M. Bernard Dubost, ce bon et grand fermier que j'ai visité près Moulins; ce jeune fermier a pris nouvellement cette ferme, et il m'a dit avoir encore douze ans de jouissance ; il est allé avec M. Bernard, chez M. Gernigon, très-bon éleveur à Chateaugontier (Mayenne), et il en a ramené un taureau durham, comptant bien suivre les bons exemples donnés par son beau-frère. M. Dubost m'a conduit par un chemin impraticable dans les grands et si mauvais prés, dont je viens de parler ; il en fait arracher les haies, pour le bois, lorsqu'il s'y trouve des têtaux ; on paye à l'entrepreneur du drainage 280 fr. par hectare; cela m'a paru fort cher, le travail étant facile, excepté lorsqu'on se trouve dans les haies arrachées, et la distance entre les rigoles, étant de quinze mètres; il y a vingt-cinq hectares de drainés ; un ouvrier m'a dit avoir 15 centimes par mètre, de rigole qu'il bouche, lorsqu'un contre-

maître y a posé les tuyaux. M. Dubost paye l'intérêt à
5 0/0 de la dépense du drainage.

L'avoine venue sur le premier labour, est mauvaise ;
le froment venant après, est bon ; il m'a dit vouloir laisser ce défrichement en culture ; je pense que le propriétaire aurait dû exiger qu'on le remette en prés, au
bout de trois ou quatre ans de culture ; on pourrait en
douze ans, user cette excellente terre et la rendre, au
bout du bail, pleine de chiendent et de chardons, au lieu
de prés ; cela ne permettrait guère d'obtenir une augmentation du loyer qui n'est que de 12,000 fr. pour deux
cent quatre-vingt-dix hectares de terres dont plus de
moitié sont excellentes ; cela porte le prix de l'hectare à
41 fr. 86 ; l'ancien fermier général a joui pendant plus
de vingt ans de cette terre, en ne payant que 9,000 fr. ;
il y était bien logé, n'y a fait aucune amélioration, et a
laissé les bâtiments des trois fermes et ceux des maisons
de journaliers dans un état tel, qu'on sera forcé d'en
remplacer une bonne partie, par de nouvelles constructions ; toutes les couvertures qui sont en chaumes
pourris, devront être refaites ; pour tirer un bon parti
de cette terre, il faudrait construire au moins trois
fermes de plus ; car les métayers ne peuvent pas bien
cultiver au delà de quarante à quarante-cinq hectares.
Les conclusions à tirer de ceci, sont que le système de
louer les terres à des fermiers généraux qui ne cultivent
pas par eux-mêmes, mais seulement par métayers, est à
peu d'exceptions près, une ruine, aussi bien pour le propriétaire, que pour les métayers.

Je me suis rendu à la ferme-école de Belleau, dont
M. Chervier est le sous-directeur, mais dont le propriétaire et directeur, est le baron de Veauce, qui n'y vient
que rarement ; M. Chervier était entré à la ferme-école,
comme professeur d'irrigation ; son mérite l'a amené à
en devenir le sous-directeur et excellent administrateur.

Il y a créé beaucoup de prés irrigués ; j'ai vu de très-beaux trèfles et d'excellentes récoltes sarclées. Ses récoltes de céréales déjà rentrées, ont été fort bonnes.

Il a quatre-vingt-dix bêtes à cornes, de tous âges, principalement de croisement durham et charollais ; dix chevaux ; deux cents moutons à l'engrais et des porcs berkshire ; il m'a donné la note suivante du produit net des quatre dernières années ; en 1863 sur cent soixante-quatre hectares on a obtenu 14,129 f.; en 1864, 21,922 fr.; en 1865 sur cent quatre-vingt-trois hectares seulement 7,205 fr. et en 1866 sur deux cent trois hectares 25,537 fr.

Il était absent, lors de ma seconde visite et est rentré peu de temps avant mon départ ; il est maire de la commune de Trétau.

J'ai couché le soir dans une petite auberge de village, n'ayant pu avoir un cabriolet que pour le lendemain, pour me rendre au vieux château de Thoury, grande terre appartenant à Monseigneur de Conny, chanoine de Moulins ; cette terre se trouve à cinq kilomètres du bourg de Dompierre et à trente-deux kilomètres de Moulins, sur la route de cette ville vers la Bourgogne. M. Talon, le régisseur, après avoir fait ses études, s'est senti de la vocation pour devenir un cultivateur ; il a suivi les cours de la ferme régionale de la Saulsaie, et s'est ensuite perfectionné dans la pratique agricole, dans le nord de la France ; par suite, il a été mis par Monseigneur à la tête de sa terre ; M. Talon vient de se marier récemment dans les environs de Saint-Quentin, d'où il a ramené une jeune et jolie femme accompagnée de sa mère et de sa grand'mère, qui n'ont pas voulu se séparer de suite de leur enfant chérie, qui allait se fixer si loin d'elles.

M. Talon étant allé à une foire, je n'ai trouvé que ces dames, logées dans une des quatre tours restées de l'an-

cien château ; Monseigneur a remis ces tours à neuf et
les a meublées ; des corridors qui existent dans l'intérieur des murs, servent de communication entre les
tours placées aux quatre angles d'une cour carrée.

Ces dames ont bien voulu me faire voir de fort belles
étables nouvellement construites et commodément installées ; j'ai regretté d'y voir deux jeunes taureaux, laissant beaucoup à désirer, un charollais élevé à la ferme et
un croisé durham ; dans une grande partie de la France,
on est loin de comprendre toute l'importance des bons
reproducteurs, dans les fermes où on élève.

Les bons reproducteurs sont chers, et je comprends
qu'un fermier, peu à son aise, recule devant l'acquisition
d'un taureau charollais de 800 fr. ou d'un durham bien
choisi coûtant de 1,000 à 2,000 fr., d'un bélier charmoise
de 200 fr. ou d'un bélier southdown ou shropshiredown,
de 300 fr. ; mais les cultivateurs à l'aise se font un
grand tort, en voulant économiser sur les reproducteurs.

Un bon taureau durham peut vous donner de quatre-
vingts à cent veaux vendus deux et trois ans après, gras,
de 400 à 600 fr., au lieu de 200 à 300 fr., un bon
bélier payé 300 ou 400 fr., peut vous donner de cent
cinquante à deux cents agneaux si vous le faites sauter à
la main, et ces agneaux seront vendus gras à quinze
mois, à 45 ou 50 fr., au lieu de 15 à 20 fr. ; on voit par
là que les bons reproducteurs seraient bientôt remboursés
avec un bon bénéfice.

J'ai vu dans un champ voisin, une vingtaine de jolies
vaches de couleur blanche ; les élèves étaient ailleurs et
je ne les ai pas vus ; j'ai aperçu un assez beau et nombreux troupeau de croisés southdown, et une truie
berkshire avec ses petits.

Le temps étant devenu très-chargé, j'ai quitté ces
dames, pour rejoindre une diligence, qui m'a ramené à
Moulins, où j'ai fait une visite à Monseigneur de Conny

dont le bel et grand hôtel est entouré d'un fort beau jardin ; ce prélat m'a reçu d'une manière fort aimable, et comme il s'intéresse infiniment à la culture, notre entretien s'est prolongé pendant plus de deux heures ; Monseigneur m'a dit qu'il s'occupait depuis longtemps de sa terre, et y avait dépensé beaucoup, avant qu'elle ait commencé à bien marcher ce qui n'a lieu que depuis cinq ans ; c'est à cette époque qu'il en a donné la direction à M. Talon ; elle n'était louée que 6,000 fr., malgré son étendue de huit cents hectares lorsqu'il l'avait retirée des mains d'un fermier général ; elle en produit maintenant 25,000.

M. Talon étant parvenu à amener ses huit métayers à suivre ses conseils et son exemple, on peut être certain d'une forte augmentation des produits de la propriété ; elle contient des vignes, le pays étant redevenu vignoble et Monseigneur est disposé à en planter de nouvelles ; je l'ai fortement engagé à envoyer une personne intelligente à Chissay, pour y voir la culture des vignes en chaintres, si économiques et en même temps si productives selon la méthode due au père Denys ; Monseigneur m'a dit qu'il le ferait d'autant plus volontiers, qu'il connaît le comte de Baillon qui était lié avec un de ses frères.

Monseigneur m'a donné le rapport d'une commission chargée d'examiner les cultures des concurrents pour la médaille d'or, que le Ministre de l'agriculture accorde chaque année au département de l'Allier ; comme ce rapport parle en détail de ses cultures et particulièrement de celle de Thoury, je le ferai imprimer à la suite de mon voyage ; ce rapport est fort intéressant, et fait connaître encore d'autres cultivateurs très-méritants.

J'ai quitté Moulins le 29 août, pour me rendre au château d'Aubigny qui se trouve à une douzaine de kilomètres de la station de Saint-Imbez et sur la rive gauche de l'Allier qu'on passe en bateau ; le baron d'Aubigny qui n'a qu'un fils unique, M. Arthur, se trouvait dans cette terre qu'il n'habite que trois mois ; M. Arthur me reconnut pour m'avoir vu à des réunions agricoles à Paris, il m'apprit que son père lui avait donné la terre d'Aubigny, dont l'étendue est de mille huit cent vingt-cinq hectares ; il y a continué les améliorations que le baron avait entreprises en 1849, en rentrant dans la jouissance de sa terre par suite d'un résiliement forcé du fermier général.

M. Arthur s'était mis sur les rangs des concurrents pour la prime d'honneur, qui devait être donnée en 1862 à Moulins, et a fait imprimer le rapport qu'il avait présenté alors ; il a bien voulu m'en donner un exemplaire qui figurera dans ce volume ; on y verra avec quel courage, quelle persévérance, quel immense emploi de capitaux (400,000 fr.), ces deux Messieurs sont arrivés en moins de vingt ans à transformer cette grande terre, complétement ruinée, ainsi que ses nombreux métayers.

Cette propriété est maintenant bien administrée, bien cultivée par la plupart des anciens métayers, qui sont devenus des fermiers à l'aise, et ils paient plus du double du loyer qui avait ruiné deux fermiers généraux, et fait perdre des sommes considérables au propriétaire. Il serait à désirer que tous les grands propriétaires fussent instruits de cette opération si profitable et en même temps si honorable.

M. Arthur d'Aubigny a eu l'obligeance de me conduire dans beaucoup de ses fermes, toutes remises dans le meilleur état de réparation, et auxquelles on a ajouté les bâtiments qui y manquaient ; huit d'entr'elles, ont été construites entièrement et fort bien.

M. Arthur étant fils unique, lui et Mme ne quittent jamais le baron et la baronne, qui passent six mois à Paris, trois mois dans une terre près de Dreux, et trois mois à Aubigny ; le jeune ménage y a construit un fort joli château, ayant une fort belle vue sur la vallée de l'Allier ; une partie des terres exposées aux inondations, ont été mises en herbages loués 100 fr. l'hectare, et on continue cette grande amélioration.

M. Arthur ne pouvant habiter cette terre que si peu de temps, a pensé qu'il serait plus prudent, de transformer ses métayers en fermiers, quoiqu'il préférât, après une assez longue expérience, le métayage bien dirigé ; il y trouve augmentation dans les produits, et facilité pour le propriétaire qui sait faire gagner de l'argent à ses métayers, pour les amener à de nouvelles améliorations et à de nouveaux perfectionnements, quand il peut faire les avances nécessaires, et qu'il a su en méritant leur confiance, leur faire espérer de nouveaux avantages.

Le bétail charollais provenant de quelques taureaux achetés chez de bons éleveurs, procure à toutes les fermes une bonne espèce de bêtes qui se ressemblent, puisqu'elles proviennent des mêmes reproducteurs ; on y élève aussi de bons chevaux de travail.

Une grande partie de la terre ayant un sous-sol imperméable, et le drainage, la plus utile des améliorations agricoles, n'ayant pas encore été essayé dans cette remarquable terre, on n'y élève pas de bêtes à laine ; les troupeaux sont formés de moutons ne restant qu'une année sur la terre.

M. Arthur vient de prendre une ferme qu'il cultive, pour servir de modèle à ses fermiers. Il y a maintenant trente-six kilomètres d'excellents chemins bien entretenus par des cantonniers ; ils remplacent des chemins impraticables, pleins de fondrières, qu'on y voyait en 1849, époque de la résiliation du fermier général. Il existe des carrières de pierres calcaires, de sable et de graviers sur la propriété ; on y a construit deux fours à chaux, dont les produits sont livrés aux fermiers, au prix de revient ; elle se vend dans le pays de 85 centimes à 1 franc.

J'ai quitté le lendemain la terre d'Aubigny, en emportant la plus haute opinion du savoir-faire et des excellents sentiments des propriétaires.

En retournant à la station, je suis passé à côté d'un vaste et beau château, entouré d'un parc et d'herbages bien irrigués ; le tout a été créé par M. Louis Rambourg.

Je suis arrivé à trois heures au château des Barres, que la famille Vilmorin a cédé au Gouvernement, d'après les dernières volontés de MM. Vilmorin père et fils ; cette propriété a environ soixante-dix hectares plantés d'arbres forestiers, rassemblés de toutes les parties du monde ; MM. Vilmorin avaient le désir que ces très-précieuses collections ne fussent pas détruites ; M. le Ministre de l'agriculture a placé aux Barres un inspecteur des forêts, fort instruit, pour la continuation de cette utile et belle œuvre.

J'ai appris, en arrivant, que M. l'Inspecteur était sorti, mais que Mme Vilmorin la mère était encore au château, où je venais, pour la troisième fois, lui rendre mes devoirs.

Elle m'a reçu avec sa bonté et son amabilité ordinaires, et m'a proposé d'aller voir une maison qu'elle vient de faire construire dans une jolie position, à côté d'une futaie, sur une étendue d'environ trois cents hectares de la terre des Barres, qu'elle a conservée.

J'ai profité du reste de la journée pour revoir cette immense pépinière, commencée il y a plus de cinquante ans, et continuée jusqu'en 1862, époque de la mort du très-savant et très-excellent M. Vilmorin. J'ai fait cette visite malheureusement seul et me suis perdu dans cette si intéressante forêt ; je n'ai probablement pas vu ce qu'il y a de plus intéressant dans cette immense réunion d'arbres divers, qu'il serait si utile d'étudier, conduit par un habile et savant forestier ; ayant fait demander, le soir, à M. l'inspecteur s'il pouvait me recevoir, il a bien voulu venir passer une partie de la soirée chez Mme Vilmorin ; il m'a dit qu'il est chargé de faire abattre les peupliers, pins des Landes et autres arbres peu intéressants, pour faire de la place et donner de l'air aux admirables essences qui s'y trouvent réunies ; il doit faire des massifs de sequoia gigantea, de cèdres de l'Hymalaya et des plus beaux arbres plus nouvellement connus, sur une quarantaine d'hectares de terres libres, qui lui restent ; il m'a dit que les pins laricios de bien des variétés que M. Vilmorin a importées aux Barres, étaient bons à propager, et qu'un des plus méritants et des plus beaux, est celui de Calabre ; il m'a aussi beaucoup recommandé les pins de Riga, les pins noirs d'Autriche, les sapins à feuilles argentées et bien d'autres utiles espèces.

Je me suis rendu le lendemain, dans la matinée, chez M. d'Eichthal, fils d'un banquier de Paris ; il a acheté, peu de temps après s'être marié, une terre d'environ six cents hectares dont moitié environ est en bois et le quart en terres qui seront fort bonnes quand elles auront été drainées ; je suis allé rejoindre M. d'Eichthal dans une ferme éloignée où se trouvent ses bonnes terres et ses bois ; j'y ai vu un beau champ de betteraves ; il m'a dit avoir acheté cette terre après la mort d'un monsieur qui venait de faire beaucoup de constructions , entre autres une ferme entièrement neuve et des plus commodes, une tuilerie et un four à chaux ; enfin, il avait planté une assez grande étendue de vignes, avec des maisons pour les vignerons.

La terre a été vendue par licitation à la barre du tribunal ; M. d'Eichthal n'avait payé cette propriété que

600 fr. l'hectare, avec un assez grand château qu'il a mieux distribué et a remis à neuf ; ce jeune et aimable cultivateur a fait bien de la besogne en peu de temps ; il a de bonnes vaches du pays, des flamandes et des normandes ; je lui ai recommandé l'acquisition d'un bon taureau durham et l'engraissement précoce des produits ; il m'a fait voir un fort beau et nombreux troupeau de croisés southdown, acheté d'un de ses voisins, M. Nouette-Delorme ; il a transformé les bâtiments de la tuilerie en locatures pour avoir des journaliers.

Etant revenu au château entouré de beaux jardins et meublé élégamment, j'ai été présenté à Madame ; j'ai remarqué qu'on recevait le *Times*, et j'ai appris que Monsieur et Madame savaient l'anglais ; j'ai alors engagé Monsieur à s'abonner au *Farmer's Magazine* de Londres, ou au *Farmer's* d'Edimbourg, deux excellents journaux d'agriculture, qui lui seraient fort utiles.

Après déjeuner, Madame m'a proposé de l'accompagner au château de Bellecour, chez M. de Boyenval, qui s'étant retiré des affaires, a acheté cette terre de douze cents hectares ; il y a construit une belle et immense ferme, dont son fils avait la direction ; celui-ci venait de se marier et de se fixer ailleurs ; M. de Boyenval, qui n'est pas jeune, se trouve fatigué d'une culture de trois cents hectares, en grande partie en bruyères défrichées ; je me suis permis de lui dire qu'il ne serait probablement pas facile de trouver un bon fermier possédant un capital suffisant, pour bien cultiver une aussi grande ferme ; j'ai ajouté que la manière la meilleure de se tirer d'embarras, serait de former six métairies de cinquante hectares chacune et d'y mettre comme métayers six familles vendéennes.

Les cultivateurs de la Vendée ont le grand mérite, selon moi, d'arriver au bout de peu de temps, par la culture des choux branchus du Poitou et des choux

moelliers, à bien nourrir un nombreux bétail en hiver ;
ils peuvent ainsi tirer un bon parti de terres médiocres ;
il n'est pas très-difficile de se procurer dans ce pays
d'honnêtes et nombreuses familles pour les placer comme
métayers dans des fermes garnies de bétail.

Je me suis rendu de là dans une terre située à une
lieue de la station de Nogent-sur-Vernisson ; je voulais
visiter la culture de **M. Nouette-Delorme**, qui arrivait
en même temps que moi à l'entrée de l'avenue qui conduit à son habitation ; après être descendus tous deux de
voiture, je lui ai exprimé mon désir de voir sa culture,
en lui disant que j'avais admiré à Blois les southdown
qu'il y avait exposés ; nous avons rejoint sa ferme à
pied, à travers les champs, et j'ai vu douze hectares de
fort belles betteraves, des colzas pour l'année suivante,
des luzernes et des sainfoins sur une grande étendue ;
M. Nouette m'a dit que son père cultive et qu'il est resté
avec lui jusqu'à l'âge de vingt ans ; il est entré alors, à
Paris, dans les affaires qu'il continuait ; venu il y a une
dizaine d'années, chez un de ses amis dans ces environs,
cet ami lui a fait voir une terre qui était à vendre et lui
a conseillé d'en faire l'acquisition ; il l'a payée à peu près
1,000 fr. l'hectare ; il en a cultivé depuis lors cent hectares, mais il vient de reprendre une de ses fermes, pour
augmenter sa culture, à cause de l'importance et du
succès de son troupeau de southdown, acheté chez lord
Walsingham qui paraît être le successeur de Jonas
Webb ; **M. Nouette** m'a dit qu'après avoir essayé, pendant quelques années un lot de southdown, pris chez
lord Walsingham, il en avait été très-content ; il y était
retourné et avait pris soixante-dix brebis payées 200 fr.,
et un beau choix de béliers de 1,000 à 1,500 fr. pièce.
Il a vendu ses quarante béliers antenais à 250 fr. par
tête ; il en a pour son troupeau six choisis avec les mérites
des défauts les plus habituels qu'on remarque parmi les

brebis ; c'est ainsi qu'on parvient à corriger dans les produits, les défauts des mères. Les béliers de M. Nouette m'ont paru très-beaux et avoir un grand poids. Il m'a dit avoir refusé 1,000 fr. pour en laisser choisir un des six. Il m'a fait voir une cour carrée, entourée de murs assez élevés d'où descendent les toits inclinés à l'intérieur ; ces toits sont garnis de gouttières de manière à emmener l'eau hors de la cour qui sert de bergerie à ses belles brebis.

M. Nouette a construit aussi une grande et commode vacherie, pour trente bonnes vaches de diverses races, qui reçoivent un taureau cotentin ; il en compare les produits à ceux d'un taureau durham d'un cultivateur voisin ; les produits de ce dernier sont si beaux, qu'il m'a paru n'être pas éloigné d'adopter le croisement durham, dont la conséquence est l'engraissement précoce. J'ai quitté M. Nouette-Delorme qui m'a semblé n'avoir pas atteint ses quarante ans, enchanté d'avoir fait la connaissance d'un aussi bon cultivateur, en aussi bon chemin d'améliorations agricoles.

Je suis allé coucher à Gien, d'où je voulais aller voir le lendemain M. de Béhague au château de Dampierre ; mais apprenant qu'il était absent, j'ai continué ma route pour aller coucher chez le comte de Labourdonnaye, au château de Luce, à cinq lieues d'Orléans et à trois lieues de la station de Meung-sur-Loire ; un de mes neveux a épousé la fille de M. de Labourdonnaye. Je ne dirai rien de la culture d'Albert de Gourcy, qui ne s'étend que sur une petite réserve. Mais ce qui me paraît extraordinaire chaque fois que je vais le voir, c'est que les terres de cette partie de la Beauce, qui me paraissent bonnes, quoique souvent trop garnies de pierres calcaires, soient louées à si bas prix. Les deux fermes de la terre de Luce, qui ont chacune cent trente hectares, ne sont louées que 30 f. l'hectare ; un des fermiers en a sous-loué cinq hectares, à 5 fr. l'hectare à mon neveu, qui y a fait un essai de plantation d'arbres résineux ; j'ai visité cette jeune plantation nouvellement entourée d'un fossé ayant soixante-six centimètres de profondeur; la terre qui en était sortie avait la meilleure apparence ; elle n'était ni trop forte, ni trop légère, d'une belle couleur brune; son épaisseur, dans la plus grande partie de la pièce, était à peu près égale, sur un sous-sol de marne peut-être trop perméable; je ne comprends pas qu'on puisse trouver cette terre mauvaise. Je pense qu'une des raisons de ce faible prix des loyers provient de ce que les fermes de ce pays sont d'une étendue beaucoup trop grande pour le capital dont les fermiers disposent lorsqu'ils entrent en ferme; il en résulte qu'ils abandonnent leurs moins bonnes terres aux moutons, même sans y rien semer. On ferait bien, je pense, de faire analyser un peu ces terres qui ont si bonne mine et sont sous-louées 5 fr. par le fermier. Maintenant que dans le midi de la France, beaucoup de propriétaires font défoncer leurs terres à sous-sol pierreux, à plus de soixante-six centimètres de profondeur, par des charrues à vapeur, comme il en existe dans plusieurs départements, dont le nombre augmente chaque jour, on ferait bien d'essayer aussi le défoncement de ces terres de Beauce, très-pierreuses, que les laboureurs ne peuvent qu'effleurer, de crainte de briser leurs charrues contre de grosses pierres qui seraient ramenées à la surface par les charrues à vapeur destinées aux défoncements.

Mon neveu m'a mené chez un de ses voisins, M. de Villebonne, au château de Coulmier; il a eu la bonté de nous conduire dans une de ses fermes qui, il y a quatre ans, n'était louée que 18 fr. l'hectare, pendant que deux autres, qui sont plus rapprochées du village, le sont à 40 fr. ; M. de Villebonne a voulu d'abord augmenter le bail de cette ferme de cent trente hectares; puis, à fin de bail, il s'est décidé à renvoyer le fermier ; il a planté en bois trente hectares des plus mauvaises terres, et s'est mis à cultiver les cent hectares restant ; il nous a dit avoir récolté à peu près vingt hectolitres de froment par hectare, sur le tiers de ses terres, avec le fumier qui s'y fait avec une dizaine de chevaux, une douzaine de petites vaches et deux cent cinquante bêtes à laine : celles-ci parquent en été ; ce résultat me paraît prouver que les terres sont beaucoup meilleures qu'on ne le supposait ; du reste leur apparence est bonne ; ce sont des terres mêlées de petites pierres calcaires, qui probablement n'ont pas, dans une grande partie de leur étendue, une suffisante épaisseur de terre sur une couche de marne perméable. M. de Villebonne nous a dit que ses deux cent cinquante bêtes à laine lui font, pendant les sept mois où elles ne parquent pas, trois cents grands tombereaux, attelés de trois chevaux, de fumier ; il n'emploie que vingt de ces tombereaux pour fumer un hectare devant être semé en froment. Ce qui produit une si grande quantité de fumier, c'est que M. de Villebonne a imaginé d'employer la paille affouragée par les bêtes à laine, comme litière pour les chevaux et bêtes à cornes ; il ne donne tous les deux jours à la bergerie qu'une épaisse couche de marne, tirée à deux pieds de profondeur, derrière ce bâtiment ; ce serait, il me semble, une bonne chose, si une partie de la ferme se trouvait en terre non calcaire, ou si elle avait au moins une épaisse couche de terre au-dessus de la marne ; mais cette forte application de marne sur une terre calcaire et peu profonde finira, je le pense, bientôt par lui nuire.

J'ai bien examiné l'état des bâtiments de cette ferme ; aucun perfectionnement, aucune augmentation n'y ont été apportés depuis quatre ans, que M. de Villebonne l'a reprise ; aucun engrais n'a été acheté ; il n'y a ajouté ni un bon taureau, ni de bons béliers ; il n'y a pas introduit quelques bonnes vaches. Comme je me suis permis de lui en demander la raison, il m'a dit qu'il voulait essayer de prouver à ses fermiers et aux petits propriétaires de sa commune qu'on pouvait faire mieux qu'eux, avec les seules ressources qu'ils ont tous à leur disposition. Je ne vois pas la chose comme M. de Villebonne; il me semble que tout propriétaire qui habite un pays où l'on cultive mal, doit désirer que la culture s'y perfectionne; ce sera un avantage pour lui et ses fermiers; si on fait tant que de cultiver, encore faut-il bien labourer et avoir de bons bestiaux, convenablement nourris; car les bonnes bêtes paient la nourriture qu'elles reçoivent plus cher que les mauvaises bêtes. Il faut bien nourrir son cheptel et l'améliorer, tout en en augmentant le nombre le plus possible; pour arriver à ce but, il faut faire des betteraves, des pommes de terre, des choux-vaches, des navets et des topinambours, comme récoltes sarclées, et remplacer ainsi la jachère qui est onéreuse par les nombreuses cultures qu'elle exige pour tenir la terre propre; ce sont des façons et un loyer à payer pour cette jachère qui ne finissent pas. C'est pour cela qu'au lieu de faire une jachère morte, il vaut mieux semer des plantes légumineuses, telles que vesces d'hiver ou de printemps, qui étouffent les mauvaises herbes annuelles, ou des féverolles, si les terres sont fortes; on sème ces dernières en lignes, à cinquante centimètres de distance, et on les sarcle; on sème encore avec avantage du maïs géant pour fourrage, du trèfle incarnat hâtif et tardif, du seigle et de l'orge d'hiver, pour faucher en vert; une partie de ces fourrages sont hâtifs, d'autres sont tardifs; le maïs géant, qui s'élève de neuf à douze pieds de hauteur, ne commence à se couper que vers la fin d'août, époque à laquelle ses tiges juteuses sont très-sucrées; on les passe au hache-paille pour que rien ne se perde; les tiges de topinambours, qui atteignent six et huit pieds de hau-

teur, sont encore un excellent fourrage, mais on ne doit
en donner que pour la demi-journée, sans cela, elles
échaufferaient trop les bêtes ; ces plantes forment la
nourriture verte de l'été ; le foin de trèfle, la luzerne et
le sainfoin , avec les racines et les tubercules , fournissent la nourriture d'hiver, à laquelle il est avantageux
d'ajouter un mélange de tourteaux de lin, de noix, de
pavots, de colzas, de graines de coton, de noix de pal-
miers et de sézame ; tous ces tourteaux sont importés en
Angleterre sur une large échelle, et y sont consommés
par le bétail, qui produit ainsi beaucoup d'excellent
fumier ; à son tour, ce fumier donne d'abondantes et
profitables récoltes ; pour augmenter la quantité du fumier, qui est toujours trop faible, on sème des lupins
blancs qui viennent sans fumure, pour peu que la sécheresse ne les arrête pas, à plus d'un mètre de haut ; enterrés ensuite par un bon labour lorsque les branches laté-
rales sont en pleine fleur, ces lupins remplacent de trente
à quarante mille kilos de fumier.

Si on n'est pas assez riche pour se monter de suite un
cheptel choisi, on engraisse les plus mauvaises bêtes,
qu'on remplace par de bonnes bêtes de pays, qui reçoivent de bons reproducteurs ; quelques années après, on
a un bon cheptel ; mais, me dira-t-on, lorsqu'on arrive
dans une ferme elle est habituellement usée et sale, alors
on est bien forcé de donner à toutes les terres, les unes
après les autres, une jachère complète pour les nettoyer
de chiendent, de chardons, et de toutes les mauvaises
herbes vivaces ; je suis d'accord sur cette nécessité ; cette
jachère donnée, on fume bien, et on adopte un assolement alterne ; comme l'on ne trouve pas de fumier, on
fait venir du guano du Pérou, à 30 fr. les cent kilos ; il
en faut de trois à quatre cents kilos par hectare, pour
avoir de bonnes récoltes de céréales, et mille kilos pour
les récoltes sarclées ; si on disposait de fumier, il en faut

ae trente à quarante mille kilos par hectare, avec trois ou cinq cents kilos de guano, suivant l'état de la terre; maintenant veut-on savoir l'importance du capital nécessaire à un fermier qui veut réussir; en entrant dans une ferme bien bâtie, de cent hectares en bonnes terres plutôt légères que fortes, avec un bail de dix-huit ans, il faut au moins, un capital de 500 fr. par hectare; avec une bonne culture et du temps, ce capital se doublera; si on ne dispose que de 25,000 fr. il ne faut louer que cinquante hectares et l'on réussira; tandis qu'avec cent hectares il y aurait bien des chances de ne faire que végéter, si même on n'est pas culbuté. Dans tous les pays où l'on cultive bien, le capital du fermier est de 1,000 f. par hectare; si dans une grande partie de la France, la culture est si arriérée, cela tient surtout à ce que les fermiers louent des fermes trop grandes pour leur capital; ils se trouvent gênés; ils reculent devant l'achat de bons reproducteurs, de bonnes machines agricoles, d'engrais supplémentaires, ils sont forcés de vendre leurs produits même à vil prix, pour payer leur loyer; leurs terres n'étant pas fortement fumées, ne résistent pas aux mauvaises saisons, ce qui fait qu'ils ont peu à vendre, dans les années de cherté. Je crois devoir ajouter, que je vois avec regret, dans mes pérégrinations agricoles, le plus grand nombre des propriétaires français, qui s'occupent un peu de culture, fortement imbus de l'idée que des gens bien élevés, ne peuvent pas cultiver sans y perdre; ils sont riches ou au moins fort à l'aise; ils sont d'un caractère généreux pour toutes choses; mais quand il s'agit de leur faire-valoir, ils sont des plus regardants et n'y mettent que moitié de ce qu'il faudrait pour avoir de bons résultats; ils s'ennuyent de ne faire que de faibles récoltes, et bientôt après ils renoncent à toute culture, et même aux améliorations qui sont d'ordinaire, l'affaire du propriétaire.

J'ai quitté mon neveu et les siens, pour me rendre chez le marquis d'Argens, dans sa très-grande et belle terre de Bouville, que le chemin de fer de Paris à Tours par Vendôme, traverse près Cloyes. J'ai trouvé le marquis que j'avais l'avantage de connaître, prêt à partir pour la chasse avec de nombreux voisins; aussi l'ai-je prié de se borner à me faire voir son bétail, sa ferme étant non loin de son joli château, orné de quatre tours. Le marquis à fait ses premières armes en culture, du temps de son père qui cultivait cette ferme de trois cents hectares dès 1830; il a cédé à son fils son faire-valoir il y a vingt ans, en le mariant. M. d'Argens a continué depuis lors sa culture améliorante, commencée il y a si longtemps; aussi, ses terres sont-elles très productives, quoique caillouteuses. Il tient une trentaine de belles et bonnes vaches, croisées durham, avec leurs élèves, dans de commodes et vastes étables, fort bien tenues; son taureau durham a été payé 800 fr. à l'âge de trois mois, chez M. de St-Pierre, près du haras du Pin. M. d'Argens tient aussi un taureau croisé durham, qu'on donne aux vaches ayant reçu quatre fois du sang durham, le marquis préférant ne pas aller plus loin dans ce croisement; ses fermiers et ceux des environs, lui payent 90 francs ses veaux mâles, âgés de quelques jours; cela rend service au pays, en y améliorant le bétail; mais le marquis aurait plus de bénéfice, en vendant les jeunes bêtes grasses, à l'âge de trente à trente-six mois; en les nourrissant bien il en obtiendrait aisément de 500 à 600 fr. la pièce; au lieu de cela le marquis achète au prix de 250 à 300 fr. un grand nombre de vaches qui n'ont pas l'aptitude des croisés durham à prendre la graisse, et elles ne payent la nourriture consommée en trois ou quatre mois que 150 à 200 fr., en ne comptant pas la valeur du fumier.

Il m'a dit que plusieurs de ses vaches croisées durham, donnaient de vingt à vingt-cinq litres de lait, pendant les trois premiers mois, et conservaient leur lait fort longtemps.

Son troupeau d'environ sept cents têtes de mérinos, reçoit des béliers de chez les meilleurs éleveurs de Bourgogne ; cela lui fait vendre la livre de laine de 15 à 20 centimes, plus cher en suint, que celle des troupeaux des environs ; mais par contre, il perd par cette cause une dizaine de livres du poids des bêtes ; le comte aurait donc plus d'avantage à prendre ses béliers chez M. Pluchet, à Trappes, près Paris, ou à se procurer des anglo-mérinos d'Alfort, ou même des béliers dishleys, comme le font beaucoup de grands fermiers des environs de Paris. Sa vaste bergerie est bien aérée et fort bien montée en râteliers ; elle est, de même que les étables, ornée d'un grand nombre de plaques de primes remportées.

Ses écuries contiennent trente chevaux percherons, achetés de 350 à 450 fr. à l'âge de six mois ; ils reçoivent alors quatre litres d'avoine aplatie, dont la quantité s'augmente avec l'âge des animaux ; on commence à les atteler à deux ans, mais en les ménageant jusqu'à quatre. J'ai vu à regret ces grands et forts chevaux, attelés par quatre à un lourd tombereau contenant quatre mètres de fumier ; ces quatre chevaux, attelés chacun à leur tombereau en eussent transporté aisément six mètres, et se fussent plus facilement approchés du tas de fumier ; les tombereaux eussent été chargés et déchargés par les deux charretiers, l'un au tas, l'autre au champ ; les chevaux eussent été conduits par des gamins de douze à quatorze ans, comme cela se fait en Écosse et dans une partie de l'Angleterre, où cet usage s'étend toujours davantage ; de cette manière chaque cheval fait sa besogne, et n'a pas la possibilité de s'en décharger en partie sur les autres chevaux.

Il y a, dans cette ferme, un grand nombre de meules

de grains, bien formées et bien couvertes en paille, et un énorme hangar plein de fourrage ; on s'y sert des instruments Dombasles.

Les fermes de ces environs se vendent dans les prix de 2,000 à 2,500 fr. l'hectare.

Ayant remercié le marquis, je suis retourné à Cloyes, d'où le premier convoi du chemin de fer m'a transporté et déposé vers midi, à Vendôme ; je désirais visiter M. Riverain-Collin un des concurrents à la prime d'honneur de Loir-et-Cher, de la culture duquel j'avais entendu faire de grands éloges ; il a bien voulu me conduire à sa ferme ; en chemin, il m'a raconté brièvement son histoire :

Quand il s'est marié, il y a vingt-huit ans, il a acheté une couple de chevaux et de cabriolets de louage ; ses affaires ayant prospéré il est devenu maître de poste à Vendôme, et plus tard entrepreneur de diligences ; il en a sur diverses directions huit, dont tous les relais sont sa propriété ; sa femme qui aime beaucoup la culture et la campagne, passe la moitié du temps à la ferme, avec son fils, jeune homme de vingt-cinq ans, qui a fait ses études au collége de Vendôme ; sa fille tient le bureau et la comptabilité à Vendôme.

La ferme d'Orcines, à deux kilomètres de la ville, qu'il a louée en 1848, contient quatre-vingts hectares de terres et huit de prés, elle était partagée entre deux fermiers, dont l'un qui y faisait de mauvaises affaires, a cédé de suite sa part à M. Riverain-Collin ; l'autre fermier a achevé son bail qui avait encore une durée de trois ans.

Les bâtiments dont M. Riverain-Collin prenait de suite possession, se composaient d'une maison, une écurie, une étable et une grange ; les bâtiments de la seconde ferme ont été démolis et ont servi à la construction des bâtiments ajoutés, depuis, à la ferme.

Son excellent propriétaire, dont il a toujours eu à se louer, lui a accordé un bail de trente ans.

M. Riverain-Collin ayant été obligé de retourner en ville, après m'avoir montré l'intérieur de sa ferme m'a remis une copie du rapport qu'il avait présenté au jury de la prime d'honneur ; cette copie m'a servi à faire l'extrait suivant ; resté avec Mme Riverain-Collin et leur fils, ils ont été des plus obligeants pour moi et m'ont fait reconduire le soir à la ville.

Les terres situées dans la vallée du Loir, sont en partie argilo-siliceuses; les unes sont bonnes, et les autres détestables ; ces dernières étant brûlantes, le seul parti à en tirer était de les laisser en topinambours fortement fumés tous les deux ans. L'inconvénient des bonnes terres du val du Loir est qu'elles sont humides par infiltration, lorsque la rivière est haute; les terres placées sur les coteaux, étaient des terres froides, qui sont devenus bonnes, après le drainage, le chaulage et de bonnes fumures.

Les employés de cette culture sont, un chef de main-d'œuvre à 550 fr., un premier laboureur à 450 fr., quatre autres hommes de 400 à 350 fr., le maître berger à 500 fr., l'aide à 250, deux vachers suisses à 480 et 400 fr., la cuisinière à 300 fr., le meunier à 600 fr., le maréchal à 480 fr. ; tous sont nourris.

La ferme s'est augmentée avec le temps, par quelques acquisitions que le propriétaire a pu faire, pour arrondir son bien, et par soixante-douze hectares de pauvres terres et de bruyères dépendantes de la ferme de Brulesnes des plus mal bâties ; plus de moitié était en friche et gâtée par le manque d'écoulement des eaux de pluie, ce qui la déprécie tant qu'elle a été laissée pour vingt ans à 25 fr. l'hectare à M. Riverain-Collin ; sa culture s'étend donc maintenant sur cent soixante-douze hectares, sans compter quelques prés loués à d'autres propriétaires.

Ces cent soixante-douze hectares sont habituellement ainsi employés :

> 30 hectares sont en prés dont il a créé environ moitié et dont partie est irriguée en hiver par des eaux de sources et des eaux de drainage.
> 46 en céréales d'automne.
> 31 en céréales de printemps.
> 20 en luzerne.
> 34 en trèfle et autres prairies artificielles.
> 10 en betteraves, pommes de terre, choux, carottes et topinambours.
> » h. 50 centiares en vignes.

171 h. 50 centiares.

Sa ferme nourrit habituellement une quinzaine de chevaux dont quelques-uns sont des chevaux de relais fatigués qui se reposent en labourant ; une quarantaine de bêtes à cornes croisées durham-normand, un bœuf à l'engrais, cinq cents southdown, dont soixante brebis à 120 fr., importées de chez Jonas Webb, ont formé la souche.

Il a construit une belle porcherie pour vingt truies croisées avec des verrats anglais ; une vingtaine d'élèves sont engraissés, et les autres très-nombreux porcelets sont enlevés de la ferme à 15 ou 20 fr. La bergerie est partagée en six compartiments, dans chacun desquels un tombereau attelé d'un cheval, peut entrer, pour en emporter le fumier ; ces compartiments sont formés par de doubles râteliers, au milieu desquels une petite barrière s'élève, pour ouvrir la communication d'un compartiment à l'autre ; lorsqu'on veut affourager les bêtes et que le temps est mauvais, on les fait passer dans le compartiment voisin, au lieu de les envoyer dans la cour ; le compartiment du milieu sert à la distribution de la provende des agneaux qui peuvent s'y rendre en passant par les claires-voies réservées dans les barrières.

M. Riverain-Collin est parvenu à l'aide d'un ruisseau et de l'eau de plusieurs sources, à former près de sa ferme une chute de la force de dix chevaux, cette chute fait tourner deux paires de meules, une machine à battre de Gérard, de Vierzon, le hache-paille, l'aplatisseur d'avoine, et le ventilateur des menues pailles et des fourrages secs coupés, cet instrument permet d'extraire du fourrage la poussière qui est si nuisible aux chevaux et à tout le bétail ; dans cette ferme remarquable, toute la nourriture est préparée, ce qui empêche tout gaspillage et permet de nourrir un tiers de bêtes de plus, que si le fourrage, vert ou sec, n'était pas passé au hache-paille, et que si les grains n'étaient pas aplatis.

On fait ici beaucoup de froment de semence, en cultivant les meilleures variétés et en les passant au trieur.

Deux grands hangars ont été construits contre le moulin, pour loger à sa portée les céréales, les pailles battues, et les fourrages devant passer au hache-paille ; d'autres immenses hangars logent les véhicules et les instruments de culture afin de les abriter du soleil et de la pluie, chose essentielle ; ils contiennent des logements pour bêtes à cornes et moutons, que les bouchers de la ville, y mettent en pension ; ces bêtes y sont reçues par une autre entrée et ne pénètrent jamais dans la cour de ferme, de crainte qu'elles n'y importent des maladies. La maison de ferme est commode ; elle est sur cave, et à côté est la laiterie, qu'une pompe aspirante et foulante fournit d'eau froide ; cette pompe fournit aussi la cuisine qui à l'aide de tuyaux, donne de l'eau chaude, là où l'on en a besoin.

Le seul bâtiment restant de l'ancienne ferme, est la

maison qui a été transformée en boulangerie, buanderie et poulailler.

Toute la ferme a donc été construite par M. et Mme Riverain-Collin, qui ont visité ensemble, en différentes fois, Grignon, Mettray et d'autres fermes bien construites, afin d'y trouver de bons modèles à imiter.

La valeur des bâtiments dont le propriétaire n'a pas fourni le capital, doit leur être remboursée à fin de bail, à dire d'expert. Au contraire, M. Riverain-Collin, paie à son propriétaire un intérêt des capitaux que celui-ci a fournis.

Il n'a pas été très-difficile d'amener à une bonne production les terres de la ferme d'Arcisne, dont M. Riverain-Collin paye 5,665 fr. et deux cents hectolitres de froment pour cent hectares ; en portant ce froment à un prix moyen de 20 fr. l'hectolitre, cela forme la somme de 9,665 fr., ou à peu près 17 fr. l'hectare ; par bail M. Riverain-Collin s'est réservé le droit de vendre tous les produits de sa ferme, si cela lui convient.

Il n'en a pas été de même pour les terres de la ferme de Brulesne ; M. Riverain-Collin disposait d'une énorme masse d'engrais faits à la ferme, à l'écurie des relais, et à Vendôme, dont il enlève les boues, moyennant une rétribution de 50 fr. et la dépense occasionnée par l'emploi de deux tombereaux attelés chacun d'un cheval, avec deux conducteurs.

M. Riverain-Collin enlève autant que possible, les vidanges de la ville ; il s'est donc mis résolument à défricher les bruyères et les terres vagues de cette ferme, pour laquelle tous ses voisins lui prédisaient un insuccès absolu ; il a retourné les bruyères au moyen d'une charrue Dombasle, attelée de trois forts chevaux ; cette charrue qui prenait de vingt à vingt-cinq centimètres de profondeur, était suivie par une forte charrue Bonnet, attelée de huit chevaux, qui défonçait à plus de soixante centi-

mètres de profondeur, en ramenant le sous-sol à la surface ; au printemps, en enterrait une énorme fumure et
on semait des vesces ou des pois fourrage ; après l'enlèvement de la récolte, on marnait à cent vingt ou cent
quarante mètres cubes, à l'hectare. Il a drainé les terres
les plus humides, et a fini par les mettre en prés, après
y avoir mis jusqu'à cinquante mètres de cendres de four
à chaux, payées 3 fr. le mètre ; une chose qui a produit
le meilleur effet comme fumure ce sont les germes
d'orge ou tourailles, qu'il n'a payés que 50 cent. l'hectolitre à la brasserie ; il en met cinquante hectolitres à
l'hectare.

Il emploie aussi du guano du Pérou, pour venir au secours des froments qui ont souffert de l'hiver, en les
hersant au printemps ; il met aussi six hectolitres de
plâtre coûtant 2 fr. 50 l'hectolitre, par hectare de prairies
artificielles.

On a grand soin du fumier à la ferme, et on mélange
bien ceux des chevaux, des bêtes à cornes et des moutons ;
on les arrose souvent de purin ; le fumier des porcs est
réservé pour les terres brûlantes.

Il existe à la ferme en sus des instruments Dombasle,
deux faneuses, deux râteaux anglais à cheval, et un
semoir Jacquet Robillard d'Arras ; il est certain que les
semailles faites avec un bon semoir, économisent d'un
tiers à moitié de semence, ce qui est déjà beaucoup ;
mais si l'on profite de l'ensemencement en lignes, pour
sarcler les céréales, cela aide à la destruction des mauvaises herbes, augmente le produit du grain, de la
paille, et empêche la verse des céréales, en fortifiant leur
paille.

On vend par an, dans cette ferme, jusqu'à quatre cents
hectolitres de froments de semence, à raison de 3 fr.
l'hectolitre au dessus du cours ; on renouvelle pour cela,
fréquemment les meilleures variétés de froments, qu'on

fait venir d'Angleterre ou du Nord, ainsi que de chez le marquis de Noë.

Après les récoltes de fourrages semées avant l'hiver, on sème en récolte dérobée, des fourrages d'été ainsi que des raves ; après fumure on plante aussi beaucoup de choux cabus ou des choux branchus, de manière à pouvoir en donner, surtout aux bêtes à l'engrais, pendant une bonne partie de l'année.

Pour les récoltes sarclées, on défonce la terre avant l'hiver, au moyen d'une charrue Dombasle, suivie, dans le même sillon, par la charrue Bonnet. Les trois façons données aux betteraves, sont payées 45 fr. par hectare à des tâcherons qu'on nourrit ; l'arrachage, l'effeuillage, le chargement dans les tombereaux et l'arrangement dans les granges, entre des pailles, se paye 40 fr. par hectare, mais alors sans nourriture.

La nourriture des chevaux se compose cette année, à cause de la cherté de l'avoine, de quatre kilog. de son, autant d'avoine, un kilog. de sarrasin et cinq kilog. de foin et paille passés par le hache-paille ; en évaluant les cent kilos d'avoine à 20 fr., le son à 11 fr., le sarrasin à 12 fr. et à 6 fr., le foin et la paille coupés avec quatre centimes de préparation de cette ration, chaque journée de cheval coûte 1 fr. 70 ; si au lieu de cette nourriture préparée on donnait neuf kilog. d'avoine et cinq kilog. de foin long, la ration coûterait 2 fr. 10 ou 40 cent. de plus ; en hiver on remplace le son et le foin, par dix kilog. de carottes ; les chevaux sont toujours plutôt gras ; ils sont en été, au vert, avec quatre kilog. d'avoine aplatie ; ils font en tout, trois repas et sont pansés trois fois ; traités ainsi, ils durent habituellement une dizaine d'années.

M. Riverain-Collin a douze vaches croisées durham et cotentin, en ne dépassant pas, autant que faire se peut, 60 0/0 de sang durham ; elles donnent en moyenne neuf litres de lait sur trois cent soixante-cinq jours de l'année ; qu'elles soient cotentines, ou croisées durham, il ne trouve aucune différence dans le produit en lait ; le vacher suisse marque chaque jour le lait donné par chaque vache, ce qui permet de juger et de comparer ; le taureau durham est acheté d'habitude chez M. Salvat, à Nozieux. Le public paye 5 fr. pour la saillie.

Pendant les cinq mois d'hiver, la ration se compose de vingt kilog. de racines pulpées, dont le prix de revient est 20 cent.; cinq kilog. de regain paille et sel 22 cent. ; c'est 42 cent. par ration ; lorsqu'elles sont fraîches vêlées, on y ajoute dix kilog. de drèche de brasserie, au prix de 15 cent.; en été, elles sont au vert, et ont de la drèche, si leur état le réclame. On pèse chaque année, ces bêtes, lors de l'inventaire et voici les poids moyens :

Un veau d'un mois pèse cinquante kilog. ; un taureau d'un an quatre cent vingt kilog. ; un taureau de deux ans sept cent quatre-vingts kilog. ; un taureau de trois ans mille kilog. ; une génisse d'un an trois cent vingt kilog.; une génisse de deux ans cinq cent cinquante kilog.; une génisse de trois ans de six à sept cents kilog.

Tous les ans on vend deux ou trois bêtes élevées ici ; lorsque c'est à la boucherie c'est à 500 ou 550 fr.; si c'est pour la reproduction elles produisent au moins 50 fr. en sus.

M. Riverain–Collin tient habituellement dix–sept bœufs à l'engrais ; ce sont, autant que possible, des taureaux de trois à quatre ans, achetés dans les environs, et payés de 40 à 45 cent. le kilog.; on les castre, à leur arrivée ; on les nourrit pendant quatre-vingt-dix à cent jours pour les avoir gras, et on les vend de 65 à 70 cent. le kilog., ce qui fait de 470 à 500 fr. ; cela paye leur nourriture à peu près à 2 fr. 50 et voici ce qu'ils consomment :

Racines fermentées, vingt-cinq kilog. à 11
cent. le cent. . . . . » fr. 27

Report. . . . » fr.	27
Pommes de terre cuites, deux décalitres à 20 cent. . . . . »	40
Cinq kilog. regain à 4 cent. le kilog . . »	20
Drèche, un décalitre à 15 cent. . . . »	15
Son, deux kilog. à 10 cent. . . . . »	20
Trois kilog. de sarrasin ou d'orge aplatie à 12 cent. . . . . »	36
	1 fr. 58

Voilà donc 92 cent. de bénéfice par jour et par tête en laissant le fumier pour payer l'intérêt du prix d'achat, les soins et la litière ; il est bon d'observer que pendant les trente ou quarante premiers jours, on ne les nourrit pas si bien, de crainte d'indigestion.

Ces taureaux arrivent souvent en très-mauvais état ; on les fait baigner pendant une quinzaine, s'il fait chaud, et cela leur fait grand bien.

Toutes les bêtes bovines sont pansées une fois par jour, ne font que deux repas, et une fois qu'elles ont tout ce qu'il leur faut, l'étable est fermée à clef ; personne ne doit y entrer ; grâce à la bonne installation des étables, il n'y a presque pas de bêtes malades.

Contrairement à l'avis des fermiers ses voisins, qui assuraient que jamais un troupeau n'avait réussi dans ces environs, le terrain y étant humide, M. Riverain-Collin a construit une bergerie ; mais il a été prudent et n'a acheté que de bonnes brebis du Berry, à 17 fr. la pièce ; il leur a donné un bélier southdown, coûtant 150 fr. ; il a vendu, la première année, ses agneaux mâles gras âgés de quatre mois, à 18 fr. ; l'année d'après, leur prix a été de 20 fr. au même âge ; ce résultat l'a décidé, en juillet 1817, à aller en Angleterre chez Jonas Webb, près de Cambridge ; il lui a acheté soixante brebis à 120 fr. par tête, et un bélier de 600 fr. Il a fait lutter ses brebis en septembre ; c'est plus tôt qu'elles ne l'étaient habituellement ; vingt brebis n'ont pas agnelé ; les quarante autres ont donné quarante-huit agneaux qui ont bien réussi ; ils ont été vendus gras à quatre mois, à 25 fr. la pièce ; l'année suivante, les mâles sur soixante-quatre agneaux ont été vendus gras, 42 fr., âgés de quatorze mois ; il avait choisi huit des plus beaux, dont trois ont été mis dans le troupeau croisé ; les cinq autres ont été vendus de 200 à 350 fr.

Les betteraves paraissent à M. Riverain-Collin être indispensables aux agneaux ; il en garde donc jusqu'aux nouvelles betteraves, en les mettant en silos posés sur terre, au nord de bâtiments ; on les découvre lorsque les gelées ne sont plus à craindre ; elles se rident un peu en séchant, mais elles se conservent. La tonte des bêtes à laine a lieu fin d'avril et mai ; les toisons de brebis sont en moyenne de trois kilos de laine vendue, cette année, 2 fr. 80 c. le kilo ; la toison d'agneau qui pèse un kilo cinq cents grammes, a obtenu 3 fr. 60 par kilo ; les troupeaux de métis mérinos des environs donnent des toisons de quatre kilos ; mais à cause de la quantité du suint, la laine ne se vend que 1 fr. 70 c. le kilo ; on voit par là que la laine de bons southdown vaut au moins celle des métis mérinos ; mais la carcasse de ces derniers est loin de valoir celle des southdown à nourriture égale.

Les expositions de southdown que M. Riverain-Collin fait depuis quelques années, dans les concours, lui ont amené un assez grand nombre d'acquéreurs pour ses béliers, qui se vendent de 2 à 400 fr.

Il a habituellement de deux à trois cents moutons, mis en pension par des bouchers, à la ferme, en payant 20 c., par tête et par jour.

La porcherie contient ordinairement une vingtaine de truies craonnaises ou anglaises, des verrats, trois cochons à l'engrais et cinq porcs à engraisser plus tard : les porcelets sont tous enlevés aux prix les plus élevés du cours, sans qu'on ait besoin de les conduire au marché.

Le voisinage de la ville permet d'y envoyer tous les jours chercher les eaux grasses, à la caserne, dans les hôtels ou autres établissements de la ville ; les truies sont nourries ainsi pour 30 fr. par mois ; les mères qui allaitent ont des pommes de terre cuites et des farines.

Les porcelets reçoivent, à l'âge de trois semaines, du lait et du froment bouilli ; quelque temps après on remplace le lait comme il vient de la vache, par du lait écremé doux ; à six semaines, les porcelets sont vendus de 15 à 20 fr. ; on les baigne tous les deux jours, lorsqu'il fait chaud ; la saillie des verrats est payée 3 francs.

La comptabilité est tenue avec la plus grande exactitude ; le berger, le vacher, l'homme qui prépare la nourriture des chevaux, le botteleur qui est étranger à la ferme, le meunier, le maréchal, la cuisinière et l'homme qui engraisse le bétail, ont chacun un livret à tenir ; le fils de M. Riverain-Collin règle avec eux tous les quinze jours.

Mme Riverain-Collin m'a fait voir et expliqué bien des choses et m'a laissé un jugement bien favorable de sa capacité et de son obligeance.

Son fils m'a fait faire une tournée dans les terres des deux fermes ; j'ai vu partout une culture très-soignée ; tous les chaumes des céréales avaient déjà été cultivés, pour y faire de nouveaux ensemencements, ou bien pour favoriser la germination des graines des mauvaises herbes, qu'un autre coup de scarificateur détruira ; ces cultures servent aussi à la destruction du chiendent, des chardons et d'autres plantes traçantes qui poussent avec une vigueur nouvelle, une fois que les récoltes ont été enlevées.

Ce qui m'a le plus frappé dans ces visites, c'est un

champ de quinze hectares, d'une superbe troisième coupe de luzernes et aussi de fort belles betteraves , sur les terres de la ferme, dont on ne paye que 25 fr. l'hectare. Ces dernières avaient donné, l'an dernier , une récolte moyenne de soixante-dix mille kilos.

La longue et intéressante conversation que j'ai eue avec ce jeune homme, m'a prouvé qu'il était le digne fils de parents si capables.

Etant reparti le soir pour Blois dans une des diligences de M. Riverain-Collin, j'ai pu lui dire combien j'étais enchanté de tout ce que lui, Madame, et leur fils, m'avaient dit et fait voir.

J'ai visité un grand nombre de lauréats et de concurrents à la prime d'honneur et j'ai pu assurer à M. Riverain-Collin qu'aucun n'avait mérité mieux que lui, cette grande distinction.

J'ai couché à Blois et je me suis rendu le lendemain à Tours, d'où je suis allé au Plessis par Mettray, voir M. Lair, ancien élève de Grignon ; il m'a dit avoir sous-loué, il y a deux ans, les quatre cents hectares que M. Trousseau faisait valoir, avec un reste de bail de sept ans ; il a reçu toute la monture de la ferme, moins le beau et nombreux troupeau de southdown et d'oxfordshiredown, que M. Trousseau avait vendu ; M. Lair n'a que des moutons d'engrais ; j'ai vu une quantité considérable de meules de céréales, dont il vend avantageusement les pailles à Tours ; il engraisse des bœufs et des vaches, et m'a dit payer 22,000 fr. par an, sans le moulin, qui a été loué par l'ancien maître valet ; le chef d'atelier des machines agricoles, M. Estabe, a reporté sa fabrique de bons instruments anglais à la Tranchée, près le pont, à Tours.

Le 15 septembre, je suis allé à Labriche ; je n'ai trouvé ni M. Cail, ni M. Pinpin, son régisseur ; je n'ai donc fait que visiter la ferme, dont les bâtiments ont été encore considérablement augmentés, depuis ma dernière visite; on a construit un immense hangar pouvant contenir trois mille bêtes à laine; le maître berger a trois fils qui lui servent d'aides-bergers; il n'a, dans ce moment, que douze cents bêtes à laine.

J'ai fini par trouver M. Catelle, belge, un des sous-régisseurs; il est chargé de diriger six petites fermes extérieures occupées par des maîtres valets du pays; il m'a dit que M. Cail venait d'acquérir encore trois cents hectares de terre, ce qui réunit plus de quinze cents hectares dans la terre de Labriche.

M. Cail vient de monter une sucrerie d'après un nouveau procédé, qui n'a pas encore marché; on cultive ici environ deux cents hectares en betteraves qui, jusqu'à cette heure, étaient distillées.

J'ai trouvé dans l'immense grange un détachement de plus de cent colons de Mettray, occupés à battre du froment, avec une grande batteuse de Ransome, importée d'Angleterre; ils travaillaient à la tâche avec une si grande ardeur et tant d'activité, que je n'ai pu obtenir aucun renseignement.

M. Cail a fait construire de jolies petites maisons avec jardins pour loger ses employés mariés; M. Catelle est fort bien logé ainsi ; ses appointements sont de 1,500 fr. Les chefs des six fermes, placés sous sa direction, ont avec leurs femmes, 1,000 fr. ; on leur donne 5 fr. par mois pour payer l'épicerie du ménage de la ferme, et cinq hectos de froment par an par chaque personne qu'ils ont à nourrir; ils peuvent prendre, avec cela, les légumes et pommes de terre pour le ménage et pour les cochons engraissés et consommés dans la ferme.

J'ai vu sous les hangars de la grande ferme, une moissonneuse à râteau automate, fabriquée, m'a-t-on dit, par un Anglais, à Paris ; j'ai vu aussi des rouleaux

Croskyll et des semoirs à betteraves pour billons.

Les trois grandes étables de la grande ferme peuvent contenir six cents bœufs et il y a place pour deux cents autres bœufs dans les fermes.

On se sert ici, de préférence, de bœufs de la race salers; il y en a maintenant environ deux cents. Les colons de Mettray sont chargés des sarclages et autres travaux qu'on peut faire à la tâche; les plus forts labourent avec des bœufs; j'ai vu un certain nombre des plus jeunes ramassant dans des brouettes des pierres calcaires qu'ils emmétraient; elles sont employées sur une nouvelle route, faite pour raccourcir l'arrivée à Labriche.

Je me suis rendu de là chez M. de Champchévrier, propriétaire d'une terre dont l'étendue dépasse douze cents hectares; son père et lui y ont planté et principalement semé un millier d'hectares en chênes, bouleaux et pins maritimes. La réserve de ce grand sylviculteur contient des vaches parthenaises qui ont un taureau normand; son troupeau est croisé southdown.

Je suis ensuite allé chez M. Schmidt, propriétaire parisien, qui est venu acheter, il y a dix ans à peu près deux cents hectares, dont une forte partie en bruyères, qui entouraient une simple ferme du pays; ce monsieur a arrangé la maison de manière à la rendre habitable pour Madame, deux jeunes personnes et trois beaux jeunes gens; l'un d'eux s'est fait le maréchal de l'établissement; M. Schmidt a construit quelques grands bâtiments de culture et en augmente encore le nombre, attendant qu'il se construise une habitation convenable pour sa famille; j'étais déjà venu voir, il y a quelques années cette famille d'agriculteurs entreprenants; Monsieur était alors allé à Paris pour y recevoir ses loyers; cette fois, c'était ces dames qui étaient allées à Paris dans leur famille pour bien voir l'Exposition.

M. Schmidt m'a fait voir son bétail; il a un taureau

croisé durham et des béliers croisés southdown ; je l'ai
engagé, si rien ne s'y oppose, à avoir des reproducteurs
de pure race ; il élève beaucoup de cochons croisés anglais, et en a, y compris les porcelets, près d'un cent ; il
a planté trois hectares de vignes et compte en augmenter le nombre ; je l'ai engagé à visiter les vignes plantées
en chaintres, de Chissay, avant de continuer.

Il m'a dit avoir été au château de la Dorée, chez le
comte Odard, et y avoir pris une collection des meilleurs
cépages qu'on y cultive.

Ses défrichements sont terminés, et M. Schmidt a
donné les terres qu'il avait en trop à des métayers.

L'aîné de ses fils restant avec lui, il a pu louer pour
les deux plus jeunes une grande et très-belle ferme, que
le régisseur de la terre de Luyne avait construite pour
la cultiver lui-même ; mais il s'en est lassé apparem-
ment, devant habiter le château qui en est à deux lieues ;
il l'a donc louée à cette famille, pour dix-huit ans, ainsi
que deux petites fermes, neuves aussi ; le tout a été construit il y a huit ans, sur environ cent vingt hectares de
bonnes bruyères défrichées alors, et sur lesquelles j'ai
vu, lors de ma première visite à M. Schmidt, il y a sept
ans, de très-beaux froments.

Ces deux jeunes gens habitent une fort jolie maison ;
ils ont une écurie et des étables fort bien arrangées, deux
bergeries, chacune pour trois cents bêtes, et un grand
hangar, dans une partie duquel ils préparent pour le bétail la nourriture fermentée, comme cela a lieu chez leur
père, dont l'habitation n'est qu'à quatre kilomètres ; ils
m'ont dit avoir fait une bonne récolte en céréales ; ils
m'ont fait voir un grand champ de bonnes betteraves ;
ils n'ont que six hectares d'excellents prés, mais ils sont
sur les bords de la Loire, et à une couple de lieues de la
ferme ; ils sont en train d'en faire plusieurs hectares qu'ils
pourront irriguer avec de l'eau de source, à laquelle ils

mêleront les eaux de la basse-cour ou ferme. Ils m'ont fait dîner avec eux, et l'aîné a voulu me reconduire à Tours, à six lieues de chez eux.

Je suis arrivé le lendemain matin chez mon ami, M. Paul Allibert, dans son charmant château de Mont-chenin. Il augmente chaque année l'étendue de sa culture, en défrichant des bois qui ont été abîmés par le pâturage, et qui deviennent de bonnes terres; M. Allibert en a déjà défriché quarante-quatre hectares; il doit en défricher encore dix hectares, ce qui ne pourra être fait que dans deux ans, car la main-d'œuvre est des plus rares, tous les habitants possédant des terres et les cultivant; sa culture s'étendra alors sur cent vingt hectares.

Ce qui gêne beaucoup la culture de cette terre, c'est un sous-sol pierreux; dans une pièce de cinq hectares qui vient d'être labourée par une charrue écossaise, tout en fer, sans avant-train, mais à très-longs mancherons, attelée de quatre bons chevaux, on ne pouvait pénétrer qu'à vingt-deux centimètres, à cause des grosses pierres; des pionniers arrachaient toutes celles qu'on rencontrait; on en a enlevé treize mètres cubes.

Mon ami devrait louer, si cela se peut, de M. Cail, à Labriche, la charrue à vapeur de Fowler, destinée à défoncer les terres à sous-sol pierreux, charrue qu'on emploie avec tant de succès dans le Midi; c'est à la vérité une opération fort chère; M. de Gasquet, propriétaire et directeur de la ferme-école de Salgue, dans le Var, vient de me mander qu'il achève le défoncement d'une pièce de terre en côtes, de sept hectares, si pierreuse qu'on a mis quatorze jours pour la défoncer à cinquante centimètres; cette opération lui coûtera entre 300 et 500 fr. par hectare, suivant le plus ou moins de difficulté de la terre; il est des plus satisfaits de ce travail; il ajoute qu'ayant déjà fait un défoncement de même profondeur en pareil sol, il y a plusieurs années, il lui était revenu à plus de 2,000 fr. l'hectare.

Dans les pays bien cultivés, on emploie souvent cent mille kilos de fumier par hectare pour les betteraves ; si on achetait ce fumier, il coûterait de 500 fr. à 1,000 fr., suivant les pays, et aucun bon cultivateur ne trouverait la chose extraordinaire, tout en sachant que cette fumure ne produira son effet que pendant quatre ou cinq ans ; il n'en est pas moins vrai qu'à première vue tout le monde est effrayé de payer 500 fr. pour un labour de défoncement. Cependant ce labour, en arrachant une masse de pierres, permettra dorénavant de labourer plus profondément, ce qui augmentera toujours beaucoup les produits. Les fumures des trois ou quatre premières années d'un défrichement ne sont pas chères ; dix-huit cents kilos de phosphate de chaux fossile, rendus ici, le voyage du chemin de fer compté, reviennent à 140 fr. qui, partagés en quatre, forment 35 fr. pour chacune des quatre fumures, qui donneront chacune une bonne récolte. J'ai même vu chez MM. Durand, près Lignières (Cher), une quatrième récolte sur bruyères défrichées, donner par hectare une récolte de vingt-cinq hectolitres de colza, trente-quatre hectolitres de seigle et trentedeux d'avoine d'hiver ; cette bruyère n'avait eu pour produire quatre récoltes, pas toutes aussi fortes que celleci, que seize cents kilos de phosphate de chaux fossile, partagés entre les quatre années.

M. Allibert ne craint pas d'acheter du guano du Pérou ; il vient d'en recevoir de Nantes 15,000 kilos, qui, rendus ici, revient à 33 fr. les cent kilos. Il va essayer comparativement, les engrais chimiques de M. G. Ville, sur des champs qui ont reçu par hectare trente-cinq mille kilos de fumier enterré avant l'hiver par un labour profond ; il suivra les prescriptions de l'habile professeur, et mettra sur un hectare du même champ, pour même argent de guano que l'engrais Ville aura coûté ; on tiendra aussi un compte comparatif du produit des trois années qui suivront celle où les divers engrais auront été employés, pour constater la durée de leur effet.

Le cheptel de la ferme de la Richardière se compose de douze chevaux et quatre bœufs ; la vacherie arrive au chiffre de quarante et quelques bêtes, les veaux compris ; le taureau est durham ; on élève tous les veaux pour les vendre gras vers l'âge de trente à trente-six mois ; un jeune bœuf, âgé de vingt-sept mois et demi, vient d'être vendu à Cormery, petite ville voisine, où il a été abattu ; il pesait trois cent quatre kilos de viande nette ; à 1 fr. 30 centimes le kilo, il a produit la somme de 395 fr. 20 ; sa mère était une petite vache du pays.

Le troupeau est de quatre cent vingt têtes provenant de béliers shropshiredown , avec des brebis croisées southdown-berry ; on vend 60 fr. des béliers antenais de ce croisement ; le manque de fourrage a engagé à vendre cent vingt-six agneaux de dix mois en décembre 1866 ; n'étant pas assez gras, on n'en a eu que 34 fr. pièce, tandis que quatre-vingts moutons du même croisement, âgés d'un peu plus de treize mois, pesant en moyenne 47 kil. 660, viennent d'être vendus le 24 février 1868, à la Villette, à 42 fr. la pièce. M. Révérend, voisin de M. Allibert, bon cultivateur sur d'excellentes terres, vendait en même temps soixante moutons du pays, bien gras et âgés de quatre ans au prix de 38 fr. ; cette différence dans les résultats devrait bien faire sortir un grand nombre de bons cultivateurs de leurs habitudes routinières ; ils achètent des moutons de pays, de deux à trois ans à des prix élevés, par suite de la grande concurrence qu'ils rencontrent, tout le monde voulant engraisser ; ils nourrissent leurs moutons pendant un an, ne retirent pas 5 fr. de leurs misérables toisons et vendent ces moutons de quatre ans moins cher que des agneaux de douze à quinze mois; au lieu de cela, ils feraient mieux d'acheter, au mois d'août, de bonnes brebis de pays, qu'ils paieraient, en temps ordinaire, de 15 à 20 fr.; ils leur donneraient des béliers southdown, ou, de préférence, des béliers shropshire ou oxfordshire, à toisons plus lourdes, la laine étant plus longue; ces béliers pesant de soixante-dix à quatre-vingts kilos, poids vif, sans être gras, donneront des agneaux qui deviendront encore plus lourds que ceux provenant des béliers southdown; nos cultivateurs auraient donc chaque année à vendre des moutons gras âgés de quinze mois; ils en obtiendraient de 38 à 40 fr. au moins, ces moutons pesant plus que les moutons de pays âgés de trente-six à quarante-huit mois; cela rendrait la viande plus abondante et par conséquent moins chère; il est aussi à remarquer que les toisons des jeunes moutons auront plus de poids et de valeur que ceux de trois et quatre ans; une fois les agneaux sevrés, on engraisserait les brebis et on les remplacerait par d'autres; de cette manière, on pourrait élever des bêtes à laine, sans risquer de les voir atteintes de la cachexie, même dans des pays à sous-sol imperméable, puisqu'on ne les y conserverait que quinze mois au plus.

M. Allibert a écrit, comme je l'ai appris depuis, à M. Randell, agent et fermier du duc d'Aumale à Chadbury, près Evesham, pour lui demander une troisième paire de béliers shropshire, car il a été très-bien servi chaque fois; ils coûtent, pris sur place, de 500 à 600 fr. la paire, suivant le choix; il faut y ajouter 100 fr. de port pour les deux, pour aller à soixante lieues plus loin que Paris. Lorsqu'on tue, chez M. Randell, un bélier de cinq ans, bien engraissé, il donne de soixante à soixante-dix kilos de viande nette.

Les toisons des brebis de M. Allibert ont donné cette année un poids moyen de 2 kil. 181 grammes, vendus

2 fr. 10 c. le kilo ; celles des agneaux nés en janvier pesaient sept cent quarante-trois grammes.

Il cultive le maïs géant dent de cheval, depuis six ans, avec le plus grand succès ; les tiges les plus élevées dépassent quatre mètres de hauteur ; et, quoique fort grosses, étant passées au hache-paille, tout est consommé. Un hectare cinquante ares de cettle magnifique plante a bien nourri une quarantaine de bêtes à cornes de tous âges pendant plus de deux mois, sans qu'on leur ait donné autre chose, et elles ne vont pas en pâture.

Un Américain de l'état de l'Illinois, qui refusait en mai de me céder de superbes épis de diverses variétés de maïs géant, a cependant fini par m'en donner un ; j'en ai partagé les cinq cent et quelques grains entre bien des personnes, en les engageant à les semer de suite ; sur quarante pieds provenant de ce maïs, j'ai compté chez M. Allibert soixante-quinze épis plus gros que ceux du maïs dent de cheval ; j'ai su depuis qu'ils ont mûri malgré la mauvaise température de l'année. Ces maïs ne sont pas difficiles sur la qualité de la terre, pourvu qu'on fume fort et qu'on laboure très-profond.

Les dix hectares de betteraves, sont très propres et très bien réussis. Les pommes de terre n'ont pas la maladie, et donneront une très-abondante récolte. Il existe une bonne pépinière de plant de colza sur deux hectares, et trois hectares semés en colza en lignes, sont bien levés ; les topinambours n'ont pas de tiges aussi élevées et aussi fournies que l'année dernière ; c'est dommage, car elles fournissent, en commençant à les couper vers le 15 septembre, une excellente et très-abondante nourriture, pour les bêtes à cornes et les moutons, à condition de ne leur en donner qu'une demi ration ; elles ont plus de valeur nutritive, que leurs tubercules qu'on aura en moins, puisqu'on aura coupé les tiges, avant maturité.

Un orage avec grêle, a ravagé ce printemps, la ferme de M. Allibert; il était assuré, et a obtenu 3,800 fr. d'indemnité; comme cela a grandement diminué la récolte des fourrages, M. Bouchaud, le régisseur, sera forcé de supprimer le foin aux bêtes à cornes et au troupeau, qui vivront de paille hachée et fermentée avec des betteraves pulpées; au reste cela a lieu ainsi pour les vaches et élèves, dans toute la Grande-Bretagne; on y ajoute des tourteaux, pour les vaches laitières.

On diminuera les rations de foin et d'avoine des chevaux, qui recevront en place, du seigle bouilli, comme cela se faisait anciennement, pour les huit cents chevaux de poste, d'omnibus, et de déménagement, que M. Dailly père, tenait à Paris; car l'avoine récoltée cette année, est très-mauvaise et fort chère.

Les cinq hectares soixante ares de vieilles vignes que M. Allibert possède, ne donneront presque pas de vin, pendant que des voisins qui n'ont pas été grêlés, feront de bonnes vendanges.

Voici les conditions que mon ami a faites à un jeune vigneron marié, mais sans enfants; il le loge, lui donne 150 fr. par hectare et 10 pour 0/0 du vin produit par la vendange. On fournit un cheval et une charrue au vigneron, lorsqu'il laboure les vignes en lignes séparées par deux mètres; les lignes sont garnies de deux fils de fer; il est convenu que le vigneron aidé de sa femme exécutera tous les travaux recommandés par le docteur Guyot; les sarments sont réservés au propriétaire. J'ai trouvé les vignes exemptes de mauvaises herbes et les conditions paraissent avoir été bien éxécutées, jusqu'à cette heure.

M. Allibert va planter au printemps, quatre hectares de vignes, d'après la méthode du docteur Guyot, avec lequel il est lié.

Je suis parti, le 18 septembre, de Montchenin pour

Tours, et de là, par la nouvelle voie de fer qui rejoint la capitale, en passant par Vendôme; mais la pluie m'a empêché de jouir de la vue de ce pays que je traversais pour la première fois. Je suis arrivé, le lendemain, d'assez bonne heure, avec M. Bouchaud, régisseur de M. Allibert, à Petitbourg, dans la partie de la culture de huit cents hectares, que M. Decauville avait disposée, pour être labourée ou cultivée, par les appareils à vapeur de MM. Fowler et Howard; voici le résumé des notes que M. Bouchaud et moi, avons pu prendre.

La traction de la charrue à cinq socs de Fowler, se fait par deux locomobiles de la force de dix chevaux, placées aux deux bouts du sillon; elle se met en mouvement au commandement de M. Fowler, un des frères de feu l'inventeur, bien regretté et bien admiré par ceux qui l'ont connu. Ces cinq socs cultivent une largeur de un mètre trente-trois sur trente-trois centimètres de profondeur; la terre est parfaitement retournée; le fond des cinq sillons est bien vidé de terre, la charrue a cultivé en moyenne cinquante mètres par minute.

Le grand scarificateur à six socs, essayé après, prenait une largeur de deux mètres, et cultivait la terre à trente centimètres de profondeur; il avançait de cinquante mètres par minute et faisait un très-bon travail.

Un scarificateur à dix socs, a cultivé trois mètres de largeur, sur vingt centimètres de profondeur; sa marche était de huit cent mètres en cinq minutes; la machine tournait facilement sur place, au bout du champ.

Est venue ensuite la charrue à huit socs, aussi de Fowler; elle labourait deux mètres de largeur à vingt centimètres de profondeur, et elle avançait de cent mètres par minute; son travail ne laissait rien à désirer; cette culture occupait deux chauffeurs et deux autres hommes.

L'appareil de Howard fait marcher en même temps,

deux charrues ou deux scarificateurs. Mais n'étant pas arrivé de Bedford, on n'a pu essayer que son appareil à une locomobile qui ne change pas de place, un câble en fils d'acier, entoure le champ qu'on laboure; mais cette opération exige plusieurs hommes de plus, pour changer de place les ancres, au bout de chaque sillon; cet appareil coûte moins cher d'achat, mais il fait bien moins d'ouvrage.

J'ai été déjeuner sous une tente, où un grand nombre d'assistants avaient été invités par M. Decauville, qui avait fourni toutes ses voitures pour amener ou reconduire à la station, un grand nombre de personnes; il a dû faire une énorme dépense, pour faire réussir ce concours qui sera si utile à l'agriculture de notre pays. Après le repas, on a essayé les charrues à défoncer qui ramènent la terre du sous-sol à la surface; de ces charrues, la charrue Vallerand est la plus remarquable et a servi de modèle à la plupart des autres; elle était traînée par douze bœufs, et trois hommes la conduisaient; on ne peut pas faire un meilleur labour; il allait à trente-cinq centimètres de profondeur; je pense que deux de ces charrues fonctionneraient bien plus économiquement au moyen d'un appareil à vapeur; telle qu'elle est, elle retourne très-bien une bande de terre de quarante centimètres de largeur sur quarante-cinq de profondeur, et le travail est parfaitement exécuté; une troisième charrue du même modèle, fabriquée par un M. Bonnet, a aussi très-bien fonctionné; je ne sais si ce fabricant est le même qui a inventé dans le midi, la charrue Bonnet, qu'on emploie aussi beaucoup dans le département de l'Allier, pour défoncer profondément; dans le Midi, elle sert à arracher la garance.

Le concours de Petitbourg a émerveillé tous les assistants qui étaient extrêmement nombreux; j'ai eu l'avantage d'y rencontrer beaucoup d'agriculteurs de ma connaissance ; la fatigue m'a empêché d'y retourner le lendemain.

Etant allé à l'exposition, j'y ai rencontré M. Gérard chef de la fabrique de Vierzon ; il m'a dit qu'il avait vendu l'année dernière, pour environ 700,000 fr. de machines agricoles ; cette année, il approchait de 900,000 francs, en machines vendues et en commandes ; il emploie près de trois cents ouvriers, et cependant il dû refuser pour quelques centaines de mille francs de commandes. Il a remporté jusqu'à ce jour, cent vingt-six médailles d'or et cinquante et quelques médailles d'argent.

Lors du concours des locomobiles à vapeur, à Billancourt, il a suivi de fort près, la première et la plus grande maison de ce genre de fabrication dans la Grande Bretagne, celle des Ramsome d'Ipswich ; leurs locomobiles n'ont employé que un kilo six cent quatre-vingts grammes de charbon de terre par force de cheval et par heure ; la locomobile de Gérard n'en a consommé que un kilo six cent quatre-vingts et quelques grammes, pendant que d'autres fabricants anglais et français, consommaient jusqu'à deux kilos trois cent cinquante, et deux kilos six cent cinquante de charbon. Un autre fabricant de machines agricoles établi à Paris, M. Peltier, avec qui M. Allibert qui l'emploie et moi, avons causé, nous a dit qu'il était fort content, quoique les dépenses occasionnées par l'exposition lui aient à peu près enlevé les bénéfices de l'année ; mais il a eu des commandes qui lui en assureront beaucoup d'autres.

Il nous a engagé à aller voir à Billancourt, en en faisant un grand éloge, une charrue à cinq socs, inventée par un colonel russe, qui l'a chargé d'en faire de pareilles.

Je lui ai demandé ce qu'il pensait de quatre petits tuyaux d'argent qu'on emploie à traire les vaches et

qu'un homme placé à côté de son exposition, à Billancourt, vendait 8 fr.; il nous a dit qu'il en avait vu faire
plusieurs fois l'essai, lors de l'exposition des vaches laitières dans l'île; chaque fois que les tuyaux étaient introduits dans les quatre trayons, le lait coulait tant qu'il
en restait dans le pis; il a acheté quatre de ces petits
tuyaux pour les donner à son beau-frère qui est fermier; l'an prochain il pourra nous dire si la chose est
pratique.

Nous avons revu, M. Allibert et moi, avec bien de
l'intérêt les superbes expositions de céréales et de lin en
paille, de M. Porquet, marchand de grains et graines à
Bourbour, et celles de M. Pilat, excellent cultivateur,
fabricant de sucre et maire de la petite ville de Brébières,
près Douay (Nord). Ce dernier exposait du grain battu,
au pied des gerbes des diverses céréales, et une étiquette
portait la quantité d'hectolitres récoltés; voici les produits remarquables dont j'ai pris note.

M. Pilat que j'ai visité souvent, a récolté en 1866, un
froment blanc à épis velouté, qui a produit cinquante
neuf hectolitres quatre vingt-cinq litres par hectare sur
une étendue de deux hectares; plus de quarante-huit
hectolitres de froment blanc d'Armentière par hectare,
sur deux autres hectares; plus de quarante-quatre hectolitres, sur une étendue de six hectares et quelques ares
en froments blancs mélangés; sur plusieurs hectares, cent
deux hectolitres, par hectare ,d'avoine dont la paille avait
de cinq à sept pieds de longueur; ses lins de Riga d'une
grande finesse, avaient plus d'un mètre de longueur, et
étaient très-blancs; ils pesaient cinq mille deux cents kil.
par hectare et avaient donné douze hectolitres de grains;
sur une autre pièce de huit hectares; le lin avait donné
quatre mille neuf cents kilos de tiges, et huit hectolitres
de graines. Une pièce de trois hectares en colza, avait
sept pieds de hauteur de tige, et avait produit cinquante

deux hectolitres de graine par hectare ; un champ de cinq hectares en hivernage, avait donné treize mille kilos de fourrage sec par hectare.

M. Laveaux, fermier de la Commanderie du Temple, près Clayes, à qui j'avais fait nne visite, il y a bien des années, m'a reconnu à Petitbourg ; il m'a dit qu'il avait obtenu de son propriétaire, quelques années avant l'expiration de son bail de trente ans, une prolongation de dix ans ; il ne paye pour ses excellentes terres de Brie, peu éloignées de Paris, que 110 fr. l'hectare ; mais il a dû ajouter à ses frais, à sa ferme, tous les bâtiments devenus indispensables, par suite de sa culture améliorée; il a dû également transformer à ses frais, une simple maison de ferme, en une habitation avec dépendances convenables pour une famille de grand fermier.

Il cultive beaucoup de betteraves globes, pour son bétail, et en obtient des récoltes très-considérables, après une forte fumure, à laquelle il ajoute quatre cents kilog. de nitrate de soude par hectare ; il le paye 33 fr. les cent kilog., chez MM. Huvel et Couvreur, quai du Canal, 10, à la Villette-Paris.

Je suis parti de Paris le 21 septembre, pour Dourdan, station du chemin de fer de Tours d'où un cabriolet m'a conduit en trois quarts d'heure, au charmant château de Bandeville, propriété du comte Robert de Pourtalès ; cette visite était projetée depuis de longues années, sans avoir pu être exécutée. La comtesse de Pourtalès que je voyais pour la première fois, a eu la bonté de me dire que le comte, depuis longtemps, espérait ma visite, pour me montrer ses améliorations agricoles. Elle me proposa d'aller le chercher près du parc où il chassait avec leur fils ; et nous le rejoignîmes bientôt. La comtesse a bien voulu encore me faire voir l'intérieur de la réserve, pendant que monsieur qui avait très-grand chaud, était allé changer de vêtements.

Le château entouré d'arbres, et posé à mi-côte, domine une charmante vallée de prairies irriguées au moyen d'une petite rivière qui fait tourner huit paires de meules dans un énorme et beau moulin, et deux paires dans un autre. Ces deux moulins font partie de la terre ; cela produit une vue gaie et agréable. Le comte étant revenu, m'a fait voir une étable pleine de jolies vaches schwitz ; on venait de remplacer le taureau de cette race, par un taureau normand, et celui-ci devait l'être plus tard par un croisé durham ; mais ayant raconté au comte ce que j'avais vu, ces deux années, en croisements durham, tant en Limousin que dans le Cher et dans l'Allier, il est probable qu'il prendra un taureau durham de bonne souche.

On a fait sortir ensuite une trentaine d'agneaux southdown destinés à former des béliers ; ils proviennent d'une importation faite il y a quelques années, de soixante-dix brebis et de béliers, ces derniers achetés chez Jonas Webb, à 1,000 fr. l'un.

Le comte vend ces jeunes béliers de 200 à 250 fr. J'ai vu là, un immense hangar couvert en carton, qui date d'assez longtemps, mais reçoit chaque année, une couche de goudron de gaz ; ce hangar loge les céréales et les fourrages.

Nous sommes allés dans les prés irrigués ; les uns le sont par immersion ; d'autres où la pente manque sont formés en larges planches bombées ; nous y avons trouvé un des deux frères Simon, grands irrigateurs et draineurs ; je connaissais l'autre frère ; celui-ci est chevalier de la Légion d'honneur ; il est occupé, depuis bien des années, par le comte qui l'avait mis à la tête d'une propriété formée principalement d'herbages, près de Bône en Algérie ; M. Simon a dû en revenir, au bout de six ans de séjour, la santé de sa famille l'ayant forcé de quitter ce pays ; le comte les a logés depuis lors, dans une mai-

son de campagne qu'il possède près de là. M. de Pourtalès m'a dit qu'on nourrit et engraisse dans sa terre
d'Afrique, un grand nombre de jeunes bœufs achetés
aux Arabes; on les vend ensuite à Marseille; il en a fait
venir l'an dernier trente à Bandeville, pour mieux les
engraisser et il les a bien vendus à Paris; il en attend
une nouvelle bande.

Il a dans le département des Landes une étendue considérable de bruyères qu'il fait semer en pins maritimes.
L'étendue de la terre de Bandeville dépasse mille quatre
cents hectares, sur lesquels huit cents sont en bois; le
comte y cultive deux grandes fermes et vient d'en reprendre une troisième, pour la remettre en meilleur état
de culture; il m'a conduit au château du Plessis, grande
construction toute en pierres de taille, qui était dans un
piteux état, il y a quelques années, lorsqu'il en a fait
l'acquisition; il y a fondé une colonie de vingt-cinq or-
phelins de familles protestantes, pris à Paris.

Il a tout remis en très-bon état, et y a établi comme
directeur de la colonie un homme instruit et fort capable
qui dirige en même temps une ferme considérable. On
y forme des cultivateurs; un habile jardinier a déjà
formé quelques horticulteurs en leur enseignant la taille
des arbres, et la culture maraîchère; chaque colon a
son carré de jardin, qu'il cultive comme cela lui convient;
ils vendent leurs produits; l'un d'eux fort intelligent et
économe, a pu envoyer deux années de suite, 40 fr. à sa
pauvre mère.

Un instituteur instruit les colons; un ministre protes-
tant chez qui le fils du comte est en pension, à Paris,
pour y suivre son cours de droit, vient tous les samedis
pour enseigner la religion aux colons et pour faire le
service du dimanche.

Le directeur, sa famille et les dix employés de la colonie mangent à la table des colons, dans un beau réfec-

toire tenu fort proprement, ainsi que les dortoirs et tout le reste de la maison.

La ferme du Plessis a des vaches schwitz, et des ayrshire et des produits croisés, provenant d'un taureau cotentin.

La bergerie est des mieux organisées et contient un fort beau troupeau de croisés southdown, s'élevant à quatre cents têtes.

J'ai quitté l'aimable famille de Pourtalès le lendemain matin, pour visiter, à Angerville, M. Lucien Rousseau, ancien maître de poste ; il cultivait deux cent quarante hectares, mais il ne cultive plus que moitié de cette étendue qui vient de lui faire remporter la prime d'honneur.

Il cultive avec des juments, dont le nombre, compris les poulains, monte à vingt-deux têtes ; il a à peu près autant de vaches laitières, achetées dans les foires des environs; le lait en est vendu à l'année, à 12 cent. le litre, à un laitier qui expédie à Paris. Les veaux sont vendus, huit jours après leur naissance de 20 à 30 fr. Son troupeau de deux cents brebis métis mérinos améliorées par sélection depuis longues années, a de bonnes formes et s'engraisse assez facilement ; elles ont des toisons de cinq kilos ; elles pèsent, âgées de cinq ans et grasses, de quarante à quarante-cinq kilos ; les agneaux mâles de neuf à dix mois, tondus, sont vendus de 28 à 30 fr.

Il a dix hectares en betteraves globes jaunes, très-propres, dont le produit va de quarante à quarante-cinq mille kilos par hectare. M. Rousseau ne parque pas ses bêtes à laine, étant persuadé que le sang de rate qui ravage les troupeaux de la Beauce, est principalement dû à la transition de la grande chaleur de la journée au froid de la nuit; depuis qu'il a pris le parti de ne plus parquer, il a peu à se plaindre des effets de cette terrible maladie qui lui avait fait éprouver de grandes pertes, lorsqu'il parquait.

Ce qu'il y a de plus remarquable dans cette culture très-bien conduite, c'est la préparation de la nourriture des chevaux et des bêtes à cornes, pendant toute l'année ; le troupeau n'y participe que dans la mauvaise saison ; car il sert à profiter de tout ce qui ne peut pas se faucher et être rentré à la ferme ; le pâturage des bêtes à laine a aussi le mérite en nourrissant ces bonnes bêtes, d'empêcher une immense quantité d'herbes de produire leurs graines qui saliraient les terres ; il est donc à désirer que chaque ferme ait ses bêtes à laine, pour ne pas perdre bien des petites plantes dont le pâturage des gros animaux ne saurait pas tirer parti et qui infestent les champs, de plantes nuisibles.

J'avais prié M. Lucien Rousseau, avant de le quitter, de vouloir bien cet hiver me donner par écrit le détail de la manière dont il nourrit son bétail ; il me l'avait bien expliqué ; mais je craignais que ma mémoire ne laissât échapper des choses utiles; il a eu la bonté de si bien remplir sa promesse, que je néglige les notes que j'avais prises, et que je me borne à insérer ici, les deux lettres qu'il m'a écrites à ce sujet ; elles pourront être de la plus grande utilité aux cultivateurs qui comprendront l'immense économie que procure cette méthode de nourrir le cheptel ; cette économie permet de bien nourrir un grand tiers d'animaux, de plus, avec la même quantité de produits que consommaient les bêtes nourries à l'ancien usage; à première vue les soins à prendre peuvent paraître effrayants, mais il en résulte tant d'avantages, que tous ceux qui ont essayé de cette méthode, n'ont jamais voulu l'abandonner.

« Angerville, le 6 décembre 1867.

« Monsieur le comte,

« Si je n'avais été dérangé par plusieurs causes indépendantes de ma volonté, j'aurais pu vous envoyer de suite les renseignements que vous m'avez demandés. Ne l'ayant pas fait encore, aujourd'hui je prends le mémoire envoyé par moi à la commission de visite pour le concours régional de Versailles en 1864, et j'en extrais ce qui est relatif à l'alimentation de mon bétail.

« Il y a près de onze ans qu'à la suite d'une mauvaise récolte de fourrages j'ai commencé à faire cuire, hacher, aplatir et mélanger toutes les nourritures destinées à tous mes animaux ; je ne demandais alors à ces manipulations que la possibilité de conserver mon cheptel entier dans une année mauvaise.

« Je croyais que ces préparations augmentaient de beaucoup la valeur nutritive des fourrages. Je me trompais en partie, car l'économie dans l'alimentation tient encore à d'autres choses.

« Depuis lors, j'ai reconnu que les principaux mérites de ma cuisine consistent :

« 1° A éviter des pertes de fourrages considérables et souvent inaperçues, car les animaux tirent sous leurs pieds et souillent en pure perte une partie des plantes, sèches ou vertes, qu'on leur donne, et les domestiques font litière des restes du râtelier, qui devraient être utilisés.

« Dans l'alimentation hachée et mélangée, il n'y a pas de rebut, à moins qu'on n'ait laissé quelques impuretés ou des poussières dans la ration.

« 1° A faire produire par la cuisson, l'aplatissage, une légère fermentation et le mélange des aliments, aux fourrages, grains et racines donnés aux animaux, tout l'effet utile dont ils sont capables.

« 3° A utiliser d'une façon profitable les fourrages de qualité médiocre habituellement gâchés par les animaux, en les mêlant en petite quantité à d'autres fourrages de bonne qualité et en y ajoutant des condiments apéritifs.

« 4° A assurer aux animaux des repas presque mathématiquement réguliers, quant à leur valeur alimentaire, leur composition et leur volume.

« 5° A éviter les préférences des charretiers pour certains chevaux auxquels ils donnent de l'avoine à outrance en retranchant sur les autres rations le surcroît dont ils gorgent imprudemment leurs favoris.

« Ces motifs et l'expérience acquise m'ont décidé à continuer de mélanger toutes les nourritures pour tous mes animaux, même dans les années d'abondance.

« Je crois que cette alimentation a été la cause prédominante qui a doté mon troupeau mérinos d'une grande aptitude à l'engraissement.

« La nourriture de mes chevaux se compose toujours d'un mélange de fourrage haché, d'avoine aplatie et de seigle cuit, donné en trois distributions.

« Les rations sont préparées pour deux chevaux et mises dans un sac. La ration du matin se compose de balles de froment, de quinze litres d'avoine aplatie et de quarante litres de balles de froment et de paille d'avoine hachée et arrosée d'eau sucrée avec de la mélasse de betterave.

« La ration de midi, est de dix litres de seigle cuit, cinq litres d'avoine aplatie, et quarante litres de hachage sucré. Celle du soir est semblable à celle du matin.

« Quand l'avoine est chère ou mauvaise, je la mélange d'un tiers de sarrasin, et je fais aplatir le tout ensemble, le mesurage à la ration restant le même.

« La ration journalière d'un cheval est donc normalement :

13 litres d'avoine aplatie pesant. . . .		4 k.
10 — de seigle cuit à l'eau		8
75 — de fourrage et paille hachés et sucrés, 5 à 6 kil. de fourrage et 2 à 2 kil. 5 de paille		8
Total en poids		20 k.

« Total en volume, 98 à 100 litres.

« En automne et en hiver, les chevaux reçoivent un supplément de dix à quinze kilos de carottes, ce qui permet alors de ménager un peu l'avoine si le travail est moins fatigant que d'habitude. Au printemps, le trèfle en vert leur est donné à discrétion sans rien retrancher de la ration normale, pour les remettre des rudes travaux de mars.

« Les chevaux ont toujours de la paille en branche, plein le râtelier.

« La nourriture de mes vaches soumises à la stabulation permanente, comme celle des chevaux, passe toute l'année et tout entière par le hache-paille.

« Au printemps, en été, en automne, on coupe le seigle vert, le trèfle incarnat, le trèfle, la luzerne, les pois mélangés, et le maïs, auxquels on ajoute des feuilles de betteraves, quand il est peu abondant ; elles sont également hachées ; mais on ne s'en sert pour nourriture que quand il y a disette, et pour éviter de mettre les animaux au sec.

« En hiver, de novembre à mai, mes vaches ne vivent que de betteraves ; elles en reçoivent chaque jour vingt-deux à vingt-six kilos, coupées menues, mélangées à des glumes de céréales et des pailles d'avoine hachées et fermentées pendant trois jours dans des stalles établies dans l'étable où elles sont entassées par couches superposées et parfaitement foulées, ce qui donne une bonne et régulière fermentation.

« Les tas sont faits de telle dimension, que chaque jour les vaches reçoivent chacune cent cinquante litres de ce mélange ; pour toutes, la quantité est la même, à moins qu'une très-grosse bête exige une plus forte ration.

« Pour exciter la salivation, chaque soir il y a une distribution de quatre à cinq kilos de paille d'avoine, d'orge ou d'escourgeon en branches.

« Les vaches laitières et celles à l'engrais, reçoivent

en outre une ou deux distributions de drèche de brasserie.

« Après avoir par expérience reconnu que la nourriture hachée et mélangée apportait une grande économie dans l'alimentation de mes grands animaux, j'ai pensé que je devais obtenir les mêmes résultats, en soumettant mon troupeau au même régime ; l'essai que j'en ai fait a surpassé mon attente et non-seulement j'ai nourri plus économiquement mes mérinos, mais encore je les ai mieux et plus régulièrement nourris. Je les ai vus progresser rapidement dans la voie de la précocité et de l'aptitude à l'engraissement sans rien perdre et même en gagnant du côté de la laine.

« Je commence assez tard à envoyer mon troupeau au pâturage.

« J'attends pour cela que les plantes soient développées et nourrissantes.

« Je fais faucher mes trèfles et mes luzernes qu'on met dans des râteliers mobiles, dans le champ même ; par ce moyen, les brebis consomment tout et sans perte aucune.

« Les agneaux de l'année sortent beaucoup plus tard ; ils sont affourragés au vert et dans la bergerie, et y reçoivent jusqu'à la fin de juin un supplément en son, graines ou drèche, selon les ressources du moment.

« Mon troupeau couchant toujours à la maison, y trouve chaque jour, été comme hiver, des pailles à fourrager, dont les restes sont employés en litière.

« En automne, lorsque les matinées sont humides, mes moutons qui vont tous au pâturage, reçoivent à l'arrière-saison un peu de prairie artificielle en branche au râtelier avant de sortir.

« En novembre, les agneaux de l'année ne sortent plus ; les antenais et les brebis portières vont seules pâturer l'après-midi, jusqu'à l'agnelage ; alors elles reçoivent quand le pâturage devient insuffisant une demi-ration d'hiver.

14

« La ration d'hiver commence avec les agneaux dans les premiers jours de décembre, pour finir vers le 15 mai ; elle varie dans sa composition suivant le prix des denrées et les ressources des silos, des fenils et des greniers, sans cependant jamais descendre au-dessous du minimum de bon entretien.

« Le volume de la ration d'une brebis portière (en nourriture mélangée), d'une antenaise, d'une gandine, est invariable ; il est de 12 à 14 kilos par tête.

« Cette ration se compose pour les brebis et les gandines (bêtes d'un an) :

« De 2 kilog. 50 à 3 kilog. de betteraves hachées menues ;

« De 400 grammes de vesces d'hiver, ou autres légumineuses à demi-grain ;

« De 400 grammes de prairie artificielle ;

« Et de glumes de céréales ou paille d'avoine (moins difficile que celle du blé à s'amollir), hachée, en suffisante quantité pour compléter le volume obligatoire.

« Les glumes de céréales (dites ici menues pailles) sont bien préférables à la paille hachée ; on a soin de les ménager pour en avoir pendant tout l'hivernage.

« Les brebis mères pendant l'allaitement, ont un supplément de 200 grammes d'avoine aplatie ; cette année, comme l'avoine est mauvaise et fort chère, elle sera remplacée par du gros son de blé, un peu de sarrasin et de vesces, dits pois cornus, pour fortifier la ration. Les gandines en reçoivent aussi quand elles rentrent des champs sans être assez grasses, pendant quelque temps.

« Les antenaises ont la même ration en volume que les brebis et les gandines, mais on ne leur donne que 3 kilos de betteraves ; elles n'ont ni prairie artificielle ni grains ; elles ne reçoivent que des glumes dont on force un peu la proportion et de la paille hachée ; avec un régime plus substantiel, elles deviendraient trop grasses et impropres à la reproduction.

« J'ai pris depuis quelques années dans certaines saisons l'habitude de faire arroser mes mélanges pour moutons d'une décoction de farine de tourteaux de colza ; cela fait lécher les auges et me paraît nourrissant et surtout apéritif.

« J'ai soin de faire mettre des pierres de sel dans toutes mes bergeries, surtout à l'époque de l'agnelage, pour empêcher les brebis et les agneaux de tirer la laine.

« Les agneaux, peu après leur naissance, vers quinze jours, trouvent dans des râteliers à auges que les mères ne peuvent atteindre, du son de blé, du fin regain de luzerne et ont ainsi une nourriture complémentaire indispensable quand le lait maternel diminue et surtout quand l'agneau commence à vouloir manger.

« Avant le sevrage, quand l'agneau plus fort mange davantage, on ajoute au son de l'avoine et de la carotte hachée menue, que plus tard on remplace par de la betterave.

« Enfin l'herbe arrive, on leur en apporte à la bergerie, qu'on leur donne à discrétion.

« Telle est, Monsieur le comte, l'alimentation annuelle de tous mes animaux, pour laquelle le hache-paille, l'aplatisseur et le fourneau à cuire ne s'arrêtent jamais.

« Je ne veux cependant pas terminer cette lettre sans vous parler engrais et sans vous rappeler que le jour où vous m'avez fait l'honneur de visiter ma ferme, nous avons dit que par négligence on perdait dans beaucoup d'exploitations les engrais liquides produits par les grands animaux, que dans toutes on perd les mêmes engrais produits par les moutons, si ce n'est pendant le temps du parcage.

« Une expérience directe m'ayant mis à même de constater l'importance de ces restes, je crois utile de vous en parler.

« Une lapinière dont le sol imperméable est en ciment romain, est munie chez moi d'un tuyau d'écoulement, par lequel je vois s'échapper une quantité de liquide relativement très-abondante, bien que les lapins n'aient jamais à boire.

« Ayant eu occasion de mettre, il y a déjà longtemps, des béliers dans une ancienne bergerie étanche, j'ai remarqué que malgré une abondante litière, il y avait écoulement de purin.

« De ces observations, j'ai conclu que les urines de moutons se perdent inutilement dans le sous-sol, et j'ai, pour m'en rendre compte, fait creuser une bergerie à 70 centimètres de profondeur, enlever la terre et mettre au fond du béton imperméable, puis rapporter 70 centimètres de terre sèche en réinstallant mes brebis.

« Pendant vingt-cinq à vingt-six mois, mes fumiers n'ont été ni plus mauvais ni meilleurs qu'avant le bétonnage, plutôt meilleurs à cette époque.

« J'ai fait enlever la terre et en ai envoyé un échantillon pour être analysé par M. Barral, qui m'a dit que mon engrais terreux valait mieux que le fumier de ferme, et que je pourrais encore l'améliorer en y ajoutant du phosphate de chaux fossile et du plâtre. Je suivrai les conseils du savant chimiste et enrichirai ensuite mes terres des urines perdues jusqu'à cette heure.

« Agréez, je vous prie, Monsieur le comte, avec mes remerciements, pour votre bienveillance à mon égard, l'assurance de mes sentiments respectueux.

« Lucién Rousseau. »

Angerville, le 16 décembre 1867.

« Monsiéur le comte,

« J'ai reçu votre trop flatteuse lettre et je vous en remercie ; j'ai trouvé dedans un bon de vos ouvrages et je vous avouerai que j'en userai sans discrétion, car

Président de la Délégation cantonale pour l'instruction primaire dans mon canton, je profiterai de votre générosité pour doter toutes les écoles de vos précieux ouvrages sur l'agriculture et par ce moyen j'espère faire arriver dans nos campagnes des connaissances pratiques et théoriques aujourd'hui ignorées.

« Vous avez dû être enchanté de votre visite chez M. Gavola, que j'ai le regret de n'avoir pas visité, mais dont j'ai pu apprécier les connaissances et l'habileté agricole, ayant eu l'honneur de faire avec lui les tournées agricoles de Seine-et-Marne en 1863 et 1864.

« J'ai reçu en son temps votre paquet de graines de maïs et je le conserve pour le semer dans mon jardin quand l'époque en sera venue.

« Je me suis aperçu que dans la note que je vous ai envoyée j'ai oublié de répondre à une des questions que vous m'aviez posées, c'est celle de la quantité de bêtes nourries, comparée à l'étendue des terres cultivées.

« Je n'ai à Angerville ni prés ni pacages ; toutes les nourritures sont donc demandées à la charrue et obtenues par des ensemencements toujours annuels, la luzerne exceptée, dans des terres de qualité très-ordinaire, dans lesquelles nous n'avons de végétation qu'au printemps et en automne.

« Les deux tiers de ma terre sont consacrés à la nourriture du bétail qui est très-considérable, comparativement à l'étendue cultivée ; ainsi sur plus de cent vingt hectares en chiffre rond, j'entretiens :

13 chevaux de travail.
 4 poulains de deux ans commençant à travailler.
 4 poulains de l'année.
____
21 chevaux.
22 vaches (vingt-une vaches et un taureau.)
____
43

12   béliers de divers âges.
180   brebis portières.
75   brebis antenaises à lutter l'année prochaine.
110   agnèles d'un an.
170   agneaux de lait.
____
547   total du troupeau.

« Estimant en têtes de gros bétail à quatre cents vivant l'une, terme moyen admis par la commission,

J'ai :

23 chevaux	23 têtes.
22 vaches.	22 —
377 moutons adultes à 8 pour 1 . . .	47 —
170 agneaux à 10 pour 1	17 —
Total . . .	109 têtes.

« J'estime mes brebis à huit pour une, parce qu'en moyenne elles pèsent plus de cinquante kilos vifs, et les agneaux à dix pour un, parce que s'ils ne pèsent pas toujours quarante kilos vivants, ils arrivent à ce poids vers huit à dix mois et que pour l'atteindre dix agneaux ont besoin de plus de nourriture et surtout de nourriture plus chère et plus choisie qu'une vache ou huit moutons adultes.

« Tels sont, Monsieur, les renseignements que je crois utile de vous envoyer pour compléter les réponses que je devais faire à vos demandes.

« Je vous prie en vous quittant de vouloir bien agréer l'expression de mes sentiments de haute et très-respectueuse estime.

« Lucien Rousseau. »

Arrivé le lendemain à Blois, je me suis rendu au château de Nozieux ; je n'ai trouvé que Mme Salvat, entourée de ses trois beaux garçons ; elle a été, comme toujours, des plus aimables, pour moi ; M. Salvat comme secrétaire

de la société d'agriculture de Blois, avait accompagné
M. le Préfet à un concours d'arrondissement ; j'ai visité
la ferme avec le régisseur qui, depuis une trentaine
d'années, a toujours remplacé pendant leurs absences,
MM. Salvat père et fils ; j'ai vu d'abord les étables ; une
d'elles contient douze belles vaches durham, l'une desquelles donne jusqu'à vingt-cinq litres de lait, et une
autre vingt litres, pendant les trois premiers mois qui
suivent le part ; une autre étable loge trois fort beaux
taureaux, dont un a été importé des environs de Cirences-
ter, de chez M. Bowly, que j'ai visité, et qui est un des
éleveurs en renom ; M. Salvat a ramené, du même voyage,
deux fort belles vaches. Une énorme vache qui, depuis deux
ans, n'a pas retenu, est destinée, comme deux jeunes bœufs,
au concours prochain de Poissy ; deux bœufs plus jeunes,
figureront au concours de l'année suivante. Ces cinq
bêtes occupent, chacune, une boxe ; les veaux sont aussi
en liberté, mais séparés les uns des autres ; je désirais
trouver un taureau adulte, pour M. Allibert, mais il n'y
en avait pas de disponible.

Nous sommes allés dans les vignes, dont un certain
nombre d'hectares ont été plantés depuis cinq ans suivant
la méthode conseillée par le docteur Guyot, qui est venu
à Nozieux ; le régisseur m'en a montré une partie, en cep
blanc, dit romorantin, qui l'année dernière, après trois
ans de plantation, avait produit cent quarante hectolitres
par hectare ; ce cépage réussit, même dans des terres
légères dont le sous-sol ne contient pas d'argile. Cette
année où l'oïdium s'est fait sentir, et qui, du reste, n'a
pas été favorable aux vignes, on ne compte récolter que
environ soixante-dix hectolitres à l'hectare. Mon guide
m'a dit que les vignes plantées à l'ancien usage, produisent beaucoup moins, tout en coûtant 200 fr. de culture, au lieu de 150 fr.; les façons y sont faites à la
main, au lieu de l'être à la charrue.

Nous avons été ensuite visiter les champs ; ce qu'il y a de très-remarquable dans l'excellente culture de M. Salvat, c'est que, le trèfle incarnat et les vesces d'hiver enlevés, on fume très-fort, on laboure et on repique même jusqu'à la mi-juin, des betteraves semées fort clair en pépinière, pour obtenir du gros replant pouvant bien résister à la sécheresse. Cette culture faite ici depuis bien des années, produit le plus souvent soixante mille kilos de racines à l'hectare ; on repique de même, avec du replant de rutabagas, des champs dont la récolte de seigle ou d'orge vient d'être enlevée ; mais le produit n'arrive qu'à vingt ou vingt-cinq mille kilos. Les chaumes de froment produisent des navets, semés après une fumure.

J'ai vu de très-belles prairies artificielles, des choux branchus du Poitou, et des choux comestibles à énormes têtes, dont la semence est venue de la maison Vilmorin, sous le nom de choux de Schweinfurth en Norvège ; les pommes de terre de Norvège sont aussi fort belles et n'ont dit-on pas de maladie. Cela me fait ressouvenir que les plus gros navets que j'aie jamais vus, étaient connus à Edimbourg sous le nom de navets blancs de Norvège ; les colraves blancs ou violets, sont aussi cultivés en grand en Ecosse, et supportent bien les froids de l'hiver.

Je suis reparti de Nozieux, pour Tours, et je suis rentré le lendemain à Montchemin. M. Allibert m'a conduit près de Montbazon, chez un de ses voisins, M. de Sazilly, que nous n'avons pas trouvé, non plus que son régisseur, ancien militaire ; mais la femme du régisseur, fort obligeante, nous a conduits dans les vignes que M. de Sazilly plante fort en grand, depuis 1862, d'après les enseignements du docteur Guyot, qui est venu le voir. Le régisseur, s'est mis bien au courant de cette viticulture, en étudiant le premier ouvrage du docteur Guyot, et depuis lors, il fait cultiver ses vignes par des jeunes gens de seize à dix-huit ans qui n'offrent pas la résistance et la mauvaise volonté apportées par les anciens vignerons ; ceux-ci même en voyant depuis plusieurs années les grands produits en vin, résultat des méthodes perfectionnées, ne les adopteraient pas, si cela dépendait d'eux; nous avons trouvé ces vignes fort bien tenues et parfaitement sarclées.

M. de Sazilly ne cultive qu'une réserve d'une trentaine d'hectares ; ayant une grande étendue de terres légères, peu profondes, sur un sous-sol de marne pierreuse, il a semé beaucoup de pins maritimes, en y mélangeant des glands lorsqu'il y en a.

Il compte planter encore des vignes et n'employer que des boutures de côt.

L'avenue qui conduit à son habitation, nous a beaucoup plu ; elle est formé d'épicéas dont l'entre-deux est garni de lauriers amandiers.

La récolte en vin de 1866 a été consommée par un détachement de quatre-vingts artilleurs, qui sont occupés à la fabrication de la poudre au Ripault, à une petite distance de chez lui; ils payaient 50 fr. les deux cent cinquante litres et rendaient les fûts; on estime les récoltes de ces vignes, être par hectare en moyenne de cinquante à soixante hectolitres qui, vendus 16 fr., sur une moyenne de dix ans, donneront nets de tous frais de 500 à 600 fr.

M. Allibert a commencé la formation de bibliothèques sur les trois communes qui l'entourent ; il a fait relier en bonne toile, les volumes qu'il leur a donnés ; il a été nommé délégué cantonal pour l'inspection des écoles.

Nous sommes allés au château de la Guéritaude, près Montbazon, terre de M. Delaville-Leroulx ; Monsieur était à la chasse, et Madame, aux eaux ; le régisseur, venu de la Brie, semait du colza en lignes ; il a aussi une grande pépinière, pour en planter ; Mme Aymé, sa femme, qui dirige la basse-cour, nous en a fait les honneurs et m'a paru fort entendue.

La vacherie, nouvellement construite, ainsi que l'écurie, sont très-commodes pour le bétail et le service.

Le taureau durham est beau; on élève son fils, venant d'une des douze vaches normandes, pour le remplacer; on n'élève pas de vaches, ni de bœufs; un marchand fournit des vaches normandes de 250 à 300 fr.

Les veaux femelles provenant du taureau durham se vendent jusqu'à 100 fr., âgés de six semaines, à des propriétaires du voisinage; M. Allibert en apprenant cela, a chargé son régisseur de profiter de cette occasion.

On avait dans cette ferme, il y a une douzaine d'années, un troupeau mérinos qu'on a fini par croiser southdown; les béliers qu'on a actuellement, viennent de chez le comte de Bouillé.

Il existe dans la ferme une distillerie de betteraves; on vient d'y construire un certain nombre de grands hangars, pour remplacer une vieille grange, qu'on a démolie; un bélier hydraulique, placé à côté d'une petite rivière, dans le parc, monte de l'eau dans une tonne posée dans un grenier; de là, elle est dirigée, partout où le besoin s'en présente, au château, comme à la ferme.

Nous avons aperçu, de la voiture, une grande étendue couverte de luzerne faisant partie de cette culture; j'ai remarqué avec plaisir dans les diverses courses exécutées par nous, dans ces environs, un grand nombre de petits champs de betteraves et de choux vaches; on voit que beaucoup de petits cultivateurs essaient de faire mieux. M. Allibert donne des échantillons de graines à ceux de ses ouvriers qu'il reconnaît comme intelligents et qui ont un peu de terre; il donne entr'autres, du maïs géant, qui peut être si utile à leurs vaches, en produisant un excellent fourrage succulent et sucré, à l'époque où la sécheresse fait disparaître toute autre nourriture verte.

J'ai enfin quitté cette excellente famille d'amis, qui

sont toujours si bons et si aimables pour moi, depuis onze ans que je viens chaque année de Lorraine passer quelques semaines avec eux dans leur belle Touraine.

Comme j'avais remarqué, entre Cormery et Tours, des marnages considérables se faisant à dos d'âne, je suis descendu de voiture pour savoir qui faisait faire ces travaux d'amélioration ; on m'a adressé à une ferme, où j'ai trouvé le régisseur de la comtesse d'Ornano, restée veuve avec trois enfants ; ce monsieur m'a appris qu'il est cousin-germain de M. Crétet, garde de M. Vallerand ; il n'est arrivé que depuis dix-huit mois des environs de Vic-sur-Oise, afin d'améliorer cette belle et bonne terre, dont j'ai oublié le nom ; il m'a dit qu'il marnait l'hectare à raison de douze cents charges d'âne ; le sac de marne transporté par un âne contient trois décalitres ; le marnage est donc de trente-six mètres cubes ; il coûte un peu plus de 50 fr. par hectare, l'épandage de la marne compris ; on a abandonné un champ de luzerne pour nourrir les ânes ; leurs conducteurs mangent à l'auberge.

Ce ménage, qui n'a pas d'enfants, est très-bien logé et m'a paru fort bien ; on m'a fait voir des terres paraissant excellentes, mais ayant besoin d'une jachère complète, tant elles ont été négligées par le régisseur précédent ; j'ai vu un champ de six hectares en betteraves disettes, destinées à l'engraissement des vaches et d'un troupeau de moutons ; j'ai engagé le régisseur à visiter M. Bouchaud, régisseur de la terre de Montchenin, qui étant depuis plus longtemps dans ces environs, pourrait lui être utile.

Une voiture allant à Tours m'y a conduit, et le lendemain matin, je suis arrivé de bonne heure à Amboise ; une heure après, par un fort joli chemin, j'entrai au château des Arpentis, chez M. de Sainteville ; il venait de partir en voiture, mais il devait rentrer pour déjeuner ;

il était de trop bonne heure pour demander à voir ces dames ; je pus donc, avec le garde, visiter une vingtaine d'hectares de vignes que cet intelligent et très-actif propriétaire a commencé à planter il y a une dizaine d'années ; je les avais visitées l'année précédente, époque à laquelle elles étaient plus belles, ayant été grêlées ce printemps.

M. de Sainteville est propriétaire de plus de six cents hectares de bois et terres ; ses six métayers occupant plus de terres qu'ils n'en pouvaient cultiver, il leur retira quarante et quelques hectares, qu'ils n'avaient jamais labourés, tant ils les trouvaient mauvais ; il essaya de les planter en vignes qui poussèrent vigoureusement ; il continua, et il en a seize hectares, dont les plus anciennes donnent habituellement d'abondants produits : on les cultive à la manière du docteur Guyot.

M. de Sainteville a semé sur seize hectares du grand ajonc épineux, que les vignerons des bords de la Loire et du Cher achètent pour fumer leurs vignes ; la position de sa terre, à petite distance de ces vignobles fort considérables, a amené par là ces terres abandonnées à lui donner un revenu de 100 fr. l'hectare ; on coupe les ajoncs tous les trois ans ; le cent de fagots d'ajoncs, qui se payait 20 fr. il y a quelques années, est tombé à 16 fr., d'autres propriétaires ayant suivi ce bon exemple. Le garde m'a montré, de la position élevée où nous étions, une maison de campagne qu'il m'a dit être habitée par trois frères et une sœur, célibataires, du nom de Martineau ; il m'a fait un si grand éloge de cette famille et de leur culture, que je l'ai prié de me conduire chez eux. Ayant trouvé un de ces messieurs, je lui ai expliqué le but de ma visite, et il nous a conduits dans un beau jardin, où ses frères s'occupaient du rognage de leurs vignes ; cette opération se fait ici plus vite et mieux qu'ailleurs, au moyen d'une portion de vieille faulx emmanchée comme un grand couteau de cuisine; les coups donnés de bas en haut tranchent mieux, sans faire éclater les sarments, comme le font les ciseaux de jardin. Ces messieurs m'ont montré leur excellente culture et leur viticulture, en y mettant la plus grande obligeance; ils ont acheté cette propriété bien construite il y a une douzaine d'années; elle est composée d'une quarantaine d'hectares dont dix en prés, et une couple d'hectares en vignes, et ont drainé depuis lors les terres avec des tuyaux venus de Bléré; ils ont formé un réservoir qui reçoit, autant que possible, les eaux du drainage et celles de quelques sources, et vient fournir l'eau nécessaire à l'habitation, à la ferme et au jardin; le surplus sert à l'irrigation d'une partie des prés; ils ont marné les terres, et ayant remarqué que le marnage améliore beaucoup les prés, ils sont occupés maintenant à les couvrir de marne, ainsi que de composts formés de terres, de poussiers de grange et de fumier; ils irriguent leurs prés de la vallée avec l'eau d'une petite rivière qui fait tourner plusieurs moulins; par suite, ils ont eu des difficultés avec les meuniers, qui voulaient leur interdire le droit d'employer l'eau aux irrigations.

Ils ont planté plusieurs hectares en vignes, séparées par deux mètres, et sont arrivés, de perfectionnement en perfectionnement, à trouver que la manière qui leur produit le plus, tout en occasionnant la moindre dépense de culture, est celle employée pour la dernière plantée; les supports des quatre rangs de fils de fer sont faits en fers qu'ils ont scellés au ciment dans de grosses pierres enfoncées à un pied dans le sol; le quatrième fil de fer, disent-ils, leur évite d'attacher les sarments aux fils de fer; ils ont fait venir de chez un nommé Moreau, fabricant à Tours, une charrue vigneronne qu'ils n'emploient qu'à déchausser ou butter les lignes de ceps, le reste de la culture de l'entre-deux des rangées de ceps est fait avec une houe à cheval, ou plutôt avec un léger scarificateur; ils prétendent n'avoir aucun besoin de recourir au sarclage à la main pour tenir leurs vignes parfaitement propres et exemptes d'herbes. Ils m'ont fait voir des boutures à la Hudelot fort chétives, tandis qu'à côté, des boutures ordinaires, du même sarment, étaient grandes et très-vigoureuses.

Ces messieurs sont si actifs et en même temps si adroits, que toute espèce de travail est exécuté par eux; leur atelier est monté de toutes sortes d'outils, pour forger, menuiser, faire la tonnellerie et la maçonnerie; ils ont un tour; ils ont établi plusieurs caves voûtées sous leur jolie habitation, qui a un étage au-dessus du rez-de-chaussée; ils l'ont recrépie et ornée au-dedans; ils ont construit deux cuves en briques et ciment, pour loger le vin d'une année trop abondante, ce qui rend les tonneaux trop coûteux, et le vin trop bon marché pour ne pas le conserver. Ils ont construit entièrement un bâtiment de basse-cour, et ils ont arrangé fort bien l'intérieur de l'écurie et de l'étable; il existe dans celle-ci un corridor pour affourager les deux rangs de mangeoires; enfin, ils savent faire tout ce qui leur est utile, et n'emploient que des gens de main-d'œuvre.

Les ayant engagés à remplacer, dans quelque temps, un taureau de l'espèce du pays par un taureau durham, acheté pour 200 fr. chez M. Salvat, à Nozieux près Blois, ils m'ont dit qu'ils connaissaient, près de Montoire, un monsieur du nom de Girardin, qui a de beaux durham, et une belle culture méritant d'être visitée; ils m'ont aussi engagé à aller voir la viticulture du baron Liébert, au château de Nitré, sur la route de Bléré à Tours.

Voici ce que ces messieurs m'ont raconté : Leur père, qui était des environs de Montoire, près Vendôme, s'était occupé du commerce des bois ; mais n'ayant pas réussi, et ayant cinq garçons et deux filles, il est allé se fixer à

Paris, où ils se sont tous occupés de diverses manières, avec succès ; à la mort de leurs parents, ils ont liquidé leurs affaires à Paris, afin de vivre tous les sept sans se marier ; ils ont trouvé cette propriété à leur convenance, l'ont acquise et s'y sont fixés ; mais ils ont eu le malheur de perdre trois d'entre eux.

J'ai quitté ces Messieurs, très-reconnaissant de leur obligeance à si bien répondre à toutes mes questions, ainsi qu'à me faire voir une propriété aussi bien organisée par eux.

Etant revenu au château des Arpentis, et ayant rejoint M. de Sainteville, nous avons déjeuné ; pendant que nous causions, survint un exprès qui le demandait dans un château voisin, son beau-frère étant en danger ; cela m'a privé des détails que j'espérais sur ses travaux.

Je me suis transporté de là, chez Mme de Baillon au château de Chissay ; cette commune est de onze cents habitants, parmi lesquels il n'y a que quelques vieillards qui aient besoin de secours ; un fait si heureux est dû à la culture de la vigne et à la grande activité des vignerons, et se reproduit en tous pays.

Sur les bords du Cher, chaque cep occupe un mètre carré de terre ; on ne provigne pas ; et on préfère le côt à tout autre cépage ; c'était donc une bonne viticulture ; mais un vigneron, connu dans ce pays, sous le nom du père Denys, a imaginé il y a maintenant quarante et un ans, une autre méthode de viticulture qui l'a enrichi, son extrême activité et sa grande économie, aidant ; les habitants de ses environs, pendant plus de vingt ans, s'étaient moqués de lui ; ils prétendaient qu'il était fou ; mais ils ont fini par l'imiter, en le voyant à la tête d'une fortune qu'on pense dépasser 60,000 fr. ; cependant, ils n'avait hérité des parents de sa femme et des siens, que d'environ 5,000 fr. ; et il n'a eu de sa femme qu'il a perdue, qu'une fille pour l'aider à faire sa fortune.

On ne plante plus de vignes dans la commune de Chissay et dans son voisinage, autrement qu'en chaintres, nom de la méthode inventée par le père Denys.

Voici comment on plante un hectare de vignes en chaintres; supposant le terrain à planter, de cent mètres de côté; on le partage en vingt lignes, séparées par cinq mètres, les unes des autres; on enfonce une bouture de côt seulement à vingt centimètres de profondeur à tous les deux mètres, dans la ligne; cela emploie mille boutures, par hectare, au lieu de dix mille à l'usage ancien du pays, et jusqu'à quarante mille, dans certaines contrées de France; moins il y a de ceps en terre, plus il y a de place pour leurs racines, et plus ils peuvent produire de raisins; comme les vignes nouvellement plantées sont trois ou quatre ans avant de produire du vin, on emblave les intervalles des lignes; cela aide le pauvre vigneron à attendre patiemment sa première vendange; cette manière de planter les vignes, est la moins chère connue; elle ne prive pas le propriétaire, pendant plusieurs années, du revenu de la terre qu'il vient de planter. Les ceps de la vigne en chaintres doivent ressembler à une treille appliquée contre terre, au lieu de l'être contre un mur; ils n'emploient donc pas d'échalas devenus fort chers; ils sont remplacés par des bouts de branches de peupliers qu'on élague, à cet effet, tous les quatre ans; ces fourchettes, nom qu'on leur donne ici, soutiennent les sarments à vingt-cinq centimètres de terre; on cultive la terre avec une charrue attelée d'un petit cheval, d'un bœuf ou d'une vache; la taille seule d'une vigne en chaintres, demande plus de temps que celle à l'ancien usage; mais on n'a pas besoin d'un habile vigneron pour la bien tailler; maître Girard, gendre du père Denys, et bon viticulteur, m'a assuré qu'un ouvrier ordinaire qui le suivrait pendant un jour lorsqu'il taille ses vignes, pourrait le bien faire ensuite; on donne dans l'année, deux ou trois labours au petit scarificateur ; pour pouvoir le faire, une ou deux femmes armées de fourches de bois, jettent les sarments sur la planche voisine de celle qui va être cultivée, et elles les remettent en place une fois la culture terminée.

Huit ou dix ans après la plantation, une vigne en chaintres, produit habituellement au moins moitié plus de vin, que les autres vignes, et même des vendanges doubles de celles plantées à l'ancien usage, d'après le dire de bien des vignerons ; elles souffrent peu des gelées printanières ; les premiers bourgeons venant à être gelés, sont remplacés par quantité d'autres, qui restent sur cette treille. Chaque cep arrivé à l'âge de huit ou dix ans, porte de cinq jusqu'à huit verges ou sarments, longs de trois à six mètres ; un autre avantage de cette méthode de cultiver la vigne est, que l'oïdium attaque peu les sarments près de terre ; le raisin mûrit mieux, étant plus rapproché du sol, dans la plus grande partie de la France ; enfin elle demande bien moins de main-d'œuvre, que toutes les autres méthodes de viticulture, soit pour sa culture, soit pour la vendange, soit pour les fumures, les voitures pouvant aller dans toutes les parties de la vigne ; cela évite l'emploi d'un très grand nombre de porteurs de hottes qui, lors de la vendange, sont fort chers.

Je suis allé consulter bon nombre des meilleurs vignerons de Chissay, sur ces deux genres de viticulture, et voici le résumé de quelques-unes de ces conversations.

M. Sanglebœuf adjoint de la commune de Chissay, a trois hectares trente-trois ares en vignes plantées à un mètre en tous sens, et une autre vigne de un hectare soixante-cinq ares plantée en chaintres depuis quinze ans ; et ces dernières lui donnent habituellement la même quantité de vin que les autres qui couvrent à peu près le double de terrain. Sa vendange de 1866 lui a donné quatre-vingt-dix pièces de vin à deux cent cinquante litres, dont quarante-six pièces sur les vignes plantées en plein, et quarante-quatre pièces sur celles en chaintres; en 1867, il n'a récolté que trente-cinq pièces, dont moitié sur celles en chaintres. Il fume ses anciennes vignes tous les six ans, à raison de quatre-vingts mètres cubes, l'hectare; il n'a encore donné que deux mille fagots d'ajoncs, tous les trois ans par hectare à ses vignes en chaintres; il a acheté à trois lieues de Chissay, deux hectares de pauvres terres pour y semer des grands ajoncs, qu'il coupe tous les trois ans; la façon de cent fagots d'ajoncs lui revient à 4 fr.; il a encore acheté trois hectares de bruyères, pour faire la litière de ses deux chevaux, d'une vache, et d'un cochon; il fait deux hectares de froment qui reçoivent chacun huit mètres cubes de fumier et cent-vingt kilos de guano du Pérou; il sème l'année suivante deux hectares en avoine; sur la troisième année, il met en partie du trèfle, des pommes de terre, un peu de betteraves, des choux; il estime les terres à froment à 2,300 fr. l'hectare, et à 1,000 ou 1,500 francs les terres maigres, à sous-sol argileux, qui conviennent à la plantation des vignes; il dit que la culture des vignes en chaintres, coûte bien moins que celles plantées en plein.

Le sieur Noque, tonnelier et propriétaire à Chissay, a récolté sur soixante-six ares de vignes plantées en plein, en 1865, trente hectolitres de vin; cette vigne lui a donné en 1866, dix pièces ou vingt-cinq hectolitres, et en 1867 seulement cinq pièces ou douze hectolitres cinquante litres, total sur trois ans, soixante-sept hectolitres et demi; cela ferait cent hectolitres, sur un hectare, en trois vendanges; il a récolté sur trente-trois ares plantés en chaintres, dans l'année 1865 douze pièces, ou trente hectolitres, en 1866 quatorze pièces ou trente-cinq hectolitres, et en 1867 quatre pièces ou dix hectolitres; ce qui fait en trois années soixante-quinze hectolitres; il a donc récolté en trois ans, sur trente-trois ares de chaintres, trois hectolitres de plus qu'en trois ans, sur soixante-six ares de vignes plantées à l'ancien usage.

Le sieur Coursant m'a dit avoir récolté en 1866, sur un arpent ou soixante-six ares de vignes plantées en chaintres soixante-cinq hectolitres, tandis que ses vignes à l'ancien usage n'avaient donné que vingt-sept hectolitres cinquante litres, et que la meilleure vigne de son beau père, excellent vigneron, n'avait donné, sur même étendue, en vignes plantées en plein que trente sept hectolitres cinquante litres.

Maître Jean Collin a récolté en 1866, deux cent deux pièces de vin ou cinq cent cinq hectolitres, sur trois hectares quatre-vingt-seize ares, ou à peu près cent vingt-six hectolitres par hectare; il n'a récolté en 1867 que cent vingt-cinq hectolitres, ce qui fait trente hectolitres par hectare.

Il vient de faire la première récolte d'une vigne de un hectare trente et un ares en chaintres plantée il y a quatre ans; elle a donné quarante hectolitres de vin ou trente hectolitres par hectare.

Les deux frères Cuisinier qui, enfants d'une pauvre veuve, étaient souvent forcés de mendier, sont maintenant propriétaires; l'aîné m'a dit avoir récolté en 1866, sur une des plus anciennes vignes plantées en chaintres, à raison de cent soixante-huit hectolitres soixante-quinze litres l'hectare; il vient de payer 2,800 fr. pour remplacer son fils, et est logé chez lui.

Son frère a été six ans soldat en Afrique, d'où il est revenu avec 200 f. de pension pour blessure; il a épousé une très-bonne ouvrière, économe, mais sans dot, ayant frères et sœurs et par conséquent sans avoir beaucoup à espérer; leur seul enfant, un garçon, a seize ans; la pension, leur travail incessant pendant quatorze heures sur vingt-quatre, et leur économie, les ont amenés à une aisance relative; voici les détails qu'ils ont bien voulu me donner : ils ont vécu et sont parvenus à pouvoir acheter une partie de la maison paternelle de la femme; comme elle menaçait de tomber, ils l'ont démolie et remplacée par une chambre bien meublée; le tout a coûté 2,400 fr. Ils viennent de racheter le reste des bâtiments, pour 2,000 fr.; le pressoir et les cuves ont été payés 1,000 fr.; ils ont acheté en bien des fois, un hectare vingt-cinq ares de vignes, ayant coûté 7,100 fr.; ils ont hérité de quatre-vingts ares de vignes, et ils ont maintenant deux hectares quarante-cinq ares de vignes, mises en bon état, qu'ils esti-

ment. . . . . 10,500 f.

Ils ont un hectare quinze ares 2,450

Ils possèdent treize ares de terres, estimés 880

Total du bien acheté . . . . . 13,830 f.
Ils ont dépensé en bâtiments. . . . 5,400

Somme due à leur travail. 19,230
Ils ont hérité de. 5,400

24,630 f.

Il y aurait à ajouter à ce capital, la valeur d'une charrette 100 fr.; celle d'une vache de 200 fr.; une ânesse 150 fr. et bien d'autres choses.

Cuisinier récolte à peu près moitié du froment qu'il consomme; il n'emploie ni seigle, ni orge pour faire son pain; il consomme journellement trois litres de vin en hiver et quatre en été; mais à cause des allant et venant, la consommation de l'année entière s'élève à sept pièces ou dix sept cinquante litres; sa consommation étant de trois litres et demi par jour, ressort à douze cent quatre-vingts litres ; il y a donc quatre cent soixante-dix litres pour les visites et extra.

Ses noyers fournissent l'huile nécessaire pour manger et s'éclairer.

Voici le compte en argent des dépenses dont le fils écrit les notes :

5 hectol. de froment, en l'estimant à 20 fr.	100 fr.
Pour sel et épicerie	50
Un cochon acheté jeune, et tué, pesant 200 kilos, pour la famille	40
Habillement, entretien du mobilier . .	500
Raccommodage des ustensiles, ferrage de l'âne	70
Ils louent des prairies artificielles pour .	135
Ils achètent de la litière de bruyères pour	180
On fait dans l'année à peu près 55 mètres de fumier employé dans les vignes et on achète 150 kilos de guano du Pérou pour la terre	50
	1,125 fr.

Le lait d'une vache, les légumes et les fruits du jardin, les œufs des volailles et 200 kilos de porc, font qu'ils ne vivent pas mal.

Cuisinier n'a encore que de jeunes vignes en chaintres ; ses trois dernières récoltes lui ont donné en 1865, cent trente hectolitres, en 1866 cent cinquante hectolitres et en 1867 seulement soixante-cinq hectolitres ; total des trois vendanges, trois cent quarante-cinq hectolitres, à 20 fr. font 6,900 fr., sur lesquels à déduire le vin consommé, ou 1,050 fr., reste 5,850 fr.

Il faut remarquer ici que le vin se vendait, il y a quelques années, 100 fr. et plus la pièce de deux cent cinquante litres ; l'oïdium ravageait alors les parties méridionales de la France, tandis que les vignes des bords du Cher, n'en étaient point atteintes, et donnaient de bonnes vendanges ; c'est ce qui a aidé Cuisinier à faire de bonnes affaires.

Le comte de Baillon et M. de Ferrière, habitant des châteaux situés sur le territoire de la commune de Chissay, suivent l'exemple des vignerons, en plantant des vignes en chaintres.

Je ne dois pas oublier de dire que M. de Baillon a obtenu une médaille d'argent, au concours régional de Blois, pour son vin du Cher.

J'ai visité, le 15 octobre, le baron Liebert, qui est fils et petit-fils de généraux de l'Empire ; comme il avait les répartiteurs chez lui, étant maire de sa commune, il n'a pu m'accompagner dans la visite de ses vignes dont son régisseur a, du reste, la grande direction ; le baron qui s'occupe de faire un grand parc, autour de son joli et ancien château, m'a dit que son intention est de transformer son régisseur en fermier de toute la terre ; le château du baron est à seize kilomètres de Tours.

Le régisseur m'a appris qu'il s'occupe depuis quatorze ans à remanier les anciennes vignes de la propriété, pour les remettre en lignes, séparées par un mètre cinquante centimètres ; les nouvelles vignes qu'il a déjà plantées sur trente hectares et dont il continue chaque année à augmenter le nombre, ont les ceps à un mètre cinquante centimètres les uns des autres ; il ne plante que des boutures de côt ; il m'a dit qu'on peut s'adresser à lui pour être sûr de ne recevoir que des boutures de ce cépage, sans aucun autre mélange, il fait payer 3 fr. le mille de boutures ; il m'a montré un grand pressoir encore neuf fait à Tours et payé 15,500 fr., et un autre, fait plus récemment et d'une dimension bien moins considérable, fait à Amboise chez un nommé Mabille, qui vient d'obtenir le premier prix à l'Exposition ; il le

préfère au premier, et le trouve moins cher, à proportion de sa force ; son prix est de 500 fr. ; leur vendange
de l'an dernier a produit plus de quatre cents pièces ;
mais la grêle de ce printemps ne leur en a laissé que
quarante et quelques pièces.

Sous le grand pressoir dont le sol est pavé en dalles de
pierres de taille dures, il a fait construire trois citernes
pour contenir cinq cents hectolitres de vin.

Le régisseur m'a dit qu'il fallait vingt-deux journées
de vigneron pour faire la taille d'un hectare de vignes.
On cultive ici pour avoir du fumier pour les vignes ; on
tient une vingtaine de vaches du pays, avec un taureau
de même espèce ; je lui ai fait part de ce que j'avais vu
dans l'Allier, en fait de croisements avec des taureaux
durham.

J'ai quitté le château de Chissay, pour me rendre chez
ma belle-sœur, à la Basme, et de là, je suis allé faire
une visite à Mme Malingié , belle et jeune veuve, restée
avec cinq enfants ; elle a conservé la culture de la ferme
de la Charmoise, et son beau troupeau de trois cents
bêtes, dont les béliers sont vendus 200 fr. ; de la route,
j'ai pu voir de beaux champs de choux et de betteraves ;
j'ai voulu, en passant à Pontlevoy , faire une visite à
M. Chauvin, très-bon cultivateur, mais il était absent ;
on rentrait de très-belles betteraves pour sa distillerie,
il est toujours fort bien monté en jeunes chevaux percherons ; il engraisse de mille à douze cents moutons,
par hiver.

Ma belle-sœur à qui j'avais donné, le 15 mai, huit
grains de mon bel épis de maïs de l'état de l'Illinois, en
Amérique, a récolté seize épis, qui plantés le long d'un
mur au midi, sont en partie bien mûrs ; ceux qui laissent à désirer comme maturité sont restés après leurs
tiges qu'on a arrachées et suspendues, pour les mettre à
l'abri des souris ; ils mûrissent ainsi ; dans le nord des

États-Unis, où le maïs a de la peine à mûrir, lorsque les étés ne sont pas très-chauds et que les froids sont précoces, on arrache les tiges en laissant les épis après, à l'époque où la gelée est à craindre, et le grain parvient ainsi à bien mûrir.

Mon neveu, le baron de Romance, ayant planté, il y a trois ans, soixante ares en vignes blanches, y a récolté quatre pièces de vin ; il en a planté ce printemps deux hectares à la manière du père Denys ; ma belle-sœur a fait préparer plusieurs hectares, pour être plantés de la même manière, au printemps prochain, lorsqu'il fera chaud, en mai.

Les avoines de printemps sont complétement manquées dans ces environs ; elles ne rendent pas, en hectolitres, et leur grain ne pèse pas moitié du poids ordinaire.

Je ne comprends pas le manque de raisonnement des fermiers de cette partie de la France ; leurs terres sont en grande partie à sous-sol imperméable, ce qui ne leur permet que rarement de semer de l'avoine en février ou mars ; ils ne font donc que de très-pauvres récoltes d'avoines, en les semant tard ; cependant, à petite distance d'ici, en Berry, les avoines semées en octobre, produisent par hectare de quarante à cinquante hectolitres, du poids de cinquante kilos ; les avoines d'hiver gèlent de temps à autre ; mais dans ce cas, on sème de l'avoine de printemps ; on n'a alors perdu que la semence.

Etant retourné à Paris, je suis allé voir le docteur Guyot, que j'ai trouvé très-souffrant ; j'étais chargé par M. de Romance, de prier le docteur de nous faire connaître les meilleures espèces de vignes, pour vins blancs, convenant au centre de la France ; voici les noms que le docteur m'a indiqués : le romorantin nommé aussi surin ou chenu, qui est abondant et bon ; le sémillon des environs de Saintes, qu'il dit être très-bon ; le plan dressé ou quillat ; le jurançon blanc, très-productif, qui se cultive beaucoup dans les Charentes et du côté d'Auch ; il se taille court, et poussant comme les groseillers, il n'a pas besoin d'échalas ; pour les terrains très-calcaires ou marneux, la folle donne un vin chaud et très-abondant.

Pour faire avec le côt un bon vin de table, il faut le doubler de vin de meunier et de pineau blanc de Bourgogne ou de Champagne.

Le docteur croit que les meilleurs instruments, pour cultiver les vignes, sont ceux de M. Portal de Moux, près Carcassonne ; il n'admet pas les labours profonds et les défoncements entre les rangs de vignes ; il ne conseille que des cultures très-superficielles et suffisantes pour tenir les vignes exemptes d'herbes ; il préfère la culture à plat. Il désapprouve la clôture des cuves, lors de la fermentation du raisin, tenant surtout à ce qu'elle soit peu prolongée.

Le Dr Guyot recommande l'incision annulaire qui se fait avec un petit sécateur qu'on trouve chez les bons couteliers à Paris ; cette incision doit être peu profonde, pour empêcher les sarments de casser par les grands vents ; on doit la faire un peu avant la floraison de la vigne ; M. de Parieu avait indiqué cette opération à la Société impériale d'agriculture, après en avoir reconnu la bonté ; M. de Parieu avait fait voir à la Commission, un rang de ceps incisés qui étaient chargés de grappes, pendant que ses voisins avaient énormément souffert de la coulure ; M. Baltet, grand pépiniériste à Troyes, a encore mieux confirmé l'efficacité de l'incision annulaire contre la coulure, en n'incisant le cep qu'à la moitié de sa hauteur ; les raisins au-dessus de l'incision, ont été pleins et abondants, tandis que ceux placés dessous l'incision, avaient beaucoup souffert de la coulure.

M. Bortier qui cultive la belle ferme de Britagnia, construite par lui près d'Ostende, m'avait dit qu'il n'engraissait plus, depuis que le prix du bétail maigre se rapprochait trop de celui des bêtes grasses ; il tient de vingt-cinq à trente vaches hollandaises et fait du beurre vendu à Londres. Je lui ai dit ce que j'avais vu chez MM. Fombelle et des Termes, en Limousin, chez le vicomte de Montagnac, chez M. Bernard-Dubost, et surtout chez MM. de Vaulx, dans le département de l'Allier ; j'ai assuré M. Bortier que s'il donnait un bon taureau durham à ses vaches hollandaises, il vendrait à Londres leurs produits gras, âgés de vingt-quatre mois, pour bien plus d'argent que celui qu'il retire du beurre ; d'autant plus que le lait des vaches hollandaises convient bien mieux pour faire du fromage, que pour la fabrication du beurre.

M. Bortier tire un très-bon parti d'une espèce de marne dont sont formées des collines près de Maëstricht ; il les mélange, dans la proportion de 10 p. 0/0 au fumier. Il en résulte une nitrification qui augmente singulièrement la fertilité ou richesse du fumier ; M. Bortier fait, depuis plusieurs années, tout se qui dépend de lui pour répandre la connaissance de ce moyen de fertilisation ; il avait placé un échantillon de ce calcaire à nitrification à l'exposition de Paris, et on lui a donné une prime.

Je viens de lire dans un journal d'Indre-et-Loire que M. Cail, grand industriel, avait donné une fête dans sa grande terre de Labriche, à l'occasion de l'introduction qu'il vient d'y faire de l'appareil complet de Fowler, pour la culture à vapeur ; cet appareil est mis en mouvement par deux locomobiles à vapeur. On a fait fonctionner la charrue à cinq socs, pour labours profonds et défoncement ; la charrue à huit socs, pour labours à six et huit pouces de profondeur ; le grand scarificateur, qui cultive sur deux mètres de largeur et sur trente-trois centimètres de profondeur ; un autre scarificateur, tra-

vaillant la terre moins profondément, mais sur trois
mètres de largeur ; les herses articulées, et enfin le rouleau Croskyll ; tout a été mis en mouvement l'un après
l'autre, par les deux locomobiles à vapeur. Le journal
disait aussi que M. Cail avait acquis le droit de fabriquer
toutes ces machines, en France et dans nos colonies ; j'ai
appris ailleurs que M. Edouard Hamoir, de Valenciennes,
avait aussi importé la charrue à vapeur de Fowler : on
l'a vue fonctionner au concours d'Anzin.

Une machine américaine m'avait singulièrement
frappé, à l'exposition ; les journaux d'agriculture n'en
ont pas parlé, du moins à ma connaissance : c'est le bêcheur rotatif de Comstock, qui cependant se fabrique à
Pittsburg (États-Unis) ; en Angleterre, à Lincoln, par
la maison Porter ; à Berlin, par H. F. Eckert, un des
plus grands fabricants de machines agricoles de Prusse.
Le bêcheur rotatif cultive la terre sur une largeur d'un
mètre et à huit pouces de profondeur ; son prix est de près
de 800 fr. ; on en fait aussi de plus larges. Son attelage,
pour cultiver profondément et en terres fortes exige
quatre fortes bêtes ; mais on peut employer cette machine
avec deux bons chevaux, pour lever les chaumes et donner des secondes cultures ; avec quatre chevaux et un
homme on cultive autant et mieux qu'avec trois charrues et trois hommes ; c'est une grande économie de
temps et d'argent ; cette culture met la terre dans le même
état que si elle avait été bêchée avec une fourche à larges
dents.

M. M.-L. Sullivan, le plus grand fermier des États-
Unis, écrit ce qui suit à un club de l'état de New-York,
en datant de Broadland, by Homer (Illinois) : J'ai cultivé et planté ce printemps cinq cent trente-quatre hectares de maïs, trois cent trente-sept hectares soixante
ares ont été labourés à quatre pouces de profondeur et
traités à la manière habituelle ; cela a employé quatre

cent quarante-cinq journées d'homme, à 1 dollar et
50 cents, soit. 667 50
   890 journées d'un cheval à 50 cents . 445 »
<hr>
                                   1,112 50
dollars à 5 fr., soit en francs et centimes . 5,562 50

La culture à la charrue, le hersage et la plantation
de quarante acres de maïs, est revenu à 1 dollar 31 cents
ou 6 fr. 55 c. ou par hectare 16 fr. 27 c. 1/2.

On a cultivé avec le bêcheur rotatif de Comstock à
une profondeur de huit pouces, quatre cent quatre-vingt-
onze acres, ou cent quatre-vingt-seize hectares quarante
ares, avec la dépense suivante :

   89 journées 1/4 d'un homme à 1 dollar ou 5 francs,
ce qui fait . . . . 446 f. 25
   208 journées d'un cheval, à 2 fr. 50 . 520 »
   290 journées de bœuf, à 1 fr. 25. . . 362 50
<hr>
                         Total. . . 1,328 75

La culture et plantation d'un hectare a coûté avec le
bêcheur rotatif 63 cents par quarante ares, ou 7 f. 87 1/2
par hectare, au lieu de . . . . 16 f. 27 1/2
<hr>
Économie par hectare . . . . 8 f. 40

Le bêcheur rotatif a cultivé à huit pouces de profondeur au lieu de 4 pouces, a mieux divisé la terre, a éco-
nomisé un tiers du temps et plus de moitié de la dépense ;
le même attelage de quatre chevaux a cultivé avec le
bêcheur rotatif, pendant trente-trois jours, sans être
trop fatigué, d'après les apparences, la récolte donnera
de quinze à vingt-cinq pour cent de plus que sur la partie labourée ; M. Sullivan ajoute qu'il va faire attacher
au bêcheur rotatif un planteur de maïs automate, ce
qui diminuera encore de beaucoup la dépense.

M. J.-B. Barnes, autre fermier des prairies de l'Illinois, après avoir donné, dans un journal de Chicago, des détails des plus satisfaisants sur le bêcheur de Comstock, finit par dire qu'il préférerait renoncer à sa faucheuse, à sa moissonneuse ou à sa batteuse, plutôt qu'au bêcheur rotatif.

Cinq fermiers écossais, ayant assisté pendant une journée au travail exécuté dans plusieurs champs de la culture de lord Southesk, à Pawis, ont certifié par leur signature que le bêcheur rotatif de Comstock fait une excellente culture à huit pouces de profondeur sur trois pieds de largeur, avec un attelage de quatre chevaux.

M. David Dickson, autre fermier écossais, dit qu'il a été très-content du travail du bêcheur attelé de deux chevaux; il cultivait trente ares par heure, en prenant trois pieds de largeur sur huit pouces de profondeur; il va commander plusieurs bêcheurs rotatifs.

M. Francis Hamilton écrit de Friars' Place Acton, Middlesex, Angleterre, qu'il est des plus satisfaits du bêcheur rotatif qu'il a depuis un an; il lui trouve le triple mérite d'une charrue, d'un scarificateur et d'une herse réunis dans la même machine; il ne connaît aucune autre machine qui puisse aussi bien ameublir une terre; il dit lui avoir fait faire de terribles ouvrages dans ses terres fortes et dures, sans l'avoir altéré, tant il est bien établi; ses dents de fourche, en acier fondu, sont larges. Cette machine a travaillé dans les environs de Berlin, et les cultivateurs qui l'ont vue fonctionner convenaient unanimement qu'ils ne connaissaient aucune machine pouvant aussi bien travailler la terre.

M. Adam Müller, directeur d'un journal agricole, dans la Bavière Rhénane, homme que M. Villeroy, du Rittershof, estime beaucoup, a vu travailler le bêcheur rotatif de Comstock et en a aussi fait un grand éloge; cette machine n'est pas faite pour défricher ; elle a été essayée dans les prés de Billancourt, ce qui en a donné une mauvaise opinion au jury.

MM. Villard, père et fils, de Dijon, exposaient plusieurs semoirs ; celui à neuf disques et à bascule mérite surtout d'être recommandé ; ses disques resserrent la terre, ce qui est partout utile, lorsqu'il fait un temps convenable pour semer ; mais c'est nécessaire en terres légères, le froment venant mal sans cette précaution ; on se sert beaucoup de semoirs à disques en Angleterre. M. Villard fils est un ancien élève de l'École Polytechnique ; ces messieurs exposaient aussi un semoir semant des engrais pulvérulents en même temps que les grains et graines.

J'ai pu me procurer plusieurs fois, mais surtout dans les derniers jours de l'exposition, un grand nombre d'épis des plus belles variétés de maïs, venus principalement des États-Unis et en particulier de l'Illinois ; ces épis ont de cinq cents à neuf cents grains, et les tiges avaient cinq mètres de hauteur ; j'en ai eu aussi d'Italie, de Moldavie et du cap de Bonne-Espérance ; j'en ai distribué et envoyé des échantillons à plusieurs centaines de personnes, dans des pays où il pourra mûrir et où on pourra choisir et propager les meilleures variétés ; là où il ne mûrira pas, on y connaîtra du moins les maïs géants comme produisant le meilleur et le plus abondant des fourrages verts.

J'avais écrit, il y a cinq ans, à plusieurs cultivateurs du Midi pour les engager à cultiver le maïs dent de cheval, dont les tiges viennent à trois et quatre mètres de hauteur, et qui n'est pas difficile pour la terre, à condition qu'elle soit fortement fumée ; l'une de ces personnes, M. de Gasquet, propriétaire et directeur de la ferme-école de Salgues, par Lorgues, département du Var, vient de me mander qu'il a vendu au prix de 30 fr. une trentaine d'hectolitres de maïs dent de cheval, et

qu'il va le cultiver plus en grand, afin d'en fournir aux
cultivateurs des pays, où cette excellente variété de maïs,
très-productive en grains et en fourrage vert, n'arrive
pas à maturité.

J'ai quitté Paris pour aller passer une huitaine de jours
au château de Crespières dans les environs de Poissy,
chez le marquis de Crux, beau-père d'un de mes neveux ;
nous avons fait une visite à M. Prévost, fermier du château ; il ne se plaint pas de sa récolte ; il vend ses produits
à Saint-Germain, et ramène du fumier de cavalerie,
payé 12 centimes par vingt-quatre heures ; ses avoines
sont bonnes, mais il leur donne cent cinquante kilos de
guano par hectare ; le lait de ses vaches normandes est
vendu 13 centimes le litre, au laitier qui le livre au
chemin de fer, dont la station n'est qu'à six kilomètres.
Il vient d'acheter une locomobile à vapeur pour remplacer le manége de sa machine à battre, et pour pomper
l'eau, le puits étant profond ; cette locomobile met aussi
en mouvement le hache-paille, le coupe-racines, l'aplatisseur d'avoine, le concasseur de tourteaux.

Mon neveu m'a conduit chez M. Gilbert, fils du fameux
éleveur de béliers mérinos, M. Gilbert de Videville, qui
reçoit des visites d'éleveurs venant d'Australie, du cap
de Bonne-Espérance et de la Plata ; des Anglais ont
formé des troupeaux considérable dans ces pays; pour les
améliorer, ils viennent chercher des béliers en France ;
M. Gilbert a vendu, il n'y a pas longtemps, des brebis et
des béliers pour le royaume d'Italie ; on les avait achetés
pour les conduire en Pouille ; il a aussi vendu des béliers
pour le nord de la Prusse.

J'ai demandé à M. Gilbert, s'il avait profité de l'exposition, pour acheter de bonnes machines agricoles ; il
m'a dit qu'il avait acheté un scarificateur ; je lui ai
demandé combien lui coûtait la moisson d'un hectare ; il
m'a répondu que le prix en variait de 45 à 52 fr. je lui

ai observé qu'un prix aussi élevé, aurait dû le décider à
se monter d'une faucheuse-moissonneuse; selon lui, on
ne pourrait pas s'en servir dans ce pays, les froments
versant habituellement; je lui ai dit que cela tenait à ce
qu'on fume, pour les céréales d'hiver, au lieu de mettre
le fumier pour la récolte qui précède; alors, me dit-il,
nous serions forcés de faire des récoltes sarclées, et les
ouvriers sont trop chers; la voiture étant avancée, nous
avons dû le quitter, ce qui m'a empêché de lui dire que
M. Salvat, à Nozieux, repiquait ses betteraves après une
récolte d'un fourrage d'hiver, à une distance qui permet
de passer la houe à cheval en long et en large; il évite
ainsi presque toute main d'œuvre, pour sarclage; ses
betteraves sont énormes, et produisent souvent soixante
mille kilos par hectare; j'aurais pu ajouter, que M. Decauville de Petitbourg, tout en faisant énormément de
betteraves pour sa distillerie, fait encore une grande
étendue de colzas bien sarclés, qui nettoient ses terres;
cela ne l'empêche pas de faire de fort bonnes récoltes de
froment qui ne versent pas; s'il semait ses céréales en
lignes à trente centimètres d'intervalle, afin de pouvoir
les sarcler avec la houe à cheval de Garrett, elles ne ver-
seraient pas non plus; et tout en économisant au moins un
hectolitre de semence par hectare, il récolterait trente ou
trente-cinq hectolitres, au lieu de vingt-cinq à vingt-
sept; par suite de ces sarclages répétés et de ces demi
jachères bien soignées, les terres se trouvent plus propres
et sont plus productives.

On recherche en Angleterre, les variétés de froment à
paille raide pouvant porter de longs et lourds épis sans
verser; telles sont entre autres le froment Hallet, de
Brighton, que M. Fiévé, lauréat de la prime d'honneur du
département du Nord, cultive à Mâsny, près Douai, le
froment bleu, ou de Noé, et d'autres. Ce qui manque à
une grande partie des cultivateurs français, c'est de se

tenir au courant de ce qui se fait ailleurs en lisant, et en visitant ceux d'entre eux, qui paraissent vouloir sortir des anciennes coutumes agricoles. Ceux de ces Messieurs qui sont fort à leur aise, devraient visiter le Nord de la France ; ensuite, ils iraient en Angleterre ; cela les instruirait et les rendrait plus hardis à dépenser de l'argent à l'achat de bons reproducteurs et de bonnes machines qui économisent la main d'œuvre.

Je suis parti de Crespières, pour me rendre au château de Chaltrait, près Epernay, où un autre de mes neveux demeure chez la grand'mère de sa femme, la comtesse de St-Chamans. Le comte son fils, s'occupe de remettre sur un bon pied une ferme qu'il a trouvée en bien mauvais état, à la sortie du fermier ; il veut pouvoir la relouer. Il a transformé la réserve du château, en prairies irriguées, qui se louent fort bien. Le comte de Lambertye, son beau-frère, est un très habile horticulteur, qui publie des ouvrages d'horticulture, estimés et utiles. Le comte Henry de Gourcy, mon neveu, m'a conduit chez le comte de Montmort un de ses voisins, qui s'occupe d'agriculture ; il a bien voulu nous conduire dans une ferme qu'il améliore depuis quelques années ; après avoir réparé les anciens bâtiments, il a construit une belle vacherie, pouvant loger une trentaine de bêtes adultes ; il y a mis un taureau et quelques vaches durham, et a garni le reste de l'étable en bonnes vaches de pays ; je l'ai engagé à s'en tenir au croisement, pour faire de jeunes bêtes grasses, qui se vendent fort bien ; il est très-difficile de savoir faire du reproducteur durham ; cela ne convient pas dans un pays où peu de personnes comprendraient l'utilité de mettre des prix assez élevés, à l'achat d'un bon taureau ; le comte avait le projet d'élever des bœufs de travail, pour n'être pas forcé de les envoyer chercher au loin ; je lui ai dit que les bœufs qu'il produirait chez lui, lui coûteraient bien plus cher, arrivés à l'âge de quatre ans, époque où ils peuvent rendre de bons services, que ceux qu'il ferait venir de Franche-Comté ou de Bade, pays qui sont le plus à sa portée ; mais il est bien difficile d'introduire la culture avec des bœufs, dans un pays où l'on ne se sert que de chevaux, pour le travail ; on est forcé d'y faire venir les laboureurs avec leurs bœufs ; les hommes habitués à conduire des chevaux, ne deviennent pas des bouviers, et ceux qu'on a fait venir de loin, ne vous restent pas longtemps. M. de Montmort m'a dit être décidé à acheter une moissonneuse, le prix des ouvriers et la difficulté qu'on éprouve à en trouver, l'ont amené à prendre ce parti ; je l'ai fortement engagé à acheter celle de Seymour et Morgan, qui fauche et moissonne, et qui est plus facile de traction que celle de Mackormic, laquelle ne fauche pas ; elles coûtent toutes deux le même prix, 850 fr. M. Philippe Durand, à Lignière (Cher), établit parfaitement cette moissonneuse. Le comte nous a fait voir des essais d'engrais chimiques de M. G. Ville, comparés aux fumures ordinaires. Je pense que les engrais pulvérulents du commerce, doivent être employés comme suppléments au fumier dont on n'a jamais assez ; mais pour en obtenir un bon résultat, ils doivent être ajoutés à une fumure insuffisante de fumier, et ne pas être employés seuls, leur effet étant beaucoup plus prompt que celui du fumier ; ils s'entr'aident. En Ecosse, les fermiers fument un hectare pour récoltes sarclées, avec trente ou quarante mètres cubes de fumier, et ajoutent de trois cents à cinq cents kilos de guano, suivant l'état de la terre.

Maintenant dans la Grande-Bretagne, on emploie beaucoup de mélanges d'engrais ; ainsi, on met un quart en guano du Pérou, un quart en nitrate de soude, et moitié en os pulvérisés ou cendres d'os, venant de la Plata. Ces mélanges conviennent beaucoup aux prairies ; un engrais développe les légumineuses, et l'autre fait pousser les graminées. M. de Montmort se sert d'excellentes charrues sans avant-train, fabriquées à Grignon. Je l'ai fortement engagé à laisser le fumier sous ses chevaux et sous les vaches, et à leur préparer leur nourriture comme cela se fait chez M. Decrombecque, à Lens (Pas-de-Calais), et comme cela a été si bien expliqué par lui, il y a peu de temps, dans le *Journal pratique*. Le comte habite un des plus jolis et des plus anciens châteaux de France, qui est des mieux placés; il domine une fort belle vallée.

Nous sommes allés un autre jour, mon neveu et moi, visiter un jeune cultivateur, M. de Kirgener, demeurant dans le très-grand et beau château d'Étanges, propriété de ses parents. M. de Kirgener, après avoir passé deux ans chez MM. Jolivet et Lecorbellier près Valençais en Berry, pour s'y instruire en agriculture, s'est marié, et il cultive depuis une couple d'années une ferme de son père, qui lui a loué aussi quarante hectares de bois à défricher; M. de Kirgener fait défricher ce bois nouvellement coupé, par les gens des environs, qui ont les racines et la jouissance de la terre pour une année (après le défrichement); plusieurs de ces défricheurs n'ont pas terminé leur entreprise, et l'ont abandonnée.

M. de Kirgener vient d'ensemencer en froment la plus grande partie du terrain défriché, sans y ajouter aucun engrais, ni noir animal, ni phosphate de chaux fossile; l'apparence de la terre ne promet guère une bonne récolte. J'ai engagé M. de Kirgener à faire au moins un essai de phosphate de chaux fossile, qu'il trouverait non loin de chez lui, à Grand-Pré, dans le département des Ardennes; c'est là que l'on extrait et pulvérise le meilleur phosphate de chaux fossile, il le payerait 5 fr. les cent kilos; il pourrait se procurer aussi celui qu'on extrait à Bar-le-Duc, mais qui jouit d'une moins bonne réputation, aussi ne se paye-t-il que 3 fr.

chez M. Schlaise ; on en met de quatre à six cents kilos par hectare pour la première récolte après défrichement, et pour chacune des récoltes qui suivront, on diminue chaque année la dose de cent kilos ; cela ferait pour quatre récoltes dix-huit cents kilos de phosphate de chaux au moyen d'une dépense de 90 fr. à 5 fr. pour cent kilos pris sur place ; il n'y a pas d'autre engrais à aussi bas prix.

La ferme que cultive M. de Kirgener contient soixante hectares d'anciennes terres ; le peu que j'en ai vu, situé sur un plateau, pourrait devenir bon après avoir été drainé, chaulé et bien fumé.

Les étables contiennent de jolies vaches normandes, avec un taureau de même race ; la bergerie loge de bons métis mérinos ; la porcherie est montée en bons cochons anglais.

Les chevaux, élevés dans le pays, m'ont paru très-bons ; mais pour tirer bon parti de cette culture, il faudrait y employer un fort capital, et M. de Kirgener m'a paru être las des dépenses déjà faites.

La culture, pour être profitable, demande l'apport dans une ferme d'au moins 500 f. par hectare ; le double vaudrait mieux, et serait même nécessaire, si la terre n'est pas naturellement fertile, surtout si elle a besoin d'être drainée et chaulée. Le drainage devrait être fait par les propriétaires, et les fermiers leur paieraient cinq pour cent de la dépense occasionnée par cette première des améliorations ; trois pour cent seraient pour intérêt, et deux pour cent pour l'amortissement de la dépense ; le propriétaire et le fermier gagneraient tous deux beaucoup, l'opération étant bien faite.

J'ai quitté Chaltrait, pour me rendre à Éclarons (Haute-Marne), chez Mme la vicomtesse de Romance, mère de mon gendre.

M. Louis de Hédouville, gendre de Mme de Romance, s'intéresse beaucoup à l'agriculture, tout en ne faisant valoir qu'une petite réserve, au milieu d'une vallée arrosée par la Blaise, un des affluents de la Marne; cette petite rivière parcourt pendant une dizaine de lieues, une immense étendue de prés, sur un excellent fonds de terre; mais elle gâte fréquemment les foins par des inondations intempestives, au lieu de les fertiliser par l'irrigation à laquelle deux ou trois moulins s'opposent. Les terres des environs d'Éclarons seraient aussi très-fertiles, si un sous-sol d'argile ne les saturait pas d'eau pendant la moitié de l'année; MM. Charles et Louis de Hédouville, M. de Roglande, M. Sevestre, M. Marcher et plusieurs autres personnes, sont parvenus, il y a quelques années, à former à Saint-Dizier un comice agricole, dont M. Charles de Hédouville a été nommé président; ces messieurs ont voulu entreprendre une grande opération d'assainissement des terres, en s'assurant l'assistance de l'Ingénieur départemental chargé du drainage; celui-ci a tracé les lignes des fossés nécessaires au grand écoulement des eaux de la plaine; et grâce surtout à l'activité et à la volonté persévérante de M. Marche, notaire à Éclarons, qu'aucun obstacle ne saurait arrêter, pas même des avances d'argent qu'il n'était pas certain de récupérer, en totalité, on est déjà parvenu à faire plus de 4,000 mètres de larges fossés, qui permettront aux propriétaires les plus intelligents de donner le bon exemple du drainage de leurs pièces de terre; on s'occupe de la formation d'un syndicat, qui pourrait continuer ce grand commencement d'amélioration des terres labourables, ainsi que celles à faire dans les prés.

M. de Hédouville a bien voulu me faire visiter quelques-uns des meilleurs cultivateurs de ces environs; nous avons commencé par aller chez M. de Roglande, qui occupe une belle ferme isolée, à trois kilomètres de la ville; c'est une propriété de son beau-père, mais qui

lui est assurée, pour un prix que je ne connais pas.
M. de Roglande s'étant senti un véritable goût pour l'a-
griculture, vers l'âge de vingt et quelques années, a
passé deux ans à Beauvais, pour y suivre les cours pro-
fessés par M. Gossin, éminent professeur de la plus
utile des sciences, et il a appris la pratique agricole
dans la ferme des frères des écoles chrétiennes, près cette
ville.

Il cultive depuis trois ans et a déjà fait bien des améliorations; nous l'avons trouvé occupé de la vente de sa
récolte de lin, à des marchands du département du
Nord, desquels il n'a pu obtenir plus de 14 centimes
1/2 le kilo; voilà trois ans seulement qu'on s'est mis à
cultiver cette plante, dans ce pays, et des marchands
du Nord viennent l'y acheter. M. de Roglande m'a fait
voir son bétail dont il a été chercher la souche dans les
Flandres belges; je lui ai fait part des résultats qu'on
obtient en Limousin et dans le Bourbonnais, par le croisement durham et l'engraissement précoce, et l'ai fortement engagé à se procurer un taureau durham; je l'ai
engagé aussi à suivre l'exemple de M. Decrombeque,
dans sa préparation de la nourriture du bétail, ainsi que
le traitement des fumiers.

M. de Roglande a fort bien arrangé un grand pré formant le fond d'un vallon, dont les pluies d'orage gâtaient souvent le foin, en le couvrant d'eau boueuse; il
l'a entouré d'un fossé qui emmène l'eau, lorsqu'elle peut
faire du mal, mais qui la rend au pré, lorsqu'elle est
utile; il arrange de même un étang de dix hectares qui
touche sa culture et qu'il a loué pour douze ans à 50 fr.
l'hectare; il a transformé cet étang en pré; il irrigue
ses prés au moyen d'une forte source, dont il prend en
partie, l'eau, pour le service de la ferme; cette eau passe
dans un lavoir qu'elle remplit dans un quart-d'heure; lorsque l'on veut y renouveler l'eau, elle passe à volonté dans

une citerne à purin, pour servir ensuite aux irrigations. Ses récoltes ayant eu énormément à souffrir de l'extrême humidité de ces deux années, il va travailler plus sérieusement au drainage de ses terres, qui en ont toutes besoin ; il ne s'était, jusqu'à cette heure, occupé que des plus humides.

M. de Roglande, après s'être logé très-confortablement, a formé une laiterie qu'on pourrait prendre pour modèle ; deux robinets y fournissent l'eau froide ou chaude ; par ce moyen, selon la saison, il tient le lait à la température convenable ; il fait d'excellent beurre, et des fromages maigres pour la ferme ; il a formé un bon pâturage et un verger de fruits choisis ; il a planté des asperges à la manière d'Argenteuil, et pense faire la chose plus en grand, pour la vente.

Cette propriété est appelée à devenir une ferme modèle, entre les mains de ce jeune cultivateur très-actif, instruit, des plus intelligents, et qui possède le capital nécessaire pour pouvoir bien faire ; mais il ne faut pas craindre de l'employer, surtout pour drainer le plus tôt possible.

MM. de Roglande et Louis de Hédouville vont alternativement, chacun deux fois par mois, faire des conférences, le premier sur l'agriculture, le second sur l'horticulture, l'arboriculture et la viticulture, dans les salles du collége de Saint-Dizier, à quatorze kilomètres de chez eux ; leur but est d'être utiles ; c'est il me semble, un beau dévouement bien digne d'éloges et d'être imité.

Nous sommes allés de là dans une grande ferme, où M. Guillaume, fils d'un des notaires de Saint-Dizier, vient de construire une jolie maison ; il cultive quatre-vingts hectares à lui appartenant, plus quarante hectares de bois défrichés dans un excellent fonds, propriété de la famille de Romance. M. Guillaume paye 60 fr. l'hectare, mais il n'a rien donné les deux premières années, lors du défrichement. Il arrivait de voyage dans la partie du pays de Bade qui touche les frontières de la Suisse, pour y acheter des génisses qu'il compte vendre, prêtes à faire veau ; il ne nous a pas fait connaître leur prix, tout en disant qu'elles coûtaient plus cher à proportion que trente bœufs qu'il venait de payer 400 fr. en Franche-Comté, et qu'il va engraisser. Il a fait lutter les brebis d'un troupeau de cinq cents métis mérinos, par des béliers de demi-sang dishley mérinos.

M. Guillaume n'étant pas encore marié, habite en attendant, chez son père ; il a mis à la tête de sa ferme un bon cultivateur du Nord, marié.

Trente-cinq hectares de ces mêmes bois ont été loués aux mêmes conditions par un propriétaire dont l'habitation les avoisine et qui les cultive bien.

M. de Hédouville a entrepris l'amélioration des cent vingt-trois hectares restant de ce bois, qui avait été acheté il y a une quarantaine d'années, venant d'être coupés à blanc étoc, en faisant élaguer la jeune futaie jusqu'aux deux tiers de sa hauteur, de la manière suivante : le tiers des tiges de baliveaux et anciens les plus rapprochés de terre, a eu ses branches supprimées complétement ; les branches du tiers du milieu de l'arbre, sont coupées jusqu'à un mètre du corps de l'arbre, et les branches du tiers supérieur, restent intactes ; cette suppression diminue l'ombre projetée sur le taillis, et lui donne plus d'air ; on a le soin d'enduire avec du coaltar toutes les blessures des arbres ; on fait fousiller les taillis âgés de quinze ans, c'est-à-dire que l'on coupe les épines et les tiges tombantes ou venant mal ; l'élagage se fait par des ouvriers dressés à cette besogne ; on les paye par cordes ou fagots, de même que le fousillage ; ces travaux d'amélioration payés, ainsi que les chemins nécessaires, laissent encore un boni au propriétaire ; mais on a ici le bonheur d'avoir pour diriger ces travaux

un ancien garde forestier retraité, homme des plus pro-
bes et fort capable, qui surveille le garde.

Mon aimable et complaisant guide me mena le lendemain
chez M. Bernaudat, fermier occupant depuis seize ans à
30 fr. l'hectare la ferme isolée de Machelignots, située à
un kilomètre de la commune de Giffoumont. Il est un
des concurrents à la prime d'honneur qui sera donnée
en 1868, à Châlons-sur-Marne.

Le propriétaire étant mineur, il n'a pu obtenir du tu-
teur qu'on lui construise une grange devenue nécessaire
par la grande augmentation des produits dus à sa bonne
culture. M. Bernaudat avait demandé qu'on drainât les
terres, s'engageant à payer 5 p. 0/0 de la dépense occasionnée par la plus utile des améliorations ; on lui a fait
la même réponse ; il a construit une grange tout en bois,
ayant obtenu l'autorisation de l'enlever, à fin de bail, si
on ne lui en donne pas la valeur, à dire d'experts ; cette
grange a coûté 7,000 fr. et a trente mètres de longueur
sur neuf mètres de largeur, avec sept mètres de hauteur
de bassegoutte. M. Bernaudat ayant trouvé de la marne
en approfondissant son labour, lors de son entrée dans
la ferme, en a essayé l'effet ; le marnage était inconnu
dans ce pays ; cet essai lui en ayant fait connaître le
mérite, il a marné à raison de soixante mètres cubes, et
il a déjà commencé à donner une seconde dose. M. Bernaudat m'a dit que son cheptel dépasse une bête du poids
de quatre cents kilos pour chacun des hectares qu'il
cultive.

Il arrive du royaume de Wurtemberg, où il a été
acheter trois cents brebis qui lui compléteront un troupeau de six cents bêtes ; elles reçoivent des béliers cotswold, race de bêtes anglaises qui arrive à un très-grand
poids de viande, et donne des toisons à laine longue,
mais qui n'est rien moins que fine. Il est allé ensuite
acheter une douzaine de génisses, dans le canton de

Schwitz. Il a un taureau durham ; et ses anciennes vaches sont croisées durham ; il élève leurs veaux mâles, pour les placer comme taureaux ; on les lui paye, âgés de quinze mois, de 200 à 250 fr. ; je lui ai dit ce qui se fait dans le centre de la France, sous ce rapport, et lui ai conseillé d'essayer l'engraissement précoce de ses élèves. Sa porcherie provient d'un verrat croisé yorkshire qu'il ferait bien, je pense, de remplacer. Il est bien monté en chevaux de trait, élevés chez lui.

Toutes ses bêtes sont nourries avec des fourrages verts ou secs passés au hache-paille, et fermentés avec des racines, dans la saison.

Il a dépensé quelques mille francs, pour se faire de bons chemins, qu'il entretient. Il a grandement élargi les chemins traversant sa ferme pour y faciliter le passage de ses nombreux troupeaux ; il vend ses moutons gras vers l'âge de quinze ou dix-huit mois.

Son assolement est quadriennal ; il a fait cette année, dix hectares en lin vendu 15 c. le kilo ; j'ai vu le produit de six hectares de belles betteraves ; il avait deux hectares en pommes de terre ; je ne sais plus combien il en a, en topinambours dont il fait grand cas.

Ses champs de froments sont on ne peut pas mieux préparés ; mais on y voit quelques taches faites par de nombreuses souris ; voici comment il cherche à s'en débarrasser : il fait fondre du phosphore, en ayant soin de faire cette préparation dans un champ, de crainte d'accidents, il étend ce phosphore sur des tartines de pain ; on les couvre d'un peu de beurre et on les sucre ; avant de s'en servir, on a le soin de boucher, le soir, tous les trous de souris à coups de talon ; le lendemain matin on jette dans les trous rouverts pendant la nuit, un petit morceau de ces tartines, qui tuent les souris et les corbeaux ; ce remède convient aussi à la destruction des rats dans les greniers, si on peut empêcher les chats d'y pénétrer. Il faut aussi tenir les chiens à l'attache lorsqu'on se sert de ces tartines.

M. Bernaudat n'est pas encore bien monté, en machines agricoles ; je ne lui ai vu en ce genre, que les instruments Dombasle ; il a apporté quelques perfectionnements à son ancienne machine à battre ; j'ai aperçu un râteau à cheval; il a commandé un rouleau Croskyll. Il a acheté cette année, cinq cents kilos de guano pour l'essayer.

Mme Bernaudat qui a été élevée en pension, nous a paru fort inte.ligente et très au fait de la bonne culture de son mari ; celui-ci avait un capital de 35,000 fr. et du crédit, en quittant son père, bon cultivateur pour son époque, lorsqu'il est venu il y a seize ans, prendre cette ferme.

Il est en pourpalers avec un habitant de Saint-Dizier, pour louer un étang de soixante-seize hectares en eau ; il en payerait 60 fr. par hectare pour un bail de vingt ans, à condition de le mettre en pré ; on lui offre 10,000 fr. pour cette transformation ; mais il veut 20,000 fr. pour faire ce très-grand travail.

Je serais très-étonné si M. Bernaudat ne remportait pas la prime d'honneur.

Les quelques hectares de sa réserve, que M. Louis de Hédouville fait cultiver par un fermier voisin, l'ont laissé en perte, tant qu'ils n'ont pas été drainés ; depuis trois ans, que cette opération est terminée, il obtient 100 fr. par hectare, de produit net, le loyer de la terre payé, malgré les deux mauvaises années qui viennent de finir; ce résultat est constaté par une comptabilité des plus exactes.

MM. de Hédouville, les deux frères, sont au moment d'entreprendre la plantation d'une douzaine d'hectares de terres communales, en côte, ne pouvant se labourer ; ces terres se trouvent dans une commune près de Joinville, où ils possèdent une ferme, dont ils ont planté depuis longtemps les terres calcaires et pleines de roches; les arbres résineux et surtout les pins noirs d'Autriche et les épiceas y réussissent bien ; ceux des arbres résineux qui avaient été plantés, il y a une quarantaine d'années, par M. de Hédouville, leur père, s'y reproduisent bien par semence. Voici l'arrangement en train de se faire ; ces MM. planteraient et remplaceraient les arbres manquant, pendant deux ans ; ce délai expiré, la moitié de la terre plantée leur appartiendrait ; si la chose réussit, on pense que quinze autres hectares de la commune, pourront être arrangés de même.

M. Charles de Hédouville tient, une couple de fois par hiver, une conférence agricole dans la commune de Sommermont près de Joinville, où il est propriétaire ; il y réunit une soixantaine de personnes dont quelques-unes du sexe féminin ; tous paraissent prendre un véritable intérêt à l'instruction qu'on vient ainsi leur donner ; ils sont tout attention et il y a lieu de se flatter qu'une partie du moins des assistants en profiteront.

Le 3 décembre, nous sommes partis, pour Saint-Dizier, M. de Hédouville et moi, avant le jour et malgré la neige tombée toute la nuit, afin de prendre le convoi du chemin de fer devant nous conduire dans la commune de Sommermont ; nous avons eu ensuite une lieue à faire à pied pour nous rendre chez M. Garola, lauréat de la prime d'honneur du département de la Haute-Marne ; M. Garola cultive deux fermes qui se touchent et ont, ensemble, une étendue de cent quarante-cinq hectares.

Il croise des vaches de pays avec un taureau croisé durham ; son troupeau, d'environ six cents bêtes, est métis-mérinos ; il reçoit des béliers venus de chez M. Lemaître, en Bourgogne ; M. Garola vient de prendre chez M. Pargou de Salivat, un bélier croisé dishley, pour en essayer les produits.

Il a deux étalons de demi-sang, approuvés par les haras, et il élève des poulains ; sa porcherie a un verrat hampshire.

Son assolement est alterne ; il fait plus de moitié de l'étendue de ses terres, en fourrages et racines ; il sème des mélanges formés de trèfle blanc-violet, trèfle hybride, sainfoin, lupuline et ray-gras d'Italie, qu'on fauche la première année et qui servent ensuite de parcours à ses bêtes à laine ; le foin qui en provient, est d'une qualité supérieure ; il a de bonnes luzernes. En hiver, les fourrages passent tous par le hache-paille et sont fermentés avec les racines.

Nous avons vu chez M. Garola, deux jeunes gens bien élevés, dont un est devenu son chef de culture ; l'autre, ayant de la fortune, lui paye depuis trois ans, 1,200 fr. par an, pour apprendre l'agriculture, il est très-fort et travaille ; il cherche une femme et une ferme pour s'établir.

Mme Garola nous a parfaitement fait les honneurs de sa maison et nous a très-bien accueillis. Nous ne sommes rentrés que tard à Saint-Dizier, où j'ai pris congé de M. de Hédouville, en lui rendant grâce de l'obligeance qu'il a bien voulu mettre, à me faire connaître cette riche partie de la Champagne.

Le lendemain matin, j'ai eu le temps, avant le passage du chemin de fer, d'aller faire une visite à M. Martin, ancien capitaine de cavalerie, qui demeure dans une jolie et très-fertile propriété, à deux kilomètres de Saint-Dizier ; il s'est mis à la cultiver, depuis 1849, époque où le maître de poste de cette ville, qui était son fermier, a manqué ; le moment n'était pas favorable pour trouver un bon fermier, m'a dit M. Martin ; il s'est donc décidé à devenir cultivateur et il n'a pas trop mal réussi, puisqu'il a plus que doublé le revenu de ses soixante et quelques hectares de bonnes terres qui entourent son habitation ; il les a améliorées, en les drainant d'abord, en les défonçant ensuite, au moyen de deux charrues Dombasle, se suivant dans le même sillon ; puis il les a chaulées à raison de dix mètres cubes ; enfin il les a fumées fortement, ayant six bons chevaux de trait, bien nourris, ainsi qu'une quarantaine de vaches, ou élèves, de race hollandaise, qu'il a été chercher dans leur pays ; le lait est vendu à l'année à un laitier, 15 c.

Il a construit une étable commode, pour ses bêtes ; le fumier n'en est enlevé qu'au bout d'un mois, et est conduit directement sur les terres.

Il a un vacher Suisse, qui soigne très-bien les bêtes et sait les traire à fond. Une petite rivière qui passe contre l'habitation, fait tourner une paire de meules, la machine à battre, l'aplatisseur, le hache-fourrages, le coupe-racines, et le concasseur de tourteaux ; la nourriture est fermentée avec les racines, du tourteau, ou des farines ; cela fait donner aux vaches beaucoup de ait et grandir les élèves.

M. Martin est allé près Saint-Menoux, voir un fermier chez lequel il a appris beaucoup de choses, et il croit que les exemples de culture qu'il donne n'ont pas été inutiles à ses voisins ; il est membre assidu du Comice agricole, fort bien présidé par M. Charles de Hédouville, et qui distribue pour environ 1,500 fr. de primes, par an.

M. Martin a bien voulu m'accompagner à la station du chemin de fer qui m'a ramené le 4 octobre à Pont-à-Mousson, d'où j'étais parti le 15 avril.

*Quelques notes extraites à la hâte, d'une brochure des plus in-
téressantes, imprimée en 1857 à Berne (Suisse), formant le
compte - rendu de deux voyages agricoles exécutés par
M. Charles d'Esclépens, propriétaire suisse, chargé par son
gouvernement, d'étudier la culture de la Grande-Bretagne.*

M. d'Esclépens a été chargé par son gouvernement,
d'étudier la culture de la Grande-Bretagne ; en y arrivant, en juillet, il commença par assister au Concours de
la Société royale d'agriculture, tenu cette année vers le
15 juillet, à Chelmsford, comté d'Essex ; c'est de ce concours, que le marquis de Vogué, en France, a si bien
rendu compte ; M. d'Esclépens a été émerveillé du magnifique bétail exposé , ainsi que des innombrables
machines agricoles.

Il y a fait la connaissance du fameux éleveur de
southdown, Jonas Webb, qui l'invita à venir voir ses cent
soixante courtes-cornes, ses élèves de chevaux de travail
de race suffolk, au nombre de quatre-vingt chevaux ou
poulains , aussi bien soignés , que ses deux mille
southdown, et soixante bœufs à l'engrais ; sans compter
la nombreuse porcherie avec laquelle il sait gagner des
primes, comme avec les autres élèves ; tout cela est nourri sur environ cinq cents hectares presque sans prés ou
herbages, sur des terres dont la plus grande partie n'est
pas bonne et peu profonde et à sous-sol de craie ; il est
à remarquer que tout ce bétail de choix, est d'un grand
poids et est abondamment nourri.

M. Webb a à la fois jusqu'à trois cents béliers, en y
comprenant ceux de l'année ; on en vend chaque année,
environ cent cinquante, dont les prix moyens sont à peu
près de 500 à 600 fr. suivant les années ; il y en a qui
arrivent à 3,000, 4,000 et 5,000 fr. par tête ; des tau-

reaux, sans compter les vaches courtes-cornes, se vendent jusqu'à 5,000 et 6,000 fr. pièce.

On ne rentre à Babraham, ferme où demeure M. Jonas Webb, qu'une très-petite quantité de foin ou d'hivernage ; toutes ces bêtes ne consomment en hiver, que des balles, de la paille hachée et des racines; les tourteaux sont réservés pour les élèves, ou les bêtes à l'engrais ; le foin est pour les chevaux, et les mères qui allaitent.

On estime qu'un hectare de bonne prairie artificielle en terre fertile et bien fumée depuis longtemps, doit nourrir et engraisser durant la bonne saison deux vaches et de sept à dix grosses brebis. Comme on a abusé, en Angleterre, des semailles de trèfle, et que généralement, il y vient mal, on le remplace par des semis de graines mélangées, dont voici un bon exemple sur l'étendue d'un hectare, pour durer deux ans ; quoique le climat de ce pays, soit infiniment plus humide que le nôtre, on y sème plus du double de semences de prairies artificielles, que sur le continent :

Raygrass d'Italie.	9 livres anglaises.
id. anglais.	15 id.
Dactyle pelotonné	2 id.
Lupuline.	2 id.
Trèfle des prés	4 id.
id. blanc	3 id.
id. hybride ou de Suède .	2 id.
Thymoti ou fléole	3 id.
	40 livres.

M. Pusey, excellent agriculteur qui a été un des premiers présidents de la Société royale d'agriculture, est cité pour avoir formé une bonne prairie irriguée de douze hectares sur une pauvre terre, en y dépensant près de 7,000 fr. ou près de 600 fr. par hectare ; il y nourrissait durant cinq mois, soixante-quinze moutons par hectare.

Si le fond de terre à semer en pré permanent, est léger et humide, on y sème avec avantage un peu d'un petit jonc nommé phalaris arundinacé.

On emploie dans la Grande-Bretagne beaucoup d'engrais pulvérents, qui ne sont pas, ou du moins qui sont peu connus sur le continent; tels sont le guano, le phosphate de chaux fossile, les os pulvérisés, enfin le nitrate de soude; on met de celui-ci, par hectare, de deux cent cinquante à cinq cents kilos, payés 32 fr. les cents kilos; ces engrais ajoutés à des demi-fumures, augmentent les récoltes de beaucoup.

M. d'Esclépens a vu drainer, à la vapeur, avec une machine inventée par feu M. Fowler, qui place les tuyaux à plus d'un mètre sous terre, sans ouvrir de rigoles, ce qui fait une très grande économie; désireux de s'assurer si les tuyaux se trouvaient bien placés en terre, il en a fait découvrir une certaine longueur, et il a trouvé les tuyaux se joignant si bien, et tellement serrés par le sous-sol, qu'il est persuadé que le drainage le plus soigné fait à main d'homme, ne parvient pas à assainir aussi bien que celui effectué par la machine; l'opération coûte par jour de travail, 472 fr., et place sous terre, sept mille quatre cent vingt-cinq tuyaux, longs de trente et un centimètres.

Il a appris que la bruyère, en assez bon fonds, que la machine drainait, était louée, précédemment, 15 fr. 60; le fermier en paye maintenant, après drainage, 94 fr. l'hectare.

On a dit à notre voyageur, que dans le comté d'Essex, qui n'est pas un des plus avancés en culture, il faut, pour bien faire, au fermier entrant dans une ferme de quarante hectares, au moins 25,000 fr. de capital; et sur une ferme de cent hectares, 50,000 fr. pourront suffire;

on y estime le rendement moyen du froment, à vingt-cinq hectolitres; dans une ferme en très-bonne terre, bien cultivée, ce rendement peut être de trente-deux hectolitres.

On admet que le produit moyen en foin d'une prairie bien irriguée, fauchée une fois, doit être de huit mille livres de foin; elle donne ensuite une excellente pâture à moutons.

M. d'Esclépens a visité M. Mac-Culloch, un des fermiers les plus avancés, dans le highfarming, ou culture intensive; M. Mac-Culloch est agent, et en même temps, fermier pour cent trente hectares, de l'ancien colonel des grenadiers écossais de la garde de la reine, M. Mac-Dhougal, dans la terre d'Auchnes, formant l'extrémité nord de la presqu'île de |Port-Patris, terre la plus rapprochée de l'Irlande. Voilà ce que dit de sa visite M. d'Esclépens; la ferme de M. Mac-Culloch est composée de vingt-cinq hectares soixante ares de pauvres sables, de couleur rouge, convenables tout au plus aux turneps, de soixante-treize hectares soixante ares en terres graveleuses très-légères, et de trente-deux hectares de tourbe, ayant de quatre à six pieds de profondeur; en total, cent trente et un hectares, pour lesquels il paye 7,000 fr., ou à peu près 56 fr. par hectare; il achète pour 8,000 fr. d'engrais pulvérulents, et pour 9,000 fr. de tourteaux pour nourrir ses bêtes; il paye 5,000 fr. d'intérêts du capital de roulement; comme fermier il dépense 13,500 fr. de main-d'œuvre et 2,500 fr. pour dépenses non prévues; tout cela forme une dépense totale de 45,000 fr.; ce qui ressort à 401 fr. 80 centimes par hectare; voici l'énumération des produits, en mesures suisses: quatre mille six cent cinquante-cinq quarterons fedéraux de froment, deux mille six cent soixante-quatre quarterons d'avoine, huit mille huit cents quintaux de pommes de terre, qui, à trente-cinq

livres par quarteron, font vingt-cinq mille quarterons ;
à ces produits il faut ajouter le bénéfice de 10 fr., fait
sur deux cent cinquante moutons ; celui de 131 fr. fait
sur cent trente têtes de grosses bêtes à l'engrais, et la
vente de quatre jeunes chevaux ; en réunissant la valeur
de tous ces produits, on comprendra comment M. Mac-
Culloch, après avoir soldé les 45,000 fr. de dépenses, et
avoir grandement amélioré sa ferme, peut encore placer
de 20 à 25,000 fr. de bénéfice net chaque année. Ces
chiffres presque fabuleux, m'ont été certifiés, dit
M. d'Esclépens, par un homme du métier, pratiquant
sur sa ferme, l'ancien système de culture ; ils ont été re-
levés sur les livres de M. Mac-Culloch, il y a quelques
années, et ce cultivateur vient de m'écrire que ce fermier
remarquable persévère dans cet énergique système de
culture, avec une proportion de bénéfices qui va toujours
en augmentant. Voilà le highfarming, si ce n'est dans
tous ses caractères, du moins dans son expression la
plus pratique ; voilà ce que fait un fermier instruit, très-
actif, fort intelligent, qui possède un capital suffisant
pour l'étendue de la ferme qu'il a louée, avec un bail de
vingt et un ans, et qui a affaire à un propriétaire qui
aime le progrès et sait l'attendre. J'ajoute qu'ayant visité deux fois ces deux messieurs, je sais que M. Mac-
Dhougal, dont M. Mac-Culloch est l'agent, cultive de la
même manière une ferme étendue.

M. Mac-Culloch tient à l'étable, avec six vaches, une
centaine de jeunes bêtes, âgées de vingt à trente mois ;
on les engraisse en été avec du vert passé au hache-paille
et du tourteau ; en hiver, le foin et la paille, par moitié,
sont coupés et arrosés avec un bouillon dans lequel on
fait cuire une certaine quantité de racines coupées et du
tourteau ; cela attendrit le fourrage, tout en lui donnant
un bon goût. On y ajoute dans le commencement, une
couple de kilos, formé suivant les prix, d'un mélange de

tourteaux de lin, de colza, de graines de coton décortiquées, d'arachides, et de noix de palmier; on augmente
la ration de tourteaux, à mesure que l'engraissement
avance, et vers la fin, on ajoute de la farine d'orge et de
fèves. Une bonne récolte de turneps, nourrit au parc par
hectare et pendant les quatre mois d'hiver, de quatre-vingts
à cent grosses brebis, produites par un bélier dishley et
des brebis chéviot; ces dernières peuvent vivre sur une
maigre pâture, et pour peu qu'on les nourrisse, on peut
compter sur cent cinquante agneaux par cent brebis;
leur parcage d'hiver sur les navets, si on y ajoute un peu
de foin et de paille coupés, mêlés à vingt-cinq grammes
de tourteaux par brebis, assure presque toujours une
bonne récolte de froment; l'année d'après, on a une
bonne prairie artificielle, dont le foin, avec la pâture
et la paille du froment, nourrit les élèves de bêtes à
cornes; le tourteau donne à ces élèves la précocité de
croissance qui permet de les vendre gras, âgés de vingt-
quatre à trente mois, surtout si le père était un durham.

Un autre bon résultat de l'emploi des tourteaux à la
nourriture du bétail, c'est une grande amélioration du
fumier; aussi, les fermiers ne portent-ils dans leur comptabilité que les trois quarts du prix des tourteaux à la
charge du bétail; l'autre quart est en dépense au fumier.

M. d'Esclépens dit qu'un fermier anglais entrant dans
une bonne ferme cultivée à l'ancienne manière, et non
intensivement, mais se trouvant en bon état, doit pour
bien marcher, avoir un capital de 750 fr. par hectare;
en Suisse, la moitié de cette somme, serait regardée
comme bien suffisante.

On évaluait en 1857 la nourriture d'un valet de ferme
à 6 fr. 25 c. par semaine.

S'étant informé chez des nourrisseurs à Londres, de
quoi se compose la nourriture d'une vache, il lui a été

répondu qu'une vache doit recevoir par vingt-quatre heures pour être affouragée suffisamment sept livres de foin, trois de tourteaux de colza bouilli, opération qui lui fait perdre son mauvais goût, dix litres de drèche de brasserie, et trente livres de paille ; ce qui reste de paille sert de litière ; dans ce compte, il ne faut pas oublier les racines, dans la saison.

D'où vient, dit M. d'Esclépens, qu'en Angleterre avec de moins bonnes terres, un climat moins favorable, et des prix de vente des produits pas plus élevés qu'en Suisse, les fermiers se tirent aussi bien d'affaire tout en payant des loyers bien plus élevés? Cela doit tenir au capital supérieur employé par les fermiers anglais dans leur culture, à la meilleure qualité de leur bétail, à sa précocité qui leur permet, lorsqu'il est nourri convenablement depuis qu'il est né, d'engraisser vers vingt-quatre ou trente mois pour les bêtes à cornes ; les bêtes ovines engraissent à un an ou dix-huit mois ; les cochons de cinq à huit mois ; le fumier produit par des bêtes à l'engrais, est bien meilleur que celui des bêtes maigres ; les fermiers tout en faisant le plus de bon fumier qu'ils peuvent, ne craignent pas de dépenser de fortes sommes à se procurer des engrais pulvérulents, pour être mêlés à l'engrais de ferme; ils cultivent le quart ou un cinquième de leurs terres en racines, bien sarclées et fortement fumées, dont les récoltes abondantes donnent quatre fois plus de nourriture, que la meilleure des prairies artificielles; ils peuvent aussi avoir un bétail bien plus nombreux; le fermier de la Grande-Bretagne, ne craint pas de payer de fortes sommes, pour avoir de bons reproducteurs, achetés ou loués; il ne craint pas de se munir d'instruments et de machines d'agriculture à des prix fort élevés, lorsqu'il les a vus bien fonctionner. Il ne craint pas de payer au propriétaire cinq ou six pour cent, de la dépense du drainage, car il sait que les terres à sous-sol imperméable, sont bien plus difficiles à cultiver, et qu'elles ne peuvent pas à beaucoup près, produire autant, avant le drainage, · qu'après. Bien des fermiers de ce pays, étant à l'aise, drainent à leur frais, si le propriétaire ne peut ou ne veut pas le faire ; mais ils ne font cette opération, qu'après le renouvellement d'un long bail. Ce qui est certain, c'est que sur le continent, propriétaires et fermiers, à peu d'exceptions près, craignent de faire des avances à la terre ; on a peine à se persuader, que la terre est re-connaissante et que plus on lui prête et plus elle rend ; il faut un certain chiffre de produits pour payer le loyer de la terre et les frais de culture ; plus on dépasse le chiffre nécessaire, plus on a de rétribution pour son travail ; si on ne fait que l'atteindre, on a perdu son temps, et le temps est de l'argent, comme disent les Anglais ; si vous n'obtenez pas ce chiffre, vous avez perdu partie de votre capital ; il est donc nécessaire, de cultiver le mieux possible sa terre, de la tenir bien propre et par-dessus tout, de la très bien fumer.

Après avoir cité ce que M. d'Esclépens dit en 1857 de la culture de M. Mac-Culloch, qui a été des premiers à cultiver d'une manière intensive, je crois bien faire en répétant ici, ce que j'ai raconté dans mon troisième voyage dans la Grande-Bretagne de ma première visite à M. Mac-Culloch faite en 1847 ; mais le récit de cette visite n'a été imprimé qu'en 1855.

Je suis entré dans de plus grands détails que M. d'Es-clépens, qui a ajouté de son côté des choses fort intéres-santes, que je n'ai pas connues et qui complètent bien mon compte-rendu, sur cette ferme très-remarquable.

Je suis parti de bonne heure de Glenluce, petit bourg où j'avais trouvé un bon hôtel ; je m'y suis procuré un bon tilbury bien attelé, qui m'a conduit dans la terre de Logan à douze milles du point de départ, en me faisant traverser pendant au moins les trois quarts du chemin, un véritable désert, où je ne vis que bruyères et marais tourbeux, sans une cabane; c'est seulement en arrivant sur la grande terre du colonel Mac-Doughal, que j'ai revu des terres cultivées, des fermes, et des maisons d'ouvriers bien construites.

J'ai trouvé M. Mac-Culloch, pour lequel un de ses amis d'Angleterre, m'avait fort obligeamment offert une lettre d'introduction, établi dans un charmant cottage; après m'avoir fait déjeuner, il m'offrit de visiter sa culture personnelle, dont l'étendue n'est que de cent quatre hectares; il y a une dizaine d'années, cela ne formait qu'une mauvaise bruyère en sable caillouteux et en marais tourbeux de huit ou dix pieds d'épaisseur; il a drainé ce marais à cinq pieds de profondeur, en employant des tuyaux. Il a ensuite couvert chaque hectare de six cents mètres cubes de sable mêlé de cailloux, n'ayant que cela à sa disposition; il a maintenant douze hectares, ainsi traités et très-fortement fumés, qui presque tous les ans lui donnent une abondante récolte de pommes de terre qui, dans ce genre de sol, ont peu à souffrir de la maladie, elles s'exportent par mer, à Glasgow ou à Liverpool où on les place avantageusement.

Un quart de la ferme se trouve en terres légères assez convenables pour les turneps.

M. Mac-Culloch avait commencé par économie, à drainer ses terres, à dix-huit pieds entre des rigoles de deux pieds de profondeur; mais il ne fallut pas long-temps pour lui montrer que cette opération était manquée; il la recommença, en approfondissant les drains d'au moins un pied; deux pieds n'eussent pas été de trop; c'est ce qu'il fit dans le reste de la ferme, en séparant les rigoles par huit mètres, et faisant le drainage à quatre pieds de profondeur; le travail est complet maintenant ; toutes les terres ont été ensuite défoncées par deux charrues se suivant dans le même sillon, la seconde charrue étant une charrue à sous-sol ; on chaula à soixante-quinze hectolitres par hectare ; des achats considérables de guano et d'os pulvérisés, remplacèrent alors le fumier qui, dans les débuts, existait en bien petite quantité ; on obtint ainsi de bonnes récoltes de navets et de rutabagas, qui consommés sur place en hiver, améliorent encore les terres ; elles produisirent de belles récoltes d'avoine, qui furent suivies par des herbages conservés pendant quelques années ; tout cela perfectionna encore la terre, en permettant l'augmentation du bétail et par suite celle du fumier. En continuant ainsi on parvint à nourrir et à engraisser cent jeunes bêtes bovines de race galloway, vingt-cinq vaches à lait, dix grands chevaux de l'excellente race du Clydesdale, moins lourde et plus active que les beaux suffolk, et enfin une centaine de cochons ou porcelets. Tous ces animaux furent bien nourris, avec des racines coupées, de la paille hachée et arrosée d'eau bouillante, dans laquelle on avait fait cuire des racines coupées, et dissoudre trois livres de tourteaux de lin et autant de farine de fèves par bête.

M. Mac-Culloch a toujours dix hectares, aussi rapprochés que possible de la ferme, semés en ray-grass d'Italie, qu'on remplace tous les deux ans, par un nouveau semis ; il m'a dit que cette inappréciable plante suffisait, sur cette étendue, à la nourriture en vert de tout son bétail, pendant la bonne saison, à condition de recevoir six arrosages de moitié purin et moitié eau ; on peut faire du purin factice, lorsqu'il n'en reste plus de naturel, en mettant deux kilos de guano ou de nitrate de soude par hectolitre d'eau ; le nitrate de soude est employé lorsqu'il fait chaud ; l'arrosage d'un hectare emploie de trois cent cinquante à quatre cents hectolitres de purin coupé ou d'eau de guano.

Il mélange à ses fumiers, durant l'année, à mesure qu'il peut en prendre sur les bords de la mer, environ cinq cents charges, à un cheval, d'algues et herbes marines et deux mille tombereaux de tourbe sèche et émiettée, servant de litière.

Au moyen de ces auxiliaires, il dispose annuellement de cinq mille tombereaux à un cheval de fumier mélangé, ce qui lui permet de donner à ses quarante-deux hectares de récoltes sarclées, cent charges de fumier ; cela ne l'empêche pas d'acheter pour 7,000 fr. par an de guano, de nitrate de soude, ou d'os pulvérisés ; il est bon de remarquer qu'il achète pour pareille somme de tourteaux, ou de fèves, ou de lentilles venues d'Egypte, et de maïs d'Amérique pour faire consommer par ses bêtes à l'engrais ; cela améliore singulièrement ses fumiers ; aussi, ses récoltes sarclées parmi lesquelles se trouvaient des betteraves globes, étaient-elles plus belles que toutes celles que je venais de voir dans ce voyage.

Sa cour aux meules, contient une quarantaine de meules de froment, qu'il estime à dix quaters ou vingt-huit hectolitres, et vingt-cinq meules d'avoine ; elles sont toutes posées sur des supports circulaires formés de pieds et traverses en fonte, dont le diamètre est de dix-sept pieds ; la fonte coûte 32 fr. 50 par meule.

Ses bêtes mises à l'engrais à l'âge de vingt-quatre ou trente mois, grandissent encore, ce qui prolonge l'engraissement à cinq ou six mois ; elles gagnent à peu près 25 fr. par mois ; elles consomment en été, trois livres de tourteaux de lin et autant de farines de fèves, et du ray-grass d'Italie passé au hache-paille, partagé en quatre repas. L'hiver on donne six livres de tourteaux ou farine qu'on a fait bouillir durant vingt minutes pendant lesquelles on remue toujours ; ce liquide sert à arroser la paille hachée et déposée dans une citerne, où elle séjourne pendant vingt-quatre heures, avant d'être consommée ; les bêtes ont avec cela, soixante-dix livres

de racines pulpées, partagées en deux fois, soir et matin ;
la paille attendrie est donnée à midi. M. Mac-Culloch
suit un assolement alterne qui ne l'astreint qu'à ne jamais semer deux céréales de suite.

Il ajoute à ses fumures de cent mètres pour récoltes
sarclées, trois cents kilos de guano du Pérou et de neuf
à douze hectolitres de poudre d'os ; on fume autant que
possible, avant ou pendant l'hiver ; on sème le guano à
la volée par-dessus le fumier ; la poussière d'os passe
dans le semoir, en même temps que la semence ; car elle
ne brûle pas les germes, comme le ferait le guano, le
nitrate de soude, ou la farine de tourteau de colza.

Les lignes de racines sont espacées entre elles de
soixante-dix centimètres, et les plantes sont à $0^m,35$ dans
les lignes.

La récolte de rutabagas de l'an dernier, a donné
quatre-vingt mille kilos et celle-ci en promet autant ;
les betteraves et carottes sont aussi très-belles ; on ne
fait de navets que ce qu'il en faut, pour atteindre le
commencement de janvier, époque où les rutabagas sont
arrivés à leur maturité.

M. Mac-Culloch m'a conduit ensuite, à la ferme du
château de Logan, qu'il vient de construire, le colonel
ayant voulu éloigner du château l'ancienne ferme ; les
nouvelles étables sont faites pour loger quatre cents bêtes
bovines ; les écuries, pour cent chevaux ou poulains ;
le milieu de la cour, quadrangulaire, sert de place à
fumier, il va être couvert d'un hangar autour duquel
seront placés les toits à porcs, qui doivent y être lâchés
par bandes du même âge, pour y prendre leurs ébats en
hiver ; en été sa ferme s'étend sur six cents hectares. Le
troupeau de bêtes à laine, arrive au chiffre de mille sept
cent cinquante bêtes dont une partie sont des dishley ; le
reste est en brebis cheviot et en brebis croisées dishley-
cheviot.

On défriche tous les ans une partie des bruyères et marais tourbeux, après les avoir drainés. On met dans ces pauvres bruyères défrichées cent hectolitres de chaux, cent mètres de fumier, cinq cents kilos de guano, et vingt hectolitres de poudre d'os pulvérisés. On plante les pommes de terre, après une récolte de turneps ; les deux récoltes reçoivent la fumure complète ci-dessus indiquée ; car on dit avec raison, qu'il n'y a rien de ruineux comme les demi-récoltes, surtout en racines.

La terre de Logan était, il y a soixante ans, une espèce de désert, comme celui que je venais de traverser pour venir ici. Le père du colonel Mac-Doughal, a commencé par planter le faîte des collines dont cette partie de la presqu'île est couverte, afin de l'abriter autant que faire se peut des vents fréquents et violents, qui règnent dans ce pays.

Il a défriché et chaulé ; mais dans ce temps on ne connaissait ni le drainage, ni le guano. Il a construit des fermes et des locatures. Il a bien cultivé, pour l'époque, et donné ainsi un bon exemple à ses fermiers ; son fils, le propriétaire actuel, a continué, et ayant un homme supérieur pour agent, sa terre se trouve en avance même sur les bonnes fermes de la Grande-Bretagne.

Les fermes que cultive M. Mac-Culloch, se trouvant traversées par une grande partie des fermiers de la propriété, lorsqu'ils se rendent au marché de Stanraer, petit port d'où partent les bateaux à vapeur pour Belfast en Irlande, ils finissent par suivre les uns après les autres les bons exemples qu'on leur donne.

M. Mac-Culloch m'a dit avoir proposé à un cultivateur distingué d'un autre comté de l'Écosse qui était venu le voir, un pari de 100 livres sterling, que quinze des fermes de la terre de Logan qui entourent le château sans en excepter aucune, avaient, proportion gardée à leur étendue, plus, et de plus beaux turneps, qu'un pa-

reil nombre de fermes se touchant, dans quelqu'autre
partie des trois Royaumes-Unis que ce soit ; il a proposé
aussi un autre pari de 200 livres, que, dans aucune
autre ferme de la Grande-Bretagne, on ne récoltait, en
moyenne, un aussi grand poids de racines, par acre, que
dans la sienne ; son visiteur après avoir examiné les
lieux, n'a pas osé tenir l'un ou l'autre de ces paris. En
me racontant cela, il me conduisait sur les bords de la
mer, où le père du colonel, a fait creuser une pièce d'eau
de huit pieds de profondeur, entre deux rochers dont le
pied est, à marée haute, baigné par la mer ; on a joint
les deux rochers par un mur très-solide, garni de trous
par où la marée renouvelle l'eau du réservoir ; ces ouvertures sont garnies de grilles en fil de fer ; le flot montant les soulèvent et les poissons y pénètrent en même
temps ; mais ils ne peuvent plus sortir, la grille étant
retombée ; une jolie chaumière construite à côté, loge
une famille nombreuse dont les enfants sont chargés
d'aller, à marée basse, chercher des coquillages ; on les
conserve dans l'eau, et après avoir été cassés, ils servent
de nourriture aux poissons ; on les leur distribue à heure
fixe ; on jeta devant nous une poignée de ces coquillages
dans le bassin, ce qui fit apparaître de suite, une quantité
de poissons de bien des espèces ; les plus grands pouvaient avoir deux pieds de longueur ; ils ouvraient la
bouche, en approchant de la personne qui faisait la distribution, et qui y jetait des coquillages ; ils se laissaient
même toucher, et caresser, sans fuir ; on en sortit même
de l'eau, à la main, comme on fait, lorsque la cuisinière
en fait demander ; on a ainsi toujours du poisson de mer,
frais.

J'ai vu ici, comme dans plusieurs parties de l'Écosse,
de grands pieds de fuschias de l'espèce la plus répandue,
qui restent dans ce pays en tous temps, en pleine terre,
à condition d'être abrités des mauvais vents ; ceux que

j'ai vus près du château, avaient sept à huit pieds de hauteur, et des tiges grosses comme le bras.

Le prix de loyer des terres améliorées, s'élève sur cette terre, de 50 à 70 fr. l'hectare ; les fermiers consentent à payer jusqu'à six et demi p. 0/0 de la dépense des drainages faits pour eux.

M. Mac-Culloch m'a dit que les propriétaires qui avaient pris 10,000 livres sterling et au-dessus du premier prêt, que le gouvernement fit en 1847, à ceux qui s'engageaient à dépenser l'emprunt en drainages ou défrichements, n'avaient pu rien obtenir du second prêt, fait pour les diverses grandes améliorations dans les terres ; l'emprunteur ne paye que six et demi pour 0/0 pendant vingt-six ans, sans avoir à rembourser le capital. Il y a maintenant plusieurs sociétés, dans la Grande-Bretagne, qui prêtent à intérêt à peu près pareil, pour l'amélioration des terres que l'emprunteur donne comme hypothèque.

M. Mac-Culloch n'était pas marié, lors de ma première visite, et il avait ordinairement chez lui deux jeunes gens, lui payant chacun 3,750 fr. par an, pour apprendre l'agriculture.

Un de ses anciens élèves était venu le voir, à son retour d'Irlande qu'il venait de parcourir pour y choisir une bonne ferme ; celle qu'il venait de louer ne contenait, en grande partie, que de bons herbages ; il ne devait payer que 3 fr. 50 c. par hectare. M. Mac-Culloch forme aussi des jeunes gens destinés à devenir des chefs de culture, pour remplacer le fermier absent ; ceux qu'il a mis dans ses deux fermes et dans celle du château, sont devenus très-capables et il peut se fier à eux, lorsqu'il s'absente, ce qui lui arrive fréquemment, car il a fort à faire, comme agent supérieur pour les autres propriétés du colonel ; ses chefs de culture ont 1,700 francs et sont nourris. Il m'a dit qu'il prenait chaque année six semaines de vacances , pour se reposer de ses fatigues ; il les emploie à visiter la culture des diverses parties de la Grande-Bretagne ; il a même visité deux fois celles du continent, en accompagnant son ami, M. Caird.

M. Mac-Culloch cultive une seconde ferme où il engraisse aussi une centaine de jeunes bêtes bovines ; elles sont tenues à l'étable, dans les deux fermes , qui ont chacune une cuisine où se prépare le bouillon, qui est versé, encore en ébullition, sur la paille hachée dont on remplit une citerne couverte ; cela forme , après vingt-quatre ou trente-six heures, une excellente nourriture , facile à digérer et qui plaît beaucoup aux bêtes.

M. Mac-Culloch tient aussi dans cette ferme cent brebis de race cheviot, qui reçoivent des béliers dishley ; il en vend les produits gras, d'un an à quinze mois ; les brebis cheviot ont le mérite de pouvoir vivre sur de pauvres pâtures ; les bons cultivateurs les nourrissent bien, à partir d'une quinzaine avant l'agnelage ; il les engraisse ensuite.

Une chute d'eau, provenant en partie d'eau de drainage, met en mouvement la machine à battre et les instruments qui servent à la préparation de la nourriture du bétail.

La place à fumier est couverte ; elle est placée sur une grande citerne où se rendent les urines ; une pompe sert à arroser fréquemment le fumier ; le trop plein de la citerne se rend dans un réservoir placé à mi-côte, qui reçoit à volonté de l'eau, pour mêler au purin. Le tonneau pour arroser, peut, au moyen d'un chemin creux, être placé contre et au-dessous du réservoir, de manière à être rempli de purin, en tournant un robinet.

Lorsqu'il n'y a plus de purin, on en fait dans le réservoir avec de l'eau, du guano, ou du nitrate de soude, à raison de deux kilos par hectolitre d'eau.

Notes extraites de journaux agricoles d'Angleterre,
d'Allemagne et de France.

La commission chargée par la Société royale d'Angleterre d'étudier les résultats de la culture à vapeur en Angleterre et dans le pays de Galles, a heureusement terminé ses investigations, et cela non sans peine, par suite du mauvais temps de l'été et de l'automne 1866. Le rapport publié dans le journal de la Société en a rempli trois cent trente pages ; ce travail a coûté 4,500 fr., indépendamment des dépenses de voyages et des honoraires dont le total arrive au chiffre de 17,300 francs.

La lecture de ce rapport sera très-instructive et très-intéressante pour les personnes qui s'intéressent à l'agriculture.

Une des personnes chargées par la Société royale d'agriculture d'Angleterre de visiter une partie des fermes où des appareils à vapeur fonctionnent depuis quelques années, M. Clarke, a fait le résumé de toutes les investigations ; il est si rempli d'intérêt qu'il faudrait le donner en entier ; mais comme la chose n'est pas possible, en voici quelques extraits cités dans le journal le *Fermier*, qui paraît à Édimbourg toutes les semaines ; il est des plus intéressants et des plus instructifs pour les cultivateurs, les horticulteurs, les arboriculteurs et amateurs du sport ; il donne trente-deux pages in-folio, sur beau papier, pour 80 c.

M. Edward, dans le comté de Northumberland, est fermier de cent-soixante hectares dont un quart en herbages, et le reste en terres faciles à cultiver ; il a son appareil depuis 1858, et a diminué son attelage de huit chevaux ; il dit que sa culture plus profonde et toujours

faite à temps, est plus productive et moins épuisante ;
la nature du sol se trouve perfectionnée par le mélange
du sous-sol avec la surface ; la culture devient chaque
année plus facile ; la terre cultivée profondément est plus
propre et donne des récoltes bien plus considérables,
surtout en racines ; il renoncerait à la culture plutôt que
de renoncer à son appareil à vapeur.

M. Sowerby, fermier en terres faciles à Aylesby,
comté de Lincoln, a son appareil depuis 1859 ; cela lui
a permis de diminuer ses attelages ; les produits ont singulièrement augmenté ; le drainage a mieux fonctionné,
par suite des labours profonds qui, en outre, nettoient
bien la terre en enfouissant le chiendent et autres plantes perennes et traçantes ; M. Sowerby dit avoir gagné
3,750 fr. par hectare, par l'économie sur les sarclages et
par l'augmentation des produits.

MM. Howard, grands fabricants de machines agricoles
à Bedford, ont fait voir à la commission, dans leur ferme
de Britania, des betteraves, des rutabagas et des navets,
bien supérieurs à tout ce qu'ils avaient vu jusqu'alors,
sur une terre très-forte, cultivée de la manière suivante :
le chaume de froment est ouvert profondément par une
charrue à double versoir, fixée en place d'un pied du
scarificateur à vapeur ; une charrue fouilleuse, placée
derrière celle à double versoir, défonce profondément le
sillon du même coup ; on laisse la terre ainsi pendant
l'hiver ; on fume fortement au printemps, et la charrue
à vapeur couvre le fumier ; puis on sème les racines aux
époques voulues ; les betteraves n'ont que cinq cents
kilos de guano et deux cent cinquante de sel.

M. Pell trouve que la culture à vapeur de ses terres
fortes a augmenté les récoltes de céréales, d'environ
six hectolitres par hectare ; il obtient un très-bon produit de racines, depuis que la culture profonde par l'appareil à vapeur, a détruit la couche du sous-sol, durcie

depuis des siècles par les pieds des chevaux et les ceps des charrues.

M. Wats a une ferme de cent soixante-cinq hectares en terres fortes située dans le comté de Worthampton ; avec quatre bons chevaux, il ne pouvait labourer qu'à cinq pouces de profondeur, et le labour lui coûtait 50 fr. l'hectare ; son appareil à vapeur défonce profondé - ment et ameublit bien trois hectares par jour, avec une dépense de 23 fr, par hectare.

M. Holland, membre du Parlement, possède le châ- teau de Humbleton , comté de Glocester ; je l'ai visité en 1859 et en 1862 ; à cette dernière époque, sa charrue à vapeur de Fowler marchait chez lui depuis près de quatre ans.

Cet excellent agriculteur, qui cultive depuis 1840, a donné les renseignements suivants à la commission : Il avait vingt chevaux pour ses deux fermes en terres très· fortes ; il n'en a plus que huit depuis qu'il a son appareil de Fowler ; depuis lors, il a beaucoup agrandi l'importance de ses récoltes sarclées, pouvant les cultiver dans des terres, où avant leur défoncement cela n'était pas possible ; depuis la vapeur, il fait du froment tous les deux ans, au lieu de tous les quatre ans ; il peut assurer que chez lui, ainsi que chez quelques cultivateurs de ses environs, on récolte en plus par acre un quarter de froment ; l'acre est de qua- rante ares ; le quarter vaut deux cent quatre-vingts litres ; ce qui fait par hectare sept hectolitres de froment de plus que sur la culture faite avec des chevaux. Il paraît, dit M. Clarke dans son résumé, d'après les assertions de M. Holland, qui a une comptabilité très-soignée, que sa culture à vapeur lui procure en moyenne une économie de 230 livres sterling, ou 5,750 fr., sur celle exécutée par les chevaux ; il faut y ajouter l'augmentation du produit du froment, d'un quarter par acre, augmenta- tion évaluée à 62 fr. 50 par an, ce qui produit une somme de 450 livres sterling ou 11,250 fr.; si on ajoute à la somme économisée l'augmentation du produit, 5,750 fr., cela forme uu bénéfice se montant à la somme de 17,000 fr. qu'on peut attribuer à la culture à vapeur; il faudrait aussi tenir compte de l'augmentation du produit d'un bétail plus nombreux, dû à l'augmentation du produit des racines.

Sur la ferme de Kimbotton, cultivée par le duc de Manchester, le trèfle ne réussissait pas; depuis que la terre a été défoncée et mélangée avec le sous-sol, il vient très bien, et le drainage fonctionne bien mieux; les racines ne réussissaient pas non plus, dans ces terres fortes; elles y prospèrent maintenant. Enfin le froment y donne depuis lors, quatre hectolitres de plus par hectare.

Dans une ferme du duc, louée à M. Georges Armstrong, la terre argileuse et maigre sur un sous-sol de glaise, était de nature à ruiner tout cultivateur quoiqu'elle fût drainée de cinq à huit mètres de distance entre les rigoles, et à un mètre de profondeur; depuis qu'on la cultive à la vapeur, tous les produits se sont notablement augmentés; celui du froment, l'est de quatre à quatre hectolitres et demi par hectare; et les racines, qui ne pouvaient pas venir sur la ferme, y réussissent. Le troupeau a été doublé, et le nombre de chevaux a été réduit de vingt-cinq à seize, dont quatre poulinières.

M. Reed, un des membres de la commission, dit dans son rapport relatif aux fermes à terres fortes et ensuite à celles de moyenne force, que M. Ruston cultivait trois cent-vingt hectares de terres arables dont une grande partie sont des marais desséchés; il les défonce toutes les fois qu'il le peut, au moyen de sa charrue Fowler, pour mélanger le sous-sol calcaire avec la surface un peu tourbeuse; cette opération en double la valeur; tous ses produits se sont augmentés de beaucoup ; entr'autres, le froment, de sept hectolitres par hectare. Il a pu diminuer le nombre de ses chevaux, et son grand appareil a été payé en deux ans.

M. Palmer, sur une terre de quatre cents hectares, à pu économiser 5,000 francs chaque année, depuis qu'il a un appareil à vapeur, en diminuant le nombre de ses chevaux ; il n'en a plus que vingt-quatre au lieu de trente-quatre. Un semblable résultat suffit, sans qu'il soit besoin d'énumérer tous les autres avantages dus à la culture à vapeur.

Le chauffeur est payé 3 fr. 30 c. par jour ; les quatre autres hommes reçoivent chacun 40 centimes de moins ; les deux jeunes garçons ont 1 fr. 10 c. Pour approcher l'eau et le charbon il faut compter 5 fr. Une pâture de trois hectares soixante ares, très dure dans le sous-sol, a été scarifiée en long et en large, en trois jours, à huit pouces de profondeur.

Kersey Cooper, grand fermier en terres légères près de Bury Saint-Edmunds, a fait à la commission une réponse bien plus détaillée. Il a maintenant de bien meilleures récoltes, en racines, en fourrages, et en grains ; par suite, il a beaucoup plus de bêtes à laine, et il gagne beaucoup plus, tout en économisant par le nombre grandement réduit des attelages. Depuis qu'il se sert d'un bon appareil à vapeur, il peut toujours semer à temps, et il est toujours en avance sur ses travaux. De suite après les récoltes enlevées, il sème du seigle, de l'orge, du colza et d'autres nourritures vertes bonnes à être consommées en automne, et surtout au printemps ; celles semées l'automne, sont consommées par des antenais, que beaucoup de fermiers sont forcés de vendre, à demi-gras, faute de nourriture suffisante ; il les achète, pour les achever sur les fourrages printaniers, ce qui ne l'empêche pas de semer ses racines à temps, les rutabagas surtout, qui ne se sèment que tard, fin de mai et commencement de juin ; la possibilité de faire ces récoltes dérobées, est un immense avantage peu connu, dû à la culture à vapeur, qui avance immensément les travaux ; il ne faut pas oublier les défoncements, le mélange des terres et l'amélioration du drainage.

M. Wagstaf, fermier dans le comté d'Essex, en terres très argileuses, se loue on ne peut davantage, de l'amélioration apportée au drainage, par suite des labours profonds, impossibles à faire avec des chevaux dans ses terres si tenaces et que la vapeur exécute si bien ; depuis ces défoncements, on laboure les terres à plat, sans qu'il y reste d'eau, quoiqu'on ait renoncé à faire et à entretenir pendant l'hiver de très-nombreuses rigoles, qui étaient aussi une grande dépense.

Conversation et conférence au club des fermiers.

M. Jool, fermier à Coulart Bank, comté de Moray, au nord de l'Écosse, a été invité par le club à parler de sa culture à vapeur récemment établie. M. Jool a acheté l'appareil de Howard, avec une locomobile de la force de dix chevaux, qui se transporte elle-même ; avec cet appareil, on ne fait que peu de besogne et on emploie beaucoup de câble de fil d'acier. Le câble employé par M. Jool, a une longueur de mille cinquante yards, nécessaire pour entourer son champ le plus grand. L'appareil emploie cinq hommes et deux jeunes garçons, tandis que l'appareil de Fowler n'emploie que trois hommes, mais le capital représenté par l'appareil Fowler, est plus du double de celui de Howard. M. Jool a une charrue à trois socs, un scarificateur à cinq pieds, une triple herse et la locomobile ; cette dernière et le scarificateur ont coûté 13,000 fr. ; la charrue à trois socs, est de 1,625 fr.; et la triple herse de 563 fr., total de l'appareil : 15,188 francs.

On a brûlé deux mille trois cent cinquante kilos de charbon à 20 fr. la tonne ; pour labourer une pièce de terre de six hectares ; la dépense totale a été de 119 f. ou 20 fr. par hectare ; le travail a été bien ralenti par l'arrachage de grosses pierres ; on a repassé le même champ en long, à un pied de profondeur, en deux jours, avec une dépense totale de 60 fr. ou 10 fr. par hectare.

Un champ de quinze hectares a été cultivé une fois à huit ou neuf pouces de profondeur en cinq jours, avec une dépense de 201 fr. ou 13 fr. 25 par hectare ; il est bon d'observer que c'était la première culture à vapeur que ces champs recevaient, et que le sous-sol était très dur.

Le champ suivant, de neuf hectares soixante ares, avait été cultivé une fois avant l'hiver ; il l'a été de nouveau, au printemps, à dix ou onze pouces de profondeur, en travers de la première culture, avec le scarificateur qui n'a que trois pieds ; on a eu beaucoup de grosses pierres à arracher chaque fois ; on a employé trois jours y compris le changement de champ lors de cette seconde culture ; la dépense a été de 130 fr. ce qui fait 13 fr. 60 c. par hectare, et le champ est bien disposé pour être ensemencé au semoir.

Le champ à cultiver après, se trouvait à une lieue ; il était de douze hectares destinés comme les précédents aux turneps ; il reçut les deux façons en long et en travers à neuf pouces de profondeur ; on y employa cinq jours, et la dépense a été de 210 fr. ou 17 fr. 50 c. par hectare.

Le dernier champ cultivé à la vapeur, était en terres très fortes, et avait une étendue de quatorze hectares quarante ares ; on l'a cultivé à dix pouces, en quatre jours et demi ; il touchait le précédent ; l'ouvrage du scarificateur a été si bon, que le semoir a pu le suivre immédiatement ; la dépense a été de 12 fr. 50 c. par hectare. Lorsque l'ouvrage est fini, l'appareil travaille pour des voisins à des prix rémunérateurs ; M. Jool ne peut rien dire de l'effet produit par la culture à vapeur sur les récoltes, n'ayant pas encore récolté ; mais cet effet ne peut être que très bon, par suite de la profondeur de la culture, par le mélange du sous-sol à la terre de dessus, et encore par l'amélioration de l'assainissement du drainage, amélioration dûe au défoncement.

Notes diverses.

Le docteur Vatker cite les résultats suivants de l'emploi de trois cent vingt-cinq kilog. de sel, par hectare. On a obtenu par hectare douze mille cinq cents kilos de betteraves disette, nettoyées, de plus que sur la partie du même champ qui n'avait point reçu de sel ; un autre hectare qui avait reçu quatre cents kilos de sel, a donné une augmentation de quinze mille quatre cent vingt neuf kilos de racines ; enfin, sur un hectare qui avait reçu cinq cents kilos de sel, la récolte en betteraves, a augmenté de vingt-trois mille cinq cents kilos.

Je reçois à l'instant, une lettre du baron Peers, qui habite le château d'Ostcamp, près Bruges, en Belgique ; il me mande qu'il vient d'importer trois béliers de race Oxfordshiredown, pris chez M. Charles Howard, fermier à Bidenham, près Bedford, et frère de MM. Howard, les fabricants de machines agricoles ; le baron a payé 1,000 fr. les trois béliers, pris sur place ; il a fait venir en même temps, vingt-cinq antenaises pour 3,000 fr. On pourra, en 1869, se procurer chez cet excellent et zélé cultivateur, des béliers antenais de cette forte race à laine longue, dans les prix de 100 fr.

Bonne méthode pour élever les veaux, selon M. Hooper,
bon fermier et bon éleveur anglais.

Il est bon d'amener les vaches à mettre bas, vers le

mois de janvier ; on fait boire aux veaux du lait pur
trois fois par jour ; vers l'âge de quinze jours, on supprime moitié du lait pur qu'on remplace par du lait
écrémé doux ; à six semaines, ou supprime le lait pur,
qui est remplacé par une boisson composée d'un litre de
farine de graines de lin et d'un litre de farine d'orge,
ayant été moulus ensemble et tamisés ; on verse sur cette
farine dix litres d'eau bouillante, en remuant bien ; on
laisse tremper pendant vingt-quatre heures ; on ajoute
ensuite dix litres d'eau bouillante et on fait cuire pendant une demi-heure, en remuant. Un mois ou six semaines plus tard, on remplace l'orge par de la farine de
fèves ou de pois ; lorsque les veaux commencent à manger, on leur donne un peu du meilleur foin et un peu
de betteraves pulpées, ration qu'on augmente selon
l'âge ; si un veau était trop relâché, on remplacerait
l'orge par de l'avoine moulue et séparée du son. Quand
ils approchent d'un an, on donne aux veaux une livre
de tourteaux mélangés de colza et de lin, en augmentant peu à peu la dose, jusqu'à trois et quatre livres
ajoutées à du foin, mêlé à égale quantité de paille,
hachés l'un et l'autre, et mêlés aux racines pulpées ; on
leur en donne trois rations par jour ; il est essentiel que
les repas soient donnés à heure exacte ; si parmi ces
jeunes bêtes il s'en trouve qui aient fini et cherchent
encore à manger, il faut leur en donner encore ; il faut
bien nourrir les jeunes veaux, mais en évitant qu'ils ne
deviennent gras, avant d'approcher de vingt-quatre à
trente mois.

*Vente de courtes-cornes des plus remarquables, faite en
mai 1867, dans le comté de Kent.*

Cette vente a eu lieu près du magnifique château de
Preston Hall, propriété de M. Edouard Ladd Betts, un
grand entrepreneur de chemins de fer.

J'ai visité deux fois cette propriété à cause de son excellente culture, l'une des meilleures d'Angleterre. On y a vendu cinquante-deux vaches, génisses, ou veaux, dont un, âgé seulement de quelques jours, et qui a produit 500 fr. ; il a été acheté par un M. Bates, du Yorkshire, probablement un des descendants du fameux éleveur de ce nom.

Onze taureaux ont été vendus le même jour, pour la somme de 1,793 livres sterling, ou 44,825 fr. ; le plus cher a produit 12,750 fr., et le suivant 7,625 fr. ; trois ont dépassé chacun 5,000 fr., les moins chers sont arrivés à 800 et 550 fr. ; M. Robert a acheté le plus cher ; M. Brogden a eu celui de 7,625 fr. ; ces deux messieurs sont fermiers.

Treize taureaux ou vaches, avec le surnom de Duc ou Duchesse, sont arrivés au chiffre de 10,875 fr. la pièce ; les vaches d'une autre famille, ayant le surnom de Rose, au nombre de dix, ont obtenu un prix moyen de 5,350 f. ; le prix moyen des cinquante-deux femelles a été de 4,575 fr. ; vingt bêtes, mâles ou femelles, ont dépassé le chiffre de 5,000 fr. ; onze bêtes ont atteint ou dépassé celui de 7,500 fr. ; six bêtes sont montées à 10,000 fr. et plus et cinq bêtes, aux chiffres suivants :

Deux grandes Duchesses ont été achetées par le capitaine Oliver, habitant le comté de Northampton, l'une pour 21,250 fr., l'autre pour 17,750 fr., total, 39,000 f. ; M. Dauson du Yorkshire, a payé un grande Duchesse 17,650 fr. Lord Penrin, qui a une vacherie très-remarquable près du pont- tube du chemin de fer qui conduit dans l'île d'Anglesey, à Bangor, a payé une grande Duchesse 13,155 fr. ; M. Robert a payé un taureau grand Duc 12,750 fr. Le comte Spener, demeurant à Althorp Parc, Northamptonshire, a payé deux grandes Duchesses ensemble 20,750 fr. et un taureau grand Duc, 5,250 fr., total, 26,000 fr. pour trois bêtes. Le duc

de Devonshire a payé une grande Duchesse 5,000 fr. ;
une Rose 2,625 fr., et une autre 1,250 fr. ; le colonel
Townley, après avoir vendu la plus belle vacherie de
courtes-cornes d'Angleterre, de cette époque, il y a peu
d'années, vient d'acheter, au prix de 8,250 fr., une
vache, dont le père a été vendu par lui-même 33,000 f.
à une Société d'Australie ; cette Société lui a offert la
même somme, pour un frère puîné du précédent taureau, que j'ai vu en 1859 ; cette offre a été déclinée par
le colonel, qui s'occupe de former une nouvelle étable.
Lord Braybrook, du comté d'Essex, a acheté une vache
de la famille Rose pour 5,000 fr. et une autre, de la
même famille, au prix de 8,875 fr. MM. Lency, Charles
et Frédéric, tous deux fermiers dans le comté de Kent,
ont acheté pour la somme de 22,750 fr., six vaches,
dont une grande Duchesse, pour 7,250 fr., et une Rose
pour 5,250 fr.

Je suis désolé que M. Betts se soit défait de son étable
courtes-cornes ; c'était la plus belle de l'Angleterre, sinon la plus nombreuse, puisqu'elle ne contenait que
soixante-trois bêtes, et qu'il en existe une de deux cent
soixante têtes ; mais c'est celle qui a produit la moyenne
de vente la plus élevée connue. Le chiffre total de cette
vente s'est élevé à 279,746 fr. pour soixante-trois têtes.

La culture de la terre de Preston Hall, est une des
plus perfectionnées d'Angleterre ; le régisseur, M. Free-
man, encore jeune, est très-habile et fort poli ; enfin le
château est un des plus beaux de la Grande-Bretagne et
mérite d'être vu ; il se trouve à une courte distance de
Boulogne, ou de Calais, près la ville de Maidston, comté
de Kent, et près d'une station, la première pour aller
de Maidston à Londres.

Une autre vente a été faite le lendemain, celle de l'é-
table de M. Mac-Intosh, près la station de Romford, sur
le chemin de fer du Great Western ; quarante-six fe-

melles, neuf mâles et deux veaux courtes-cornes ont produit une somme totale de 166,000 fr. ; le prix moyen a été de 2,915 fr. ; le prix moyen, par tête, des neuf taureaux a été de 3,610 fr. ; celui des quarante-six vaches a été de 2,675 fr.

Conseils donnés par M. Méchi.

M. Méchi est l'agriculteur le plus zélé d'Angleterre ; il est très-instruit, excellent praticien, et continuellement occupé à se rendre utile aux agriculteurs, par ses nombreuses publications, et ses discours dans les réunions agricoles dans toutes les parties du pays sont très-appréciés ; l'humidité des deux dernières années, ayant singulièrement multiplié les limaces, il a employé, avec de fort bons résultats, la chaux nouvellement éteinte et pulvérisée, en en semant par hectare, deux hectolitres, à l'entrée de la nuit, et en recommençant une seconde fois, la même application, à la pointe du jour ; on doit en la semant, marcher contre le vent. Il ajoute qu'une application de sel pulvérisé, à raison de cinquante kilos par hectare, aurait aussi d'excellents résultats, non-seulement contre les limaces, mais encore contre les vers de toutes les espèces qui sont si nombreuses ; on l'emploie beaucoup en Angleterre ; mais ce remède n'est pas possible en France, à cause du prix, à moins d'avoir du sel de poisson, ou du sel de peaux, à sa disposition.

M. Méchi recommande la timothy des Américains, ou fléole, en mélange, dans les semis d'herbages devant durer plus d'un an, surtout si la terre est forte et fraîche ; cette plante arrive à un mètre de longueur, et produit beaucoup d'un excellent fourrage, à partir de la seconde année.

Lorsqu'on construit en briques, qui sont toujours plus ou moins poreuses, il conseille de les blanchir avec un lait de chaux, qui bouche les pores et prévient l'humidité dans les maisons et dans les étables ; le sol de ces dernières devrait toujours être drainé lorsqu'on les construit. Un lait de chaux, appliqué aux toitures en ardoises, les rend bien plus fraîches en été, ce qui est des plus utiles pour les personnes, ou les bêtes.

Au dire de M. Méchi, tous les bons agriculteurs de l'Angleterre comprennent maintenant qu'il est bien plus profitable d'engraisser les bêtes très-jeunes ; les cultivateurs les plus progressifs, vendent les bêtes bovines entre deux ans et trente mois, et les bêtes ovines, à un an ou quinze mois ; il est utile de connaître les meilleurs manières d'arriver à ce but ; il faut d'abord restreindre le plus possible l'activité des animaux, en limitant leur locomotion ; ils doivent être bien nourris dès leur naissance ; M. Méchi n'est arrivé à satisfaire complétement ses bouchers, que depuis qu'il donne à ses jeunes bêtes à cornes, à partir de l'âge d'un an, de la farine de graines de lin, cuite, dont la quantité, partant d'une livre, arrive à trois. Il engraisse actuellement, 1868, une douzaine de jeunes bêtes qui pèsent, en moyenne, huit cent quatre-vingts livres de viande nette ; voici la nourriture qu'il leur donne par tête : cent quarante litres de rutabagas, trois livres de farine de graines de lin bouillie, sept livres d'un mélange de tourteaux, composé par parties égales de lin, de colza et de graines décortiquées de coton ; on verse le liquide contenant la farine et les tourteaux bouillants, sur douze livres de paille coupée à la longueur d'un huitième de pouce ; on y ajoute une poignée de farine et une livre de foin coupé.

Dans une note de M. Méchi, en date de 1867, il dit que l'expérience lui a appris peu à peu, depuis dix-sept ans, qu'il avait eu tort de donner une trop grande quantité de racines à ses bêtes à l'engrais ; il ne dépasse guère vingt-cinq à trente kilos de racines pulpées, par jeune bête bovine , et il a vendu cette année beaucoup de bêtes, âgées de deux ans, en moyenne à 575 fr.; il a remplacé le tourteau de lin par celui de graines de coton décortiquées, qui coûte moitié moins et fait presque aussi bien; il a augmenté la ration de paille bouillie et de foin avec du son et de la farine de germes d'orge; pour remplacer la grande diminution des racines, il préfère les betteraves aux autres racines; il y ajoute une livre d'une nourriture qui stimule l'appétit; elle est composée d'un mélange de parties de fenu grec, de gingembre et de caraway locust, arrosés de mélasse.

Dans une note datée du 7 avril 1868, M. Mechi parle d'un essai de semailles de froment qu'il fait depuis plusieurs années avec succès, en n'employant que vingt ou vingt-cinq litres, par hectare; cette semaille se fait à l'imitation de M. Hallet, de Manorfarme, à Brighton, qui au moyen d'un semoir à cuiller, en usage en Angleterre, peut répandre une très minime quantité de semence, en se servant des cuillers destinées aux graines fines, colza ou autres ; son essai est semé au milieu d'un champ de sa sole de blé, et dans la même journée que les pièces qui l'entourent et qui reçoivent quatre-vingts ou quatre-vingt-dix litres de semence par hectare ; celui de cet hiver mis en terre dans la seconde semaine de novembre ressemblait à une jachère, pendant tout l'hiver rigoureux qu'il a fait ; mais depuis le sarclage, il a si bien tallé, qu'il a presque rattrapé la belle apparence de ses voisins ; les gens de M. Mechi prétendent qu'il produira autant, ou plus qu'eux. Voici les produits des essais, dans les quatre dernières années, par hectare: cinquante-deux hectolitres vingt litres, cinquante-un hectolitres trente litres, vingt-huit hectolitres quatre-vingt-six litres, et vingt-huit hectolitres cinquante-cinq litres ; ces produits ont été au moins égaux et même supérieurs, à ceux des champs les joignant.

M. Mechi sème le plus habituellement, en bonne saison, par hectare, quatre-vingt-dix litres de froment, cent trente-cinq litres d'orge, et cent quatre-vingt-six litres d'avoine ; sa ferme est en terres argileuses, parfaitement drainées, fortement fumées, depuis 1840 ; tout est semé au semoir, en lignes séparées, pour admettre le sarclage de la houe à cheval de Garrett, qui sarcle autant de lignes que le semoir en sème, soit treize lignes chez lui ; M. Mechi sème un peu plus épais, le peu de terres légères qu'il a ; comme dans celles-ci, les vers sont à craindre, on peut les détruire par une application de cinq cent quarante litres de sel, par hectare, ou, à son défaut, de mille kilos de tourteaux de colza, réduits en petits morceaux gros comme des noisettes ; les tourteaux forment une demi-fumure.

Le sel est semé au moment du hersage, en février ou mars, et le tourteau en même temps que la semaille.

Si on adoptait les semailles claires, au lieu de celles encore en usage dans certains lieux, de deux cent cinquante à trois cents litres de froment, ou de quatre à cinq hectolitres d'avoine, on économiserait une immense quantité de céréales, et on assurerait selon M. Mechi, de meilleures récoltes.

M. Mechi récolte, année moyenne, de trente à quarante hectolitres de froment et de soixante à quatre-vingts de bonne avoine noire ; mais les semailles en lignes et le sarclage des lignes, sont indispensables, pour les bonnes récoltes et la propreté des terres.

La meilleure nourriture d'hiver, pour le bétail, en même temps que la moins chère, est l'ajonc, ou grand genêt épineux ; ce qui a empêché la culture de cette excellente plante, de s'étendre davantage, c'est qu'on ignorait la manière de la cultiver, puis celle de l'employer et qu'on n'en connaissait ni le grand produit, ni les qualités nutritives. Il est essentiel que la terre qui lui est destinée, soit aussi propre que possible, car elle peut durer, et bien produire, pendant vingt ans ; mais elle est détruite par l'herbe. On doit la semer après une ou deux récoltes de racines des mieux sarclées ; elle n'exige pas une terre fertile, mais propre et pas humide ; l'auteur de l'article dit avoir semé la graine d'ajonc, avec un semoir, à raison de cent livres par hectare ; les lignes étaient à 0^{m}40, afin de pouvoir les sarcler à la houe à cheval ; l'époque convenable pour semer, est en mai, ou dans les premiers jours d'octobre. Il en a semé cinquante ares, dans une petite ferme de quinze hectares en très-mauvais état, qu'il venait d'acheter ; le vendeur n'y nourrissait qu'une vache et trois bêtes à laine ; il y nourrit maintenant pendant l'été après trois ans de possession, soixante-quinze bêtes à laine, avec du ray-grass d'Italie et du trèfle, passés par le hache-paille ; et pendant les six mois d'hiver, il nourrit cent quatre-vingts bêtes à laine principalement avec les cinquante ares d'ajoncs ; il a vendu grasses, la moitié de ses bêtes et le reste suivra sous peu.

Avec le produit de ces cinquante ares semés en ajoncs, il a nourri depuis deux ans, à partir du 1er octobre, durant les nuits, onze chevaux, deux poulains, six vaches, trois élèves, une mule et un âne ; les grandes bêtes en mangent de soixante à soixante-dix litres passés par un bon hache-paille, et coupés très-court ; on ne cesse de faucher cette excellente nourriture, que lorsque la plante fleurit, car elle devient alors amère.

Un ancien vétérinaire convient qu'on apprend à tout âge, et qu'il se trouve très-bien de l'emploi du remède suivant qu'il doit à un jeune confrère, pour la cure de la gale des chevaux et autres bêtes : on ajoute à de l'huile distillée de goudron une certaine quantité d'alcali mêlé d'eau, de manière à former une liqueur transparente et incolore ; on l'applique à la peau, au moyen d'un éponge, et la guérison est presqu'instantanée.

Un agriculteur anglais reproche aux cultivateurs de son pays, d'employer trop peu de semence, en plantant des pommes de terre ; il conseille à ceux qui voudront faire d'abondantes récoltes de ce tubercule si utile, d'employer d'abord cinq tonnes de chaux de mille kilos, par hectare , ensuite deux cent cinquante kilos de sel , et autant de superphosphate ; en suivant son conseil il assure. qu'on récoltera dans une année ordinaire, de trente à trente-six tonnes, de mille kilos, de pommes de terre ; on devrait essayer au moins sur un are.

On dit que dans une année où les céréales ne sont pas abattues, ou couchées, par le vent, une bonne machine à moissonner, suivie de douze ouvriers s'employant bien, économisera 1,150 fr. sur un travail de cent hectares, en payant les ouvriers, et même les chevaux sur le prix ordinaire de moisson, qu'on estime à 20 fr. l'hectare, ce qui est bien inférieur au prix payé en Fránce ; on ajoute qu'on ne comprend pas comment il existe encore de grands fermiers n'ayant pas de moissonneuse ; l'économie dès la première année, couvre aisément le prix ; et il ne faut pas oublier l'immense avantage de rentrer sa récolte, et de la mettre à l'abri, en bien moins de temps.

On recommande beaucoup dans le journal d'Edimbourg, la pomme de terre, connue sous le nom de Sutton's new berkshire kidney potatœ ; la gravure qu'on en donne, la représente fort belle, longue, ronde, à petits yeux ; elle provient de semence donnée par la meilleure pomme de terre anglaise nommé fluke. On peut se la procurer chez M. Sutton, fameux grainetier, demeurant à Reading, Berkshire.

Parmi les plus beaux spécimens d'arbres résineux, exposés au jardin réservé du Champ de Mars est un *thuya gigantea* qui a remporté le 1er prix ; un *abies nordmaniana* a eu le second prix, et un magnifique *sequoia gigantea* n'a eu que le troisième prix.

Voici les noms des plus beaux arbres choisis dans une grande collection de trois cents arbres résineux, exposés par M. Deseine, pépiniériste à Bougival près la station de Rueil, et à la porte de Paris ; c'est ce pépiniériste qui a remporté le premier prix :

Abies Brunoniana, A. cilicia, A. bratiata, A. cephalonica, A. Douglasii, A. lusitacarpa, A. spectabilis, A. grandis, A. Pindrow, A. nobilis, A. amabilis ; Thuya Lobbii, très-beau, *Thuya magnifica ; Pinus benthamiana, P. macrocarpa, P. codiantus, P. murrayana, P. de Calabrica.*

Un charmant arbuste à fleurs roses doubles, du nom de *Gerstrœmia indica,* supporte l'hiver, près Tours, étant abrité contre le vent du nord.

Moissonneuses à bon marché.

Bien des personnes craignent de mettre 800 fr. à une moissonneuse et faucheuse de Morgan et Seymour, fabriquée par M. Philippe Durand, à Lignières (Cher), qui est la meilleure et la plus expéditive ; elle coupe de quatre à cinq hectares par jour ; ces mêmes personnes peuvent se procurer une bonne moissonneuse à un cheval, employant deux hommes, et ne coupant que deux hectares, pour 536 fr., chez M. Samuelson, à Bambury, comté d'Oxford, Angleterre.

La race cheviot est la meilleure pour les montagnes, et les pays froids et maigres ; il serait très-utile d'en importer dans les Pyrénées, dans les Landes, en Bretagne, en Sologne, dans les Ardennes et dans beaucoup d'autres parties de la France pour y remplacer les pauvres troupeaux qu'on y élève.

Le troupeau de cette race qui a été très-perfectionné depuis une centaine d'années, par la famille Brydon, et par le présent propriétaire, M. Brydon de Modlaw ,

Eskdale Muir, près Langholm, comté de Dumfries (Ecosse), est connu pour avoir, en 1865, vendu cent soixante-neuf béliers au prix moyen de 350 fr. ; on donne le détail des prix de dix béliers, dont la moyenne a été de 1,984 fr. 50 c. ; les deux béliers les moins bien vendus, parmi les dix, sont arrivés à 1,000 et à 1,025 fr.; les trois plus chers ont produit, l'un 2,875 fr., l'autre 3,025 fr., et le troisième 3,875 fr.

M. Brydon se retirant après une vie employée utilement à donner de bons exemples de culture, vendra, le 23 mai 1868, son troupeau de race cheviot, le plus remarquable qui existe ; il se compose de dix-huit cent quatre-vingts têtes, dont onze cents brebis et agneaux, et sept cent quatre-vingts autres têtes, sans qu'il soit *question de béliers*.

Conservation de la viande pendant plusieurs mois.

M. Gamgée, un des meilleurs vétérinaires de la Grande-Bretagne, est allé à New-York, il y a peu de temps, dit le journal le *Fermier*, du 25 mars 1868, pour y faire goûter de la chair de moutons tués en Angleterre, depuis, un, deux, trois et même quatre mois ; un dîner de cinquante couverts a été donné pour examiner si l'invention du docteur Gamgée, pour la conservation prolongée de la viande, dans son état frais, était bonne et utile ; tout le monde a été d'accord pour convenir que le but était atteint, que les moutons tués depuis plusieurs mois, étaient aussi bons que s'ils avaient été nouvellement tués.

Le journal écossais dit que la commission chargée par la Société royale d'agriculture d'Angleterre de visiter les fermes employant des appareils à vapeur, se composait de neuf membres ; ils se sont partagés en trois sections, chacune de trois membres ; la première a visité vingt-huit fermes, en dépensant 5,600 fr. ; la seconde a visité cinquante fermes et a dépensé 5,700 fr. ; la troisième section était arrivée au moment de finir son inspection ; on s'attend que les impressions coûteront 10,000 fr. ; la dépense de cette opération si utile dépassera 25,000 fr., payés par cette Société agricole.

Il a fallu, dit un article inséré dans le journal écossais, que la peste bovine soit venue faire éprouver de si terribles pertes, pour attirer l'attention des cultivateurs de la Grande-Bretagne, sur des maladies contagieuses, telles que la pleuro-pneumonie, la maladie aphteuse qui prend le bétail par la gorge et les pieds, le claveau, le piétin, la gale, et tant d'autres.

Toutes, mais la première surtout, ont fait à la longue plus de mal que la peste bovine elle-même ; la rude expérience qu'ils ont traversée les a amenés à penser sérieusement à rechercher les moyens de s'en préserver ; diverses précautions ont été indiquées, telles que de faire tuer les bêtes grasses importées, à leur arrivée même dans le pays ; de faire faire une quarantaine à celles qui ne sont pas destinées à être tuées de sitôt ; enfin, à élever le plus possible chez soi pour engraisser à deux et un an, des bêtes croisées de races précoces ; on évite ainsi de s'exposer à introduire dans les fermes ces terribles épizooties, que les bêtes achetées au dehors et au loin, ont gagnées par suite de leurs transports en chemins de fer, ou en bateaux à vapeur, ou même par le seul fait du changement de pays et de nourriture ; en outre, ils perdent du temps avant de s'acclimater et sont souvent d'espèces moins aptes à l'engraissement.

MM. Lawes et Gilbert font depuis plus de vingt années des expériences agricoles, pratiques et chimiques, fort en grand sur la terre de Rorthamstead, près Saint-Albans, à trente-deux kilomètres de Londres, terre qui appartient à M. Lawes ; ces savants disent que les bêtes à l'engrais retiennent 6 p. 0/0 des bons aliments secs qu'elles consomment ; il leur faut trois mille cinq cents livres de racines, six cents de foin de trèfle et deux cent cinquante de tourteaux , pour former cent livres de viande ; selon eux, cinquante-sept et demi de la nourriture consommée par eux servent à fournir la chaleur vitale et trente-six et demi pour cent des aliments viennent en augmentation du fumier ; il résulte de toutes leurs expériences qu'il faut tenir les animaux chaudement et les bien nourrir, pour les conserver le moins longtemps possible ; il résulte encore que les bêtes bovines tuées grasses, à deux ans, et les bêtes ovines à un an, laissent plus de bénéfice net que si on les conservait plus longtemps ; car plus les bêtes sont jeunes, mieux elles payent ce qu'elles consomment. Ces messieurs ajoutent que l'expérience leur a démontré plus récemment à eux et à bien des engraisseurs, qu'il y a grand avantage à remplacer la plus grande partie des racines par trois ou quatre livres de tourteaux ou farines , et moitié du foin par de la paille de froment, mais à condition de les faire passer par le hache-paille ; on peut encore amollir la paille par une décoction versée bouillante ; on forme cette décoction avec des farines de tourteaux ou de graines et même avec des racines. Voici un exemple d'engraissement bien réussi de six jeunes bœufs qui viennent d'être vendus 975 fr. par tête au dernier concours des bêtes grasses à Londres ; elles consommaient journellement un hectolitre quatre-vingts litres de fourrage coupé, moitié foin et paille, quatre à cinq livres de tourteaux mélangés, six à neuf litres de farine mêlée avec trente-six litres de betteraves pulpées.

Il est encore utile de remarquer, que plus on fait consommer de tourteaux, meilleur est le fumier ; d'après des analyses, il a été démontré qu'une tonne de mille kilos de tourteaux de graine de coton décortiquée, avait amélioré le fumier pour une valeur de 162 fr. , par

tonne ; d'autres tourteaux l'avaient amélioré de 115 fr. ;
une tonne de farine de fèves, de 89 fr., et une d'orge,
de 37 fr. ; car l'orge contient bien moins d'azote et de
cendres que les fèves ou les tourteaux. Des bêtes engraissées dans des étables consomment un quart de nourriture de moins que celles qui sont engraissées en plein
air, durant l'hiver.

*Quelques extraits d'une lecture faite par un habile fer-
mier anglais, sur une manière bonne et économique,
d'hiverner le bétail.*

Dans ce pays d'excellentes prairies, a dit M. Coleman
au club des fermiers de la ville de Derby, on compte
trop sur le foin pour la nourriture hivernale du bétail,
nourriture qui pourrait être faite à bien meilleur compte,
en employant à sa place de la paille hachée mêlée à des
racines pulpées; si les racines manquent, on doit arroser
la paille hachée avec un bouillon de tourteaux.

Le foin qu'on peut économiser, on le fait consommer
en vert par des bêtes à l'engrais ou par des vaches laitières; ce genre de consommation donnerait un bien
plus grand produit net, à une époque où la viande, le
beurre, ou le bon fromage, sont à des prix aussi élevés.
Le foin est plus cher que son équivalent en herbe et profite
moins aux animaux, surtout s'il est employé à nourrir des
vaches qui, en hiver, ne produisent pas de lait. Il est bon
de remarquer qu'il faut au plus quatre kilos de racines
pour remplacer avec avantage un kilo de foin ; donc le
produit de quarante-cinq mille à cinquante mille kilos de
racines sur un seul hectare remplacera celui de trois hectares de prés, ce produit dépassant rarement trois ou
quatre tonnes par hectare. Il est donc très-profitable de
faire des racines, à condition de les fumer fortement, ce
qui veut dire, avec vingt-cinq ou trente mille kilos de
bon fumier et trois à cinq cents kilos d'un mélange

formé de moitié guano et moitié nitrate de soude ; on répand ce mélange dessus le fumier ; on ajoute au moins trois cents kilos de cendres ou de poudre d'os ; cette poudre passe par le semoir en même temps que la semence ; à défaut d'os, le superphosphate les remplacerait, mais il est plus cher.

Conseils de M. Coleman.

Lorsqu'il cultivait, dans le comté de Norfolk, avant de louer dans celui de Derby, son cheptel habituel se composait d'une trentaine de vaches qui avaient un bon taureau durham ; il élevait tous leurs veaux et en ajoutait autant que possible, achetés dans ses environs et surtout provenant de son taureau ; il les vendait gras âgés de vingt-quatre à trente mois.

Il hivernait jusqu'à cent vingt et même quelquefois cent cinquante bêtes, les vaches comprises, en ne parlant pas des chevaux.

Lorsque la récolte de fourrage était bonne, il donnait à ses bêtes un quart de foin mêlé à trois quarts de paille, le tout haché à cinq centimètres de longueur. Si cette longueur eût été moindre, la rumination ne se serait pas bien faite ; il y avait deux citernes garnies de ciment d'un mètre cinquante de profondeur, et enfoncées en terre ; on y mettait d'un jour l'un une couche de six pouces d'épaisseur de fourrage coupé et une mince épaisseur de racines pulpées, puis encore du fourrage et des racines et ainsi de suite ; on versait sur chaque couche de fourrage une suffisante quantité de décoction bouillante pour bien l'humecter, en ayant chaque fois le soin de mélanger le tout ; ensuite on piétinait fortement, couche par couche ; la citerne une fois pleine, on la couvrait d'une couche de paille, pour rester ainsi pendant vingt-quatre heures avant la consommation. La décoction se composait de deux livres de tourteaux pour dix litres d'eau, dont moitié de lin et de colza, car ceux de semence de coton décortiquée, ou de noix de palmier, qui sont les meilleurs et les moins chers, prennent un mauvais goût par la cuisson; ceux de semence de coton non décortiquée, sont nuisibles au bétail.

La ration des bêtes adultes se composait de soixante-dix livres de fourrage coupé, de deux livres de tourteaux ou bien de trois livres de farine fondue dans l'eau bouillante, et de vingt livres de racines; une pierre de sel se trouve toujours dans la mangeoire de deux bêtes; si on manquait de racines, on augmenterait les tourteaux.

Un des avantages de cette préparation de la nourriture du bétail, est qu'on peut y faire entrer sans nuire aux animaux des foins ou pailles de faible qualité, et lors même qu'ils auraient un mauvais goût; la fermentation des tourteaux et racines détruit les mauvaises odeurs; le bétail trouve cette nourriture si bonne, qu'il n'en perd pas, à moins qu'on ne lui en donne trop à la fois. M. Coleman a ajouté avec succès, dans les dernières années, à la décoction, une once par tête de fenu grec et une once de farine de graine d'anis. La farine des fruits d'un arbre des pays chauds, que les Anglais nomment locuste, est aussi odorante et sucrée; elle est très appréciée par les bêtes; on en fait un assez grand usage en Angleterre. Le prix de la ration de nourriture ainsi préparée est de beaucoup inférieur à celui du foin, consommé par une bête qui ne mange rien autre.

Il est bon d'observer aussi, qu'en nourrissant des vaches laitières, et en faisant des élèves, on enlève peu à peu au sol le phosphate si nécessaire à la production des récoltes; on use donc le sol, et il est nécessaire que le fermier ne craigne pas de dépenser une partie de l'argent qui lui rentre, en achat de tourteaux pour nourrir et engraisser ses bêtes et améliorer son fumier;

il fera donc bien de se procurer du guano, du nitrate de soude, des os pulvérisés on réduits en cendre, du phosphate de chaux fossile, ce dernier surtout, s'il a des défrichements à faire. Nous vivons à une époque où tout marche, tout se perfectionne ; il faut donc que le cultivateur marche aussi, et améliore sa ferme ; car il finirait par être remplacé par des gens qui seraient moins routiniers.

Il est très utile, nécessaire même, que le fermier, dans les moments où sa présence n'est pas indispensable chez lui, voie ce que font les cultivateurs qui ont la réputation de faire des améliorations ; il y trouvera souvent des choses bonnes à imiter ; et n'oublions pas surtout de lui recommander de lire les meilleurs journaux et ouvrages d'agriculture.

Voici ce qui a été dit à la commission chargée des matières nutritives, formant partie de la société instituée pour l'avancement des arts de Londres.

M. Tindal est membre d'une société composée de douze personnes habitant l'Australie, qui s'est formée dans l'intention d'expédier en Europe, des conserves de viande bouillie et désossée ; ces viandes sont renfermées dans des vases de zinc clos, pesant six livres ; les morceaux de choix se vendent à raison de soixante-dix centimes, et les autres parties à soixante-cinq centimes la livre. Cette société a déjà fait plusieurs envois de soixante mille livres, et espère pouvoir expédier une quantité pareille chaque mois lorsqu'elle en aura le placement ; elle est en position d'abattre dix mille têtes de bétail par an ; les os pouvant être travaillés, se vendent de 250 à 300 fr. la tonne. Les autres os sont pulvérisés, pour servir d'engrais dans le pays. On tue les bêtes à cornes de races anglaises, plus ou moins perfectionnées, entre trois et quatre ans.

On conserve, en Australie, les bêtes à laine jusqu'à

l'âge de sept ans, pour avoir leurs toisons. Le désossement qui doit se faire, pour pouvoir envoyer cette viande
en Europe, coûterait aussi cher pour un mouton que
pour un bœuf, dans un pays où la main d'œuvre est
des plus rares; on n'expédie donc pas de viande de
mouton.

Cette compagnie emploie un chimiste; elle confectionne
des gelées de bœuf, servant à faire du bouillon.

Les os forment le quart du poids d'une carcasse de
bête à corne; il s'en suit que les six livres de bouilli
d'Australie, sont aussi nutritives que huit livres de
bœuf d'Europe, vendues avec les os. Les conserves de
viande, faites de cette manière, en Angleterre, pour la
marine militaire, reviennent à 1 fr. 15 centimes la
livre.

Prix des terres à Buenos-Ayres.

On vend habituellement à Buenos-Ayres les terres
à raison d'une lieue carrée dont le contenu est de deux
mille quatre cents hectares, sur lesquels on peut nourrir
trente mille têtes de bêtes à laine; le prix d'une brebis
tondue est de 7 fr. 50 c.; les toisons de ce pays, pèsent
en suint, huit livres; lorsqu'on tue ces bêtes, pour les
faire bouillir et en extraire le suif, ce produit est en
moyenne de vingt livres; on se sert, dans ce pays, de
préférence, de grands béliers mérinos français. Beaucoup
de jeunes gens, fils de fermiers, et autres Anglais, vont
s'établir dans ce pays, dans lequel on ne peut réussir
qu'en y important un capital assez considérable; on
trouve des émigrants anglais jusque sur les bords du
détroit de Magellan, pays des *Patagons*.

Lors de la lutte d'un troupeau, on emploie le sel avec
un grand avantage, autant pour les béliers, que pour
les brebis; il est aussi très utile, lorsque les brebis allaitent; il contribue à la force des agneaux.

En Angleterre lors de la lutte, et même quelques semaines auparavant, on fait pâturer les brebis sur des champs de colza ; cette nourriture les rend aptes à la conception ; on y sème beaucoup de colzas pour être consommés en vert, par les troupeaux de bêtes à laine.

Un fermier a fait part à son club d'une grande amélioration de son troupeau, amélioration qu'il attribue en partie à l'emploi jusqu'après le sevrage, du mélange composé de la manière suivante, pour servir à la nourriture de deux cents fortes brebis, et de leurs agneaux dont il y a d'habitude un grand nombre de doubles portées. On doit d'abord fort bien nourrir les brebis à partir de trois semaines avant le part, et ensuite leur ajouter une certaine quantité d'un mélange formé de mille kilos de farine de caroube, autant de farine de fèves, mille cinq cents kilos de farine de graine de lin moulue avec mille cinq cents kilos d'avoine, mille kilos de germes d'orge, trois cents kilos d'orge malté, et cent kilos de sel, le tout parfaitement mélangé ; on ajoute tous les jours dix kilos de ce mélange, au bouillon d'eau et de tourteaux servant à humecter le foin et la paille hachés ; lorsqu'on a une machine à vapeur, il ne faut guère que quatre heures, par semaine, partagées en deux fois, pour couper le fourrage et pulper les racines, pour deux cents brebis et leurs agneaux et cent antenaises ; si on n'a pas de machine, il faut un manége.

Une chose à remarquer, c'est que tous, ou presque tous les bons cultivateurs, n'élèvent plus de dishleys de race pure, que pour en avoir à employer au croisement des brebis de diverses races, de la race cheviot de préférence ; on a généralement reconnu que les bêtes croisées sont meilleures nourrices, moins délicates pour la nourriture, et produisent de meilleure viande.

Après ces deux années, très humides, dit M. Mechi, on reconnaît aisément les champs qui n'ont pas été drainés et qui en avaient besoin ; des gens très capables comme experts, pensent que le produit en froment des terres fortes, bien drainées, doit dépasser celui des terres non assainies, de 220 fr. par hectare ; il ne sera pas beaucoup moindre par hectare de fèves, et l'augmentation sera au moins de 80 fr. par hectolitre d'avoine ; ainsi, près de 500 f. de bénéfice résultant du drainage sur trois années de culture ; c'est donc une inappréciable amélioration, et cette somme peut suffire pour solder le drainage de l'hectare le plus difficile à assainir ; ce chiffre m'a été donné, dit encore M. Mechi, par M. Baifey-Denton, membre de la Société royale d'agriculture, ingénieur très habile, et fort entendu en agriculture.

On ne conçoit pas d'après de pareils exemples, qui se renouvellent fort souvent, qu'il reste encore tant de terres ayant un grand besoin d'être assainies.

Résumé d'une lecture faite par M. Morley,
habile cultivateur.

Cette lecture a été faite à son club des fermiers en Écosse ; le sujet traité était le besoin que la plupart des terres ont d'être chaulées ; les meilleures terres, celles qui sont le mieux cultivées et le mieux fumées, n'arrivent pas à donner tout le produit dont elles sont susceptibles, si elles manquent de calcaire ; on ne peut avoir à se plaindre de l'emploi de la chaux, que lorsque cet emploi est fait en guise de fumure, et encore ne nuit-elle pas, mais c'est dépense inutile.

Il existe une grande quantité de prés, peu productifs et négligés, à sous-sol imperméable, qui, si on les drainait d'abord et chaulait ensuite, seraient très-productifs en excellent foin ; dans ce cas, la quantité de chaux convenable serait de quinze à vingt mille kilos sur un hectare. La même dose s'emploie avec succès dans les défrichements.

Dans les terres de nature calcaire, le chaulage est le plus souvent fort utile ; mais quelquefois cependant, il reste sans effet ; il est bon, alors, de l'essayer sur une petite étendue ; dans les terres non calcaires, la dose précédemment indiquée sera convenable, à moins que ce ne soient des terres légères ou brûlantes, pour lesquelles on fera bien de diminuer la quantité. La chaux, non seulement augmente considérablement les récoltes, dans les terres bien tenues ; mais elle détruit les vers, les limaces, et de nombreux insectes ; elle est indispensable pour les plantes légumineuses, dont elle double le produit ; son application convient surtout après un trèfle, dont elle dissout les racines, et elle tue les insectes et les vers, qui sont souvent très-nuisibles aux récoltes de céréales qui suivent les prairies artificielles retournées.

Une chose digne d'être citée, dit le journal d'Edimbourg, c'est le bon marché du port des produits, par les bateaux à vapeur et chemins de fer ; le beurre hollandais arrive de Rotterdam à Harwich, et se trouve porté par chemin de fer, à Londres, pour moins de 5 c. le kilo, malgré un si long parcours. Les beurres de Normandie et ceux de Bretagne, ne coûtent même que moitié de ce prix si minime, pour être vendus à Londres.

Machines à moissonner.

On est heureux de voir cette si utile machine se répandre davantage et de la voir pénétrer même dans les petites fermes de la Grande-Bretagne ; c'est au reste une suite forcée du manque et de la mauvaise volonté des ouvriers dans les campagnes ; maintenant, on rencontre les plus grandes difficultés à rentrer ses récoltes, lorsqu'on n'est pas muni d'une bonne moissonneuse-faucheuse.

Voici le compte-rendu d'une expérience comparative, faite en 1867 sur deux champs, chacun de quatre hectares, d'une bonne avoine ; l'un des champs a été fauché par les ouvriers d'un entrepreneur qui a eu à fournir les chevaux :

1° Quatre chevaux pour approcher les gerbes des meules faites sur le champ . . . .   12 f. 50

2° Quatre faucheurs payés par jour à 7 fr. 50   30   »

3° Quatre hommes pour lier, à 5 fr. . .   20   »

4° Quatre ouvriers pour charger les gerbes et conduire le râteau à cheval   23   30

Total . . . .   85 f. 80

5° Le bénéfice de l'entrepreneur . . .   26   65

112 f. 45

Le fermier de son côté, a coupé les quatre hectares en un seul jour, en employant :

1° Neuf hommes, à 3 fr. 75 par jour   . .   33 f. 75

2° Trois hommes, à 4 fr. 15.   12   45

3° Quatre chevaux pendant un jour   . .   12   50

4° Intérêt et amortissement du prix d'acquisition de la moissonneuse   10   »

Total . . .   68 f. 70

Différence . . .   43 f. 75

112 f. 45

Une moissonneuse donne donc près de 11 fr. d'économie par hectare.

Résultats obtenus par la formation d'un club de fermiers datant de vingt-cinq ans ; extrait d'un discours de M. Davies, cultivateur et membre du club des fermiers de Venlock, comté de Shropp, Angleterre.

Lors de la formation de notre club, en 1842, dit M. Davies, la culture de nos terres très-fortes, était des

plus arriérées ; l'eau séjournait, pendant une bonne partie de l'hiver, faute de drainage, dans les rigoles profondes séparant nos grandes planches bombées ; nos
grosses charrues étaient attelées de six à huit chevaux
peu forts ; leur grand nombre ne permettait pas aux
fermiers de les bien nourrir ; on n'avait pour étalons,
que de pauvres bêtes ; et on craignait de dépenser la
somme nécessaire pour en acheter de bons ; par suite les
poulains étaient faibles ; d'ailleurs ils ne mangeaient pas
d'avoine ; les fermiers n'avaient donc que de pauvres
chevaux, pour le travail ou pour la vente.

Le gros bétail et les bêtes à laine, de mauvaise espèce, mal nourris, ne valaient pas mieux ; la formation
d'un club dû aux bons conseils de quelques hommes
intelligents et plus instruits, a, peu à peu, heureusement
changé ce triste état de choses ; les meilleurs cultivateurs
donnèrent l'exemple et furent suivis, mais non pas sans
peine et imités par les autres ; maintenant même, nos
terres les plus tenaces, sont labourées par deux forts
chevaux, attelés à de bonnes, mais petites charrues en
fer, qui divisent mieux la terre, en faisant des sillons
plus étroits.

Mais il faut rendre justice aux propriétaires qui, les
premiers , se sont mis à drainer , les fermiers leur
payant 5 0/0 de la dépense ; cette amélioration a permis
de remplacer les jachères mortes, par la culture des
racines, qui ont nourri plus, et de meilleures bêtes, provenant de bons étalons payés à de bons prix ; une fois
qu'on a été à même de comparer les produits nouveaux,
à ceux connus jusqu'alors, la cause du progrès a été
gagnée ; au lieu de vendre des élèves maigres à de faibles
prix, on vendait des bêtes croisées, de bonnes races,
grasses au même âge, en doublant, au moins, les anciens prix ; l'augmentation de valeur, a été surtout
remarquable pour les moutons ; on les vendait maigres,

âgés de dix-huit mois, de 25 à 35 fr.; ils se vendent maintenant, âgés de douze à quinze mois, gras, dans les prix de 50 à 75 fr. la pièce, surtout ceux de race shropshire. Un autre grand avantage que la plupart des fermiers ont fini par obtenir de leurs propriétaires, c'est l'érection près des fermes, d'au moins cinq maisons d'ouvriers, pour chaque culture de cent hectares ; de cette dépense, les fermiers payent un intérêt de 5 0/0.

La bonne direction du club des fermiers de Wenlock, comté de Shropp avoisinant le pays de Galles, l'a fait connaître et lui a attiré la visite et les lectures d'un assez grand nombre d'agriculteurs et de savants agronomes, qui lui ont été aussi très-utiles.

Un cultivateur américain, M. Sheldon de Genèva, a envoyé en Angleterre, en 1867, neuf bêtes courtes-cornes, pour y être vendues à l'enchère; ceci a eu lieu l'an dernier en octobre à Windsor. Ce lot se composait de deux taureaux et sept génisses pleines ; l'ensemble descendait de la fameuse race de M. Bates (chez lequel j'ai passé deux jours en 1840), leur vente a produit la somme de 86,494 fr., un des deux taureaux a été adjugé à 13,750 fr.; une génisse de vingt mois, a été vendue à M. Leney pour 17,500 fr.; une génisse de dix-huit mois a été payée 7,500 fr. par le même M. Leney; M. Leney a acheté encore une génisse, pour la somme de 6,500 fr., ensemble 31,500 fr.

Lord Peurhyn avait acheté en 1862, un taureau de cette même race payé 15,000 fr. à M. Sheldon.

Le colonel Townley vendit, il y a quelques années, le plus fameux troupeau de courtes-cornes de la Grande-Bretagne ; il vient d'acheter une de ces sept génisses au prix de 10,000 fr. Il forme une nouvelle étable, dont la souche se trouve maintenant formée d'un taureau et quatre génisses de race Bates ; les cinq sujets ont été payés en moyenne, 11,812 fr. 50 par tête, soit un total de 59,000 fr.

Il n'y a rien qui active autant l'engraissement du bétail, que les tourteaux, lorsqu'on peut les avoir non frelatés, ce qui est essentiel ; un excellent cultivateur anglais, M. Wheatley, raconte qu'il y a quinze à vingt années il engraissait des jeunes bœufs, de trente à trente-six mois ; il ne fallait guère alors que deux mois et demi pour les avoir très-bons à abattre ; il leur donnait des racines, sept livres de tourteaux de lin et un coupage de tourteaux de lin et un coupage de moitié foin et paille ; depuis quinze ans environ, peu à peu on est arrivé à ne terminer cet engraissement qu'au bout de quinze et puis vingt semaines, tant on était parvenu à falsifier les tourteaux ; alors, une réunion de fermiers du Yorkshire, s'associa pour monter une huilerie, afin d'avoir de bons tourteaux ; même les récoltes de racines avaient diminué, lors de l'emploi des tourteaux falsifiés ; nous voilà revenus à l'engraissement peu prolongé du bétail, qui est devenu encore plus précoce, car on vend les croisés durham depuis l'âge de vingt jusqu'à celui de trente mois. Le fumier aussi, est redevenu bon, ainsi que les racines ; mais aussi, nous payons les bons tourteaux plus cher que ne l'étaient les mauvais. Voici maintenant les quantités employées : on donne aux veaux tétant et en sevrage de deux cent cinquante à cinq cents grammes de tourteaux ; aux agneaux de cent vingt-cinq à deux cents grammes mêlés aux farines les moins chères ; pour des vaches à lait, il est bon de donner un ou deux kilos, et autant pour des bêtes approchant de dix-huit mois à deux ans.

On dépasse rarement trois kilos pour bêtes plus fortes ou plus âgées. Trois et quatre livres avec autant de farine produisent habituellement le meilleur résultat. L'engraissement précoce d'hiver réussit bien avec un coupage composé de moitié ou trois quarts de paille et d'une quarantaine de litres de racines pulpées ; on remplace les racines, en été, par du vert passé par le hachepaille.

Les tourteaux de lin pur se payant de 275 fr. à 300 fr. la tonne , on s'est mis depuis quelque temps avec avantage, à les mélanger de tourteaux de diverses natures , tels que ceux de graine de coton décortiquée, de noix de palmier et de colza ; ce dernier fait aussi fort bien, lorsqu'il n'entre que pour moitié dans le mélange ; pour les veaux de première année, on met au plus un tiers de tourteaux de colza. On trouve quelquefois par hasard à meilleur marché de bons tourteaux de lin provenant du continent ou d'Amérique ; mais le contraire arrivant le plus souvent, il faut alors les faire analyser, si la quantité en vaut la peine.

Culture très-remarquable.

M. Méchi nourrit et engraisse quarante-quatre bêtes bovines, de l'âge de seize à dix-huit mois , jusqu'à celui de vingt ou vingt-quatre ; c'est à cet âge que les bouchers les enlèvent. En outre , il engraisse encore pendant tout le courant de l'année , cent quatre-vingts moutons achetés à l'âge de neuf à dix mois; trois mois après, il les vend, pour les remplacer ; ses terres sont très-fortes, mais drainées à fond, chaulées et fumées de même ; les sarclages répétés ne permettent à aucune mauvaise plante de s'y propager. Mais pour y arriver, il achète considérablement de tourteaux ; il prétend que sa comptabilité, exactement tenue, lui prouve que son riche fumier lui revient moins cher que les engrais pulvérulents qui le remplaceraient.

Un agriculteur qui ne signe pas son article raconte dans le journal écossais quelques détails d'une visite qu'il a faite à sir Georges Dumbar, au château de

Ackergill la Tour, dans le comté de Caithness, tout au bout du nord de l'Écosse.

Ce grand propriétaire cultive quatre cent quatre-vingts hectares, sur lesquels il élève et engraisse une énorme quantité de bétail.

L'ensemble de cette culture considérable a été drainé complétement, et se trouve partagé en trois fermes; celle qui entoure immédiatement le château, a été mise entièrement en herbages divisés en clos d'une douzaine d'hectares, entourés de murs construits avec les pierres que le défoncement a fournies.

Cette ferme est consacrée à l'élève des bêtes bovines et ovines.

Sir George se sert depuis une trentaine d'années de bons taureaux durham, tirés de chez les meilleurs éleveurs du sud de l'Écosse. Le nombre des bêtes à cornes nourries sur la propriété, s'élève à environ deux cent quarante, sans parler des veaux, soixante vaches, soixante bêtes d'un an, autant de deux ans et autant de trois ans; ces dernières sont vendues pour la boucherie, dans les prix de 600 à 750 fr. la pièce; on conserve chaque année une douzaine des meilleures génisses, pour remplacer les vaches engraissées : les autres élèves mâles ou femelles, sont castrés. On les laisse téter jusqu'à cinq mois, âge auquel on les met à l'herbe, où ils restent jusqu'au 1er septembre; à cette époque, ils ne sortent le jour que lorsqu'il ne fait pas mauvais; ils sont nourris avec des turneps, une livre de tourteaux et de la paille d'avoine, ou d'orge.

Le froment ne mûrit pas dans cette contrée, où l'assolement est de deux ans d'herbages, avoine, turneps, orge, ou avoine, dans lesquels on sème l'herbage.

Les bêtes à laine sont des dishleys écossais, acclimatés à la longue, aux intempéries de ce climat venteux et humide. Le baronnet a importé la souche du troupeau, il y a plus de trente ans. Ses deux cents brebis reçoivent des béliers de bons troupeaux du sud de l'Écosse. On vend les béliers antenais dans les environs, pour croiser des brebis chéviot; leur prix moyen est d'environ 160 fr. la pièce. Ce troupeau est le seul de la race dishley, qui existe dans cette partie de l'Écosse, où l'on est étonné de le voir prospérer.

Un lot assez nombreux de jeunes béliers du même troupeau a concouru à Edimbourg en 1863 à l'exposition de la Société royale d'agriculture d'Écosse; il a eu le second prix moyen des béliers.

Les deux autres fermes de sir George, bien construites aussi, sont en terres labourables, et partagées presque toutes en enclos carrés et d'une étendue de douze hectares entourés de murs.

M. Roberton est un excellent cultivateur, à l'entrée de l'Écosse; je l'ai visité en 1840, époque où, tout jeune encore, il marchait en tête des bons cultivateurs améliorateurs de ce temps; il a dit à son club en novembre dernier, que ses bêtes à l'engrais, recevaient un coupage de foin et de paille, quarante litres de racines pulpées, trois kilos de tourteaux mélangés; celui de semence de coton décortiquée à 176 fr. les mille kilos, est aussi bon selon lui que le tourteau de lin qu'il donne aussi à ses animaux avec du tourteau de colza; il y ajoute trois kilos de farine de légumineuses, fèves ou pois, avec un tiers de farine de caroube, qui améliore beaucoup cette nourriture.

Un lot de jeunes bœufs, doit remplacer à l'engrais, les premiers bœufs vendus; ce lot ne recevra en attendant que quarante litres de racines, et quatre litres de tourteaux mêlés. Les bêtes d'un à deux ans, n'ont que quatre livres de tourteau de colza, avec de la paille hachée arrosée d'une eau bouillante, dans laquelle une partie des tourteaux a été dissoute; ils n'ont pas de racines par suite de leur rareté. Quant aux moutons âgés de dix mois, qu'il engraisse, ils ont douze litres de turneps pulpés, un coupage moitié foin et paille, arrosé de ce bouillon, et une livre de tourteau de coton.

M. Roberton donne à ses brebis et agneaux, douze livres de racines, au couple une demi-livre de tourteau de coton et autant de farine, enfin du coupage de paille humectée.

Pour guérir le mouton de la gale, on recommande beaucoup l'acide carbonique ajouté à une grande quantité d'eau dans la proportion de $1/60^e$; on plonge le mouton dans ce bain pendant une minute.

Lorsqu'on a quelques bêtes à laine atteintes du piétin on leur enveloppe le pied d'un emplâtre composé d'acide carbonique mêlé à du suif ou du saindoux, de manière à mettre la partie malade à l'abri de l'air ; la guérison se fait en deux ou trois jours ; si le troupeau entier était atteint de ce mal, on forcerait les bêtes à passer dans une plate-forme garnie du remède graisseux.

Les veaux et autres bêtes à cornes, ont beaucoup à souffrir des mouches ; on parvient à les en débarrasser par une lotion contenant une minime quantité d'acide carbonique, dans de l'eau ; on l'applique avec une éponge.

Je lis dans le *Fermier d'Edimbourg*, qu'un fermier anglais compose avec des betteraves ou autres racines, des tourteaux qui engraissent les moutons aussi bien à quantité égale, que les tourteaux oléagineux. Voici comment il fabrique ces tourteaux de betteraves ; huit mille kilos de betteraves pulpées avec l'excellent pulpeur de Hornsby, étant parfaitement desséchés sur une touraille de brasserie, le poids se trouve réduit à mille kilos ; dans cet état, une forte presse les met en tourteaux. Pour s'assurer du mérite des tourteaux de betteraves, il a formé deux lots, chacun de cinq moutons, choisis dans le même troupeau ; ces deux lots pesaient chacun six cents livres ; il les a tenus tous deux dans la même pâture de regain pendant cent huit jours ; ils recevaient journellement le même poids, l'un de tourteaux de betteraves, l'autre de tourteaux de lin.

Ils ont été pesés six fois et voici l'augmentation de poids trouvée à chaque pesée par les cinq moutons recevant des tourteaux oléagineux.

Augmentation des livres par chaque pesée :

38, 83, 45, 25, 71 : 262, total de l'augmentation produite par les tourteaux de lin.

38, 71, 75, 34, 48 : 266, augmentation due aux tourteaux de betteraves.

Ce résultat prouve que les tourteaux de racines sont aussi nutritifs, que ceux de graines oléagineuses ; ils ont produit cent six livres de viande nette.

Les sept cent quatre vingt-neuf livres de tourteaux de lin, consommés, ont coûté 109 fr. 25 c. Les tourteaux de betteraves, consommés, pesaient trois tonnes trois cents livres ; à 18 f. la tonne, c'est 59 fr. plus 10 fr. pour la façon des tourteaux, total 69 fr. Dans un essai d'engraissement fait sur une très petite échelle, une économie de 40 fr. ou 8 fr. par mouton ; cela ferait 800 fr. pour cent moutons ; on a en outre l'avantage de n'être pas trompé par les marchands de tourteaux.

Il faudrait voir si les tourteaux de pulpe de sucrerie sont aussi bons que ceux d'huilerie ; ils seraient encore moins chers que ceux de betteraves, leur jus étant évaporé ; enfin il faudrait encore comparer l'effet des deux fumiers, celui provenant de tourteaux d'huilerie, et celui provenant de betteraves ; sans doute celui de graines oléagineuses, serait meilleur.

Le marquis de Dampierre exposait à Bordeaux au concours des bêtes grasses, un lot de dix moutons, âgés de douze mois, provenant du croisement de béliers southdown, avec brebis hampshiredown; leur poids était de six cents kilos; ils ont eu le premier prix. Il a reçu un autre premier prix, pour dix moutons southdown, âgés de trente-six mois, qui pesaient sept cent quatre-vingt-dix kilos; dix moutons de race gasconne, de trente six mois, ne pesaient que cinq cent quatre-vingt-cinq kilos ou cent quatre-vingt-quinze kilos de moins.

MM. de Vaulx frères, propriétaires et administrateurs de trente-deux métairies, dans les environs des Morets par Saint-Gérard-le-Puy, Allier, ont un bon nombre de leurs métayers qui remportent depuis plusieurs années, des prix dans les concours de bêtes grasses.

Ces MM. ont dans leurs métairies des vaches charollaises qui labourent, tout en élevant leurs produits; ils leur donnent des taureaux durham; les génisses sont vendues grasses, vers l'âge de deux ans, dans les prix de 450 fr. et les mâles vers l'âge de trente et trente-six mois, à 550 et 600 fr.

Ils ont eu en 1868, au concours de Bordeaux, le second prix pour un jeune bœuf âgé de vingt mois et quinze jours, pesant huit cent cinquante-trois kilos; le concurrent qui a eu le 1er prix, était un garonnais, âgé de trente-cinq mois; il ne pesait que quarante-trois kilos de plus, gagnés en quatorze mois et quinze jours.

MM. de Vaulx ont eu, au même concours, un deuxième prix, pour un bœuf âgé de trente-sept mois et pesant huit cent vingt-sept kilos; le bœuf bazadais qui a eu le 1er prix, ne pesait que dix-sept kilos de plus, après avoir été nourri dix mois de plus que le croisé durham.

Ces MM. ont eu un troisième prix pour une génisse âgée de trente-un mois et pesant cinq cent quatre-vingt-douze kilos; la vache bazadaise qui a eu le premier prix, avait été nourrie deux ans et cinq mois; et cependant elle ne pesait que cent quatre-vingt-douze kilos de plus que la génisse croisée durham.

MM. de Vaulx ont encore remporté la même année, au concours d'Avignon, un premier et un deuxième prix et trois mentions honorables ; leurs métayers reçoivent la moitié des primes.

Le docteur Guyot dit dans son dernier compte-rendu, que dans les pays chauds on doit soufrer la vigne sur les premières feuilles, ensuite à la floraison, enfin à l'époque où le raisin commence à prendre de la couleur ; l'oïdium ne se forme, dit-il, qu'après trois fois vingt-quatre heures d'une chaleur suivie et constante de quinze, vingt ou vingt-huit centigrades, ce qui n'arrive guère que dans le midi ; dans le centre, on fera bien de soufrer lors de la floraison, et plus au nord, on ne peut le faire ordinairement qu'au moment de la véraison ; le soufre pulvérisé, n'agit sur les feuilles de la vigne que par son odeur qui ne se manifeste que par une chaleur forte et durant longtemps ; mais il existe un moyen efficace de soufrer les ceps, là où la chaleur nécessaire manque ; on forme pour cela un liquide composé de la manière suivante : on met dans mille kilos d'eau un kilo de foie de soufre ou quadrisulfure de potasse ou de chaux ; lorsque le foie de soufre est dissout, on asperge les ceps au moyen d'une pompe à jardin, à petits trous, ce qui se fait même à dix mètres de hauteur, comme à Evian, où les ceps sont supportés par des chênes écorcés, qui remplacent les échalas ; l'oïdium aurait infailliblement détruit ces vignes, si on n'avait pas trouvé cette nouvelle manière de les soufrer ; un autre mérite encore c'est d'être bien plus économique, car dix kilos de foie de soufre, suffisent pour arroser deux fois un hectare de vignes, et ne coûtent guère que 5 ou 6 fr.

Le docteur nous apprend encore une très-bonne chose, c'est qu'une simple incision annulaire de l'écorce du cep, faite au dessous des grappes, un peu avant la floraison, empêche le raisin de couler ; mais il faut un

sécateur léger, afin de ne pas entamer le bois du sarment, qui casserait par suite d'un coup de vent.

Le docteur cite M. du Baut, président du Comice de
Saumur, non seulement comme un excellent viticulteur,
mais encore comme un agriculteur qui fait valoir plusieurs de ses fermes par des maîtres-valets mariés,
auxquels il fournit la consommation des ménages, une
certaine somme d'argent, et un certain poids de viande
de boucherie et de porc ; il fait ainsi produire à chacune
de ses fermes, dont l'étendue est d'environ cinquante
hectares, un revenu net moyen de 140 à 150 fr. par
hectare ou environ 7,000 fr. par ferme.

Il cite ensuite M. Courtiller, vice-président du Comice
comme ayant réuni chez lui depuis vingt ans un grand
nombre des meilleurs raisins de treille ; il a obtenu de
graine, deux nouvelles variétés que le docteur a trouvées
remarquablement bonnes ; on les nomme le précoce de
Saumur et le muscat Eugénie ; ils sont mûrs avant toutes
les autres variétés ; il recommande aussi comme cépage
de vignes, la vicane du Rhône, qui par ses qualités et sa
fécondité, mérite d'être propagée.

M. Courtiller en donne des boutures ; le docteur pense
que la vicane doit être le même cépage que celui cultivé
en grand, dans les environs de Lyon, sur les coteaux de
Sainte-Foy et du château de Bramafan, qui dominent la
ville, et dont les vins sont excellents et inaltérables.
M. Courtiller est un savant, dévoué à son arrondissement ;
il est le fondateur du jardin des plantes, du musée d'histoire
naturelle, du musée artistique et du musée géologique et
d'antiquités de Saumur ; il a, lui-même, établi et coor-
donné les collections avec un goût et une méthode qui
leur donnent un mérite extraordinaire.

Arboriculteur habile, géologue consommé, naturaliste
émérite, il a su faire surgir tout cet ensemble de son intelligence et pour ainsi dire de ses mains. En présence.

de services si grands, si désintéressés, si persévérants,
on se prendra à regretter, pour son pays, de ne pas
voir une distinction cent fois méritée, signaler tant de
vertus.

Si on employait de la chaux de gaz, au printemps, en
l'enterrant par un labour, et si on semait une récolte
printanière, cette récolte périrait ; si on veut tirer un
bon parti de cette chaux, il faut la répandre sur une terre
scarifiée d'automne, après que les semailles de graines
d'hiver sont terminées, et laisser cette chaux exposée
pendant un mois ou deux, à la surface de la terre, avant
de l'enterrer par un léger labour.

Lorsqu'on sème une plante qui à sa levée, craint
l'altise, à son apparition il faut répandre de la chaux de
gaz, bien pulvérisée, mais en petite quantité, son odeur
chasse tous les insectes.

J'ai cru devoir prendre les notes suivantes sur une lecture faite à un club de fermiers, par un excellent culti -
vateur qui, par son grand mérite, est devenu, avec le
temps, l'administrateur d'une grande terre; dans le nord
de l'Angleterre.

Ce qu'il y a de plus à craindre pour un jeune fermier
occupé du choix d'une ferme, c'est, dit-il, de se laisser
entraîner à la prendre trop étendue pour son capital disponible ; ce capital doit lui permettre de drainer, si la
terre est à sous-sol imperméable, et si le propriétaire ne
consent pas à le faire, moyennant un intérêt de 5 ou 6
0/0 de la dépense ; il faut encore l'argent nécessaire
pour chauler et marner, car il y a fort peu de terres que
le calcaire n'améliore d'une manière remarquable, bien
entendu, si la terre est saine et n'a pas besoin d'être
drainée. Ce n'est pas tout, il faut que le fermier soit en
mesure de se procurer les engrais suffisants pour ajouter
aux fumiers de la ferme ; c'est ainsi qu'il obtiendra de
bonnes récoltes, et il ne doit pas oublier que les demi-

récoltes sont ruineuses ; il est donc essentiel de n'en faire
que de bonnes.

Si le jeune fermier élève, il est absolument nécessaire
qu'il puisse se procurer de bons reproducteurs , à
moins qu'il n'ait dans son voisinage, des fermiers qui se
chargent de faire saillir ses juments, ou ses vaches, par
de bons mâles, moyennant une honnête rétribution, car
les bons reproducteurs mâles, sont la chose essentielle, pour
faire de bons élèves.

Il faut qu'il ait le moyen d'acheter de bons chevaux,
car les vieilles rosses mangent autant, et ne font pas moitié autant d'ouvrage ; il lui faut de bonnes vaches, car
elles font de bons veaux et donnent beaucoup de lait ; on
n'obtiendrait rien de tout cela, si on était mal monté.

Les bons instruments aratoires sont aussi très-essen-
tiels, car ils évitent énormément de main-d'œuvre. Les
chevaux étant forts, deux suffisent à des charrues bien
faites.

Pour tirer des chevaux le meilleur parti, il ne faut
en atteler jamais qu'un seul au tombereau ; pour tirer le
meilleur parti du matériel, les roues et l'essieu du tombereau doivent être mis à une charrette légère, lors de la
fenaison et de la moisson.

Enfin, il faut encore que le capital du jeune fermier
lui permette de payer une ou même deux années de loyer, si c'est nécessaire, pour éviter d'être forcé de vendre
du froment, à 14 ou 15 fr. l'hectolitre, comme cela est
advenu, il n'y a pas longtemps, à bien des pauvres fermiers.

On peut gagner de l'argent, en cultivant bien cinquante
hectares et même moins ; et on peut en perdre beaucoup
en cultivant une étendue considérable, faute du capital
nécessaire pour tout bien faire, surtout pour bien fumer,
ce qui est le plus essentiel de tout ; cela est facile avec
de l'argent, depuis qu'on connaît le guano, le phosphate
de chaux, et le nitrate de soude.

Voici comment est composée une petite ferme, en bon fond du comté de Chester, où la principale production est le fromage.

Son étendue d'environ vingt et quelques hectares, emploie une paire de chevaux pour obtenir, par la culture, les céréales et les racines nécessaires à la consommation de la ferme. Elle nourrit trente vaches, dont on élève, chaque année, une demi-douzaine de veaux femelles.

Voici son assolement : premier sole sur un herbage qui a besoin d'être retourné, avoine ; deuxième sole, turneps bien fumés à quarante mille kilos, qui reçoivent en outre par hectare, trois cents kilos de guano du Pérou, avec autant de cendres d'os, importées de la Plata ; troisième sole froment ; quatrième sole féverolles recevant six cents kilos d'un mélange, de moitié guano et moitié os pulvérisés ; cinquième sole orge ou avoine et semence d'herbage ; ce dernier doit durer au moins deux ans, avant d'être retourné. A deux hectares par sole, huit hectares sont choisis dans la meilleure partie de la ferme pour rester en herbages à demeure, sur lesquels on fauche alternativement ; le foin est passé au hache-paille, avec la paille récoltée ; en ajoutant les racines, on peut suffire à la nourriture hivernale de cinquante bêtes tenues sur la ferme ; les bêtes sont : six veaux, six génisses d'un an, et six génisses pleines, devant remplacer six vaches à vendre ; on forme la litière avec de l'argile brûlée, s'il en existe sur la ferme, ou avec de la tourbe émiettée, ou à défaut, avec de la terre légère, les bêtes étant couchées sur un sol garni de dalles, ou d'asphalte.

L'herbage à demeure doit être fané tous les deux ans ; si le fumier manque, on le remplace par au moins cent kilos de nitrate de soude, deux cents kilos de guano et trois cents kilos de cendres d'os, ou d'os pulvérisés ; on tient exactement, dans cette petite ferme, les comptes de toutes les ventes, et des dépenses.

*Prix de la vente du bétail, à la foire du 30 mai 1868,
à Thurston (Écosse).*

Antenais gras, de race cheviot, de 27 fr. 60 c. à 45 fr.
90 c.; moutons de deux ans, 46 fr. pièce.

Antenais demi-sang, dishley et cheviot, 35 fr. 90 c.
à 56 fr. 70 c.; moutons de deux ans, 67 fr. 05 c. pièce.

Antenais trois quart sang, dishley et cheviot, 50 fr. à
61 fr. 30 c. ; moutons de deux ans, 65 fr. pièce.

Antenais croisés southdown de deux sang, 42 fr. 60 c.
à 55 fr.

Moutons southdown de deux ans, 64 fr. 35 c. à 75 fr.
60 c.

Brebis southdown de cinq ans, 59 fr.

Béliers cheviot-antenais, 64 fr. 35 c.

Béliers southdown-antenais, de 62 fr. 60 c. à 77 fr.
60 c.

Béliers dishley-antenais, de 72 fr. 10 c. à 86 fr.

Petits bœufs des îles Schetland, gras, 300 fr. à 481
fr. 25 c., âgés de trois à cinq ans.

Bœufs durham de vingt-quatre à trente-six mois, de
475 fr. à 750 fr.

Génisses durham de vingt-quatre à trente-six mois,
de 450 fr. à 662 fr.

Vaches durham grasses, âgées de quatre à cinq ans,
750 fr.

Volailles.

Sur la question posée récemment de savoir s'il y a de
l'avantage à élever de la volaille pour le marché anglais;
M. Méchi a répondu affirmativement surtout avec le
prix très-élevé des volailles grasses qui se vendent couramment 90 c. la livre, poids vif, pendant que la livre
du meilleur mouton ou bœuf ne vaut que 45 c. poids
vif, ou 78 c. poids net ; on voit d'après cela qu'il y a un
grand avantage à élever de la volaille ; car selon M. Mé-

chi, il est certain qu'il ne coûte pas plus cher, d'élever un certain poids de volaille, que de bœuf ou de mouton; sans compter les grands services rendus par la volaille, lorsqu'on lui permet le parcours des champs, où elle profite d'une énorme quantité de bons grains perdus, et où elle détruit des myriades d'insectes et de graines de mauvaises herbes, des plus nuisibles. M. Méchi ajoute que chez lui, plus de trois cents volailles ont la clef des champs pendant la plus grande partie de l'année, et cela à sa grande satisfaction ; il est bon d'observer encore, que la fiente des volailles est des plus fertilisantes.

Un éleveur de volailles présent à cette réunion, qui paraissait avoir une grande expérience, conseillait le croisement des poules dorking ou d'espèce houdan, par un bon coq brahma-poutra ; croisement produisant des poulets précoces et rustiques.

Bonne manière d'employer le fumier un peu décomposé.

On le met de bonne heure au printemps, sur un jeune trèfle qui produit dans ces conditions, deux très-bonnes coupes, pour peu qu'une trop forte sécheresse ne s'y oppose pas ; lorsqu'on fauche le trèfle, il pousse d'épaisses et longues racines, qui servent de fumure au froment qui suit et qui est au moins aussi beau, que si on lui avait appliqué directement le fumier : ce froment est plus propre, les mauvaises graines contenues dans le fumier ayant été étouffées par le trèfle ou fauchées avec lui; cette application du fumier au jeune trèfle, outre l'avantage qu'elle a d'en augmenter le produit, tout en ne diminuant pas celui du froment, a encore le mérite d'empêcher, que ce dernier ne verse ; lorsqu'on ne dispose pas de fumier pour en mettre au printemps sur les jeunes trèfles, on peut le remplacer, par hectare, par cent kilos de nitrate de soude, autant de guano, et deux ou trois cents kilos de poudre ou de cendres d'os.

M. Strafford, le plus fameux adjudicateur de bétail, vient de vendre pour 7,900 fr. au commencement de juin 1868, dans le comté de Sussex, une vache fille du quatrième duc de Thorndale ; sa fille, génisse, a atteint 3,800 fr. ; enfin, son veau femelle âgé de deux mois, a obtenu 1,300 fr. ; une autre vache a été vendue 2,625 fr. ; la moyenne de vingt-trois vaches, génisses, ou veaux femelles de cette vente, s'est élevée à la somme de 1,725 fr. par tête.

Un club des fermiers d'Angleterre, vient de faire un don de près de 5,000 fr. à M. Knowles, que j'ai vu, en 1847, maître-vacher chez lord Ducie, et que j'ai retrouvé, lors de mon voyage de 1851, agent du capitaine Gunter, le propriétaire d'une des plus fameuses vacheries courtes-cornes de l'époque.

Un journal d'agriculture américain dit que dans l'année 1847 le nombre des brevets d'invention accordés pour l'agriculture a été de quarante-trois ; en 1857, il a été de trois cent quatre-vingt-dix ; en 1866 de mille sept cent soixante-dix-huit ; dans les dix premiers mois de 1867 il était déjà arrivé à mille sept cent soixante-dix-sept.

M. Denton, un des membres remarquables de la Société royale d'agriculture d'Angleterre, vient de publier un écrit sur la comparaison qu'on fait quelquefois entre les salaires des ouvriers des villes et ceux des campagnes ; il les regarde comme moins inégaux qu'on ne le croirait au premier aperçu, et M. Denton est mieux que personne, en position de bien juger la chose, car il a été employé pendant dix-sept ans, par une des grandes compagnies qui prêtent des fonds aux propriétaires, pour exécuter les diverses améliorations agricoles et se chargent même de les faire exécuter ; pour se rembourser elles prennent pour intérêt et amortissement 6 fr. 50 0/0. M. Denton avait dirigé, pendant tout ce temps, ces divers travaux dans toutes les parties de la Grande-Bretagne.

Il pense d'abord que plus d'instruction chez les ouvriers des villes les rend plus capables ; la nourriture meilleure qu'ils consomment les rend plus forts et les met à même de bien exécuter les travaux dont on les charge ; en outre, ils sont forcés de dépenser beaucoup plus pour vivre, se loger, se chauffer et se vêtir ; ils ne peuvent pas faire de provisions ; dans leurs heures de repos ils ne peuvent pas produire des légumes, n'ayant ni jardins, ni champs de pommes de terre à leur disposition ; tandis que les journaliers des campagnes, ont souvent un cochon, quelquefois une vache et de la volaille ; leur chauffage leur est souvent donné ou approché.

A la suite des détails de cette lecture faite à une des sociétés savantes de Londres, un des fermiers présents, demande la parole ; il dit que lui, M. Fowler, des environs d'Aylesbury, donnait à chacun de ses ouvriers habituels, dix ares de ses meilleures terres les plus rapprochées de la ferme, avec le fumier nécessaire, pour leur faire un bon jardin; il a, en outre, institué des primes qui sont délivrées dans un concours se tenant en automne, à ceux de ses ouvriers qui ont su faire venir les plus beaux légumes ; cela a produit les meilleurs résultats ; en intéressant ses ouvriers à leurs jardins, il les empêche de fréquenter les cabarets.

M. Denton a dit aussi que le degré d'instruction, de capacité et de force, parmi les journaliers des diverses parties du pays, est très-différent, et les met en position de gagner plus ou moins.

Quant à l'instruction, il pense qu'il ne suffit pas de la donner dans les écoles ; il y aurait un avantage immense à instruire dans les fermes même les jeunes ouvriers dans la pratique des choses les plus utiles, auxquelles ils devront être employés, surtout aux soins du bétail et à l'emploi des machines assez compliquées, qui deviennent tous les jours plus employées dans l'agriculture ; cela éviterait bien des malheurs et des accidents et amènerait en tout cas, un meilleur emploi du temps.

Les fermiers, pour arriver à ce but, feraient bien d'attacher un jeune homme de bonne volonté à chacun de leurs meilleurs ouvriers, tels que berger, vacher, jardinier, chauffeur de la machine à vapeur, chef laboureur et semeur ; ils instruiraient ces jeunes garçons et en feraient de bons ouvriers.

Mais, pour cela, dit M. Denton, il faudrait donner une récompense à ceux qui formeraient le mieux ces jeunes gens ; ceux-ci auraient l'espoir d'être mieux rétribués, une fois qu'ils pourraient à leur tour, en diriger d'autres. M. Denton indique un excellent moyen d'avoir de bons ouvriers, chose à laquelle les propriétaires sont aussi intéressés que les fermiers ; car si les bons journaliers faisaient défaut, les fermiers ne pourraient pas louer si cher ; ce moyen est d'avoir de bonnes maisons, attachées en nombre suffisant aux fermes, pour loger les domestiques mariés et les familles des journaliers employés aux travaux de la ferme ; de cette manière, ils ne sont pas obligés d'aller chercher au loin, les moyens de gagner leur vie.

Il serait à désirer que les directeurs de journaux agricoles français s'occupassent davantage de choisir dans ceux de la Grande-Bretagne, des articles des plus instructifs et des plus intéressants.

D'après des expériences faites dans des bureaux chimico-agricoles, en Angleterre, il paraît qu'on doit faucher le ray-grass d'Italie, aussitôt qu'il commence à fleurir ; il en est ainsi pour la luzerne ; pour le trèfle ordinaire, il faut attendre un peu plus tard ; et quant au trèfle hybride, le meilleur moment, c'est lorsqu'il est près de défleurir ; enfin les prés, doivent être fauchés en pleine fleur.

On conseille de fumer les prairies naturelles et celles artificielles, afin d'avoir de pleines coupes ; sans cela, le capital considérable qu'elles représentent donne un bien faible revenu, les frais étant défalqués ; mais, comme rarement on dispose de fumier, il faut le remplacer par un mélange de cent kilos de nitrate de soude, autant de guano du Pérou et deux cents kilos de cendres d'os, ou d'os pulvérisés; l'augmentation du fourrage indemnisera grandement de cette dépense ; il en est de même pour les froments qui ne sont pas très-beaux au printemps ; le même mélange, employé au moment du hersage, ainsi que lors des semailles faites en mars, sera aussi une avance remboursée avec un fort intérêt.

Le journal d'Edimbourg du 17 juillet 1868, dit que la reine est venue de Balmoral voir la grande ferme à herbage de M. Mac Combie ; il y engraisse trois cents bêtes bovines chaque année, et les quarante plus remarquables d'une espèce, vont concourir, le 25 décembre, à Londres ; la reine est retournée dans son château des Montagnes, après avoir pris le thé chez ce très-remarquable engraisseur, le premier, dans son genre, des trois royaumes.

La vente des jeunes chevaux de pur sang, de moins de deux ans, que M. Blankiron fait chaque année, dans sa terre de Middle-Parc, vient d'avoir lieu ; quarante-sept poulains âgés d'un an à dix-huit mois, ont produit la somme de 347,750 fr., la moyenne du prix par tête a été de 7,350 fr. Les prix les plus élevés ont été de 22,500 fr. et 25,000 fr. Ce même M. Blankiron, avait vendu en 1863, quarante-un poulains au prix moyen de 4,825 fr. ; il en a vendu en 1864, trente-huit au prix moyen de 7,525 fr. ; sa vente de 1865 a été de quarante-cinq têtes, à 8,000 fr. pièce ; les prix de vente des

années 1866 et 1867 avaient été encore bien supérieurs ;
les plus élevés de ces deux années ont atteint 50,000 fr.
à 62, 500 fr. ; on ne fait pas *connaître les prix moyens.*

Dans une lecture faite en 1868, devant une société
d'agriculture anglaise, on a donné les règles suivantes :
l'assainissement complet d'une terre dont le sous-sol
n'est pas naturellement perméable, est le premier pas
à faire, dans son amélioration ; le défoncement et le
mélange parfait du sous-sol avec la superficie est le
second terme ; le troisième point est la destruction
complète des mauvaises herbes; on n'y parvient guère
qu'après une dizaine d'années de semailles en ligne
des céréales et surtout des racines ; on doit sarcler les
unes et les autres exactement à la houe à cheval d'a-
bord, et ensuite à la main ; vient enfin la fumure complète de la terre, autant que la plante semée peut en porter sans verser.

Les meilleurs cultivateurs de la Grande-Bretagne
dépensent annuellement, pour chaque hectare de leur
culture, 150 fr. et même plus, en tourteaux comme nourriture, et en engrais achetés ; c'est en faisant ces fortes
avances à leurs terres, qu'ils arrivent à faire fortune,
malgré les prix élevés des loyers ; donc, pour bien conduire la culture d'une ferme, il faut pouvoir disposer au
moins de 1,000 fr. pour chaque hectare de sa culture.

Un cultivateur a pris la parole, à la suite de cette lecture ; il a raconté qu'il avait acheté, il y avait six ans,
une pièce de terre d'environ huit hectares, semée en froment sur jachère ; on en avait estimé la récolte à sept
hectolitres par hectare, et le produit avait été encore inférieur à l'estimation ; l'acquéreur commença par drainer cette terre à cinq pieds de profondeur ; il la laboura
ensuite à un pied de profondeur, avec deux charrues
qui se suivaient dans le même sillon ; il la chaula à
raison de 15 tonnes de mille kilos de chaux par hectare,

et y mit aussi par hectare trois cents kilos de guano du
Pérou ; enfin, il y sema du froment, dont la récolte fut
de trente-six hectolitres à l'hectare.

J'ai pris la note suivante dans l'ouvrage, en deux volumes, publié en août 1865, par M. H. Dixon : il y rend
compte des voyages qu'il avait faits, les deux étés précédents, à travers toute l'Écosse, pour y visiter tous les
éleveurs en renom ; depuis plusieurs années, il publie,
dans les journaux agricoles, ses observations sur les
grandes et remarquables vacheries d'Angleterre. Messieurs Amos et Anthony Cruicshank, dit M. Dixon, dont
l'aîné dirige quatre fermes à Sytitton, près d'Aberdeen,
dans le nord de l'Écosse, et dont le cadet est négociant
dans cette ville, sont associés pour l'ensemble de leurs
affaires; M. Amos est resté garçon. Ils avaient commencé
d'abord à élever des bêtes *angus* sans cornes vers 1830,
étant persuadés comme beaucoup de personnes l'étaient
alors, que c'était la meilleure race, pour leur climat où
le froment ne mûrit pas ; ils n'essayèrent les courtes
cornes, qu'à partir de 1837 et en achetèrent un certain
nombre, lors de la fameuse vente du capitaine Barclay,
an château d'Ury. Le capitaine avait, lui-même, monté
une partie de son étable, à la vente de M. Mason, beau-
frère d'un des frères Collings ; MM. Cruicshank eurent,
dès le principe, un taureau et des vaches de ce type précieux. Ils avaient payé leur taureau 3,750 fr. ; depuis
lors, ils ont augmenté leur vacherie, en la recrutant de
quelques bêtes, à presque toutes les ventes d'étables re-
nommées ; et ils continuent, de manière à toujours gar-
nir leur étable de taureaux des meilleures familles de
cette race fameuse ; depuis plusieurs années ils ont deux
cent soixante têtes de courtes cornes, et se sont arrêtés à
ce chiffre. Lors de la visite que leur a faite M. Dixon, ils
avaient dix taureaux de réserve, dont à la vérité, deux

hors d'âge ; un d'eux avait été acheté à Battersca où il avait eu le troisième prix des jeunes taureaux. Ce grand nombre de taureaux sert à donner à chaque vache, le mâle qui a les qualités de ses défauts, afin de les éviter chez le produit. L'année où ils ont réussi le mieux, en veaux, ils en ont eu cent huit dont quatre-vingts ont été bien vendus dans l'année. Ils ont vendu, en une fois, dix génisses pour 15,000 fr. à M. Majoribancs. Leur vente annuelle, qui se tient le premier ou second jeudi d'octobre, date de 1842 ; la première n'en présentait que huit ; l'année dernière ils ont vendu vingt-cinq veaux mâles, de la main à la main, et trente-cinq à l'enchère ; en 1861, la moyenne de leurs prix de vente de veaux a été la plus élevée, ayant obtenu 1,110 fr. par tête.

La moyenne la plus élevée, de six veaux mâles, faite dans ces dernières années, a été de 2,500 fr., et le plus cher vendu est arrivé à 2,900 fr. ; les plus âgés ne dépassaient pas neuf mois.

Tous les veaux mâles suivent leurs mères, jusqu'au moment de leur vente ; les femelles sont sevrées à cinq mois ; lorsque j'ai parcouru, avec M. Cruicshank, en 1859, ses diverses pâtures, où les vaches couchent du 1er mai au 1er octobre, je n'ai vu nulle part, une mangeoire à tourteaux, ce qui se voit beaucoup dans les pâtures de la Grande-Bretagne, et l'on m'a assuré que les vaches ne recevaient en hiver que de la paille et des turneps ; les génisses ne recevaient de tourteaux, que depuis le moment de leur sevrage, jusqu'à l'âge de deux ans.

Existence du guano.

Un journal de Panama a dit cet hiver, qu'il y avait au moment où il écrivait son article, quatre-vingt-dix bâtiments occupés à charger du guano, autour des îles Chincha, au Pérou ; à la suite de cette nouvelle, il prétend qu'il n'y avait plus de guano que pour une couple d'années. L'agence chargée de la vente de cet inappréciable engrais, a invité divers journaux de la Grande-Bretagne à publier les notes suivantes : Le rédacteur du journal de Panama paraît croire que le nombre de 90 bâtiments occupés à charger du guano, annonce que bientôt la provision de cet engrais devra s'épuiser ; si ce rédacteur savait qu'il faut de soixante-dix à quatre-vingts jours pour charger un bâtiment, de guano, et que pour enlever environ quatre cent mille tonnes de guano que ces îles exportent chaque année, il faut de quatre cent cinquante à cinq cents bâtiments, il n'aurait pas effrayé inutilement les cultivateurs. Quant à la quantité de guano qui peut encore exister sur ces îles, voilà ce qu'on peut dire. Le gouvernement péruvien a fait mesurer en 1853, par des ingénieurs américains et européens, la masse de guano existant dans les îles Chincha, ce qui a occupé assez longtemps cette commission ; sa conclusion a été qu'il existait alors douze millions cinq cent mille tonnes de guano ; en supposant que dans les douze années écoulées depuis lors, on ait exporté quatre mille tonnes par an, ou quatre millions huit cent mille tonnes, il doit en rester sept millions cinq cent mille tonnes, ce qui devra en fournir encore pendant 18 à 20 ans ; mais il est bon d'ajouter que s'il y avait erreur dans l'évaluation des ingénieurs, le gouvernement du Pérou possède, outre les amas de guano des îles Chincha, ceux de Bahia, de la Independencia, de Santa, de Guadalupe, de Malabeigo, et enfin les plus considérables de tous, ceux des îles Lobos.

Lord Kinnaird vient de permettre à ses fermiers écossais qui ont eu leurs récoltes de turneps manquées, de vendre des pailles, pour employer leur produit en argent, à l'achat d'engrais pulvérulents ; comme probablement cela ne suffira pas pour remplacer l'engrais que les turneps eussent produit, lord Kinnaird leur diminue sur leur loyer 125 fr. pour chaque hectare de racines manquées ; cette indemnité devra aussi être employée en achats d'engrais.

Un très-grand nombre de propriétaires de la Grande-Bretagne, dont les fermiers ont éprouvé de fortes pertes par la peste bovine, diminuent de moitié le loyer de l'année.

La chaux.

Partout où les fermiers de montagnes peuvent se procurer de la chaux à des prix abordables, ils défrichent les bruyères, les chaulent, et y font ensuite des turneps, avec des mélanges d'engrais pulvérulents ; après les turneps, ils sèment des avoines ; après cela, ils croisent leurs brebis à face noire, avec des béliers chéviot, achetés à de grands prix, et transforment ainsi en trois ou quatre générations, leurs bêtes ; la culture s'améliorant, ils finissent par faire, du moins pour les meilleures parties des fermes, des croisés leicester et chéviot, qu'ils conservent au demi-sang, en se servant de béliers de demi-sang.

Augmentations de fermages.

Les baux de la terre de M. Traill, membre du Parlement, propriétaire dans le comté de Caithness qui termine l'Écosse sur la mer du Nord, venant d'arriver à leur fin, tous ses fermiers ont reloué pour dix-neuf ans en augmentant leurs loyers de 20 0/0.

Concours de volailles à Birmingham en 1866.

On avait exposé au concours de Noël 1865, mille huit cent quatre-vingt-dix-sept lots de volailles des plus belles qu'on puisse voir ; une somme de 15,000 fr. devait être distribuée en primes.

Poids des racines lors de la récolte et six mois après.

Un cultivateur amateur, Irlandais, pèse ses racines

lorsqu'il les récolte et les pèse ensuite lorsqu'il les fait consommer ; il assure que pour s'y retrouver, en fin de compte, il ne faut pas compter par suite de l'évaporation sur plus de 60 0/0 à la distribution, lorsqu'on en termine la consommation à la fin d'avril. Pour se rendre compte du poids des racines qu'il aura à distribuer, il tâche d'en faire remplir les tombereaux le plus également possible ; il en fait peser un, par chaque dizaine de tombereaux, et il prend la moyenne ; ensuite, il défalque du poids trouvé, 10 0/0 pour la terre restée après les racines.

Emploi du semoir à engrais liquides.

Le président de la Société royale d'agriculture d'Angleterre, qui paraît être un praticien, a dit dans une réunion de cette société, qu'il y avait un grand avantage à employer les semoirs à engrais liquides, comparativement aux semoirs à engrais pulvérulents secs ; il ne comprend pas comment tous les cultivateurs ne les emploient pas ; car il a été souvent prouvé, qu'avec la même quantité d'engrais, le semoir à engrais liquides donne moitié en sus, s'il ne donne pas le double, des racines semées avec un semoir à engrais pulvérulents.

Une bonne fumure de superphosphate de chaux, est de trois cents kilos par hectare ; on peut le faire chez soi en ajoutant aux os parfaitement pulvérisés la moitié de leur poids d'acide sulfurique.

La dose convenable par hectare de nitrate de soude est de trois cents kilos mêlés avec le double de sel de morue ou de peaux, qu'on trouve chez les grands tanneurs.

Cela doit être semé sur les froments à l'époque où on les herse au printemps ; cet engrais ne s'évapore pas, comme le guano ; on forme un bon engrais, en le mélangeant avec ce dernier ; il doit être semé suivant l'état de la terre, entre le 15 février et le 15 avril.

Le guano et le sulfate d'ammoniaque font un meilleur effet, semés avant l'hiver et enterrés, lors du dernier labour; pour bien employer le guano, il faut d'abord le bien tamiser; ensuite on fait écraser les mottes avec un rouleau de fer, après les avoir mélangées avec du sable à gros grains, et on passe de nouveau dans un gros tamis. On le mélange ensuite avec deux fois son volume de sel, dont l'humidité empêche la déperdition de la poussière du guano que le vent enlèverait; cette préparation du guano est essentielle, et on fera bien de la soigner, dit le président, lors même que la dépense en ressortirait à 25 fr. la tonne. On recommande d'ajouter 14 0/0 d'acide sulfurique, au guano, après l'avoir bien pulvérisé. C'est une opération des plus désagréables pour les ouvriers; mais il est certain qu'elle est utile.

Voici une manière d'obtenir le même résultat; on mêle le guano avec un bon superphosphate sec, de phosphate fossile; si c'est pour des racines, on ajoute au guano le triple de ce superphosphate; si ce mélange est destiné à des céréales, il faut mettre trois parts de guano pour une de phosphate.

L'huile de castor empêche les rats de ronger les courroies de cuir, qui en ont été enduites.

Nourriture du bétail en hiver.

Il vaut bien mieux élever du bon bétail et l'engraisser sur sa ferme, à vingt ou trente mois, que d'en acheter; car les bêtes étrangères amènent très-souvent chez l'acheteur, la pleuropneumonie, la cocote, ou d'autres maladies, même la peste boivine, si elle règne dans le voisinage; si les animaux achetés n'amènent pas de maladie, toujours sont-ils plus ou moins de temps à s'acclimater dans leur nouveau séjour, avant de profiter.

Un hectare en racines peut produire cinquante mille kilos et plus, si on le défonce et le cultive bien, si on lui donne vingt-cinq ou trente mille kilos de fumier, avec deux cents kilos de guano, cent kilos de nitrate de soude et deux cents kilos d'os pulvérisés ; on peut alors nourrir et même engraisser du bétail, sans avoir de foin.

M. Colman, fermier anglais qui faisait cette communication à son club ou Comice agricole, tient en hiver cent cinquante bêtes bovines sur sa ferme en s'y prenant de la manière suivante : s'il a du foin à leur donner, il en fait passer au hache-paille 1/4 avec 3/4 de paille ; s'il manque de foin, il ne prend que de la paille, qui, pour les bêtes à cornes, doit être coupée de quatre à cinq cenmètres de longueur, afin que les bêtes puissent facilement ruminer ; la ration d'une bête doit contenir pour les animaux adultes quatre-vingt-dix litres de fourrage coupé, vingt litres de racines pulpées et un kilo d'un mélange formé d'un tiers de tourteaux de lin, un quart de tourteau d'œillette et un quart de tourteau de colza ; à défaut de tourteaux, on met au moins un kilo de farine de grains, le moins cher ; on dépose le fourrage coupé, dans une citerne cimentée, par couches de six pouces d'épaisseur, sur lesquelles on répand le quart, en volume du fourrage, de racines pulpées ; on verse par-dessus cette couche de nourriture, une décoction d'eau bouillante dans laquelle on a fait dissoudre un kilo de farine de tourteaux, ou de grains, qu'on a bien remué, en le faisant bouillir dans huit litres d'eau ; ce liquide bouillant doit être versé pour chaque ration de fourrage et racines; on doit bien remuer le tout, et ensuite le piétiner dans la citerne ; puis on continue en mettant une seconde couche de fourrage et de racines qu'on humecte et qu'on tasse de la même manière ; et ainsi de suite, jusqu'à ce que la citerne soit pleine ; celle-ci a ordinairement un mètre de profondeur ; on la recouvre ensuite et on la laisse suivant la température, de vingt-quatre à soixantedouze heures, pour que la fermentation vineuse se produise. Lorsqu'on peut se procurer du fenu grec, une once par tête de bétail, fait à merveille ; surtout si on employait une partie de fourrage n'ayant pas été rentré en bon état.

Maintenant que les loyers sont élevés et la main d'œuvre rare, et par suite très-chère, s'il est nécessaire d'améliorer sa culture, il faut acheter des tourteaux, pour améliorer la nourriture du bétail dont il faut en même temps augmenter le nombre ; on y arrive encore, en achetant des engrais tels que guano, nitrate de soude et os pulvérisés, afin d'avoir des betteraves et des navets ; c'est ainsi qu'on peut faire beaucoup de bon fumier ; une chose qu'il ne faut pas oublier, c'est le sel, qui est essentiel pour la bonne santé des animaux, surtout lorsque la ferme est éloignée de la mer ; il faut une once de sel par jeune bête, et le double par bête adulte ; de même pour les chevaux ; on pourrait même doubler la dose avec avantage ; pour les bêtes à laine, il faut tous les cinq jours, une demi-once par bête.

Lorsqu'on n'est pas trop loin d'un port de mer, où l'on importe du tourteau d'huile de palmier, ou de celui de graine de coton, on fera bien d'en acheter, car ils sont moins chers ; mais il faut les employer sans les faire bouillir, car cela leur donne un goût qui déplaît au bétail ; pour le tourteau de graine de coton, il est essentiel qu'il ne contienne pas l'écorce de la graine, qui fait du mal aux bêtes.

Vente annuelle de courtes cornes ou bêtes durham,
à Sityton, près Aberdeen, Ecosse.

MM. Cruicshank, au lieu de vendre le 15 octobre, leurs élèves de l'année, comme ils le font habituellement, n'ont effectué cette vente annuelle qu'à la fin de mars, par suite de la peste bovine, qu'ils ont eu le bonheur d'éviter.

Le nombre des jeunes taureaux exposés à cette adjudication, a été de trente, dont vingt-sept ont produit une moyenne de 1,234 fr.; le plus cher est arrivé à 2,362 fr. 50; l'un d'eux, acheté pour la reine, a été payé 1,010 fr.; on a appris depuis, qu'un des trois veaux que M. Cruicshank avait fait retirer, avait été vendu 3,750 fr. à M. Longmore de Rettie.

Ce qui est certain, dit le journal, c'est que ce prix moyen de jeunes taureaux, est le plus élevé de l'année.

Fenu grec.

Un correspondant du journal, dit qu'il a employé avec avantage, du fenu grec, en en mélangeant une petite quantité de graine avec le fourrage, surtout lorsque celui-ci n'est pas bon et a un mauvais goût.

Il demande des renseignements sur la culture du fenu grec; voici la réponse du journal :

Le nom de cette plante est *trigonella fœnum græcum;* elle croît en forme de buisson, aime une bonne terre saine, mais plutôt légère; on la sème en lignes, à dix-huit pouces les unes des autres, pas plus tard qu'à la mi-avril et en poquets séparés par deux à trois pouces dans la ligne [1].

Rapport sur la maladie des vers à soie.

M. Louis Pasteur, membre de l'Institut, sur le conseil de M. Dumas, le grand chimiste, a été chargé par le Ministre, en 1865, de voyager en France et en Italie, et d'étudier tout ce qui y a été écrit, par des savants, sur les causes de la maladie des vers à soie; il a fini par trouver un moyen de faire de la graine, exempte ou à peu près de corpuscules.

[1] *Journal Pratique* du 12 octobre 1867, page 789.

Importation de viande cuite de la nouvelle Galle du sud, Australie.

M. Tindal, propriétaire sur la rivière de Clarence , Australie, a été entendu par la Société des Arts de Londres ; il a dit qu'une société formée de douze propriétaires, s'est organisée, pour envoyer de la viande, en Angleterre ; elle a déjà fait deux envois , chacun de soixante mille livres ; elle va faire dorénavant un pareil envoi chaque mois ; les boîtes en fer-blanc, contiennent six livres de viande ; elles se vendent, en morceaux choisis, à 70 cent. la livre, et en viande ordinaire à 65 cent., le tout est sans os ; jusqu'à présent, cette viande n'a été placée qu'à bord des bâtiments de la marine ; mais on va chercher à la faire connaître à la population. Une bête à cornes, adulte, contient 25 0/0 d'os ; les os pouvant s'employer pour la tabletterie, sont envoyés en Angleterre, où ils se vendent de 250 à 375 fr. la tonne ; les autres os sont moulus et servent d'engrais en Australie ; le port en serait trop cher pour les exporter en Europe. On pourrait aussi envoyer de la viande de moutons ; mais ils sont plus chers que les bœufs ; leur désossement serait plus cher, et le placement de cette viande ne serait pas aussi avantageux ; quant à la viande de veau, elle ne réussit pas bien, en conserve. Les moutons sont plus chers, en Australie, que les bœufs, parce qu'on les conserve plus longtemps, à cause de leurs toisons.

On ne tue les moutons, qu'après sept ans, tandis que les bœufs le sont, à quatre ans ; la société en question peut tuer dix mille bœufs par an.

Le temps où ils sont en meilleur état, pour être tués, est en avril et mai. Le bétail australien qui a été importé d'Angleterre, est d'une meilleure qualité, que celui d'Amérique.

Une boîte de six livres de bœuf, nourrit comme huit livres de viande avec les os.

Autre envoi de viande d'Australie.

Une maison vient de se monter en Australie, pour envoyer en Europe des carcasses de bétail gras, du poisson et des volailles ; on emballe bien serré dans des caisses de tôle, qu'on fait congeler à l'aide de l'ammoniaque, pour conserver aux viandes leur bonne qualité, jusqu'en Europe.

Labour à vapeur ; les deux systèmes comparés entr'eux et à celui par les chevaux, ou par les bœufs

Voici d'après le rapport fait par M. Houel, ingénieur civil, nommé par la commission du concours du Petit-Bourg, une comparaison entre le coût du scarifiage et du labour fait par la vapeur, ou par des bœufs ou chevaux.

Travail de culture ; prix par hectare :

DÉSIGNATION DU TRAVAIL.	TRAVAIL A LA VAPEUR PAR HECTARE.	PAR ANIMAL.	DIFFÉ-RENCE.	ÉCONO-MIE POUR 100.
	Celui du scarificateur :	moyenne.		
à 0^m,110 prof.	Fowler, 9 f. 60) moyenne			
0^m,160 id.	Howard, 14 » } 11 fr. 80	20 fr.	8 fr. 20	41 fr.
0^m,110 id.	Travail à la charrue.........	id.	id.	id.
0^m,180 id.	Fowler............. 15 f. 70			
0^m,200 id.	Howard, une seule lo-	25 à 30	9 1/2	37 f. 20
	comobile......... 24 50		à 14 1/2	à 47,66
0^m,300 id	Fowler...... ..... 25 75	80 à 100 moyenne. 90	64 f. 25 moyenne.	71 f. 40

M. Houel a suivi du 7 septembre au 13, les labours à vapeur qui se sont exécutés pour le compte de M. Decauville ; il préfère l'appareil Fowler à celui de Howard.

M. Houel dit que l'appareil Fowler paraît pouvoir travailler, par jour de dix heures :

Au scarificateur, à la profondeur de $0^m,110$, 12 hectares ;

A la charrue, à la profondeur de $0^m,180$, 7 hectares, 33 ares ;

A la charrue, à la profondeur de $0^m,300$, 4 hectares, 50 ares ;

La charrue de Howard, à une locomobile, peut faire à $0^m,200$, 3 hectares, 30 ares ;

M. Howard avec deux locomobiles et deux scarificateurs, à $0^m,160$, 11 hectares, 07 ares.

Toutes les machines de Fowler présentes à Petit-Bourg, ont été vendues 40,000 fr. à M. Cail. M. Howard vend son appareil à une locomobile 29,000 fr. et son appareil double 56,000 fr. M. Fowler a aussi un appareil qui met deux scarificateurs ou deux charrues en mouvement; mais il ne l'avait pas à Paris.

Il serait bien désirable que nos grands et riches cultivateurs du Nord, se montassent en appareils à vapeur, et que nos plus grands propriétaires qui cultivent en France, suivissent ce bon exemple.

Anthilis vulneraria, en anglais Kidney vetch, que je traduis en français par vesces à rognons, à fleurs jaunes.

Un cultivateur du comté de Norfolk, un des mieux cultivés en Angleterre, dit avoir reçu de la maison Peter Lawson et fils de Londres, de la graine d'*Anthilis vulneraria*, qui, semée très-clair en lignes à $0^m,33$ de distance, au printemps de l'année 1865, a très-bien supporté l'extrême sécheresse de cette année, ainsi que l'hiver suivant; on a fauché le 25 juin ce fourrage qui a donné un très-abondant produit, que ses chevaux et ses autres bêtes mangent avec avidité.

La race de bêtes à laine, dite Shropshire.

Cette race réussit fort bien en Irlande, et s'y répand

beaucoup depuis une dizaine d'années ; les toisons lavées
à dos, pèsent cinq livres et sont plus longues et plus fines
que celles des southdown ; les brebis de cette race très-
appréciée en Angleterre, sont très-laitières et donnent,
si on les nourrit bien, jusqu'à cent cinquante agneaux
par cent mères.

Importation d'os en Angleterre, dans l'année 1865.

74,307 tonnes en ont été importées ; la plus grande
importation d'os qui ait encore eu lieu a été de 85,000
tonnes, et presque tous ont été employés comme engrais,
après une parfaite pulvérisation.

Culture à vapeur.

La Société royale d'Agriculture d'Angleterre, vient de
décider qu'une somme de 25,000 francs, serait destinée
à faire rechercher par une commission choisie par elle,
les résultats de la culture à vapeur, qui se répand de
plus en plus dans les trois royaumes.

Les membres de cette commission, toucheront 50 francs
par jour, pendant le temps qu'ils emploieront à ces recherches ; on leur remboursera en outre, leurs frais de
locomotion, mais non les dépenses faites dans les hôtels.

Soins à donner au jeune bétail, destiné à être vendu gras,
de bonne heure, à deux ou trois ans.

Le comté d'Aberdeen n'est pas naturellement fertile, et
il y a vingt et quelques années, époque où je l'ai visité
pour la première fois, il vendait encore ses jeunes bêtes
maigres, âgées de deux à trois ans, pour le sud de l'É-
cosse et pour l'Angleterre ; maintenant ce comté est devenu un des plus riches de la Grande-Bretagne ; il vend
son bétail croisé durham à 4 ou 5 centimes la livre, plus
cher que le meilleur de ces pays ; l'aisance de ce comté
est principalement due au grand élevage et à l'engrais-

sement du bétail ; on y fait venir d'Irlande une énorme quantité de jeunes croisés durham pour les engraisser ; aussi, quoique ce né soit pas un pays à herbages, on n'y cultive que peu de froment, le climat ne lui permettant pas de mûrir tous les ans ; on n'y fait que des navets, rutabagas et pommes de terre, les betteraves n'y réussissant pas bien ; on sème de l'avoine, dans laquelle on met un mélange de diverses légumineuses, du ray-grass d'Angleterre et d'Italie, qu'on laisse deux ans, puis on recommence l'assolement ; l'espèce bovine noire du pays, à cornes, mais plus souvent sans cornes, n'est pas grande, mais elle a de bonnes formes et la peau souple ; ces bêtes croisées par de bons taureaux durham, restent jusqu'au 1er octobre suivant, dans les pâtures où elles têtent leurs mères ; on les rentre toutes les nuits pour sortir le matin, tant que le temps et l'herbe le permettent ; à l'âge de dix-huit mois on leur donne des tourteaux mélangés de lin, de colza et de coton, avec un peu de farine, vers la fin de l'engrais ; ils mangent trois fois par vingt-quatre heures en hiver, de la paille d'avoine hachée, mêlée avec des turneps pulpés.

Voici la manière d'élever les veaux, dans le comté d'Aberdeen ; ces renseignements sont puisés dans une lettre d'un fermier écossais à un cultivateur irlandais.

On fait boire aux veaux pendant quatre mois de cinq à sept pintes écossaises de lait pur ; on y ajoute par vingt-quatre heures, vers la fin du premier mois, trois quarts de livre de tourteau de lin mélangé dans le lait, après avoir été dissout dans de l'eau ; on apprend peu à peu aux veaux à manger des turneps émincés, en prenant garde à ce que cela ne les relâche pas ; ces turneps sont mêlés à de bon foin ; à l'âge de trois mois, ils mangent de la paille d'avoine hachée, mêlée de turneps ; ensuite, on porte les turneps à une livre, jusqu'à l'âge d'un an ;

au mois de mai, on les met à l'herbe, mais on les rentre à l'étable s'il ne fait pas chaud la nuit ; en hiver, on leur donne des racines mêlées de paille hachée de manière à leur tenir le ventre libre sans être trop relâchés ; ils mangent deux fois par jour une bonne brouettée de turneps, pour deux veaux d'un an, avec une livre de tourteau pour chacun ; ils doivent avoir une épaisse litière dans leur étable.

La Grande-Bretagne a importé dans l'année 1865 l'énorme chiffre de 227,528 bêtes bovines adultes, c'est 48,021 têtes de plus que l'année précédente ; elle n'a guères importé que 6,000 veaux. Le nombre des bêtes à laine, agneaux compris, importées la même année, s'est élevé à 914,170 têtes, soit 417,927 de plus qu'en 1864. Elle a importé dans les deux années, seulement 41,451 bêtes porcines ; il paraît que les cochons du continent ne lui paraissent pas assez bien faits.

Les bêtes à laine sont regardées comme s'accommodant plus facilement que les autres animaux au changement de climat et de nourriture, pour peu qu'on leur change souvent celle-ci, et qu'elle soit toujours suffisante. S'il s'agit du choix des espèces les meilleures, il faut observer que les bêtes à longue laine, qui ont un grand poids, ne conviennent que dans les pays très-fertiles et peu chauds, où elles peuvent se nourrir sans se fatiguer et sans souffrir de la chaleur ; c'est dans ces pays que conviennent les dishley, cotswold et lincolnshire. Si les terres sont au contraire peu fertiles, et que les bêtes aient beaucoup à changer de place, il faut choisir des espèces actives et à toison moins lourde ; tels sont les southdown, encore mieux les shropshiredown, les hampsiredown perfectionnés, enfin les oxfordshiredown ; ces derniers conviendraient mieux aux parties de la France, où il fait moins chaud, à cause du poids de la toison.

Résultat des ventes de bétail gras faites par M. Mac-Lennan, dans le courant de huit années.

Vingt-quatre bêtes ont été vendues à environ un an dans la moyenne de . . . . 275 fr. 65 c.

Quatre jeunes bœufs ont produit chacun la somme de 616   50

Trois jeunes vaches n'ont produit qu'une moyenne de 409   »

Vingt-neuf jeunes bœufs ont donné une moyenne de 578   »

Quarante-une génisses ont produit une moyenne de 573   »

Ces cent une bêtes grasses, tuées jeunes, ont produit une somme de 52,500 francs, leur prix moyen est ressorti à 525 francs, les bêtes d'un an avaient été vendues trop tôt.

Il existe dans la Grande-Bretagne, plusieurs sociétés qui avancent les sommes à employer aux améliorations agricoles de tous genres, comme drainages, irrigations, colmatages, formation des polders ou relais de mer, construction des bâtiments de culture, pour le défoncement des terres, construction de routes, chemins de fer fixes ou destinés à être facilement changés de place, pour achat de toutes espèces de machines, les appareils de culture à vapeur compris ; ces sociétés reçoivent comme intérêt annuel qui amortit le capital en vingt-cinq années, 167 fr. 50 c., pour chaque somme de 2,500 fr., c'est 6 fr. 70 c. 0/0 ; tout cultivateur qui fait une amélioration lui assurant un bénéfice de 8 à 10 0/0 et peut-être plus, a donc intérêt à emprunter à ces conditions, puisqu'il jouit d'un bénéfice et qu'après vingt-cinq ans, il se trouve acquitté. Les conditions en France sont bien moins avantageuses : le crédit agricole français prend cinquante ans au lieu de vingt-cinq, pour amener au même but.

Engraissement des bêtes des anciennes races, à un âge mûr, comparé à celui des jeunes bêtes croisées durham.

Beaucoup de cultivateurs routiniers élèvent encore d'anciennes races de bêtes à cornes, non perfectionnées par le croisement courtes-cornes, dit le journal agricole le *Fermier d'Edimbourg;* ils n'engraissent leurs bêtes qu'à l'âge de quatre ou cinq ans, pour les vendre à celui de six ou sept, à Londres, lors des fêtes de Noël. Ils n'en retirent le plus souvent que 875 francs, pour un poids de neuf cents ou mille livres; tandis que les fermiers qui marchent avec le temps, ont des taureaux courtes-cornes qui produisent avec des vaches angus, des bêtes de boucherie que l'on vend entre deux et trois ans; ces jeunes bêtes arrivent au même poids que les précédentes, qui cependant ont été nourries deux fois plus longtemps, et sont souvent vendues moins cher. Le journal cite à l'appui plusieurs exemples : M. Morisson, boucher de Bauf, ville du nord de l'Écosse, qui vient de vendre à Londres la carcasse d'un jeune bœuf croisé durham, dont le poids, à l'âge de vingt-quatre mois trois semaines, était de neuf cent cinquante livres, et dont la viande a été vendue au prix le plus élevé; M. Milnes, boucher à Aberdeen, qui a vendu deux génisses de deux ans, dont le poids net moyen, a dépassé huit cents livres.

Bonne manière de faciliter la séparation de la crème du lait, en hiver.

Une grande fermière du comté de Corf, en Irlande, se trouve à merveille de la recette suivante, qui lui a été donnée, il y a dix-huit ans, et que, depuis lors, elle a toujours employée avec succès pour faciliter en hiver la séparation de la crème du lait. On ajoute au lait de la traite qu'on vient de faire, une fois que le lait est refroidi, de la crème du jour précédent, dans la proportion d'un quart de la quantité du nouveau lait; on fait bien le mélange, et on verse le tout dans des vases plats, dont les meilleurs sont en verre de bouteille, mais assez épais pour les rendre moins casuels.

M. Méchi est propriétaire et cultivateur d'une ferme de soixante-huit hectares de bruyères en terres fortes qu'il a défrichées il y a plus de vingt ans, après les avoir drainées et les avoir fortement chaulées; il les fume depuis lors abondamment; sa récolte de paille, environ deux cents tonnes de mille kilos, est presque toute passée par le hache-paille et arrosée avec de l'eau bouillante, dans laquelle on a fait fondre un mélange de tourteaux de lin, de colza et de graine de coton; le tout est fermenté, mêlé avec les racines; il nourrit avec cela des veaux croisés durham, achetés vers l'âge de quatre mois, au moment où ils viennent d'être sevrés; ces jeunes bêtes sont vendues grasses, âgées d'environ vingt-quatre mois; cette bonne nourriture donne une masse d'excellent fumier, ce qui n'empêche pas M. Méchi d'acheter encore énormément de guano du Pérou, de nitrate de soude et d'os pulvérisés; il fume l'hectare à raison de cinquante mille kilogrammes, et y ajoute cinq cents kilos de guano; un bon cultivateur lui ayant dit que le guano était de trop, il laissa un hectare sans cette addition de guano. Le résultat de cette expérience fut que cet hectare produisit en moins une différence de douze mille kilos de betteraves; on aurait pu vendre ces betteraves 25 francs les mille kilos; donc perte de trois cents francs. M. Méchi a fumé la seconde sole avec cent cinquante kilos de guano et cent cinquante kilos de sel de poisson. Cette sole a été ensemencée avec cent quatre-vingts litres d'avoine par hectare; l'hectare qui n'avait pas reçu les cinq cents kilos de guano au début de l'assolement, donna sept cent vingt litres de moins que les autres ; le même hectare, sur la troisième sole, fournit en trèfle une valeur de 78 francs de moins en fourrage ; on peut admettre en moins la même somme pour la paille de deux récoltes ; cinq cents kilos de guano coûtant pour achat et emploi 156 francs, la prétendue économie des cinq cents kilos de guano sur un hectare, a fait perdre sur les récoltes de trois soles la somme de 300 francs.

Augmentation du prix de la main-d'œuvre.

M. Méchi en continuant sa lecture a dit que la main-d'œuvre avait énormément augmenté ; les laboureurs mariés qui coûtaient il y a une douzaine d'années 350 francs à 425 francs, avec le grain, la nourriture d'une vache, le logement, le chauffage, le jardin et le petit champ pour pommes de terre, se paient maintenant 500 et 600 francs, outre les mêmes avantages que ci-dessus, destinés à l'existence de la famille ; le haut prix des loyers est venu aussi augmenter les difficultés de la position des fermiers ; pour vaincre ces inconvénients, il faut absolument arriver aux grandes améliorations dans la culture ; une des principales est le drainage, là où il est nécessaire ; mais comme cette amélioration est fort dispendieuse, elle devrait être faite par les propriétaires, et l'intérêt du capital de cette dépense, être payé par les fermiers ; ce serait le moyen de ne pas priver ceux-ci d'une forte partie de leur capital, qui est rarement assez considérable pour leur permettre de cultiver de manière à n'obtenir que de bonnes récoltes, autant du moins que la saison s'y est prêtée ; c'est une chose indispensable dans la position actuellement faite aux cultivateurs, qui ne sont pas propriétaires, pour qu'ils puissent faire honneur à leurs engagements, vivre, élever leur famille et se faire une existence convenable pour leurs vieux jours. Maintenant, pour obtenir ces pleines récoltes; il faut la—

bourer bien et profondément, habituellement, arriver le plus tôt possible au défoncement de toutes ses terres, à commencer par les plus fortes; pour cela, il faut absolument employer le labour à vapeur, qui fait infiniment mieux et à bien meilleur compte; il faut en outre, les machines agricoles les meilleures, afin de diminuer autant que possible la main-d'œuvre qui est très-onéreuse; ces machines sont faucheuses, faneuses, si le fermier a beaucoup de prés; dans le cas contraire, des moissonneuses-faucheuses peuvent suffire, car elles coupent à merveille les prairies artificielles, de même que les céréales; il faut encore des râteaux à cheval et des semoirs à engrais liquide et pulvérulent, pour semer en lignes assez distantes, pour bien employer les houes à cheval et bien enterrer les semences, tout en économisant au moins la moitié, ce qui contribue aussi à assurer les bonnes récoltes.

Ces machines exigent un énorme déboursé que peu de fermiers seraient en état de faire, s'il n'existait pas maintenant bien des sociétés qui avancent aux cultivateurs améliorateurs de bon renom, l'argent nécessaire pour solder les machines acquises; elles le font au moyen d'un intérêt de moins de 7 0/0, amortissant le capital en 25 ans; cet intérêt, les machines bien choisies et placées en bonnes mains, l'économiseront grandement sur la main-d'œuvre de la culture, sans compter qu'elles feront gagner beaucoup au cultivateur, par la meilleure et plus prompte exécution des travaux, faits à propos et en temps propice.

A tout cela, il faut ajouter les chaulages et l'emploi de forts suppléments de fumure, en guano, nitrate de soude et de potasse, phosphates fossiles et autres, sulfate d'ammoniaque et autres matières fertilisantes. Ajoutons encore, dit M. Méchi, que le bétail choisi parmi les meilleures races, paye infiniment mieux la nourriture qui lui est donnée et que sa grande précocité fait plus tôt rentrer les avances faites pour son élevage et son engraissement ; les bons soins pour nourrir et loger le bétail, apportent aussi une grande économie dans cette partie de la culture ; surtout si l'on fait passer tous les fourrages verts ou secs par le hache-paille ; enfin, le choix des bonnes semences est encore une chose à ne pas négliger.

Froment semé au semoir à raison de vingt-cinq litres à l'hectare, en septembre.

M. Méchi a dit encore que depuis trois ans il sème son froment à raison de vingt-cinq litres par hectare, à condition de pouvoir le faire de bonne heure, c'est-à-dire dans le courant de septembre ; il a eu soin en même temps de semer quelques portions du même champ à raison de cent quatre-vingts litres, comme c'est assez l'usage dans ses environs ; chaque fois, les parties des champs semés à cent quatre-vingts litres l'hectare, ont donné infiniment moins que ceux qui n'avaient reçu que vingt-cinq litres de semence de froment par hectare ; la moyenne de sa récolte des années 1864 et 1865, a été de plus de quarante-neuf hectolitres par hectare ; mais en 1866 il n'a eu qu'une moyenne de trente et un hectolitres 50 litres ; une bonne partie du champ de froment, semé à vingt-cinq litres l'hectare, se trouvait en terre légère et la récolte a été faible, tandis que la terre forte a produit trente-cinq hectolitres quatre-vingt-dix litres.

Chaulage des pâtures de montagnes en Écosse.

Un fermier écossais a rendu compte à son club, qu'il a labouré les parties de ses pâtures à moutons partout où les charrues ont pu fonctionner, et qu'il y a appliqué quinze tonnes de chaux par hectare ; cette opération lui est revenue à 280 fr. à l'hectare ; cette même étendue

nourrit maintenant dix bêtes cheviot par hectare, mieux
qu'elle n'en nourrissait deux têtes et demie précédemment ; et elles s'y portent mieux aussi.

Journal de Bonn-sur-le-Rhin.

M. Hartstein, directeur d'une des trois fermes régio-
nales de Prusse, à Bonn, dit dans le journal de la Société
centrale de la Prusse rhénane, du mois d'août 1867, que
diverses faucheuses avaient été essayées il y a quelques
années ; on n'en avait pas été satisfait, alors ; mais la
faucheuse de Samuelson, perfectionnée, qu'on vient de
se procurer cette année, a complétement répondu à son
désir ; il croit donc pouvoir la recommander ; elle a
coûté, prise à Londres, 482 fr. 50 ; M. Hartstein ajoute
qu'il a fauché plusieurs fois, en un jour, plus de six
hectares d'un trèfle très-épais et mêlé de ray-grass.

Engrais pour les vignes, de MM. Albert à Amöneburg
près de Caste, je crois, Prusse rhénane, en tout cas, non
loin des bords du Rhin. Ce monsieur a prié les personnes
à qui il avait fourni de son engrais, depuis plusieurs années, de dire ce qu'elles en pensaient, en adressant leurs
réponses à l'éditeur du journal de la Société centrale de
Bonn ; un grand nombre de propriétaires de vignes, au
nombre desquels plusieurs personnes titrées se trouvent,
ont répondu ; voici ce que j'ai cru devoir rapporter de
leurs réponses. L'un de ces messieurs dit qu'il a acheté
au printemps 1864, cent livres prussiennes équivalant à
environ soixante kilos, au prix de 11 fr. 40 environ le
quintal prussien. Cette quantité d'engrais a servi à fumer
trois cents ceps formés de deux branches, qui ont eu,
avec cela, un demi-arrosoir de purin ; trois cents autres
ceps reçurent chacun un arrrosoir entier de purin, mais
sans engrais ; le feuillage des premiers ceps a été pendant trois années consécutives bien plus vert ; les grappes

en ont été plus longues et les grains de raisins plus gros ;
la maturité a été plus hâtive de dix jours, et les feuilles
ont duré une dizaine de jours de plus que les autres. Le
vin a été meilleur et plus abondant, et l'effet de cet engrais, se remarquait encore fort bien à la troisième
année.

Un autre viticulteur dit qu'il a employé une livre de
l'engrais en question pour quatre ceps et que cela a produit pendant trois ans le même effet qu'une fumure ordinaire ; mais on ne fait pas connaître la quantité de
fumier.

Une personne qui a été régisseur et qui est aussi
mécanicien, a été envoyée à Paris par la Société
centrale de la Prusse rhénane, pour prendre des
notes sur les choses qui intéressent l'agriculture ; j'ai
lu deux de ces lettres qui me donnent bonne opinion
de son jugement ; cette personne dit qu'elle s'occupe
principalement de ce qui peut être utile aux moyens
et aux petits cultivateurs qui couvrent, en grande partie,
les terres de la Prusse Rhénane ; elle pense que les
riches propriétaires qui s'occupent de l'agriculture, ne
manqueront pas de venir voir eux-mêmes ce qui peut
leur convenir. Elle admire beaucoup les chevaux d'omnibus, et dit que la compagnie générale des omnibus a
quinze mille de ces beaux et bons chevaux, forts et lé-
gers, qui valent de 1,000 à 2,000 fr. la pièce. Elle a
beaucoup apprécié les séparateurs de grains ou trieurs ;
elle a singulièrement approuvé la baratte atmosphérique
de Clefton, qui se paye depuis 5 fr. pour faire une demi-
livre de beurre, jusqu'à 35 fr. pour en faire 16 livres, en
dix ou quinze minutes, ce qu'il a lui-même exécuté.
Cette personne a beaucoup admiré une grande quantité
de machines à battre ; elle cite MM. Libardon demeurant
rue du Champ-de-Mars, 15, à Puteaux, qui a inventé de
petits tuyaux en argent, dont le prix est de 8 fr. les

quatre ; on les introduit dans les quatre trayons du pis de la vache, et en cinq minutes, tout le lait contenu dans le pis se trouve extrait ; l'observateur en question sachant traire, s'est assuré qu'il ne restait rien dans le pis, ce qui prouve le mérite de cette invention ; les cultivateurs savent combien il est difficile d'arriver à extraire tout le lait du pis, et que c'est la meilleure partie du lait qui y reste lorsqu'on ne trait pas bien ; une femme de force ordinaire, ne parvient pas aisément à bien traire ; on sait aussi que si les vaches ne sont pas traites à fond, leur lait diminue.

M. P. N. Fenser cite une invention d'un M. Colladon, professeur de Technik, à Genève, qui consiste en une roue à eau qu'il nomme roue flottante ; avec cette roue et un tuyau, on peut élever de deux cents à trois cents litres d'eau par minute, jusqu'à la hauteur de quarante et même soixante pieds. Cette roue flottante, ainsi que toute la machine, est faite en fer, et l'inventeur se charge de la monter pour 1,500 à 3,000 fr. ; cette machine peut être facilement changée de place.

M. Fenser approuve beaucoup une invention d'un sieur Pawels, chaudronnier, rue Saint-Sébastien, 35 à Paris, qui permet de détruire aisément les chenilles et autres insectes de tous genres si nuisibles aux arbres fruitiers de moyenne taille, en les enfumant avec du tabac brûlant. L'inventeur assurait qu'il existe de ses appareils dans tous les jardins des palais impériaux, et chez beaucoup de grands personnages.

Bien des communes de la Prusse Rhénane ont éprouvé des pertes très considérables, par suite de taureaux mal choisis et mal nourris. Des cultivateurs sont chargés d'entretenir ces taureaux appartenant à la commune, moyennant une certaine somme par taureau ; trop souvent les vaches ne se trouvent pas pleines ; les abus de toutes sortes dont eurent à souffrir ces communes, les ont amenées à créer des étables pour tenir leurs taureaux et à les faire soigner par un bon vacher ; la ville de Wittlich entr'autres, non loin de Trèves, a fait construire en 1865, une étable où on tient quatre taureaux nécessaires pour les quatre cent vingt vaches à lait entretenues par la ville ; sur ce nombre quatre-vingt-dix vaches sous l'ancien régime n'avaient pas retenu, ce qui avait amené une perte estimée 11,235 fr., en n'évaluant la perte des veaux qu'à 20 fr., car ils sont vendus à quinze jours. L'étable a été très-bien construite ; une petite cour entourée de murs, sert pour faire le saut ; il y a un grenier à foin et un autre, pour l'avoine ; et une place à fumier où les urines s'écoulent.

Cette ferme si bien construite a coûté .	8,360 fr.
Les ustensiles nécessaires dans l'étable sont revenus à	380
L'achat de quatre taureaux choisis dans le pays, avec deux veaux venus de Suisse, a formé une somme de.	2,685
Le vacher est logé et chauffé et gagne .	120
	11,545 fr.

On alloue par jour, à chaque taureau adulte, six livres d'avoine, seize livres de foin et dix livres de paille ; les veaux mâles achetés à dix mois, reçoivent un peu moins de nourriture ; on donne aussi pour 25 fr. de sel. En ajoutant 5 0/0 de la dépense générale à 112 fr. et en défalquant la valeur du fumier et celle du purin qu'on estime ensemble à mille deux cent cinquante quintaux de livres, valant 577 fr., la dépense totale, intérêt compris, laisse un bénéfice, lors de la revente des taureaux, lorsqu'ils sont âgés de quatre ans ; ce bénéfice suffira pour payer les pertes qui peuvent subvenir ; l'entretien de ces six bêtes revient à 2,625 fr., le 1/6 à 437 fr. 50 c.

Engrais convenable au trèfle d'après Woelker.

En terres légères, il faut pour un hectare, deux cent soixante-cinq kilos de superphosphate, et deux cent vingt kilos de guano ou bien le même poids en nitrate de soude et cent quarante kilos de potasse ; cela me semble une erreur en trop. Le même auteur dit que pour terres argileuses, il faut deux cent soixante-cinq kilos de superphosphate et deux cent soixante-cinq kilos de nitrate de soude.

Il conseille, pour des pâtures, deux cent soixante-cinq kilos d'os en poudre, cent quarante kilos de potasse, cent quarante kilos de superphosphate et cent quarante kilos de guano.

Le raisin sauvaguin, aussi salvagnin, qui fait les bons vins blancs du Jura, n'est pas le sauvignon de la Gironde, ni le pineau blanc de la Côte-d'Or.

Ces bons vins blancs du Jura, qu'on appelle aussi vins jaunes ou de garde, se vendangent tard, vers la Toussaint ; il produit de la pressée de topaze, le vin célèbre de Château-Châlons, dont on dit la durée inconnue ; on en a eu de cent ans ; le véritable vin passablement vieux vaut facilement 20 fr. la bouteille ; le sauvagnin mêlé avec du gamay blanc ou Melun, donne d'excellent vin, riche, savoureux, charnu, embaumé et capiteux.

Maïs géant pour fourrage. (Journal Barral du
21 mai 1867, page 354.)

M. Havin, propriétaire à Villeneuve-le-Roi, a publié dans le journal de M. Barral, un excellent article sur le maïs qu'il nomme géant ; il ne dit pas si c'est celui appelé dent de cheval, et cultivé depuis longues années dans le nord de la Prusse. En 1853, j'ai rapporté en France quelques kilos de ce maïs, que j'avais achetés à Hambourg qui le fait venir, chaque année, de l'Amérique du sud. J'ai distribué ces graines entre plusieurs agriculteurs qui malheureusement ont bientôt oublié ce fourrage; et cependant la graine en arrive à maturité en Touraine. Depuis quelques années, on cultive aussi en France le maïs Caragua et celui de Cuzco, en même temps que celui dent de cheval; je les ai vus tous les trois chez mon ami M. Allibert, à Montchenin, près Cormerie (Indre-et-Loire), à six lieues de Tours, sur la route de Loches. M. Allibert les avait semés d'abord à la volée, et plustard en lignes séparées par un mètre cinquante entr'elles. En 1867, je n'ai retrouvé chez M. Allibert que le maïs dent de cheval; les gelées sont arrivées avant que les graines fussent mûres; j'ai conseillé à mon ami d'imiter ce qui se fait en cas semblable, dans l'Amérique du nord. On coupe les tiges près terre, et on les met en moyettes dans un lieu couvert et aéré; j'ai appris depuis que M. Allibert a pu ainsi obtenir de la graine parfaitement mûre; mais comme la quantité conservée, était très faible, il a fallu en acheter au printemps suivant.

J'ai vu à l'exposition, en avril, des épis de maïs dont la grosseur, la longueur, et la beauté étaient extraordinaires; ces maïs étaient exposés par des Américains de l'Illinois, qui, malgré mes sollicitations renouvelées, se sont refusés à m'en céder, me renvoyant à la fin de l'exposition. Cependant l'un d'eux, avec qui j'avais causé agriculture, m'a offert un bel épi coloré jaune et rouge, au moment où je le saluais pour le quitter; cet épi contenait cinq cents grains, que j'ai distribués, par dix grains, dès le commencement de mon voyage, à partir du 10 mai; j'en ai même expédié par lettres à diverses personnes; dans le midi, je les envoyais pour qu'ils pussent fournir de la graine; dans le nord c'était dans le but de les faire connaître aux cultivateurs de ces contrées, qui apprendront, je l'espère, à estimer et à apprécier ce fourrage aussi excellent qu'abondant. A la fin de l'exposition j'ai pu acheter une certaine quantité de ces maïs de l'Illinois, et d'autres encore de l'Italie et de la Roumanie ; j'ai renouvelé alors une distribution de graines à environ deux cents personnes. Au printemps comme à l'automme, j'ai donné une assez grande quantité de grains de ces maïs à deux personnes, M. de Gasquet et M. P. Allibert. M. de Gasquet est directeur de la ferme école du Var ; il m'a informé depuis que les grains que je lui avait donnés au printemps, avaient parfaitement mûri chez lui, aussi bien que ceux du maïs dent de cheval qu'il cultive depuis deux ans. M. Allibert m'a dit de son côté que le maïs de l'Illinois avait mûri chez lui, tandis que le maïs dent de cheval était encore en lait, au moment des gelées ; il est vrai que ce dernier maïs avait été semé plus tardivement. Les années précédentes, il avait parfaitement mûri, quoique semé en lignes épaisses pour fourrage. M. Allibert est toujours enchanté de ce maïs qui lui permet avec un hectare et demi de nourrir à l'étable, et sans autre nourriture pendant plus de deux mois, près de quarante bêtes à cornes, de tout âge.

Mais je reviens à l'article publié dans le journal de l'agriculture. M. Havin dit qu'il a récolté par hectare de cinquante à soixante et même une fois soixante cinq hectolitres de maïs. Depuis les expériences qu'il a faites en 1852, il considère le maïs géant, comme le fourrage vert le plus abondant et le meilleur pour le bétail ; il le donne depuis le 15 juillet jusqu'à la fin de novembre ; dès que ses vaches en reçoivent, leur lait augmente en qualité et en quantité, et il en obtient plus de beurre.

Voici les conseils que donnent M. Havin, M. de Gasquet et quelques autres cultivateurs, pour la culture de ce maïs. Il faut labourer en novembre après application d'une forte fumure, à vingt-cinq ou trente centimètres de profondeur, la terre qui lui est destinée. Quand on veut obtenir de la graine, on sème du 1er au 20 avril, à soixante centimètres en tous sens. Quand on veut du fourrage, on sème au semoir en ligne distante d'environ quarante-cinq centimètres; en semant à cette distance sur billons, on facilite beaucoup les binages dont le premier se donne quand les plantes ont quinze à vingt centimètres de hauteur. Il est bon de semer tous les dix ou quinze jours; si on le peut, on sème d'abord en terrain sec et chaud, et ensuite en terre de plus en plus fraîche, à mesure qu'on avance dans la saison. Le maïs peut être donné aux animaux dès que l'épillet se montre; mais il est bien meilleur et bien plus nourrissant, quand les épis sont formés.

M. Havin continue cette culture dans le même enclos, depuis douze ans, je crois; il conseille de nombreux binages et un fort buttage; il arrose avec du purin de vache, additionné de tourteaux de colza, dans la proportion de dix kilos par hectolitre; après cinquante heures de fermentation, il répand par pied un litre de ce mélange et il butte: il coupe les rejets du pied et il supprime la tête au deuxième nœud au-dessus de l'épi le plus haut, quinze jours après la floraison; ces parties supprimées sont données au bétail; si on avait à craindre une maturation difficile, il serait bien de supprimer toutes les feuilles qu'on donnerait aux animaux.

LETTRES ET RAPPORTS.

Lettre de M. Fontbelle à M. de Gourcy.

Echérat par Bellac (Haute-Vienne), 16 février 1868.

Cher Monsieur,

La variété aussi bien que la justesse de vos questions agricoles me prouvent surabondamment que vous ne vieillissez pas et cela au grand profit de l'agriculture. Quant à moi je puis vous affirmer que j'éprouve un grand plaisir à m'entretenir avec vous des choses qui concernent ma culture; aussi je m'empresse de répondre aux questions que vous voulez bien m'adresser à ce sujet.

Mes trente animaux gras, dont quatorze génisses, ont produit 530 francs en moyenne par une vente du reste très-mauvaise. C'est en vain que je vous ai cherché au concours de Poissy pour vous serrer la main et vous les montrer. Depuis plusieurs années je conduis toujours au concours une bande de jeunes bœufs qui, malgré une graisse supérieure, luttent en vain contre les bandes de gros bœufs hors d'âge mais d'un grand poids, et cependant il me semble que l'exhibition d'animaux jeunes est un meilleur enseignement de production de viande économique, que celle de vieux animaux dont l'engraissement n'est pas du tout rémunérateur. Tous les engraisseurs achètent en général de vieux animaux dans les foires et les engraissent souvent avec perte. Voilà donc une mauvaise voie dans laquelle on pousse l'agriculture en primant uniquement les bandes de vieux bœufs; on devrait au moins faire comme dans toutes les autres classes deux catégories, bandes de vieux et bandes de jeunes. Il y a six prix alloués, eh bien ! ne devrait-on pas donner trois prix aux uns et trois aux autres? J'ai tout dernièrement signalé le fait au directeur de l'agriculture, et si vous partagez ma manière de voir, ne pourriez-vous pas de votre côté faire quelque chose au ministère? Votre parole, plus autorisée que la mienne, serait certainement mieux écoutée, et ce serait, je crois, une excellente chose que de combler cette lacune regrettable dans le programme.

———

Bellac, 7 février 1868.

Monsieur le comte,

Une absence motivée par le mauvais état de ma vue m'a empêché de répondre à votre aimable lettre du 5 janvier, et de vous remercier des bons souvenirs que vous avez bien voulu conserver de votre visite en Limousin. Je vous sais gré des renseignements que vous voulez bien me donner sur la culture du département de l'Allier, et particulièrement sur les opérations de MM. de Vaulx frères, qui m'intéressent d'autant plus qu'elles se rapprochent par plus d'un côté de ma manière de faire ; non-seulement nous pratiquons la même industrie, mais je tiens indirectement de ces Messieurs, que je ne connais pas, la pratique de l'emploi des fumiers après au moins un mois de séjour sous le bétail, conduit directement de l'étable sur les champs, méthode dont j'ai de plus en plus à m'applaudir.

Quant à ma petite exploitation de Bellevue, à laquelle vous voulez bien attribuer plus d'importance qu'elle ne le mérite, je ne puis mieux faire pour compléter les renseignements que vous me demandez, et vu l'impossibilité où je me trouve de compulser moi-même ces renseignements et de les écrire, que de vous adresser le rapport présenté en 1865 à la Société d'Agriculture de la Haute-Vienne, à l'occasion d'un concours pour une prime d'honneur départementale. Ce rapport se trouve dans un journal local que vous recevrez par le même courrier, et comme je n'en possède pas d'autre exemplaire, je vous prie de vouloir bien me le renvoyer lorsque vous y aurez puisé les renseignements que vous désirez. Comme ce document date de plus de deux ans déjà, je dois ajouter que j'ai continué avec succès les mêmes opérations, et que les produits *nets* de cette propriété de vingt-neuf hectares représentant un capital de 30,000 fr. *tout compris*, ont été :

Année 1865 de 2,993 fr.
— 1866 de 2,851
— 1867 de 3,676.

Dans le produit *brut*, le profit des étables de croisés durham, a été :

Année 1865 3,790 fr.
— 1866 3,769
— 1867 3,569

Dès aujourd'hui je puis considérer comme certain que ce produit pour l'année 1865 dépassera 4,500 francs.

Voici la situation des étables au 1er janvier 1868.

7   bœufs de vingt-neuf à trente-trois mois, durham Limousins, du poids moyen de six cent seize kilos, à l'engrais pour être vendus, en février au prix moyen de 500 fr.

2   vaches de quarante-deux à quarante-huit mois, durham Limousins, du poids moyen de cinq cent soixante-dix kilos, à l'engrais pour être vendues en février au prix moyen de 500 fr.

6   vaches limousines.

3   vaches durham.

    Ces neuf vaches font tous les travaux.

11   veaux ou génisses de six à huit mois.

11   veaux ou génisses de dix-huit à vingt mois.

40   têtes pesant ensemble approximativement douze mille kilos.

Une truie, et huit jeunes porcs à l'engrais.

J'ai communiqué votre lettre à M. Fontbelle qui m'a dit avoir reçu votre lettre, et y avoir répondu en son temps ; il doit vous écrire de nouveau.

Je veux vous remercier de deux paquets de vos publications, qui m'ont été adressés de Paris ; elles seront distribuées par les soins du Comice agricole, et s'il y a lieu je ferai une nouvelle demande au moyen du bon que vous avez bien voulu m'envoyer et que je conserve.

M. Dubreuil de Limoges, auquel j'ai transmis votre bon souvenir, continue la culture que vous avez visitée, sur sa terre de Bréjoux, commune du Vigen, dans le voisinage de M. Michel.

Veuillez agréer, Monsieur le comte, l'assurance de mes sentiments très-affectueux.

ED. DES TERMES.

Note sur la terre de Lyonne (Allier), et la vacherie composée d'animaux de la race Durham pure (1867).

La terre de Lyonne est située dans la commune de Cognat-l'Yonne (Allier), canton d'Escurolles, arrondissement de Gannat. Elle est traversée par la route impériale n° 9 (bis), de Gannat à Vichy; à six kilomètres de Gannat, et à un kilomètre de Monteignet, station du chemin de fer de Paris à Lyon et à la Méditerranée. La commune est enclavée, comme plusieurs des communes qui l'avoisinent, dans le riche bassin qui s'étend depuis Clermont-Ferrand, et se prolonge dans l'Allier sur une certaine longueur. La terre est en général forte et profonde, le sous-sol calcaire. Sur toute la propriété de Lyonne, les récoltes sont belles et les plantes fourragères, les prairies artificielles s'y développent avec vigueur. La propriété de Lyonne, proprement dite, en mettant de côté la terre de Rilbat, qui en est en quelque sorte la continuation, située dans la même commune, se compose :

1° De six domaines principaux, contenant chacun environ quarante-cinq hectares;

2° De cinq locations, d'environ chacune onze hectares;

3° De cinq maisons d'ouvriers avec leur jardin;

4° De quarante-six hectares de terre loués à divers, par portions plus ou moins étendues.

Sur les quarante-six hectares, vingt-quatre hectares sont affermés au même cultivateur; le reste est divisé en nombreuses parcelles, dont la plus minime est de quarante ares environ. La terre de Lyonne se complète par une réserve qui entoure l'habitation du propriétaire, M. le marquis de Montlaur. Cette réserve renferme à peu près quarante hectares. Jusqu'au 11 novembre 1853, la terre de Lyonne a été exploitée par un fermier général,

qui en avait l'entière jouissance, sauf le jardin d'agré-
ment, le potager et une partie du parc qui n'avait guère
alors que le tiers de la contenance actuelle. Le fermier
jouissait, en outre, de toutes les granges et greniers, situés dans la cour même de l'habitation. Dans cette situation, il était impossible que le propriéraire songeât à introduire par lui-même aucune modification dans l'exploitation. Il dut attendre la terminaison d'un bail de neuf
années, qui avait commencé à courir à son arrivée dans
cette propriété, et qui expirait, on vient de le dire, à la
fin de 1853. Depuis cette époque, jusqu'en janvier 1855,
le propriétaire, libre alors de tout engagement, s'occupa
de faire exécuter dans les divers domaines, les réparations
urgentes ; les domaines étaient, en effet, pour la plupart,
dans un état de délabrement déplorable. Il construisit
des granges, en allongea et en exhaussa d'autres, les
modifia toutes, restaura les écuries qu'il disposa de manière à faciliter les soins à donner aux animaux, établissant entre les deux rangées de crèches un couloir assez
large pour y déposer les fourrages. Il refit les toitures,
en un mot, acheva tous les travaux possibles en un si
court espace de temps. En 1853, la propriété avait été
divisée comme il a été dit plus haut, les métayers du
précédent fermier général étaient devenus fermiers à
leur tour. Il est inutile d'entrer dans aucun détail sur le
fermage et de donner des chiffres, puisqu'il ne doit être
question dans cette note que des améliorations qui ont
été introduites dans la réserve du propriétaire. Ajoutons
cependant, avant de nous renfermer spécialement dans
l'examen de cette partie de la propriété, assez restreinte
par rapport au reste, qu'au moment où il retrouvait la
libre disposition de sa propriété, relevant les bâtiments
et changeant le mode d'exploitation dans un sens plus
avantageux, le propriétaire entreprenait une opération
qui donnait à la terre une plus-value assez considérable,

et augmentait de la contenance d'un domaine, les terres en culture. Au point de jonction des trois communes d'Espinasse-Vezolle, d'Escurolles et de Cognat-Lyonne, M. de Montlaur possédait un bois, taillis et vieille écorce, d'environ quarante-deux hectares. Ce bois, implanté dans une terre forte, ne donnait que des produits peu propres à l'ouvrage, cassants, d'une nature tout-à-fait inférieurs, et dont le revenu ne pouvait être porté à plus de 900 francs par an. Ce bois avait été vendu en 1848 ; il était donc fort peu âgé, et sauf les réserves, n'avait pas, malgré son étendue, une bien grande valeur. M. de Montlaur en demanda le défrichement et l'obtint. Un cultivateur des environs entreprit cette opération, et s'engagea à rendre, au bout de trois années, le bois arraché, le terrain défoncé et prêt à être mis en culture, puis à verser en outre, la somme de 20,000 francs. Aujourd'hui, ces quarante-deux hectares portent des récoltes remarquables, et sauf quelques travaux d'assainissement qu'il s'agissait de compléter, et qui sont déjà commencés, travaux, au reste, de peu d'importance, cette partie de la terre de Lyonne peut être regardée comme égalant les autres domaines qui l'avoisinent. Si donc, pour rester dans des prix inférieurs aux prix réels, on fixe l'hectare à 100 francs, on arrive à un revenu de 4,200 francs ; si on y ajoute l'intérêt des 20,000 francs payés par l'entrepreneur du défrichement, acquéreur du bois, on atteint le chiffre de 5,200 francs. L'opération était donc bonne à tous les points de vue ; elle augmentait d'une manière sensible le revenu, et utilisait un sol dont jusque-là on avait trop méconnu la valeur réelle, ou que du moins, on avait incomplètement utilisé.

Dans un voyage fait en Angleterre il y a une douzaine d'années, M. de Montlaur avait été frappé de la voie dans laquelle était entrée l'agriculture de ce pays ; il avait pu se rendre compte de la précocité des races qu'on y élève et surtout de la race durham, race de boucherie par excellence. Cette race se prête plus que toute autre à la stabulation permanente, et sous le rapport de la croissance rapide, de l'aptitude à l'engraissement, elle les dépasse toutes, on le sait. Il lui sembla que, mieux que pas une, elle pouvait convenir à sa propriété. Puis, son but n'était pas seulement d'élever des animaux de boucherie ; il voulait aussi, bien convaincu par les études auxquelles il s'était livré des avantages de la race durham, former dans le département une écurie où les éleveurs et propriétaires qui pensent que le salut de l'agriculture, aujourd'hui, où le prix du blé ne paraît guère pouvoir se relever, est dans la production de la viande, fussent assurés de trouver des animaux de race pure, qu'ils ont tant de peine à se procurer avec toutes les garanties désirables. Il voulait en un mot, tenter ce qui a été fait avec succès dans d'autres départements, par des éleveurs dont le nom, depuis un certain nombre d'années, a retenti dans tous les concours. L'exposition internationale qui eut lieu en 1855, ne servit qu'à le confirmer dans cette idée ; il se décida à acheter en Angleterre, un taureau et deux génisses. Le taureau fut choisi chez l'illustre et regretté Jonas Webb, de Babraham (Cambridgeshire) ; les deux génisses provenaient, l'une de la vacherie de M. William Sanday, à Holme-Pierrepoint, l'autre de l'étable de M. John Webb, Horse-Heath, deux écuries en renom. Inutile d'ajouter que ces trois animaux étaient d'un sang très-pur, descendant des meilleurs représentants de la race durham, et inscrits au herd-book anglais. Peu de mois après, il leur adjoignait une vache, aussi de pur sang, née à la vacherie de Mably. Telle est l'origine de l'étable actuelle de Lyonne.

En août 1855, au moment où M. de Montlaur importait le taureau anglais dont il a été question plus haut, le cheptel de la réserve de Lyonne, se composait de treize animaux, estimés dans l'inventaire dressé alors, 3,225 francs.

Les vaches charollaises avaient de belles formes, et devaient avec le taureau durham, blanc comme elles, donner d'excellents produits. M. de Montlaur, on le sait, avait acheté son premier taureau en 1855, et la même année les deux vaches anglaises ; l'année d'après la vache durham de Mably. Depuis lors, jusqu'à ce jour, il a acquis successivement :

Tristan, à la fin de 1856 ;

Quadrilatère, en 1859 ;

Nicolas, en 1860 ;

Uranus, en avril 1865, à la vacherie impériale de Corbon.

Enfin cette année, au domaine impérial de Pompadour (Corrèze), où ont été transportés les animaux de la race durham pure, si remarquables de Fouilleuse :

1° *Agénor,* âgé de deux ans ; 2° *Eugène* ; 3° *Bertrand,* tous deux âgés de huit mois (juillet 1867), et promettant des reproducteurs hors ligne. *Eugène* est petit-fils du quatrième, *Duc of Athol* et *Bertrand,* petit-fils de *Mr Butterfly,* quatrième.

Il n'a pas été acheté d'autres animaux de pure race anglaise.

De 1855 à 1865, avec les seuls éléments qu'on vient de signaler, le chiffre des animaux ayant figuré ou figurant encore dans la vacherie, s'est élevé à quatre-vingt-seize, comprenant cinquante-cinq animaux de pur sang durham et quarante-six animaux croisés durham. A mesure que les animaux de pur sang, dont plusieurs ont figuré avec honneur dans les concours, augmentaient en nombre, on a vendu ou mis à l'engraissement les animaux de demi sang, et cette année même, à Poissy, l'un d'eux a obtenu un troisième prix de 1,300 francs, dans la catégorie si bien composée des bœufs de moins de quatre ans. Présenté huit jours avant à Châteauroux, il avait obtenu le deuxième prix, disputant la coupe à l'admirable animal présenté par M. Tiersonnier (de la Nièvre). Il a été vendu quarante-trois animaux de demi-sang dont la vente s'est élevée au chiffre de 16,640 francs et vingt-deux animaux de pur sang, ayant produit 13,470 francs, ce qui donne par tête une moyenne de 612 francs. La moitié de ces animaux, vendus comme reproducteurs, n'avaient pas plus de cinq à six mois; l'un des taureaux, après avoir été engraissé, a été vendu à Poissy 1,300 francs; un autre de dix-huit mois, 1,000 francs; plusieurs, de 900 francs à 800 francs. En additionnant les ventes des animaux de pur sang et des croisements, on atteint la somme de 29,885 francs. De 1865 à cette année-ci 1867, les ventes ont été toujours en croissant, et les espérances qu'on était en droit de concevoir en 1868, se sont réalisées complétement. En défalquant le chiffre du cheptel primitif, qui est de 3,225 francs et le chiffre des achats, qui s'élève à 9,260 francs, c'est-à-dire 12,485, il reste pour le bénéfice net de la vacherie 17,400 francs. Sans doute, pour les dix années qui se sont écoulées, ce n'est pas fort élevé, mais il est inutile, pensons-nous, de faire remarquer, car cette remarque n'aura échappé à aucune des personnes à qui cette note sera communiquée, que les six premières années il n'a été fait que des ventes insignifiantes de quelques croisements, et que pas un animal de pure race n'est sorti de l'écurie; ce n'est que depuis trois ans qu'il a été possible d'en vendre, et c'est en réalité sur ces trois ou quatre dernières années que doivent se répartir les 17,400 francs. A cette somme, il faut ajouter la valeur de la vacherie actuelle, dont l'estimation vient d'être faite, et qui en portant les chiffres bien bas, s'élève à 37,500 francs.

En ajoutant cette somme à celle de 17,400 francs, indiquée plus haut, on obtient comme résultat de l'élevage pendant la période de 1865 à 1867, la somme de 54,400 francs. Mais on ne saurait trop le redire, ce n'est que depuis peu que des bénéfices ont été réalisés; le petit nombre de vaches pures, pendant les premières années, ne pouvait permettre de faire aucune vente; aujourd'hui les bénéfices doivent croître dans une rapide proportion. A cette somme déjà élevée, si l'on observe qu'elle ne peut porter sérieusement que sur les quatre dernières années au plus, il faut ajouter les prix obtenus dans les concours régionaux. En voici le détail :

3e prix, à Blois, en 1858 ;

1er prix, à Paris en 1860, et mention honorable ;

Deux premiers prix à Lyon, en 1861 et mention honorable ;

4e prix, à Moulins, en 1862 ;

2e prix, à Chambéry, en 1863 et mention honorable ;

Trois premiers prix à Roanne en 1864 et quatre mentions honorables, dont deux très-honorables ;

Cinq premiers prix à Annecy, en 1865 ;

Un premier prix à Châteauroux, en 1866 ;

Deux premiers prix à Blois, en 1867 et une mention très-honorable ;

Troisième prix à Poissy, en 1866.

Ces divers prix donnent un total de 8,000 francs; plus treize médailles d'or, ajoutées aux prix ci-dessus, et trois médailles d'or obtenues aux concours régionaux de Grenoble en 1864, et de Privas en 1865. A ces seize médailles d'or, obtenues dans les concours régionaux, il faudrait encore adjoindre les prix et médailles obtenus aux divers concours d'arrondissement et au comice d'Ebreuil.

Deux mots seulement de la porcherie :

M. de Montlaur acheta en Angleterre, en 1856, un

verrat new-leicester blanc, et une truie pleine, de même race ; ces deux animaux provenaient des célèbres porcheries du capitaine Gunter (Tarles-court, Old-Brompton). La truie a eu plusieurs portées, il en est résulté un grand nombre de produits, qui ont été vendus et expédiés de tous les côtés ; un de ces produits a été expédié à M. Paillard (dans la Somme), dont la porcherie est renommée pour ses grands succès. Les autres produits ont été vendus dans la Loire, le Puy-de-Dôme, l'Allier. La porcherie de Lyonne a obtenu divers prix dans les concours régionaux : à Châteauroux, en 1857, 2e prix ; à Blois, en 1858, un quatrième prix ; à Lyon, en 1861, un 1er prix ; à Roanne, en 1864, un quatrième prix. Elle a obtenu aussi des premiers prix aux concours départementaux à Moulins, Montluçon, Gannat.

Il serait hors de propos de s'étendre sur la culture de la réserve. On comprend qu'avec le nombre d'animaux de l'espèce bovine que contiennent les étables, les chevaux de trait, servant à l'exploitation, et les chevaux destinés au service du propriétaire, la quantité des fumiers produits annuellement doit être considérable ; cette masse d'engrais permet de fumer très-largement des terres déjà d'excellente qualité. On a pu même en distraire une assez forte partie qui a été envoyée dans la réserve de la terre de Chalouze, que le propriétaire de Lyonne fait valoir, à six lieues de Lyonne (canton de Loreuil), et où depuis quelques années, il a exécuté des travaux d'une grande importance : irrigations, conduites d'eau, quinze kilomètres de routes agricoles et forestières, plantations d'arbres résineux et autres, reconstruction de tous les domaines, etc. On a pu encore employer de ces engrais à un vignoble de trois hectares, qui, il y a quelques années, a été planté sur les côteaux de Rilhat, et qui donne déjà aujourd'hui un revenu plus élevé qu'on n'aurait pu s'y attendre. Ce fumier employé ainsi ailleurs, n'a nui en rien, on doit le comprendre, aux terres de la réserve de Lyonne, qui avaient déjà reçu tout ce qui leur était nécessaire, et qui, en outre, sont continuellement arrosées en temps opportun, par le purin recueilli avec soin dans la citerne de la cour de ferme.

On fera remarquer ici que la paille transformée en fumier n'est pas toute produite par les terres peu étendues de la réserve; le propriétaire ayant l'intention, à cause du nombre de bestiaux qu'il voulait avoir, d'augmenter l'étendue des prairies artificielles, avait, lors du renouvellement du bail, imposé à ses fermiers, qui produisent plus de paille qu'ils n'en ont réellement besoin, l'obligation de lui en livrer dix milliers par domaine. En outre, dans les années où la paille était à bas prix, il en a fait acheter. Les terres de la réserve soumises à ce régime de larges fumures, n'ont donc pu qu'atteindre à un haut degré de fertilité, qui a permis d'accroître l'importance de la vacherie. La plupart des reproducteurs en provenant, depuis deux ans surtout, sont de plus en plus recherchés par les éleveurs de la race durham, et il en a été vendu, non-seulement dans le département de l'Allier, mais encore dans les départements suivants, dont quelques-uns assez éloignés : le Cher, la Loire, le Puy-de-Dôme, le Loir-et-Cher, la Drôme, la Manche et l'Isère. Il est à croire que les ventes augmenteront encore dans l'avenir, la production de la viande étant une nécessité aujourd'hui, et ce résultat ne pouvant être plus vite et plus sûrement atteint que par la race dont M. Léonce de Lavergne a écrit l'histoire, dans son remarquable livre sur l'*Économie rurale de l'Angleterre*, et que M. le comte de Gourcy recommande dans ses livres si instructifs, avec tant de zèle et une si profonde conviction.

Marquis L. DE MONTLAUR.

Lyonne, 2 novembre 1867.

Merzig, 1866.

Monsieur le Comte,

Je suis bien reconnaissant du souvenir que vous avez eu la bonté de me laisser de vos intéressants ouvrages.

Depuis la réception de votre lettre je me suis beaucoup informé des effets des sels potassins qui ont été découverts à plusieurs endroits de la Saxe, notamment à Stassfurt. Ils contiennent généralement 10 0/0 d'oxyde de potassium en forme de chlorure de potassium, ils sont mélangés de chlorure de magnésium et de sodium. Leur effet sur la végétation s'est longtemps fait attendre , c'est-à-dire jusqu'à la métamorphose de la contenance de potassium à l'état de carbonate de potasse, qui s'opère dans le sol, pendant que le chlore prend d'autres engagements et s'infiltre plus profond en terre ; la potasse étant retenue et absorbée par la partie argileuse du sol. C'était une opération trop lente pour le cultivateur qui n'est pas chimiste.

On a réussi, plus tard, à transformer le chlorure de potassium en sulfate de potasse, à en séparer la magnésie et finalement à condenser le sulfate de potasse jusqu'à la contenance de 80 0/0 de sulfate de potasse, soit 44 0/0 de potasse, qui maintenant est livrée au commerce au prix de 18 fr. les cinquante kilos, pris à Stassfurt.

Ce sel est employé avec avantage pour refaire des terres usées par la betterave et l'emploi des phosphates sert à forcer cette culture. Finalement les phosphates avaient épuisé leur équivalent de potasse contenue dans le sol et les engrais, en sorte qu'il fallait rendre au sol cet équivalent ; après cela les betteraves reprirent de plus belle.

Pour apprécier l'effet probable de ce sel, il faut analyser le sol et en connaître le dosage, tant en potasse qu'en phosphate.

Dans un sol qui contient ces deux essences en rapport suffisant à la culture, ce serait du luxe de vouloir y dépenser de ce sel.

Il en serait de même d'un sol qui contient peu de phosphate, si on ne peut pas en même temps l'enrichir de cette essence.

Les sels potassins sont principalement absorbés par la partie argileuse du sol. Quand le sol en contient peu, on risque de perdre le sel potassin par l'infiltration avant que la végétation puisse en profiter.

Ainsi, l'emploi de ces sels est limité par différentes circonstances : il en résulte qu'en beaucoup de localités l'effet en a été nul, ou ne s'est fait sentir que longtemps après l'emploi, lorsqu'on ne s'y attendait plus.

Dans les essais où je l'ai employé, c'est sur les trèfles, tabacs, tubercules de différentes espèces et sur l'herbe qu'il a agi, et toujours seulement l'année après son emploi.

Comme le guano du Pérou contient peu de potasse (5 0/0 sur 12 à 14 0/0 de phosphate), justement le rebours de ce qu'exige un bon sol, il supporte un ajouté de ce sel, dans la vue de l'empêcher d'épuiser le sol.

Le meilleur emploi est d'en mélanger le lizier ou purin, dont on arrose les engrais, toujours après avoir pris une connaissance générale du dosage du sol. Nous avons des sols, où ce sel ne produit aucun effet ; ce sont nos sols les plus consistants et les plus perméables. Dans les sols tourbeux il a produit de bons effets *après* le drainage, de même dans les prairies marécageuses après le drainage.

Voilà les indications que je peux vous donner à ce sujet.

Agréez, Monsieur le Comte, l'expression de mon sincère dévouement.

G. DE FELLENBERG.

Merzig, 26 mars 1867.

Monsieur le Comte,

Recevez l'expression de toute ma reconnaissance des cadeaux que vous voulez bien me faire du récit de votre voyage agricole. J'y puiserai le modèle pour les petites relations des courses agricoles que je fais dans le pays, pour nos feuilles locales. Je regrette infiniment de prévoir que l'époque où vous visiterez l'exposition coïncidera avec un voyage d'affaires à terme que je devrai faire en Suisse, car je ne sais quelle meilleure occasion je pourrais trouver pour voir fonctionner les instruments agricoles, qu'en vous y accompagnant.

Ce serait certes une fête pour nous autres si vous pouviez trouver le temps de visiter nos humbles comices et écoles secondaires, pour l'avancement de la culture. Cependant vous n'y trouveriez que des rudiments , parce que l'expérience nous a suffisamment démontré que l'exemple fructifie bien plus que la parole et encore que l'exemple donné par les paysans à leurs semblables, surpasse de beaucoup en efficacité celui que peuvent donner les Messieurs. Vous pouvez vous imaginer maintenant le pas d'escargot dont nous marchons ; que dirait Esope en nous voyant !

Dans ce moment nous étudions le question de l'approfondissement et ameublissement du sous — sol et les charrues à sous-sol ou fouilleuses comme nous les nommons, Mühler. Comme dans le cours de près de quarante années, M. Charles Villeroy ouvrant la marche, nous sommes parvenus à faire de la charrue Dombasle la charrue des paysans, je pense qu'après quarante autres années chaque paysan aura une fouilleuse et aura approfondi le sol arable jusqu'à un mètre. Comme par là il aura besoin de toujours plus d'engrais, il soignera ses engrais comme le Japonais, et il pourra le faire parce qu'il fera plus de pailles.

La confection de beaucoup d'engrais exige beaucoup d'ordre et amène la propreté, deux qualités qui manquent à nos paysans, desquelles dépend néanmoins une forte part de la civilisation de la campagne. Partout où le paysan sait soigner ses engrais, vous trouverez ordre et propreté dans les usages de la campagne ; en Suisse, en Hollande, en Belgique, sur le Bas-Rhin. Il est vrai que ce sont aussi les pays de laitage ; mais tout cela va ensemble.

Enfin, comme dans une maison à beaucoup d'étages il peut demeurer beaucoup de monde, un sol approfondi peut nourrir une nombreuse population.

Pour vous donner une idée de nos publications agricoles à l'usage du paysan, j'ajoute à ma lettre une petite relation ou aperçu historique de l'introduction dans le pays de la charrue Dombasle. Vous voyez par là comme nous sommes sobres de progrès. Maintenant que la charrue Dombasle est devenue la charrue du paysan Landpflug, nous donnons une revue rétrospective sur la marche qui a été suivie et a conduit à ce but. Cette revue intéresse le paysan et facilite auprès de lui l'introduction d'autres améliorations. Il apprend à se connaître, à se juger et à comprendre de quoi il est capable, et nos gouvernants qui manquent plus de savoir-faire que de bonne volonté y voient comment il faut s'y prendre pour réussir et apprécier l'action de la patience et de la persévérance.

Je pense qu'il y aura cet automne à Sarrelouis un concours agricole, et entre autres les fouilleuses feront leurs tours de force.

Agréez, s'il vous plaît, Monsieur le comte, l'assurance de mes sentiments reconnaissants.

DE FELLENBERG.

Excursion sur le chemin de fer, système Fell, ouvert sur le mont Cenis vers le 15 juin 1868, exécutée par M. Charles Jobez et M. de Gourcy, les 20 et 21 juillet 1868.

Le lundi 20 juillet 1868, nous partîmes d'Aix, M. de Gourcy et moi pour Saint-Michel et le mont Cenis. La chaleur était grande ; nous avons déjeuné à neuf heures quinze et étions partis par rail vers dix heures. Arrivés à Saint-Michel à midi vingt-cinq, nous avons pris à une heure quinze le chemin de fer, système Fell, qui nous a conduits à Suze à six heures trente, très-aisément, exactement et sûrement.

La ligne a un mètre seize d'écartement mesuré d'axe en axe. Les machines exécutées par MM. Gouin à Paris, sont de la force de cinquante chevaux et pèsent de dix-huit à vingt-deux tonnes [1]. Le chemin de fer est exécuté sur l'accotement de la route du mont Cenis dont il occupe le tiers en largeur. On a fait très-peu de travaux d'art, s'étant borné au strict nécessaire, pour ramener les courbes à un minimum de quarante mètres de rayon et dans quelques cas rares pour ménager un peu mieux les pentes.

Le trajet de près de quatre-vingts kilomètres se fait en cinq heures et quart, soit sur le pied de quinze kilomètres à l'heure, une jolie vitesse, quand on songe qu'il y a à franchir des pentes de 8,3 0/0, rattachées par des courbes nombreuses de quarante mètres de rayon. Dans certaines parties du parcours à pentes modérées

---

[1] Les rails pèsent trente-quatre kilos par mètre courant, les traverses sont espacées de quatre-vingts centimètres à un mètre. Le rail du milieu est supporté sur une épaisse semelle en bois, liée solidement à la voie.

3 0/0 et alignements prolongés, la vitesse à la descente a dû aller jusqu'à trente-cinq kilomètres à l'heure. C'est un remarquable tour de force que l'exploitation de ce chemin de fer dans de semblables conditions. Les hauteurs au dessus du niveau de la mer des rails à Saint-Michel et à Suze sont respectivement de sept cent vingt mètres environ ; celle au sommet du mont Cenis à la frontière (constatée par Bourdaloue) est de deux mille quatre-vingt-deux mètres soixante-neuf centimètres. De Suze à ce point sur vingt kilomètres sont accumulées des difficultés considérables de pentes ardues, courbes à faible rayon, menace d'avalanches et dangers résultant des eaux torrentielles. Tout cela paraît avoir été étudié avec jugement, exécuté dans des conditions raisonnables.

Pour le moment les tarifs sont très-élevés, 25, 22 et 18 fr. respectivement pour les voyageurs de première, deuxième et troisième classe, soit environ 30 cent. 27 cent. et 22 cent. 5, tandis que ceux des chemins français sont de 11 cent. 3, 9 cent. 5 et 6 cent. 6 par kilomètre. Mais la compagnie n'a commencé son service que le 15 juin et elle exploite encore avec un matériel à peine complet et des agents bien nouveaux dans leur service. De plus, elle n'a à espérer de trafic sérieux que jusqu'au percement et à l'achèvement de la grande ligne par le tunnel de Modane dont les travaux seront probablement terminés au commencement de l'année 1872. La compagnie Fell, a commencé les travaux au commencement de 1866, et a ouvert le chemin le 15 juin 1868.

Outre les tâtonnements et expériences indispensables dans toute entreprise de cette nouveauté, la compagnie a eu à subir toute espèce de vicissitudes, ainsi le 25 septembre 1866, quelques mois après le commencement de ses travaux, un orage formidable a détruit une partie des travaux de la route du mont Cenis, à ce point que les dépenses de reconstruction de la route pour l'État en France se sont élevées à 1,500,000 fr. en 1867.

L'opinion de certains observateurs sur les lieux, est que jamais une compagnie française n'eût réussi et persévéré à travers tant d'obstacles.

Le trait caractéristique du système Fell est l'établissement d'un rail central placé de champ au milieu de la voie et soutenu solidement à une hauteur de vingt-trois centimètres au dessus du niveau des rails, c'est sur ce rail que prennent quatre galets horizontaux, de quatre-vingts centimètres de diamètre, à ce qu'il m'a paru, fonctionnant au moyen de la vapeur de façon à saisir le rail central, à aider à la fois à l'ascension de la machine sur de fortes pentes ou à en retarder la descente et à la maintenir ferme dans les rails, dans les courbes à faible rayon.

Ce double but paraît avoir été complétement atteint par cet ingénieux mécanisme, dont le fonctionnement régulier inspire à la longue à l'observateur une confiance complète dans la stabilité du convoi et le peu de chance d'un déraillement.

Toute la voie est éclissée, sauf les deux kilomètres qui avaient été établis d'abord pour servir aux expériences préliminaires et qui restent encore établis sur coussinets.

Le rail central ne se présente, comme nous l'avons dit, que sur les pentes les plus fortes, celles excédant 5 0/0, m'a-t-on dit, ou lors des courbes à rayon très-restreint ; absolument comme un doublier établi pour venir en aide aux voitures, dans des passages difficiles ; aussi ce rail central n'est-il établi que sur une certaine partie du parcours.

Dans les parties hautes du chemin de fer du mont Cenis on a entrepris de couvrir en entier la voie, au moyen d'un couloir à parois en planches soutenant un toit en tôle ondulée.

Cette curieuse et hardie tentative qui, si elle réussit, comme nous l'espérons fermement, dispensera la compagnie de frais de déblaiement des neiges, rencontrera des difficultés dont les gens dépourvus de l'expérience de cet étrange climat ne se doutent guère.

Ainsi, M. Asparin, un employé des ponts-et-chaussées, en résidence à Saint-Michel, que nous avons rencontré, nous disait, qu'ayant passé la nuit dans un moment de grande tourmente à la maison de refuge placée au sommet du col (deux mille quatre-vingt-deux mètres), deux mètres cubes de neige s'étaient amoncelés cette nuit-là dans la chambre où il couchait, en passant par le trou de la serrure seulement. Il faut donc que ce long couloir dans lequel s'engagera le train, soit fermé hermétiquement pendant la tempête.

L'hiver dernier le service de déblaiement des neiges n'a presque rien coûté, quelques milliers de francs. L'entretien de la route est très-dispendieux. Le gouvernement français, dans ces dernières années, avait remis ce service aux soins de la compagnie du chemin de fer Victor-Emmanuel, principal intéressé puisqu'elle était propriétaire des deux lignes aboutissant à ce col important en deçà et au delà des Alpes.

Le gouvernement français avait traité à forfait avec la compagnie Victor-Emmanuel, et lui payait 70,000 fr. par an, pour l'entretien de cinquante kilomètres de route sur le territoire français (de Saint-Michel à la frontière).

Le prix des matériaux est extrêmement élevé dans les régions élevées et celui de la main-d'œuvre aussi. Le mètre cube de pierre cassée, coûte de 7 à 8 fr. jusqu'à 11 et même sur une certaine section 14 fr. par mètre. Les matériaux sur place, n'offrent pas la résistance nécessaire.

Pour en revenir au système Fell, la compagnie an-

glaise qui l'a installé là, l'a fait surtout en vue d'expéri-
menter sur une échelle suffisante, le système appliqué
ici. Son but est de fonder sur le développement de ce
système, de grandes entreprises de travaux dans l'Inde
par exemple , ou sur d'autres points des immenses
colonies anglaises. Ainsi leur but serait une étude
approfondie de cet ingénieux système à tous les points
de vue, usure des machines et de la voie, protection
contre les neiges et avalanches, prix de revient des
transports dans ces difficiles circonstances. L'ingénieur
de la voie, M. Barnes, avec qui nous avons voyagé de
Suze à Lons-le-Bourg, estime que les frais de combus-
tible seront modérés, il estime ces frais à 75 cent. par
kilomètre, pour un train ordinaire (trois voitures et un
wagon de bagages), avec du coke de Saint-Etienne payé
à raison de 48 fr. la tonne pris à Saint-Michel.

La veille du jour où nous avons franchi le mont
Cenis, le 19, un train de plaisir avait transporté à la
remonte de Suze à la Grande-Croix, peu en deçà de
l'hospice et du point culminant du col, six voitures de
voyageurs avec quatre-vingt-dix-sept voyageurs et le
wagon de bagages. M. Barnes considérait cette épreuve
comme un fait favorable à la puissance du système
Fell.

Le Claudat, le 16 octobre 1868.

Monsieur de Gourcy,

Absent à la remise de votre aimable lettre, je l'ai seulement sous les yeux depuis quelques jours.

Je vous remercie, Monsieur, d'avoir bien voulu vous
souvenir de l'intrépide agriculteur du Claudat.

Le croisement que vous me citez dans le Limousin et

l'Allier est pratiqué depuis longtemps au Claudat, je croise aussi le soutdhown avec la brebis berrichonne, l'essex et l'york avec le craonnais.

Je me trouve très-bien de tous ces croisements, parce que tous les animaux que j'élève sont engraissés chez moi le plus tôt possible et adressés à Paris, et comme je suis distillateur, la nourriture m'oblige à changer mes animaux le plus souvent possible.

Comme plante à distiller, je donne la préférence au topinambour, c'est la plante la plus précieuse que je connaisse pour la distillation et même pour le bétail ; la plus rustique, qui vient dans tous les terrains, qui résiste aux plus grandes sécheresses et aux gelées les plus intenses. J'en ai cultivé cette année trente-trois hectares qui sont de toute beauté, la tige aujourd'hui en fleurs a atteint la hauteur de quatre mètres dans quelques champs, j'espère que le rendement sera en proportion et dépassera celui de la betterave ; on ne peut trop encourager cette culture.

Avec ma distillerie, je fais beaucoup d'engrais qui sont d'une grande ressource pour mes mauvaises terres.

Je vous annonce avec plaisir que le rendement de mes céréales est aussi satisfaisant. J'ai quarante-cinq hectares de froment qui m'ont donné cette année près de trente hectolitres à l'hectare. Mes avoines étaient aussi fort belles.

Je sème généralement le blé de Noë, le blé de Bergues, Prime Albert et autres anglais.

Le produit brut de ma culture directe de cette année, composée aujourd'hui de deux cent trente-deux hectares, s'élèvera au chiffre de 80 à 90,000 fr.

La propriété du Claudat a coûté en 1851, 300 fr. l'hectare et on me disait que j'avais payé trop cher.

A mon entrée en jouissance en 1851, le cheptel repris par estimation et pour lequel j'ai acheté beaucoup de fourrages, a coûté 4,792 fr.; au 31 décembre dernier il était de 59,180 fr.

Le capital d'exploitation des métayers à mon entrée en jouissance, 11 novembre 1851, était de 11,410 fr. 20 cent.; au 31 décembre 1867, 188,595 fr.

Mon apport et celui de ma femme, lors de notre acquisition, s'élevaient à environ 80,000 fr.; au 31 décembre 1867, l'inventaire constate un avoir de 654,095 fr.

Tels sont, Monsieur, les résultats que j'ai obtenus, dans l'Allier, depuis que j'ai fait l'acquisition du Claudat, je crois que ce sont de bons états de service.

Veuillez agréer, Monsieur, avec mes remerciements, l'expression de mes sentiments respectueux et très-distingués.

A. Delelis.

Bubières, le 16 septembre 1868.

Cher Monsieur,

Il y a bien longtemps que je n'ai eu le plaisir de vous voir ; comme vous me l'apprenez par votre lettre vous négligez un peu le nord de la France pour visiter le centre et le midi qui offrent aussi en ce moment des progrès dignes de vos observations.

Depuis que vous êtes venu à Bubières j'ai opéré des changements dans l'intérieur de ma ferme et dans la rotation de mes cultures.

J'ai construit une grande cour à fumier couvert, autour de laquelle se trouvent mes bergeries ; ou y apporte le fumier de mes chevaux et bêtes à cornes pour en opérer le mélange, puis un troupeau passe dessus toutes les nuits pour le tasser, ce qui lui permet de se conserver bien longtemps sans déperdition ni même dé-composition ; il est toujours aussi frais que s'il sortait d'une écurie de bonne fabrication.

Puis ayant introduit une nouvelle rotation dans mon assolement, je ne fais venir le blé qu'après deux récoltes sarclées, la betterave en dernier, ce qui me permet d'arriver à avoir des rendements en blé que je n'aurais osé espérer, ainsi que vous avez pu voir sur mes échantillons à l'exposition du Champ-de-Mars en 1867.

M. Barral qui était au nombre des incrédules a voulu s'assurer par lui-même des résultats et a envoyé un de ses collaborateurs pour faire des expériences sur mes rendements, voici les résultats obtenus :

Récolte 1868.

Au chemin de Vitry à la Longue-Laine, pièce de cinq hectares trente-cinq ares cinquante centiares, blé mélangé, a donné à l'hectare sept mille cent kilos de paille et six cents kilos menue paille et cinquante hectolitres quarante litres de blé.

Au même champ, du côté de la rivière, pièce de cinq hectares soixante-treize ares quatre-vingts centiares, blé roseau, a donné à l'hectare huit mille cent kilos de paille, huit cents kilos de menue paille et cinquante-huit hecto-litres de blé.

Puis les Jardins, chemin de la Bragelle, pièce de un hectare soixante-onze ares soixante-huit centiares, blé velouté, a donné à l'hectare huit mille deux cents kilos de paille, huit cents kilos menue paille et cinquante hecto-litres soixante litres de blé.

Au chemin de Quiéry, champ d'environ quatre hec-tares, blé d'Espagne, a donné à l'hectare six mille quatre cents kilos paille, mille cent kilos de menue paille et cinquante-quatre hectolitres soixante litres de blé.

Enfin au même chemin, pièce de deux hectares quatre-vingt-neuf ares quatre-vingt-dix-neuf centiares, blé Hallett, a donné à l'hectare six mille deux cents kilos paille et six cents kilos menue paille et quarante-six hectolitres de blé.

Cette dernière pièce était après betteraves précédées d'une céréale.

Vous vèrrez du reste dans le journal l'*Agriculture* qui fait la monographie de ma ferme, ma nouvelle méthode de cultiver.

En attendant le plaisir de vous serrer la main, recevez, cher Monsieur, l'assurance de mes sentiments les plus dévoués.

L. PILAT.

P.-S. Je ferai prendre vos quatre ouvrages et les ferai parvenir à destination.

Notice sur le Métayage.

La Société d'Agriculture de l'Allier demande une notice sur le métayage. Bonnes ou mauvaises, je lui apporte mes idées sur cet objet de ma prédilection. Si elles sont mauvaises, je la prie de m'excuser ; si elles sont bonnes, je la prie d'approuver et de m'oublier !

Nous allons d'abord définir le métayage ; puis aborder franchement ses inconvénients et ses avantages en le comparant aux autres systèmes possibles ; enfin conclure, et la conclusion je l'ai dite d'avance ; contrairement aux idées les plus répandues, je fais du métayage un cas infini, je le préfère en un mot. Qui lira, jugera. Il est bien entendu que dans tout ce qui va suivre, je suppose le propriétaire résidant ; sans cette condition, le métayage est un corps sans tête ; il est donc plus que mauvais, il est impossible.

Définition. — Le métayage est un contrat et un mode d'association dont l'essence consiste 1° à substituer absolument l'idée de partage en nature, à l'idée ordinaire de redevance et de fermage ; 2° et par un corollaire mathématique, à réunir la possibilité d'une durée éternelle avec la faculté toujours présente d'une rupture. Je dis à substituer absolument l'idée de partage en nature à l'idée ordinaire de redevance et de fermage. En effet, qu'est-ce que le métayer ? Un cultivateur qui apporte ses bras et sa charrue. Qu'est-ce que le maître ? un propriétaire qui apporte le domaine jouissable et la direction. D'un côté le travail, de l'autre le capital et l'intelligence. Dans les systèmes socialistes les plus hardis, trois parts égales sont réparties entre ces trois forces. Plus généreux, plus libéral que toutes ces théories, le métayage donne au travail la moitié, et même la plus grande, l'autre moitié, la plus petite, est pour le capital et l'intelligence représentée par le maître. Il est vrai que devançant l'avenir par sa généreuse rétribution du travail, le maître conserve en même temps la plus précieuse tradition du passé, l'autorité, comme l'espérance au fond de la boîte de Pandore. Les deux associés travaillent, le rameur à l'aviron, le pilote au gouvernail, et une fois dans le port, c'est-à-dire la récolte levée et battue, l'animal mené au marché, que font-ils ?..... Ils partagent. Si l'entreprise est heureuse, ils se réjouissent ensemble. Si elle échoue, ils souffrent ensemble et s'entr'aident pour réussir l'an prochain ; avec cette base constante et ce résultat mobile du partage, point n'est besoin de changer, de modifier les conditions. Par une conséquence si simple qu'elle est admirable, tout progrès comme toute erreur se reflète à l'instant dans les deux parts, dans les deux bourses. Le revenu de chacun donne l'expression fidèle, constante, de la valeur actuelle du bien, qu'elles qu'en soient les variations. Aussi la faculté de durée est-elle une conséquence mathématique, un véritable corollaire du bail du métayage. Et en effet, on lui applique la tacite réconduction, clause qui signifie que pourvu qu'on n'annule pas le bail légalement en se signifiant congé, il est valable *indéfiniment*. Donc pas de renouvellement de baux, pas de discussions sur la plus-value ou la non-valeur de tel objet. La convention est immuable, le produit éminemment variable et changeant, dépendant d'abord de la Providence, ensuite des efforts et du savoir-faire des associés. Cependant comme rien en ce monde n'est éternel, comme dans un contrat si intime la bonne intelligence, la confiance mutuelle sont de rigueur, il faut que d'un commun accord ou par la volonté formelle d'un des associés, on puisse rompre ce lien susceptible de devenir pour tous deux, ou pour l'un ou l'autre une chaîne accablante. Dans ce cas, trois mois d'avance le congé est signifié, et chacun devient libre au terme fixé. Dans la pratique, les bons maîtres et les bons métayers ne se quittent jamais, les générations succédant aux générations, ne sachant même plus souvent si leur association est purement verbale ou si elle repose sur un titre authentique. Quand au contraire, l'un des deux associés méconnaît son devoir, l'autre peut fuir, se débarrasser, chercher en un mot meilleure compagnie. Tel est le métayage, mais je prévois une objection. Dans ce contrat où je ne veux voir qu'un partage, on va vous dénoncer une redevance, un loyer, un fermage, un impôt. De tous ces mots, le meilleur, le seul juste et pourtant le moins employé c'est le dernier, l'impôt. Le métayer paie un impôt, c'est le seul mot que j'accepte, et que j'explique. Dans un état bien administré, les sujets paient une certaine redevance fixée en rapport avec la valeur des biens, mais n'ayant avec cette valeur qu'un rapport éloigné, non un loyer ni un fermage, mais une somme très-inférieure à l'un ou à l'autre ; c'est ce qu'on nomme l'impôt foncier. Isolément, cette contribution doit être infime ; accumulée, elle sert à subvenir aux services publics, aux charges de l'État, elle contribue à payer les routes et les canaux pour la circulation, les gendarmes pour la sécurité, les postes pour la correspondance et les transports, etc. La base de cet impôt doit être essentiellement fixe, ne pas s'accroître avec la plus-value des biens, mais ne varier au contraire qu'à de longs et de très-rares intervalles, lorsque la démonétisation des valeurs a causé une perturbation telle, qu'un changement devient en quelque sorte indispensable. Tel doit être l'impôt payé par le métayer, très-inférieur au fermage et même au loyer de l'habitation, de ses cours, de ses jardins, de sa réserve en un mot ; essentiellement fixe et n'augmentant pas du tout en raison des augmentations, des embellissements ou des progrès de la culture, infime considéré isolément et arrivant à la rescousse sur l'ensemble d'une terre, pour payer les impositions, les assurances, une partie de l'entretien courant, enfin quelques-unes des charges inhérentes à la propriété. Tel il était et tel il est encore chez tous les propriétaires qui ont compris l'esprit du métayage et qui rémunérés amplement par le partage, ont assez de justice pour ne pas chercher un nouveau profit aux dépens de la part légitime du travail manuel. Je maintiens donc ma définition, substitution absolue du partage en nature au fermage en argent et prolongation perpétuelle et indéfinie, sans renouvellement, à moins de rupture volontaire.

Inconvénients. — Le métayage défini, examinons ses inconvénients, puis ses avantages. On a dit beaucoup de mal de ce système, on l'a qualifié de routinier, on l'a accusé d'entraver le progrès agricole, et de prêter à la mauvaise foi ; aucun de ces reproches n'est fondé. Les métayers sont en général de très-bon compte, et ils rendent presque tous ample justice à ceux qui, avec eux, sont de bon compte. Loin d'entraver le progrès, ils le réalisent avec moins de risques et avec beaucoup plus de soumission que les fermiers. Un seul inconvénient existe, à mon avis, dans le métayage, inconvénient très-sérieux, indépendant des défauts ou des qualités individuelles, et irrémédiable du moins, je le crains. Le même cultivateur travaille avec moins de zèle, moins d'ardeur, moins d'intelligence en vue du partage qu'en vue de son seul intérêt. Prenons le même maître et le même cultivateur, établissons entre eux le même accord ; métayer, le cultivateur travaille moins que le fermier. Sans doute en enrichissant, en regardant l'aisance comme possible à atteindre, le métayer prend plus d'entrain et de confiance ; mais la nature humaine est ainsi faite, et il faut avouer que le travail du colon partiaire sera inférieur au travail du fermier. Moins de travail, donc moins de production. Tel est l'inconvénient grave que je reconnais, qu'on pallierait par l'aisance croissante et une éducation plus agricole, mais qu'on ne ferait pas disparaître.

Avantages. — Pour compenser ce mal, examinons les avantages. De même que j'ai constaté un seul défaut capital, de même je résumerai les qualités du métayage en une seule, qui pour moi, renferme toutes les autres et dépasse de beaucoup le défaut que nous avons constaté. Je veux parler de la confiance réciproque entre les deux associés ; leurs intérêts sont absolument communs, le bien et le mal les touchent également, pas un succès, pas un revers qui ne soit partagé. Enfin et c'est le point capital, le métayer n'a pas intérêt à cacher le succès, car la base du partage étant immuable, il n'a ni renouvellement de bail, ni augmentation de fermage à craindre. Avec le meilleur fermier, la période qui précède la séparation et le renouvellement, se signale par une défiance, par un échange de reproches et de mauvais procédés qui en dégoûteraient. Deux ou trois ans avant la fin du bail, la culture se modifie, les assolements s'altèrent, la ferme est décriée impitoyablement. Et tout cela pourquoi? Parce que les intérêts se heurtent ; le fermier ne pense qu'à affermer à vil prix le bien où il a commencé sa fortune, le propriétaire ne songe qu'à louer le plus cher possible un bien dont il a cessé de s'occuper et qui pour lui n'est plus qu'un capital dont il attend le revenu. Et de cette lutte que résulte-t-il ? Que le meilleur des deux contractants est dupé par l'autre. Si le fermier a joui en bon cultivateur et s'est engagé dans de coûteuses améliorations, avec un propriétaire dur et indifférent, ce fermier sera renvoyé sans pitié et pour quelques centaines de francs, un intrus viendra le supplanter et recueillir tout le fruit de ses travaux. Si le propriétaire est bon, humain, crédule, et que le fermier sache mentir effrontément, ce fermier en abusera et affermera d'autant plus avantageusement que sa ferme est, ou paraît, en plus mauvais état. Avec le bail de tacite reconduction, point de renouvellement. Plus la terre rapporte, plus les deux associés s'enrichissent, et cela progressivement, année par année, jour par jour pour ainsi dire. La fameuse fable des membres et de l'estomac s'applique merveilleusement au colon partiaire et à son maître. La bonne intelligence est l'âme de leur affaire commune, et n'est-ce pas en agriculture un pas immense, que l'union des forces au lieu de leur antagonisme ?

Enfin, et ce sera ma conclusion, répéter que je préfère le métayage aux autres systèmes, ce serait inutile, car cela découle de chaque ligne de cette notice ; mais en terminant, qu'il me soit permis d'attirer l'attention à un point de vue plus élevé sur ce mode singulier de société qui a le rare privilége d'emprunter au passé et à l'avenir ce qu'ils ont de meilleur, de se tenir en dehors et au-dessus du présent égoïste et illogique où nous vivons. Presque féodal, par l'autorité et la soumission, plus généreux que le socialisme par la très-ample rétribution du travail manuel; reposant sur une confiance et une communauté d'intention absolues dans un siècle de bouleversements et de révolutions, le métayage se présente comme un lien intime entre l'homme riche qui possède le sol et l'homme pauvre qui le cultive. Je ne suppose d'abord ni dans l'un ni dans l'autre, un sentiment quelconque mais seulement le point de vue froid de l'intérêt matériel. Pour le riche, cet ouvrier est son meilleur et son plus nécessaire instrument, celui qui mérite le plus de soins et d'égards; celui qu'il faut nourrir si la récolte manque; car sa perte entraînerait une impossibilité de soigner les cheptels, d'emblaver les terres, de rentrer fourrages et récoltes. Toute sa famille est nécessaire, comme lui exige les mêmes soins; non-seulement il faut qu'il vive, mais il est très-essentiel qu'il soit heureux et qu'il travaille de bon cœur. Pour l'ouvrier, ce propriétaire est son conseil, son garant, son banquier; il a chez le maître un compte ouvert, il sait que là sera son recours en cas de famine, son soutien et son appui en cas de procès, son guide dans ses cultures et le choix de ses cheptels. Tels sont leurs rapports au stricte point de vue de la nécessité et de l'intérêt. A moins de tomber sur deux bien mauvaises natures, il est difficile qu'il ne s'en suive pas beaucoup d'affection et de confiance, et dans la pratique, cette affection, cette confiance, sont généralement entières. Non-seulement le maître guide le métayer dans sa culture, mais il le conseille dans ses plus intimes affaires; le notaire n'y gagne pas, le juge de paix n'a plus d'affaires, mais les représentants des deux situations extrêmes de l'ordre social, marchent côte à côte et se tenant par la main. Quelle source de paix sociale et de prospérité intérieure pour le pays, qui saurait comprendre et conserver une si précieuse tradition !

Baron Arthur d'Aubigny.

Au Vignaud, le 21 octobre 1868.

Mon cher Monsieur,

Il y a trois jours seulement que je suis en possession
de votre lettre, si affectueuse et si intéressante pour tous
les détails qu'elle contient ; j'étais absent de chez moi
lorsqu'elle y est arrivée, aussi ne veux-je mettre aucun
retard à vous répondre.

Je tiens, avant tout, à vous remercier du bon souvenir
que vous me conservez, et j'en suis touché plus que je
ne sais vous le dire. J'ai si peu de titres à ce bienveillant
intérêt que je suis confus des témoignages que vous me
prodiguez. Veuillez en échange, mon cher Monsieur,
agréer les sentiments de reconnaissance dont je suis pénétré.

Je suis bien en retard avec vous, car j'ai reçu, il y a
plusieurs mois, une autre lettre encore sans réponse :
j'éprouve le besoin de vous expliquer la cause de ce retard, bien involontaire. Malheureusement, j'ai un triste
motif à vous donner :

Il y a deux mois et demi, j'ai eu la douleur de perdre
ma bien-aimée sœur, avec laquelle j'avais passé l'hiver
dans le midi. Cet événement a été un des plus grands
déchirements de cœur de ma vie. Un mois après, mon
beau-frère la suivait dans la tombe. Depuis cette époque,
mon frère, avec lequel j'habite, est devenu fort souffrant
et nous donne de sérieuses inquiétudes.

Vous voyez, mon cher monsieur, que les épreuves se
succèdent sans trève et vous voudrez bien être assez in-
dulgent pour excuser mon retard vis-à-vis de vous.
Hélas ! j'ai vu par votre lettre que, vous aussi, aviez été
atteint dans vos affections de famille ; vous avez eu la
douleur de perdre vos neveux. Ah ! la vie a bien des

amertumes et combien, dans sa rude traversée, je remercie Dieu de m'avoir donné le goût des travaux agricoles !
car, forcément, le travail apporte une heureuse diversion
à nos peines ! Combien je trouve coupables ou ignorants
ceux qui maudissent le travail ! Il a été réhabilité par un
des hommes les plus considérables de notre époque,
M. Thiers, quand il dit, dans un discours célèbre, qu'il
le considérait, à quelque point de vue social qu'on l'en-
visage, comme une bénédiction de Dieu.

Je m'oublie dans ces considérations philosophiques,
mais vous m'excuserez, car je sens que vous, qui avez
une activité qui défie les années, vous me comprenez et
partagez cette opinion.

Vous me demandez, mon cher Monsieur, où en sont
mes opérations agricoles ; je suis heureux de vous dire
que, de ce côté, le ciel est moins sombre que du côté de
ma famille si éprouvée. Mes pauvres métayers ont montré, une fois de plus, qu'ils savaient marcher seuls et que
le mérite qu'on m'attribue trop, c'est à eux qu'il revient.
Pendant deux ans de suite, j'ai été forcé de les quitter,
pour remplir un devoir pénible près de ma sœur, dans
le midi ; eh bien, leurs succès n'ont pas été moindres,
car l'an dernier, à Bordeaux, au concours régional, ils
obtinrent dix-huit prix et trois mentions, et cette année,
à Angoulême, ils ont obtenu dix-sept prix et quatre
mentions. M. Muret de Pagnas, mon neveu, officier de
marine, dont j'administre la propriété, est compris dans
ce nombre.

Je suis fort heureux de ce résultat pour ces braves
gens d'abord, qui méritent bien, par leur travail et leur
zèle, le succès qu'ils ont ; j'en suis heureux aussi, au
point de vue du colonage, qu'ils contribuent à relever du dédain où trop de bons esprits l'avaient envisagé comme incompatible avec le progrès agricole
moderne.

Il me semble que le métayage est la véritable et la plus favorable condition pour constituer fortement la famille agricole, si fortement ébranlée par l'exagération des travaux publics en général et en particulier des travaux urbains. Cette soif d'argent et de prétendu bien-être, qui entraîne nos populations des campagnes vers les grands centres, où ils se démoralisent vite dans l'atmosphère malsain des chantiers publics, est considérée, aujourd'hui, par les hommes qui pensent, comme un véritable péril social.

Eh bien ! il appartient au propriétaire de protéger ses métayers contre cet entraînement, et la chose ne me semble pas du tout si difficile qu'elle en a l'air. Mais il faut, pour cela, que le maître qui a le rôle de directeur, de chef, dans la société du colonage, prenne goût aux choses agricoles, qu'il étudie, qu'il apprenne, en un mot, qu'il soit digne du rôle qu'il a à remplir.

La confiance du métayer vient vite, quand il s'est assuré que le maître en sait plus que lui, et que les résultats le lui ont démontré au réglement annuel de ses comptes. Aujourd'hui, que l'application de la science est venue aider les moyens naturels de culture, si le propriétaire ne donne pas plus d'aisance à ses métayers et à lui-même, carrément je lui en impute la faute. Combien d'hommes bien nés, bien doués, ayant de vastes terres, vivent obérés à Paris ou dans les grands centres, en confiant leurs propriétés à des régisseurs qui les trompent, ou à des fermiers qui souvent ruinent la terre ! combien d'hommes, dis-je, pourraient plus utilement employer leur vie et celle de leurs enfants, s'ils savaient les y diriger ! Les intérêts matériels et moraux, tous y gagneraient. Il y a bien déjà une réaction favorable en faveur de l'agriculture, espérons qu'elle s'accroîtra.

Adieu, mon cher monsieur, je ne veux pas clore cette trop longue lettre, sans vous remercier encore, et sans vous dire combien je serais heureux, si vos courses agricoles me fournissaient l'occasion de vous offrir une modeste, mais bien cordiale hospitalité. Agréez l'assurance de mes sentiments de haute estime et de considération distinguée.

Ch. de Léobardy.

Châteaugontier, le 3 octobre 1868.

Monsieur le Comte,

Je vous suis bien reconnaissant du bon souvenir que vous avez bien voulu me donner en m'offrant un exemplaire de votre dernier voyage, que j'aurai grand plaisir à lire, certain que je suis d'y rencontrer non-seulement un aliment pour ma curiosité, mais encore et surtout des renseignements utiles et complets sur les détails des cultures des meilleurs cultivateurs que vous avez visités. Je vais m'occuper de faire retirer de chez votre éditeur les cinq exemplaires destinés aux agriculteurs, mes voisins, désignés par vous, auxquels je les remettrai de votre part à la première occasion.

Je relis de temps en temps vos précédents voyages, surtout ceux qui sont relatifs à l'Angleterre et à la France, et cette lecture m'amène à cette conclusion, que vos efforts persévérants et dévoués ont certainement dû contribuer aux progrès réalisés depuis vingt ans, par la plupart des meilleurs cultivateurs français, que vous avez initiés aux meilleurs procédés de culture, d'élevage et d'engraissement du bétail, suivis par l'élite des agriculteurs de l'Angleterre principalement. Vous avez donc, cher Monsieur, des droits incontestables à la reconnaissance d'un bien grand nombre de vos compatriotes, qui ont dû à la lecture de vos livres le goût, la passion même de l'agriculture d'abord, puis les succès obtenus dans la pratique. Que de choses ignorées ou inconnues de beaucoup d'entre nous, il y a vingt ans, et que vous préconisiez déjà avec un véritable enthousiasme, sont grâce à vos conseils et à vos publications, entrées dans le domaine des faits accomplis pour ceux-là mêmes qui n'avaient admis qu'avec une certaine réserve les résultats que vous indiquiez ! Espérons que la propagande agricole, si active et si désintéressée que vous avez faite avec tant d'enthousiasme et sans vous préoccuper des fatigues de si nombreux et si longs voyages, sera continuée par vous dans les limites de vos forces, et que, fidèle jusqu'au dernier moment à votre utile et généreuse mission, vous voudrez bien encore continuer à nous signaler en nous les décrivant, les cultures remarquables que vos pérégrinations vous auront fait découvrir. Pour mon compte, je désire bien vivement qu'il en soit ainsi, et que ni la maladie ni la fatigue ne viennent paralyser la virilité de votre esprit et l'ardeur de votre zèle. La très-intéressante lettre que vous m'avez fait l'honneur de m'écrire et dans laquelle abondent des détails que j'ai lus avec beaucoup d'intérêt, me prouve que votre santé, toujours excellente, vous permet de voyager et d'observer comme par le passé ; aussi me fait-elle espérer que le désir exprimé par moi, de vous voir revenir l'année prochaine dans notre Mayenne, pourrait bien être accueilli favorablement par vous, cher monsieur, qui y trouveriez d'incontestables progrès réalisés dans l'élevage du bétail principalement. Toute trace de race mancelle a disparu dans notre bétail aujourd'hui transformé par le sang anglais de durham. Plusieurs de mes colons partiaires élèvent des sujets de *race pure de durham* dont ils trouvent facilement la vente au prix de 450 à 600 fr. à l'âge de deux à cinq mois, et de 1,000 à 1,200 et 1,300 fr. à l'âge de deux ans, soit en reproducteurs mâles, soit en reproducteurs femelles. J'ai toujours à la Feuillée un troupeau de vingt à trente animaux de pur sang, et mes produits sont en quelque sorte placés avant d'être nés à des prix parfaitement rémunérateurs qui se sont sensiblement élevés depuis une année ou deux ; c'est-à-dire depuis que nos simples fermiers ou colons partiaires convertis au pur sang, ont fait une véritable concurrence dans l'achat de ces reproducteurs mâles et femelles, aux grands propriétaires qui naguère étaient les seuls acquéreurs de ces animaux. D'un autre côté, les exportations de taureaux principalement, pour quelques départements de l'ouest, de l'est et du centre, étant assez nombreuses, il en résulte que les éleveurs de pur sang de ce pays-ci ne sont nullement embarrassés pour le placement de leurs produits.

Je me félicite tous les jours d'avoir introduit dans quelques-unes de mes métairies la fameuse charrue brabançonne tourne-oreille qui me permet de faire labourer à plat, et de semer au semoir toutes mes céréales. Mes blés semés ainsi dans une métairie qui touche la Feuillée, m'ont rendu en 1868, en moyenne, près de quarante hectolitres à l'hectare. Grâce à ce mode de culture qui permet l'emploi de plusieurs instruments nouveaux remplaçant avantageusement la main-d'œuvre, devenue ici insuffisante à une culture intensive, mes métayers en dépensent moins en main-d'œuvre d'un côté, et en produisant davantage d'un autre côté, améliorent sensiblement leur position et me procurent un revenu plus élevé de leurs métairies. J'ai obtenu, plusieurs années, sur les mieux cultivées, un revenu net pour moi de 200 fr. à l'hectare et cependant tout n'est pas encore pour le mieux dans ces métairies où bien des progrès restent à accomplir, même sous le rapport du bétail qui ne fournit encore pour le maître et le colon qu'un produit variant de 150 à 175 f. à l'hectare, lorsqu'il pourrait avec quelques soins de plus et une plus forte production fourragère en *racines*, donner facilement un bénéfice de 200 fr. au moins à l'hectare. J'espère bien arriver prochainement à ce résultat, si ma direction qui tend à se ralentir ne disparaît pas tout à fait.

Ce que vous me dites des résultats obtenus par votre ami, cultivateur en Touraine, me ferait presque regretter de ne pas avoir donné suite au projet que j'avais formé l'année dernière, de faire un placement de capitaux en propriétés situées dans ce pays de la Touraine, si je ne m'étais convaincu, en visitant quelques terres qui étaient alors à vendre aux environs de Tours, que pour réussir à faire de l'agriculture productive dans ce pays, il faudrait cultiver soi-même par domestiques, sans pouvoir profiter de la ressource que nous trouvons ici, d'employer la colonie partiaire, qui sans doute produit moins au propriétaire que le faire-valoir direct, mais aussi qui évite bien des soins, bien des ennuis et donne plus de liberté que le faire-valoir par domestiques. Je reconnus bien vite qu'il était impossible de songer à affermer à prix d'argent, si l'on voulait améliorer sérieusement et retirer de ses capitaux un intérêt supérieur à 2 1/2 ou 3 0/0. Après avoir visité trois grandes propriétés dont deux avec châteaux, je revins donc, convaincu qu'avec ma résolution de ne pas entreprendre à mon âge, et dans ma position, un faire-valoir direct de plusieurs centaines d'hectares, il serait plus sage et même plus avantageux pour moi, d'acquérir ici des propriétés à la vérité à des prix, relativement à la qualité du sol, plus élevés qu'en Touraine, mais qui, s'il fallait recourir à l'affermage, me donneraient un revenu net plus élevé que dans ce dernier pays. C'est ce que je fis en achetant une propriété où j'ai placé des colons, et qui a absorbé la moitié environ de mon capital disponible. Toutefois, si je retournais quelque jour en Touraine, je serais heureux, s'il n'y avait aucune indiscrétion à le faire, de visiter la propriété de votre ami, dont la culture, comparée à toutes celles qui l'environnent, est incontestablement très-remarquable. Pourrais-je donc, monsieur, vous prier d'avoir l'obligeance de me l'indiquer ? Peut-être trouverai-je ce renseignement dans le volume que vous voulez bien m'offrir.

Bien que l'exiguité de nos champs ne nous permette guère de songer à utiliser les cultivateurs à vapeur, je serais très-désireux de voir à l'œuvre ceux qui fonctionnent ou vont fonctionner dans l'Indre, et chez MM. Cail et Decauville ; aussi, entreprendrai-je bientôt, si je le puis, un voyage dans ce but. Merci donc, monsieur, des détails que contient votre lettre à cet égard.

J'ai essayé, cette année, sur quelques hectares de betteraves, dans mon domaine et dans quelques métairies à moitié formées, les fameux engrais chimiques de M. G. Ville, mais bien entendu en comparaison avec 1° des fumiers de ferme à divers états de décomposition ; 2° avec des fumiers contenant en mélange des chiffons de laine ; et 3° avec le guano du Pérou. J'ai partout réservé une portion de terre n'ayant reçu aucune fumure. Je n'aperçois jusqu'à présent aucune ou du moins presque aucune différence dans le résultat produit par ces différents engrais, de sorte qu'il est difficile de dire aujourd'hui quel est celui qui a produit les meilleurs effets. J'attendrai pour être fixé l'époque où les betteraves seront récoltées, c'est-à-dire la fin du mois. Cet ajournement est d'autant plus nécessaire, que les pluies qui nous sont arrivées depuis quelques semaines ont rendu à la végétation une grande activité. Il faut avouer que si ces engrais chimiques tenaient tout ce que M. Ville et quelques cultivateurs ont promis en leur nom, ces matières fertilisantes seraient destinées à opérer une véritable révolution dans la culture des terres médiocres, mauvaises principalement. Puisse cette heureuse révolution s'accomplir !

J'espérais bien, cher monsieur, pendant le long séjour que je fis à Paris pendant l'exposition universelle, avoir l'honneur de vous voir. J'allai pour vous rencontrer à votre ancien hôtel, rue d'Anjou-Saint-Honoré, où je ne reconnus pas même la place de l'hôtel. Je m'adressai à plusieurs concierges du quartier, à des épiciers, à des bouchers, j'eus enfin recours au fameux dictionnaire de cent ou deux cent mille adresses ; tout fut inutile, et je ne pus parvenir à découvrir votre nouvelle adresse. Peut-être aviez-vous quitté définitivement Paris ? Je quittai Paris avec un véritable regret de n'avoir pu avoir l'honneur de vous voir et d'être privé de ces conversations que vous savez rendre si agréables et si intéressantes pour vos amis et vos visiteurs.

Permettez-moi donc, monsieur, d'espérer qu'au printemps prochain, vos occupations et votre santé vous permettront de revenir à Châteaugontier où Mme Gernigon et moi serions vraiment heureux de vous recevoir. Vous voudrez bien me permettre de vous renouveler cette prière alors que la saison des voyages sera revenue.

Mme Gernigon me charge de ses compliments respectueux pour vous et de ses remerciements pour votre bon souvenir. De mon côté, je vous renouvelle, monsieur le comte, mes remercîments pour votre bon souvenir, mes souhaits de bonne santé, et l'assurance de mes sentiments les plus respectueux et les plus dévoués.

GERNIGON.

Châteaugontier, le 24 octobre 1868.

Cher Monsieur,

Je vous demande bien pardon de n'avoir pas répondu plus tôt à votre bonne et très intéressante lettre. Je voulais que ma réponse contînt tous les détails que vous paraissez désirer obtenir, et pour y parvenir, je m'étais mis au travail, pour résumer et coordonner de nombreuses notes que j'ai recueillies depuis bien des années et successivement sur les diverses branches de notre agriculture locale. Mais le temps m'a manqué, et ce travail que j'aurais voulu vous livrer complet et imprimé ne peut être terminé par moi en ce moment, où les travaux des semailles de céréales et des plantes fourragères à faire dans mes douze métairies à colonies partiaires, m'obligent à des courses nombreuses à des distances souvent très-grandes. En attendant que je puisse vous adresser ce travail, je joins à ces lignes quelques détails relativement à la production et au bénéfice du bétail dans trois fermes de ma propriété de Saint-Fort, près de Châteaugontier. J'ai choisi trois exploitations d'étendue très-différente, mais dans les mêmes conditions de fertilité, de débouchés, et d'exploitation. Aucune, bien entendu, n'a d'industrie annexée pour transformer ses produits; aucune ne possède la ressource de vendre le lait de ses vaches en nature à Châteaugontier. Ces exploitations sont donc, dans la condition, sous le rapport des débouchés et de la vente des produits, de toutes les fermes du pays situées à quelque distance que ce soit de la ville. Toutefois, cher monsieur, je vous observerai qu'il ne faudrait pas conclure des chiffres du produit net donné par ces fermes, que toutes les exploitations du pays offrent un résultat semblable. Non assurément, et ce qui le prouve bien, c'est l'abandon fait depuis quelque temps par les propriétaires mes voisins, du régime de la colonie partiaire, pour adopter le fermage à prix d'argent, abandon malheureux pour le progrès agricole de notre pays, amené d'un côté par des prix de location variant de 90 à 110 fr. à l'hectare, qu'ils considèrent comme l'équivalent, au moins, du produit net qu'ils retiraient par le métayage, et de l'autre par le désir de rester plus libres en s'affranchissant des voyages, des conseils et de la surveillance, nécessités par la colonie partiaire.

Quant à moi, qui ai su résister à ce mouvement de recul, je continuerai, au moins quelques années encore, le système de la colonie partiaire, parce que, grâce à la direction que j'exerce sur ce système, je crois sérieusement servir les progrès de l'agriculture de notre pays, et à la fois servir les intérêts de mes métayers et les miens propres, puisque j'augmente ainsi mes revenus de moitié ou d'un tiers, tout en améliorant sensiblement mes propriétés. Si comme vous m'en donnez l'espoir, cher monsieur, je suis assez heureux pour vous recevoir au printemps prochain, vous verrez mes métayers, quelques-uns au moins, cultiver complétement à plat, au moyen de la charrue brabançonne, et semer leurs céréales en lignes au semoir, ce qui est en complet désaccord avec les habitudes culturales du pays où le billonnage ancien (et non pas le billonnage Decrombecque) est exclusivement pratiqué.

Merci, monsieur, des adresses et des indications que vous voulez bien me donner ; j'en profiterai certainement cet hiver ou ce printemps, et irai visiter les cultures que vous me signalez. — Quel est donc ce maïs à dent de cheval que cultive M. Paul Allibert avec un si complet succès ? ce maïs serait-il le même que celui appelé géant-caragua que j'ai cultivé cette année ? Son grain serait-il blanc et un peu plat ? Où M. Allibert se procuret-il ce maïs? Je vous serais bien reconnaissant d'une réponse à cet égard.

Je puis, cher monsieur, céder un taureau né le 20 octobre 1867 et âgé par conséquent de un an. Il est rouge avec quelques taches blanches. Il sort de très-bonne souche et est inscrit au herd-book. Il a déjà sauté cinq ou six vaches, avec une vigueur et une promptitude exceptionnelles. Son prix exact serait de 900 fr., auquel il faudrait ajouter 8 fr. de pour-boire au vacher, et 8 à 10 fr. pour le faire rendre à la station de chemin de fer la plus rapprochée. J'ai en ce moment quatre autres jeunes veaux mâles dont le plus âgé n'a pas encore sept mois.

L'heure du départ du courrier m'obligeant à terminer cette lettre, je vous demanderai, cher monsieur, la permission de continuer cette correspondance lorsque vous serez en Lorraine.

Veuillez agréer, monsieur le comte, la nouvelle assurance de mon profond respect.

GERNIGON.

Produit, en bétail seulement, obtenu par M. Gernigon, au moyen de la colonie partiaire, dans trois exploitations situées dans le canton de Châteaugonlier, et dont la contenance sera indiquée ci-après :

1° La Bourdinière, d'une contenance totale de 32 hect. 12 ares 2 cent.

Années.	Prix des ventes de bétail.
1866	4,330 fr.
1867 . , ...	7,093
1868	5,080
Produit en bétail des trois années .	16,503 fr.
dont le 1/3 pour chaque année est de .	5,501 fr.

Soit par hectare, 172 fr.

2° La Grand-Maison, d'une contenance totale de 18 hect. 50 ares.

Années.	Prix des ventes de bétail.
1866	2,491 fr.
1867	3,059
1868	2,820
Produit en bétail des trois années :	8,370 fr.
dont le 1/3 pour chaque année est de .	2,790 fr.

Soit par hectare, 150 fr. 80 c.

3° Petite closerie de la Coquinière, d'une contenance totale de 4 hect. 95 ares.

1866	1,157 fr.
1867	871
1868	1,068
Total des trois années	3,096
dont le 1/3 représentant la moyenne .	1,032

Soit un produit net en bétail, par hectare, de 208 fr. 50 c.

Produit moyen annuel, en bétail, de ces trois fermes, d'une contenance totale de 55 hect. 50 ares . 9,323 fr.

Soit par hectare, année moyenne . . . 168 fr.

Détail des recettes et dépenses et du produit net pour le propriétaire de la métairie de la Bourdinière, de 32 hect. 12 ares.

Année du 1ᵉʳ novembre 1866 au 1ᵉʳ novembre 1867.

CHAPITRE Iᵉʳ. — AVOIR.

1° Ventes d'animaux :

1866. 14 nov. Rita, vache pur sang durham . . . . 950 fr. » c.

Report. . . .	950 fr.	» c.
9 déc. 2 bœufs métis 7/8 durham	1,120	»
1868. 28 mars. 2 bœufs métis 7/8 durham, âgés de 35 mois 5 jours. . .	1,100	»
Id. 2 bœufs métis 7/8 durham, âgés de 32 mois	950	»
Id. 1 vache de 14 ans, épuisée avec pissement de sang déclaré . .	250	»
30 août. 1 génisse inférieure .	180	»
Id. 2 bœufs de race pure de durham, de 41 mois	1,270	»
7 sept. 1 veau mâle, durham pur, destiné à la reproduction et âgé de 3 mois 20 jours. .	600	»
22 oct. 1 génisse de durham, pur sang et pleine .	930	»
	7,350	»

Espèce ovine, 8 septembre :

1 femelle de 17 mois, vendue (southdown pure) . 120 f. »		
1 agneau mâle, de 4 à	214	60
5 mois. . . . . . 66 »		
26 liv. de laine à 1 f. 10 . 28 60		

Espèce porcine :

12 porcs de lait. . . . 120 »	305	40
1 truie grasse 179 40		
Total des ventes réalisées dans l'année	7,870	»
Plus-value sur le capital en bétail au 1er novembre 1867.	810	»
A reporter	8,680	»

Report . . . . . . 8,680 fr. » c.

2° Céréales et autres produits divers :

1° 858 doubles déca-litres de blé froment, à 6 fr. l'un	5,148 f.	»	
2° Colza, vendu . . .	1,154	»	
3° Avoine, vendue . .	104	»	
4° Cidre, 30 barriques à 15 fr	450	»	7,144 »
5° Châtaignes, vendues.	248	»	
6° Basse-cour, volailles, etc., environ . . .	40	»	
	7,144 f.	»	

15,824 »

CHAPITRE II. — DOIT :

1° Dépenses pour se-mences de céréales et fourrages	433 f. 10		
2° Achat d'engrais . .	267	»	
3° Diverses	77	»	2,398 »
4° Achat de bétail . .	1,581	»	
5° A valoir pour omis-sions	40 »		
	2,398 f. 10		

Avoir net à partager. . . . . . . 13,426 fr. » c.
dont la moitié pour M. Gernigon est de   6,713 fr. » c.

représentant un revenu net à l'hectare de 209 fr. 70 c.

Mémoire à fournir pour la prime d'Honneur du Concours régional agricole de 1862. — Terre d'Aubigny-sur-Allier.

I. RENSEIGNEMENTS GÉNÉRAUX.

1° *Configuration du sol, etc.* — Cette terre s'étend sur la rive gauche de l'Allier, regardant le levant; elle se compose des chambonnages de la vallée, et des coteaux calcaires qui la bordent, et elle est coupée par plusieurs vallées transversales dont la plus importante est celle de la Burge.

La couche arable est composée d'un mélange très varié dans ses proportions, de sable quartzeux, quelquefois presque pur et aride, quelquefois mêlé de glaise, dominé même par elle, et donnant un sol compacte et argileux.

Le défaut principal vient du sous-sol, trop souvent argileux et imperméable qui exige alors ou le drainage, ou les fossés d'assainissement, qui sont le drainage à ciel découvert. Le voisinage des montagnes rend le climat orageux et variable; quand la sécheresse commence en juin, elle dure souvent trois ou quatre mois de suite; l'insolation fuse alors très-avantageusement les guérets déjà labourés, tandis qu'elle durcit la couche arable de manière à empêcher les labours, si l'on n'a pas eu la précaution de la rompre auparavant.

Les eaux sont plutôt abondantes. La fréquence des pentes en favorise l'écoulement, ainsi que le desséchement des fonds marécageux; des sources assez nombreuses donnent une eau généralement bonne, sauf quelques sources ferrugineuses.

2° *Débouchés, etc.* — Tous les marchés sont fort loin; celui du Veurdre, le plus près de tous, est encore éloigné de huit à seize kilomètres des différents domaines. Les chemins étaient tous absolument impraticables, il y a huit ans; les bœufs pouvaient seuls en sortir. Point de routes, ni impériales, ni départementales, ni de grande, ni de petite vicinalité, avant celles que nous avons faites nous-même. Un peu plus de 75,000 fr. ont été employés par nous depuis huit ans, à faire ou entretenir plus de vingt-cinq kilomètres de routes et chemins, la plupart faits sous la direction des agents-voyers. Tous sont aujourd'hui dans un excellent état de viabilité. Nous payons et logeons un cantonnier spécialement attaché à la terre, et dirigeant l'entretien de tous ces chemins.

L'Allier est navigable; mais nous n'avons point de canaux, point de chemins de fer que sur la rive droite de l'Allier. Cet isolement nous oblige à vendre nos produits à de grands commerçants qui viennent les acheter sur place. Le commerce des bestiaux se fait entièrement dans les foires, presque toutes séparées de nous par de longs et mauvais chemins.

3° *Main-d'œuvre, etc.* — La main-d'œuvre est rare, et souvent on ne peut, pour aucun prix, se procurer des journaliers. Au temps des moissons, c'est-à-dire de la St-Jean à l'Assomption, le prix de la journée s'élève à 2 fr. 50 pour les hommes et à 1 fr. pour les femmes, et l'un et l'autre sont nourris pendant cette période. Le reste de l'année, le prix baisse à 1 fr. 50 pour les hommes, et 75 centimes pour les femmes, non nourris.

4° *Production du pays, etc.* — Le pays est aujourd'hui un pays d'élève; nous y avons beaucoup contribué. Son produit principal consiste en bestiaux et céréales. Il y a peu d'années, ne sachant être ni éleveurs ni engraisseurs, les cultivateurs achetaient fort cher des bœufs limousins en général, pour faire leur culture; ils ne les vendaient que vieux et maigres. Leurs taureaux ou châtrons, trop faibles et de trop mauvaise race pour faire des bœufs de

trait, se vendaient aussi dans les conditions les plus défavorables. Aujourd'hui les vacheries sont charollaises;
et avec des reproducteurs pur sang de cette race, l'élève
nous donne d'excellents bœufs qui font tous les travaux
de la terre, et s'engraissent ensuite, grâce à une abondante production de racines, culture introduite depuis
peu d'années. Un essai d'herbage suivant l'usage du Nivernais, tenté sur une assez grande échelle, a pleinement
réussi.

II. RENSEIGNEMENTS SPÉCIAUX.

1° *Étendue du domaine, etc.* — La terre d'Aubigny
et ses dépendances, consiste, d'après le cadastre, en
mille huit cent vingt-cinq hectares, divisés en terres
arables, prés, bois, vignes, étangs, jardins, etc. Les
pièces de terre sont généralement closes, et l'habitude du
pâturage rend cette précaution nécessaire; les clôtures
sont tantôt des haies vives, avec des têtards, et quelques
arbres de haute futaie; tantôt des épines sèches, et des
cordonnages fixés par des pieux. Jusqu'à la St-Jean
1860, le mode de jouissance était le métayage; depuis
cette époque, sans amener de changement dans le personnel, le fermage l'a remplacé, mais seulement verba-
lement, et conservant les principales conditions du métayage quant à la culture.

Ainsi la souche du cheptel ne peut être ni changée, ni
altérée, les mères et les reproducteurs étant au choix du
propriétaire. Les assolements ne peuvent se modifier sans
sa permission. Le droit de vaine pâture, général autrefois, est devenu l'exception; toutefois cette exception,
toujours nuisible, devrait disparaître.

2° *Capital employé, etc.* — Le capital employé à l'administration de ce domaine, n'a guère excédé 400,000 f.
c'est-à-dire le cinquième environ de sa valeur actuelle,
se répartissant de la manière suivante :

Répartition des terres.

Terres arables . . . . 1,300 h.
Prés 250
Bois 200
Vignes 25
Jardins, étangs et chenevières 25
Cours et maisons 10
Vagues 15

Total . . . . 1,825 h.

3° *Bâtiments, etc.* — Les bâtiments d'exploitation consistent, pour chaque ferme, dans une vaste grange dont tout le rez-de-chaussée est consacrée aux bestiaux, sauf l'aire à battre. Au-dessus du solivage des écuries, on entasse les fourrages ; dans les nouvelles granges des courants d'air sont ménagés ; des voûtes de briques empêchent l'exhalaison des étables de gâter les fourrages ; des auges en pierre de taille, permettent de donner des pulpes et des jus de distillerie pour l'engrais des bestiaux, enfin des pavages de béton conservent les purins et les fumiers. La reconstruction de sept granges et d'autant de maisons, et la restauration complète d'un plus grand nombre, ont absorbé plus de 150,000 fr.

4° *Moyens de transports, etc.* — Les bœufs font généralement toute la culture et tous les transports.

5° *Assolements, etc.* — L'assolement le plus usité par nous, est quinquennal ; soit : 1re année, gros grain ; 2e année, menu grain, avec fourrage ; 3e et 4e années, coupes de fourrages ; 5e année, jachère.

6° *Amendements, etc.* — L'amendement qui a transformé ce pays, est la chaux. Daus les terres argileuses, on met cent soixante à deux cents hectolitres par hectare ; dans les terres plus légères, on diminue jusqu'à moitié cette proportion ; dans les terres sablonneuses bien fu-

mées, soixante hectolitres suffisent par hectare, et donnent un bon résultat. On dit qu'il faut y revenir tous
les douze ou quinze ans. Le prix de la chaux varie de
75 centimes à 1 franc l'hectolitre. 84,000 fr. employés
depuis onze ans, au moyen de nos deux fours à chaux,
nous en ont fourni quatre-vingt-deux mille cinq cent
quatre-vingt-seize hectolitres qui ont amendé six cent
soixante-un hectares, quarante. — Un tableau copié
sur le cadastre, permet de constater de la manière la
plus exacte l'emploi détaillé de cet amendement. Le
plâtre employé avec succès sur beaucoup de prairies naturelles ou artificielles, coûte 13 fr. les cinq cents kilos;
il faut y revenir chaque année.

7° *Desséchements, etc.* — Quelques desséchements ont
été opérés par de bons fossés dirigés suivant les pentes.

8° *Irrigation, etc.* — L'irrigation ne se fait qu'isolément et par submersion, il n'y a point de système suivi ;
la nature de la Burge y prête peu.

9° *Labours, etc.* — La charrue employée d'ordinaire,
est la Dombasle du prix de 50 fr.; elle marche avec deux
ou quatre bœufs; peu de fermiers se servent de chevaux.
La charrue de défrichement ou défonceuse, s'emploie
dans des circonstances spéciales. La profondeur des
labours varie de vingt-quatre à trente centimètres; le
plus souvent maintenant on les fait en planches, sauf
dans quelques lieux humides où l'on fait alors des billons d'un mètre. On donne trois labours, le 1er en mai,
le 2e en juillet, et le 3e en septembre, pour enterrer les
fumiers et semer. La herse de fer est devenue d'un usage
général; le rouleau est moins répandu, et la houe à
cheval employée pour toutes les récoltes sarclées.

10° *Semis, etc.* — On sème à la main et à la volée en
général; les semences se chaulent avec du vitriol, de
l'eau de chaux et du sel; l'époque des semailles est
octobre. Le soin de renouveler, tous les deux ou trois

ans, les semences hors de la terre, et même hors de France, nous a donné, particulièrement en froment et en avoine, des augmentations considérables de rendement.

11° *Entretien des plantes, etc.* — Les topinambours et autres récoltes sarclées, reçoivent deux binages. Rien de particulier dans les fenaisons et les moissons; les grains se rangent dehors, en meules assez bien faites et les fourrages dans les granges. Les battages s'exécutent par nos locomobiles à vapeur.

12° *Vignes, etc., bois.* — Les vignes et les bois étaient mal tenus, et n'ont encore éprouvé aucun progrès sensible.

III. ANIMAUX DOMESTIQUES.

1° *Race chevaline.* — Nos meilleures poulinières sont des débris de l'ancienne et excellente race du Morvan. Nous cherchons comme reproducteur, le percheron trottant. Les poulains s'élèvent presque constamment dehors. Le cheval n'est employé que par exception aux travaux d'exploitation. S'il est lourd, il se vend pour le charroi; le plus souvent, nos élèves sont des chevaux de trot, souvent ils conviendraient aux remontes; mais nos fermiers préfèrent les vendre beaucoup plus jeunes.

2° *Race bovine.* — Nos reproducteurs mâles et femelles sont exclusivement charollais. On ne se sert des bêtes à cornes pour le travail qu'après la castration; notre terrain très-doux dispense de les ferrer. Le temps de travail du bœuf est environ huit heures par jour d'été, et six heures par jour d'hiver. La plupart des veaux se conservent pour l'élève; les femelles pour le remplacement des mères, les mâles pour le travail, en remplacement des bœufs engraissés, ou vendus pour l'engrais. On ne conserve de laitage que pour l'entretien des ménages, le peu de beurre qui s'exporte est vendu au Veurdre

1 fr. 25 c. et 1 fr. 50 c. le kilog. Le prix et le poids moyen des bœufs, avant et après l'engrais, varient à l'infini; mais la base de la plus-value est une augmentation de quarante-cinq kilog. par mois et par tête. L'été, l'engrais se fait dehors au moyen d'herbages, comme en Nivernais et dans la vallée d'Auge; l'hiver avec stabulation au moyen des jus des pulpes de topinambours. Les accidents sont rares; le charbon symptomatique, ou gastro-entérite pernicieuse, paraît quelquefois épidémiquement les années de grande chaleur, surtout après les inondations de printemps. Les sétons, au début du régime vert, la saignée auparavant, sont de bons moyens préventifs.

3º *Race ovine.* — Peu ou point d'élèves dans l'espèce ovine; mais des lots de moutons se succèdent pour l'engrais, au vert l'été, avec stabulation et par les pulpes l'hiver. La pourriture ou maladie de foie aiguë est le mal le plus fréquent et le plus grave.

4º *Race porcine.* — L'espèce la plus répandue est celle de hampshire, ou berkshire, croisée avec l'ancienne race du pays. Le new-leicester est appelé à donner plus de précocité et des habitudes plus sédentaires nécessitées par les progrès de la culture; les dégâts causés par les anciens porcs non-bouclés devenant maintenant intolérables.

5º *Abeilles.* — Les ruches sont mal tenues.

6º *Industrie.* — On vend les noix à des huiliers. Quelques moulins à eau très simples et très primitifs, une bonne tuilerie, composent les seules ressources industrielles de la terre.

IV. COMPTABILITÉ.

La comptabilité se divise en deux branches :
1º Comptabilité en argent;
2º Comptabilité en nature; plus l'état de situation.

1° *Comptabilité en argent.* — La comptabilité en argent se compose : 1° d'une main courante des recettes et dépenses arrêtée chaque mois ; 2° pour partie double, d'un grand-livre par spécialités, ou dépouillement dont le résultat mensuel est transcrit sur un tableau pour contrôler la main-courante ; mais qui ne s'arrête pas mensuéllement, et se clôt chaque année, avec le douzième mois de l'exercice. Chaque domaine y figure par un compte ouvert de *doit* et *avoir*, subdivisé en compte du domaine, et compte personnel du métayer. Une colonne de récapitulation tirée de la comptabilité des chemins de fer, simplifie considérablement tout le système, en faisant qu'à toute date et à toute heure, le compte est arrêté dans chacune de ses parties.

2° *Comptabilité en nature.* — La comptabilité en nature se compose d'une suite de tableaux annuels constatant, pour chaque sorte de grain, et pour chaque ferme, la quantité de semence, le nombre de gerbes et le rendement en grain. Un autre tableau, récemment ajouté, constate aussi la quantité de foin naturel, et de fourrage artificiel récoltée, et la quantité de fumier produite par chacune d'elles.

État de situation.

La situation de l'entreprise doit être envisagée à un triple point de vue : 1° Constatation exacte des sacrifices faits et du capital employé à l'amélioration ; 2° Résultats progressifs sur les bases les moins contestables ; — pour les cheptels, par expertise contradictoire ; — pour les produits de culture, par les rendements au denier de semence ; 3° Examen de la position des anciens métayers devenus fermiers, et acceptant pour base du prix de leurs fermes, les résultats progressifs qu'ils sont plus que personne à même d'apprécier.

1° *Constatation des sacrifices pécuniaires, etc.* — Avant

de régir directement, et pendant le cours du dernier bail de fermage notarié de cette terre, c'est-à-dire de 1842 à 1849, 52,000 fr. ont été employés en reconstructions par le propriétaire, et 40,000 fr. en remboursement des augmentations ou bonifications plus ou moins réelles des cheptels et du matériel. Depuis la régie directe, le capital employé s'élève au chiffre de 340,597 fr. 71 c., qui se répartissent comme il suit :

Extrait des onze exercices de la régie de la terre
d'Aubigny.

Chaulage	84,781 f.	19 c.
Engrais et semences	24,736	59
Bâtiments	98,446	19
Batteuses, distillerie, forge, etc.	22,000	»
Chemins	75,359	28
Défenses de rivières	13,506	40
Défrichements, semis, etc.	21,768	06
Total	340,597	71

Ce total, joint à celui des 92,000 fr., employés en améliorations, avant la régie, fixe le chiffre du capital employé à 432,597 fr. 71 c.

2° *Résultat progressif, etc.* — Ici nous avons à examiner les cheptels et les rendements. Pour les cheptels, le dernier fermier général ou fermier non-cultivateur, en a laissé, d'après les expertises de 1849, pour 90,000 fr. Les expertises contradictoires de MM. Renon et Chapuys, en juin 1860, ont porté le cheptel des domaines à 145,093 fr. En y ajoutant le cheptel des locataires, qui est de 5,680 fr., on obtient un total de 150,773 fr.; le bénéfice est donc en onze ans de 60,773 fr.

Pour les rendements, les tableaux rigoureusement

tenus depuis 1852 prouvent que le denier de semence s'élève comme il suit :

Extrait des travaux annuels de rendement de la terre d'Aubigny.

Froment. — Déclaration de l'ancien fermier, 5 pour 1 ; 1852, 5 pour 1 ; 1853, 6 pour 1 ; 1854, 7 1/2 pour 1 ; 1855, 8 pour 1 ; 1856, 7 pour 1 ; 1857, 10 pour 1 ; 1858, 11 9/10 pour 1 ; 1859, 11 7/10 pour 1 ; 1860, 12 4/10 pour 1.

Seigle. — Déclaration de l'ancien fermier, 5 pour 1 ; 1852, 5 pour 1 ; 1853, 5 pour 1 ; 1854, 7 pour 1 ; 1855, 6 pour 1 ; 1856, 4 1/2 pour 1 ; 1857, 6 pour 1 ; 1858, 7 1/2 pour 1 ; 1859, 8 1/2 pour 1.

Avoine. — Déclaration de l'ancien fermier, presque nulle ; 1852, 6 pour 1 ; 1854, 8 1/2 pour 1 ; 1855, 8 1/2 pour 1 ; 1856, 5 1/2 pour 1 ; 1857, 8 1/2 pour 1 ; 1858, 10 pour 1 ; 1859, 11 pour 1.

Orge. — Déclaration de l'ancien fermier, presque nulle ; 1852, 6 pour 1 ; 1854, 8 1/2 pour 1 ; 1855, 8 1/2 pour 1 ; 1856, 5 1/2 pour 1 ; 1857, 8 1/2 pour 1 ; 1858, 10 pour 1 ; 1859, 11 pour 1.

On voit que la progression a toujours été croissant, sauf la désastreuse année de 1856 où les inondations ont ravagé une partie des terres ensemencées. De plus, nos tableaux annuels de semence constatent que jusqu'en 1853, l'emblavure de seigle égalait à peu près celle de froment ; aujourd'hui l'emblavure de froment est le triple de l'emblavure de seigle ce qui prouve mieux que tous les raisonnements, l'amélioration du sol arable.

Pour les fourrages artificiels, ils sont introduits depuis et par notre régie. Ils ont rendu cette année deux mille sept cent quatre-vingts quintaux métriques de fourrage, c'est-à-dire un peu plus des 2/3 du poids de la récolte des fourrages naturels. Les topinambours, introduits seulement depuis trois ans, rapportent environ chaque année dix mille quintaux métriques.

3° *Examen de la position des fermiers, etc.* — Les ci-devant métayers, maintenant fermiers par bail verbal, en date de la Saint-Jean 1860, ont payé intégralement leur assurance contre la grêle. Ils ont laissé dans la caisse de la régie, un *avoir* de 30,952 fr. 09 c. à titre de cautionnement. Enfin, devant avoir payé en décembre une année entière, c'est-à-dire le terme d'entrée, ou de Saint-Jean, payé d'avance, et le second terme à son échéance de fin d'année, ils ont, sur 63,000 fr. payé 57,000 fr., et cette minime somme en retard, s'explique par la présence d'une partie des avoines non encore battues. Ce paiement s'est effectué sans pression ni souffrance, sans que les blés se soient vendus plus de 20 fr. l'hectolitre, et sans qu'aucun fermier ait anticipé sur les ventes régulières des cheptels.

Conclusion.

L'état de situation ci-dessus prouve que l'entreprise a absorbé un capital de 432,597 fr. 71 c.; mais les cheptels ayant augmenté de 60,773 fr., la part du maître est de la moitié, soit 30,386 fr. 50 c. qui sont à déduire; le sacrifice pécuniaire réel est fixé au chiffre de 402,211 fr. 21 c.; cette somme a réalisé une amélioration traduite en fait par 30,000 fr. d'augmentation dans le prix de ferme du bail verbal actuel, sur le prix du dernier bail notarié commencé en 1842 et terminé en 1849, par une résiliation désastreuse pour le propriétaire et pour le fermier.

Pour donner au nouveau bail une garantie plus grande que toutes celles des anciens baux, nous avons exigé 1° l'assurance contre la grêle, obligatoire chaque année, pour tous les fermiers et à leurs frais; 2° le dépôt dans la caisse de notre régie, à titre de gage, de tout l'avoir de Saint-Martin, de nos ci-devant métayers devenus fermiers, et ce gage s'élève au chiffre de 30,952 fr. 09 c. ; 3° le paiement d'un terme d'avance. Enfin, la confiance avec laquelle vingt-quatre métayers ont accepté une convention générale de fermage purement verbale, sans autre garantie légale à leur profit, que leurs anciens baux annuels de métayage, prouve d'une manière singulière qu'ils ont su apprécier le système de régie qui les a dirigés dans cette phase de transformation.

Note sur la terre d'Aubigny-sur-Allier, et particulièrement sur les exercices 1858, 1859, 1860, 1861.

RÉSUMÉ DES ANNÉES ANTÉRIEURES A 1858.

En 1842, la terre d'Aubigny abandonnée par un fermier ruiné, se trouvait au dernier degré de mauvaise et inepte gestion. Un nouveau fermier y entra alors et en sortit ruiné en 1849. L'état de la culture et l'administration de ce bien n'avaient fait qu'empirer : le prix avait été baissé, la terre était louée 25,000 fr., les impôts à la charge du fermier. La chaux devait se payer à frais communs, clause illusoire, car dans sa détresse, ce fermier ne chaulait pas. Il n'y avait ni route, ni chemins, ni débouchés d'aucune sorte.

Cependant le propriétaire avait dépensé pendant le cours de cette ferme 52,000 fr. pour reconstruire les bâtiments qui tombaient partout ; puis au départ du fermier il fallut accepter à titre de remboursement, pour 40,000 fr. de bonifications ou augmentations plus ou moins problématiques du matériel, des cheptels, etc.... Les charges plus ou moins amélioratives qui pesèrent durant cette

ferme sur M. d'Aubigny, s'élèvent donc pour sept ans à
92,000 fr., environ 13,000 fr. par an.

De 1849, date de la régie directe, avec métayage, trois
années se passèrent à se recueillir et à étudier la terre ;
puis en 1852 commença l'ère des améliorations ; depuis
lors, jusqu'en mai 1858, environ 242,000 fr. ont été dépensés et se répartissent ainsi :

Chaux, engrais	64,000 fr.
Bâtiments.	80,000
Chemins	63,000
Bois et rivières	25,000
Matériel	10,000
Total.	242,000

Capital employé.

Ce total joint aux 92,000 fr. dépensés
antérieurement, fixe le chiffre du capital
employé jusqu'en 1858 à . . . . 334,000 fr.

Résultat.

Chaux, engrais, etc. — Nous devons à la chaux une
véritable transformation ; on en met cent soixante à deux
cents hectolitres par hectare en terre argileuse, la moitié
de cette proportion, en terre plus légère et seulement
soixante hectolitres par hectare en terre tout à fait sablonneuse, mais bien fumée.

Soixante-dix mille hectolitres de chaux cuite dans nos
deux fours construits sur nos bancs calcaires, ont chaulé
plus de cinq cents hectares de terre ; grâce à cet amendement et au renouvellement fréquent et raisonné de
nos semences, les gros grains (froment et seigle), qui
rendaient au plus six pour un de semences, rendent dix
pour un. Les menus grains (avoine et orge), qui n'avaient

aucun rendement fixe et dont on faisait très-peu de cas, rendent huit pour un.

Les fourrages artificiels complètement inconnus il y a six ans, devenus possibles avec la chaux, donnent en poids le tiers du produit des fourrages naturels. Les racines introduites de même depuis le chaulage donnent dix mille quintaux métriques de fourrage, année moyenne. Le plâtre pour les prairies et les trèfles, les chiffons pour les vignes, augmentent considérablement tous nos rendements : 64,000 fr. sont dépensés pour cette spécialité.

Bâtiments. — Les bâtiments d'habitation ont été presque tous refaits, ou au moins carrelés, recouverts, éclairés par des fenêtres et des portes vitrées, munies de bassies, de panneteries, de fours séparés des maisons. Ces améliorations ont amené l'habitude du soin, de la propreté et de l'aisance. Dans les étables, des courants d'air ont été ménagés; dans quelques-unes des voûtes en briques empêchent l'exhalaison des étables de gâter les fourrages entassés au-dessus; des auges en pierre de taille permettent l'engrais des bestiaux par les pulpes et les jus de distillerie. On peut ainsi conserver les fourrages et soigner les élèves; l'importation de la race charollaise pure et l'application sévère du principe anglais, de la pureté absolue du sang chez les reproducteurs, a tiré parti de l'assainissement des logements comme de la production des fourrages. Au lieu de bêtes de somme que les fermiers achetaient cher et vendaient bon marché, nos métayers ont un cheptel véritable, c'est-à-dire une famille de bestiaux se reproduisant, se remplaçant et s'améliorant par le croît. Plus de 130,000 fr. consacrés aux bâtiments, ont reconstruit ou restauré tant pour les hommes que pour les animaux, la plupart des centres d'exploitation et des locateries.

Chemins. — Les chemins étaient tous impraticables;

point de routes, ni impériales, ni départementales, ni de grande ni de petite vicinalité avant celles que nous avons faites nous-même et que le département a classées depuis, en partie. Peu à peu nos routes ont permis le transport de la chaux, des fourrages, des fumiers, des récoltes. Puis, on a pu joindre les centres de commerce et vendre ses denrées sans les avarier et les perdre et sans blesser ou noyer les bœufs au milieu des fondrières des anciens chemins. Vingt à vingt-deux kilomètres de routes ou bons chemins ont été créés et entretenus par nous, sous la direction de MM. les agents-voyers. L'état actuel de cette viabilité est excellent et progresse tous les ans, 63,000 fr. environ y ont été employés.

Bois et rivières. — Sans être satisfaisant, l'état des bois et des chantiers de rivière a progressé ; la garde des taillis est prolongée jusqu'à dix ans. Douze hectares de côtes ou de sables ont été plantés ou semés en divers essences de bois ; plusieurs milliers de peupliers grandissent sur les îles d'Allier et des défenses ont été construites, refaites ou entretenues sur dix kilomètres de longueur, en Allier ; ces travaux de bois et de rivières ont absorbé jusqu'en 1858, 25,000 fr.

Matériel. — Une batteuse à vapeur locomobile (grand modèle Renaud et Lotz), achetée 5,000 fr. en 1854, a permis de se rendre compte du rendement des récoltes et d'échapper au pillage inséparable d'une battaison qui durait dix mois et que l'accroissement des rendements aurait rendu impossible physiquement. C'est d'ailleurs de tous les modes de battage le moins cher, et celui qui rend les abus plus rares et plus difficiles. Une distillerie du prix de 5,000 fr., paralysée comme distillation par la baisse des alcools, a été acquise par nous en 1857 et rend les plus grands services comme production de fourrage, pulpes et jus.

Conclusion.

Dans une terre où les fermiers se ruinaient et ne pouvaient payer 25,000 fr. et les impôts, soit environ 30,000 fr. pour le tout, il a été dépensé en améliorations 334,000 fr.; ce capital a permis de rebâtir en partie les fermes, de commencer un bon système de viabilité, d'acclimater une race précieuse de bestiaux, de doubler à peu près le rendement des gros grains (froment et seigle), de créer à peu près celui des menus grains (avoine et orge) et de créer complétement les fourrages artificiels qui augmentent d'un quart le poids total du fourrage à consommer, et les racines qui constituent, année moyenne, dix mille quintaux du plus précieux fourrage. Quant à la population, il est facile de juger l'effet de ces changements sur sa santé, sa propreté, ses habitudes de culture, ses soins pour les bestiaux, et enfin et surtout sur son aisance, puisque, avec cette énorme augmentation de produit, le partage est resté immuable dans toutes ses conditions.

EXAMEN DES ANNÉES 1858 ET 1859.

(Fait en juin 1860.)

La continuation des mêmes soins a donné les mêmes résultats. La régularité absolue des comptes permet l'exactitude la plus sévère, sur tous les points.

Les dépenses amélioratives s'élèvent aux chiffres de . . .   30,759 fr. 50 c. pour 1858.
                36,011   18   pour 1859.

Ensemble 66,770   68   répartis comme il suit :

Chaux, engrais, semences . . .	33,621 fr.	10 c.
Bâtiments	11,895	29
Chemins	4,748	41
Bois et rivières	4,303	88
Matériel.	12,202	»
Total. . . .	66,770 fr.	68 c.

Quant au résultat, c'est-à-dire à l'accroissement du produit, les tableaux de rendement constatent que le seigle a presque disparu de la culture, que le froment pour 1858 et 1859 a rendu douze pour un de semence, l'avoine et l'orge, dix pour un de semence. Le poids des fourrages artificiels qui en 1858 égalait le tiers du poids des fourrages naturels, en dépasse la moitié en 1859 et les deux tiers à la fin de juin 1860. La production du fermier s'accroît de trente mille kilos de 1858 à 1859. Les routes et les bâtiments s'entretiennent, se continuent ou s'achèvent. L'installation d'un bon maréchal et de tout le matériel de sa forge a été effectuée à nos frais ; une seconde batteuse à vapeur du prix et de la force de la première, est commandée par nous et doit arriver ce mois-ci. Les îles des Poissons retirées aux domaines qui en jouissaient, ont été défrichées, labourées, plâtrées et converties en herbages, comme en Nivernais et dans la vallée d'Auge. Ce vaste herbage couvre quarante hectares et paraît parfaitement réussi.

On était à ce point en juin 1860. Plus de 8,000 fr. appartenant aux métayers s'étaient capitalisés sur les fonds publics ou dans les caisses d'épargne ; une somme au moins égale leur avait été successivement payée par la régie pour les soultes de partage ou apanages de famille, et pourtant leur avoir était encore considérable. On attendait la récolte qui s'annonçait aussi belle que les précédentes, lorsque de la part d'un des métayers surgit la proposition d'affermer. Adoptant comme base, qu'un bien quelconque est loué dans de bonnes conditions pour le cultivateur lorsque ce bien est loué la moitié de son produit brut, tous les prix comptés sur des moyennes et l'impôt à la charge du propriétaire, nous avons calculé le produit moyen de chaque domaine, depuis que le chaulage a établi à peu près la proportion des rendements.

La moyenne du revenu des bestiaux par an, calculé sur les huit dernières années, s'élevait au chiffre de . . . . 29,771 fr. 68 c.

Le revenu des grains, calculé sur les prix des mêmes années, au chiffre de 121,348   74

Ensemble. . . . 151,120   42

Soit pour la moitié 75,560   21

Mais, appliquer le prix moyen des huit dernières années à la quantité de blé des quatre ou cinq dernières années, pouvait prêter à une erreur. Car il restait à prouver que cette quantité pût résister sans baisse sensible aux mauvaises années. Pour arriver à un résultat plus rassurant pour les fermiers, on prit alors pour estimer le revenu des grains, le bas prix des deux dernières années 1858 et 1859 (c'est-à-dire 3 fr. le double décalitre de froment), ce qui réduisit le revenu des grains au chiffre de . . . . 88,327 fr. 90 c.

Le revenu des bestiaux étant de . 29,771   68

Ensemble. . . . 118,099   58

Et pour la moitié 59,049   79

Réduction d'autant plus motivée qu'il était indispensable de rendre l'assurance contre la grêle obligatoire pour tous les métayers devenus fermiers, afin de leur créer ainsi une solvabilité dans la prévision du seul sinistre qui pût les ruiner. Les vingt-trois domaines de la terre s'affermèrent donc avec bonne volonté et confiance, près de 60,000 fr. en y ajoutant les locateries et moulin loués 3,800 fr. et quelques réserves de bâtiments, jardins, prairies, servines et pailles estimées 2,500 fr.; on voit que les objets composant l'ancienne ferme et loués 25,000 fr. et les impôts, environ 30,000 fr. brut, se trouvent loués aujourd'hui 66,000 fr. De plus, sur

10,000 fr. de chaux cuite annuellement par nos fours;
les fermiers en paient 5,000 fr., ce qui constitue un revenu brut de 71,000 fr. avec charge pour la régie de
fournir la chaux. Cette charge qui constitue pour la terre
un état de plus-value progressive évident, nous laisse
encore 61,000 fr. de revenu et les impôts déduits,
56,000 fr. En prélevant 3,000 fr. d'entretien pour les
bâtiments remis en état, on voit qu'il reste environ
53,000 fr. Tandis que dans l'ancienne ferme de 25,000 fr.
13,000 fr. de charges écrasaient annuellement le propriétaire, à cause de l'état déplorable de toutes choses et
annihilaient son revenu qui eût presque disparu si la
clause de chaulage s'était exécutée. La convention générale de fermage de nos vingt-trois nouveaux fermiers,
que nous avons disposée seuls et sans le concours de gens
de loi, a attiré l'attention de la commission de visite du
concours régional, comme une transition bien ménagée
entre l'extrême dépendance du métayer et la complète
liberté du fermier. En voici les quatorze articles :

1° En devenant fermiers, les métayers s'engagent à
assurer leurs récoltes contre la grêle, chaque année, à
leurs frais.

2° Leur avoir de Saint-Martin constaté par leur arrêté
de compte à cette Saint-Jean 1860, ainsi que la part à
eux appartenant dans le bénéfice de cheptel constaté par
l'expertise de MM. Chapuys et Renou, à ladite Saint-
Jean 1860, resteront à titre de gage dans la caisse de la
régie, jusqu'à l'expiration de la présente convention.

3° La terre leur étant livrée avec toutes ses récoltes à
prendre sans compensation ni restitution de semences au
profit du maître, la récolte de sortie, c'est-à-dire la récolte sur terre à la Saint-Jean qui terminera la présente
convention, rentrera dans les conditions ordinaires du
partage des baux de métayers, sans compensation ni restitution de semences à leur profit; dans le cas où alors la

quantité de semences serait différente, la moitié de l'augmentation ou de la diminution, serait à la charge de celui qui en aurait le profit.

4° La terre leur étant livrée avec tout le revenu, récoltes et cheptels, à prendre d'ici à la Saint-Martin, le terme d'entrée ou terme de Saint-Jean qui devrait se payer d'avance, se paiera avec le terme de Saint-Martin d'ici au 11 novembre de cette année 1860, et par ce moyen tous les fermiers se trouveront au pair et à jour, leur terme d'entrée payé d'avance.

5° Le cheptel étant estimé par têtes, devra être maintenu et rendu pareil en quantité ; quant à la valeur, le plus ou moins sera tout au profit ou tout à la perte du fermier à sa sortie. La souche du cheptel, c'est-à-dire les mères et les étalons seront comme du temps du métayage au choix complet du propriétaire, afin que l'espèce soit maintenue pure charollaise ; les mères ne se remplaceront que par leurs taures issues de pères de pur sang ou par des vaches choisies et examinées par ordre du propriétaire, si elles sont achetées hors de la terre. Les veaux seront castrés chaque printemps avec une rigoureuse exactitude, sauf ceux désignés et choisis par le propriétaire pour la reproduction.

6° Toutes les conditions des baux du métayage, quant aux défenses de chasser, de pêcher, de retroubler les héritages, quant au maintien des assolements, entretien des bouchures, garde des bestiaux, plantation et entage des arbres à fruits, curage des fossés, défense de charroyer pour personne, sans la permission du propriétaire, obligation de charroyer pour les réparations, reconstructions, exploitations, entretiens ou confections de routes et pour tous les besoins de la régie, paiement en nature des anciennes servines en volailles, beurre et paille, sont et demeurent maintenues dans la présente convention qui s'en réfère pour toutes les difficultés intervenant, à toutes les clauses des anciens baux, sauf seulement celles auxquelles il est expressément dérogé.

7° Le propriétaire se réserve expressément tous les bois, de haute tige ou taillis, à l'exception seulement des têtards désignés dans les baux de métayage pour être émondés périodiquement. Il se réserve encore expressément le droit d'ouvrir et d'exploiter si besoin est, une carrière de pierre à chaux en quelque lieu et sur quelque domaine que ce fût, ainsi que de faire des fourneaux de brique flamande, en cas de réparation ou reconstruction partout où bon lui semblera, sans indemnité.

8° Les oies sont interdites dans toute la terre.

9° Chaque fermier devra planter cent mètres de haie vive par an.

10° Les fermiers paieront la moitié de la chaux que leur fournira la régie, au prix de revient fixé par le garde général comptable.

11° Les batteuses à vapeur de la régie seront prêtées, pour la battaison 1860 aux fermiers, sans aucun prix de location. Pour les années suivantes, elles leur seront louées à un prix toujours inférieur au prix-courant de location des machines de même force, à la même date.

12° L'étalon pour la saillie des juments sera choisi et désigné par la régie. Tout fermier qui contreviendra à cette disposition, paiera comme amende le double du prix de saillie de l'étalon de la régie.

13° Les époques de paiement seront le 24 juin, jour de la Saint-Jean-Baptiste et le 11 novembre, jour de Saint-Martin de chaque année.

14° Le prix de ferme de chaque domaine est fixé par la liste ci-jointe qui contient également le chiffre auquel s'élève le cheptel d'entrée de chacun d'eux d'après l'estimation de MM. Chapuys et Renou, en date de la Saint-Jean de la présente année 1860. Sur ladite liste est en outre relaté le gage laissé par chacun d'eux dans la caisse de la régie, tant à cause du bénéfice de cheptel constaté par l'estimation, que par la suite des comptes de Saint-Martin clos pour chacun des fermiers au moment de l'acceptation de la présente convention valable pour six ans, 24 juin, Saint-Jean 1860.

L'estimation ci-dessus mentionnée, a fixé au chiffre de 60,773 fr., la plus-value du cheptel depuis le départ du fermier en 1849.

Soit donc pour la part appartenant aux métayers 30,386 fr. 50 c.

Conclusion.

Dans une terre qui en 1858 était déjà en partie chaulée, rebâtie et percée de routes, avec une population déjà assainie moralement et physiquement et enrichie par plusieurs années de gestion directe du propriétaire, la même administration ayant continué deux années, en suivant les mêmes errements et ajoutant aux dépenses d'améliorations 66,770 fr. 68 ; le bon état de toutes choses et le bien-être des habitants, leur a inspiré une confiance telle, que renonçant aux habitudes de toute leur vie, les laboureurs ont librement consenti et accepté une convention générale verbale de fermage, qui élevait le prix des biens affermés hors de toute proportion, avec l'ancien prix de ferme connu. Cette nouvelle et considérable responsabilité a été assumée sans crainte par l'ancien personnel suffisamment enrichi et encouragé ; il donne pour garantie au propriétaire un gage qui dépasse . . . . 30,000 f.

Le paiement des termes, six mois d'avance qui dépasse aussi 30,000

Ensemble. . . . . 60,000 f.

Et enfin l'assurance de toutes les récoltes contre la grêle, garantie d'autant meilleure que lorsqu'on est forcé de l'exercer, on a du moins la consolation de penser que ce n'est point au détriment des fermiers. Ainsi se prépare la transition du métayage au fermage des pays riches et avancés comme agriculture.

EXERCICES 1860 ET 1861.

(Mars 1862.)

Tout ce qui précède est copié sur des notes antérieures. La première partie antérieure à 1858, n'est ici qu'un renseignement. La seconde, sur les exercices 1858 et 1859, fait partie du présent examen. Pour 1860 et 1861, nous n'avons rien noté spécialement. Le mémoire pour le concours régional comprenait l'exercice 1860, ce qui modifie les chiffres, quoique partant des mêmes états de dépenses. Il faut rapidement examiner ici ce qui s'est fait en 1860 et 1861.

Capital employé. — Les comptes nous apportent la preuve que la sollicitude du propriétaire ne s'est pas ralentie. Les dépenses amélioratives s'élèvent aux chiffres de . . . . 35,742 f. 21 pour 1860.
23,037 34 pour 1861.

Ensemble. . . 58,779 55

qui se répartissent comme il suit :

Chaux, engrais, semences . . .	24,417 f. 51 c.
Bâtiments	16,005 47
Chemins.	5,314 »
Bois et rivières.	7,716 22
Matériel	5,326 35
Total.	58,779 f. 55 c.

En réunissant les 66,770 fr. 68 c. des exercices 1858 et 1859 aux 58,779 fr. 55 c. des exercices 1860 et 1861, on a pour les quatre exercices qui nous occupent (1858,

1859, 1860, 1861), un total de 125,550 fr. 23 c. de dépenses, réparties ainsi :

Chaux, engrais, semences . . .	58,038 f. 61 c.
Bâtiments	27,900 76
Chemins.	10,062 41
Bois et rivières.	12,020 10
Matériel	17,528 35
Total.	125,550 f. 23 c.

Comme administration, un grand progrès s'est accompli dans l'entretien des routes; nous avons choisi et logé un cantonnier gagé et chargé de la surveillance et des travaux de la viabilité; comme culture, nous avons adopté un modèle de chaudière peu dispendieux, destiné à être établi peu à peu dans chaque ferme, et fonctionnant déjà dans plusieurs; de sorte que le premier peut chez lui, convertir ses racines en pulpes et jus, pour l'engraissement du bétail.

Comme pureté de la race charollaise, les fermiers sont convenus spontanément de ne point garder d'étalons et de payer la saillie des vaches à l'un d'entre eux qui se chargerait de leur procurer et d'entretenir trois taureaux étalons, de pureté incontestable, et sans parenté avec les vaches qu'ils doivent saillir, le propriétaire a approuvé hautement cet arrangement et a contribué pour un tiers à l'achat des étalons.

Quant au résultat, quoiqu'il soit moins palpable dans une terre affermée, dans laquelle on ne partage pas les denrées, certains chiffres pourtant révèlent l'état général.

1° Les fermages six mois en avance, se sont parfaitement payés en 1860. Malgré la désastreuse année 1861 que nous venons de parcourir, ils se sont encore payés de telle sorte qu'en ce moment, il n'est pas dû plus d'un sixième du fermage échu pour 1861.

2° Malgré la gêne des cultivateurs, malgré le manque de fourrage et malgré la saison, le cheptel n'a fait que s'accroître en quantité et se bonifier en qualité.

3° Enfin un symptôme très-important s'est signalé dernièrement, quatre communautés se sont rompues, les branches collatérales quittant le vieux tronc de la famille. Si les difficultés de l'année avaient pesé sur les fermiers, l'occasion était belle pour eux de profiter de cette rupture des conditions pour quitter leurs fermes. Au lieu de cela, les branches ainsi divisées ont brigué, chacune, la faveur de conserver la ferme !... Les chefs aînés des familles ont été préférés. Ils avaient sollicité avec anxiété et ont reçu avec reconnaissance la faveur de continuer pour eux et leurs enfants, la convention qu'ils avaient acceptée il y a deux ans, avec leurs frères ou beaux-frères. Aucun dérangement n'a été ressenti dans l'ensemble du système que cette circonstance, au contraire, n'a fait qu'éprouver et affermir. Une seule famille, aisée pourtant, ne présentant pas les garanties de fidélité auxquelles M. d'Aubigny tient plus qu'à tout le reste, elle a été congédiée à son très-grand regret, et aussitôt la ferme était demandée par dix fermiers plus solvables les uns que les autres. Nous n'avons voulu en disposer qu'en faveur d'anciens laboureurs que nous avons ainsi replacés et qui ont été heureux de prendre à l'instant même et sans discussion, les conditions de leurs devanciers.

Conclusion.

Notre transition du métayage au fermage est donc réussie et pénètre dans les habitudes et les mœurs de nos paysans ; et notre opération prouve d'une manière irrécusable que faire la fortune des habitants des campagnes, les amener de l'état de colon misérable à celui de riche laboureur, puis de l'état de riche laboureur à celui de fermier confiant et aisé, est un moyen assuré de bien

conduire ses propres affaires et d'arriver à la fois à un
bon résultat social et à un emploi raisonnable des capitaux qu'on a pu y consacrer.

Le baron Arthur d'Aubigny.

Paris, mars 1862.

**Concours régional de Versailles en 1865. — Rapport
présenté à Son Exc. Monsieur le Ministre de l'agriculture, du commerce et des travaux publics, au
nom de la Commission chargée de décerner la Prime
d'Honneur dans le département de Seine-et-Oise** [1].

Monsieur le Ministre,

Le département de Seine-et-Oise montre un grand
exemple : entré tard dans la carrière agricole, on le trouve
au premier rang dans la voie du progrès.

Quelles sont les causes de cette marche rapide? Quelles
sont les circonstances qui l'ont favorisée? Il est intéressant de les étudier, utile de les signaler à titre d'enseignement.

Jusqu'au commencement du xviiie siècle, la province de

---

[1] *Jury chargé de l'attribution de la Prime d'honneur :* MM. Lambezat,
inspecteur général de l'agriculture, *président.* — Bauchart (Virgile),
propriétaire-agriculteur à Origny-Sainte-Benoite (Aisne). — Bertin,
propriétaire-agriculteur à Roye (Somme). — Le comte de Bouillé,
propriétaire-agriculteur à Villars (Nièvre). — Fiévet, propriétaire-
agriculteur à Masny (Nord). — Garnot, propriétaire-agriculteur à
Trisenoy (Seine-et-Marne). — Lecouteux, propriétaire-agriculteur à
Terçay (Loir-et-Cher). — Lelong (Émile), propriétaire-agriculteur à
Maintenon (Eure-et-Loir). — Petit, propriétaire-agriculteur à Bruire-
Courcelles (Somme). — Pinard, propriétaire-agriculteur à Auxerre
(Yonne). — Hary (Ch.), propriétaire-agriculteur à Oisy-le-Verger
(Pas-de-Calais).

l'Ile-de-France, dans laquelle on a taillé en grande partie le département de Seine-et-Oise, fut le théâtre de luttes sanglantes qui précédèrent et accompagnèrent la création de l'unité française et ne récolta guère que des souvenirs historiques.

A dater de cette époque, les populations rurales commencent à gratter le sol avec quelque confiance; les blés de la Beauce se font un renom ; l'assolement triennal avec jachères est créé. Le premier pas est fait. Les aïeuls de la génération présente ont vu ces temps-là, eux, la plupart petits-fils des vilains de l'Ile-de-France, et leurs petits-fils sont aujourd'hui les gentlemen-farmers de la banlieue de Paris !

Peu de contrées sont aussi avantageusement situées que le département de Seine-et-Oise. Placé sous une latitude tempérée, le sol généralement fertile du bassin de la Seine se prête admirablement à toutes les cultures propres à la région du Nord. Ces terrains argileux ou sablonneux reposent sur le calcaire ; agréablement accidentés de vallées et de coteaux ils sont d'un facile assainissement.

Trois grandes rivières navigables et de nombreux cours d'eau arrosent le territoire.

Les routes innombrables et les neuf chemins de fer qui convergent vers la capitale offrent les voies de communications les plus complètes et assurent les débouchés en toutes saisons.

Le débouché naturel, c'est Paris. Paris, l'insatiable cité, dont l'immense estomac engloutit toutes les productions du voisinage ; Paris, source inépuisable où l'agriculture pourrait, à discrétion, puiser gratuitement la fertilité ; Paris, lumineux foyer de science qui projette ses plus chauds rayons sur les plaines qui lui font une ceinture de leurs riches moissons !

Tant de ressources naturelles et de circonstances favorables ne pouvaient manquer d'être exploitées avec profit par l'intelligent laboureur de Seine-et-Oise. Diverses conséquences considérables ont découlé de ces causes principales.

La première est l'importation du mouton mérinos. Une pépinière de ces précieux animaux est créée à Rambouillet, la race mérine se multiplie, se répand ; il lui faut des pâturages. La prairie artificielle remplace la jachère ; c'est l'époque fourragère. Durant vingt ans, elle enrichit la contrée et la prépare à une ère nouvelle.

Le troupeau de Rambouillet après avoir été, à diverses reprises, menacé de destruction, est aujourd'hui confié à M. le baron Dauriez. A l'aide de judicieux accouplements accomplis *in and in*, d'une ingénieuse alimentation et de profondes connaissances spéciales, l'habile Directeur de la bergerie impériale arrive prudemment au perfectionnement des formes de ses élèves, en conservant la qualité de la laine. Le succès couronne sa persévérance, car les reproducteurs nés à Rambouillet sont plus que jamais recherchés dans toutes les parties du monde.

L'un des premiers, M. Gilbert vint chercher à la souche des animaux de la race mérine. Digne émule du Directeur de la bergerie de la liste civile, le patriarche des éleveurs français perfectionna son troupeau, et depuis longtemps Ville-Ville rivalise avec Rambouillet pour soutenir la réputation universelle de nos moutons mérinos.

Tandis que l'agriculture pratique s'améliorait lentement, l'école de Grignon, dès 1827, propageait ses excellentes méthodes et montrait aux jeunes intelligences des horizons inconnus.

Paris accaparait les travailleurs. Oui, mais la mécanique s'ingéniait à procurer les moyens d'y suppléer.

Une institution toute nouvelle, le Comice agricole, donnait l'exemple de la propagande.

La betterave, cette plante de bénédiction dont Napoléon Ier avait pressenti toute l'importance, puisqu'il en imposa les premiers essais, la betterave florissait dans le Nord. La nécessité allait l'implanter en Seine-et-Oise. En effet, la toison du mérinos était dépréciée : on reprochait à la gent mérine de manquer de précocité et de comestibilité ; les inquiétudes sur l'avenir commençaient à poindre. C'est alors qu'apparut la distillerie agricole. Un procédé d'une installation peu coûteuse et simple dans la pratique, en un mot, applicable à la ferme, venait d'être découvert par M. Champonnois. Le nouveau système de distillation de la betterave ne manqua pas de prosélytes en Seine-et-Oise, et la culture de la précieuse racine s'y propagea avec un entraînement surprenant. Depuis 1855, près de cent distilleries agricoles y furent installées et continuèrent la prospérité de l'heureux département.

Les méthodes les plus intensives furent introduites. La culture industrielle touchait au summum de la production ; elle marchait à grands pas vers la solution du difficile problème : *La vie à bon marché, le bien-être chez tous !*

Pourquoi faut-il que la dépréciation regrettable de tous les grands produits de la ferme soit venue arrêter un aussi bel élan !

Ce n'est pas la première épreuve que traverse l'agriculture française. Courage ! Il appartient à ceux qui sont sur la brèche de faire assaut d'intelligence et de persistance et de s'acharner à la recherche des méthodes culturales et des combinaisons capables d'assurer enfin l'avenir du premier des arts.

Huit agriculteurs ont pris part au concours de la prime d'honneur.

L'arrondissement de Corbeil est représenté par M. Adrien

Decauville ; celui de Pontoise par M. Tétard (aîné) ; Mantes par MM. Hamot et Michaux ; Rambouillet compte trois candidats : M. le comte des Mazis, M. le comte de Pourtalès et M. Sanglier ; Etampes est représenté par M. Rousseau. L'arrondissement de Versailles n'est pas entré en lice.

M. LE COMTE DES MAZIS,

A Guillerville.

M. le comte des Mazis est propriétaire du domaine de Guillerville, situé dans le canton de Dourdan. Le jury n'a pas à s'occuper de la culture, attendu que ce candidat a déclaré ne point prétendre à la prime d'honneur, mais concourir spécialement pour des constructions rurales.

Les bâtiments de la ferme de Guillerville, rétablis à neuf pour la plupart depuis un incendie qui a détruit les vieilles constructions, offrent dans leur ensemble une assez bonne disposition. Les plus remarquables sont : la vacherie et les citernes destinées à recueillir les urines, l'écurie des chevaux et surtout deux vastes granges que, par mesure de précaution contre l'incendie, on a eu soin d'isoler, — l'expérience rend prudent.

M. des Mazis a visé plus au confortable qu'à l'économie, il n'a pas dépensé moins de 66,000 francs au rétablissement de sa ferme. Les bâtiments peuvent loger quarante bêtes à cornes, vingt chevaux, cent quatre-vingts moutons et vingt porcs adultes, plus toutes les récoltes de cent soixante-onze hectares de terres labourables.

Ces constructions ont été établies sans le secours d'architecte et témoignent du goût et du talent de leur auteur. Cependant le jury n'a pas cru devoir récompenser ces travaux encore interminés.

M. HAMOT,

A Charmont.

Le domaine que M. Hamot présente au concours est de récente création. C'est en 1860 qu'il acheta le noyau de cette propriété : trente hectares de terre et les vieux bâtiments d'une ferme abandonnée.

Actuellement les charmantes constructions d'une ferme modèle, moins par l'ensemble que par le fini des détails, remplacent ces ruines, et l'exploitation se compose de deux cent trente-trois hectares, dont cent quatorze appartiennent à l'exploitant.

La disposition extérieure et la distribution intérieure des bâtiments d'exploitation sont parfaitement entendues. Le tout est installé d'après le système anglais.

L'écurie est double avec têtes au mur ; dans le milieu on a ménagé une chambre entourée de fonte ouvragée ; c'est là que le chef charretier tient sous clef les rations de la semaine. Le clapier et le poulailler touchent à l'écurie. La vacherie est distribuée par travées transversales avec larges couloirs bien pavés et auges en fonte. Une grande bergerie à deux étages fait suite à la vacherie. Un chemin de fer longe à l'extérieur ces bâtiments et sert au transport du fumier, dont le traitement est fort bien compris. Plus loin se trouvent des boxes à moutons, destinés aux reproducteurs de choix.

La porcherie est séparée du principal corps de ferme par la route de Magny à Mantes ; c'est un fort beau spécimen comme confortable et commodité.

A portée de la maison d'habitation on trouve, sous le même toit que la grange, la machine à battre et la manutention ; l'outillage est complet. Le tout est mû par la vapeur et fonctionne à souhait.

En résumé, les constructions de la ferme de Charmont sont très-remarquables et dignes en tout point d'être offertes en exemple aux agriculteurs.

Le mobilier vivant de Charmont se composait, le 2 juillet, des animaux suivants :

Vingt chevaux de culture ;

Cinquante bêtes bovines, appartenant aux races cotentine, durham et d'Ayr ;

Deux cent vingt-cinq moutons southdown ou southdown-mérinos des deux sexes et de différents âges, — c'est un troupeau d'élevage ;

Plus cent porcs appartenant à différentes races anglaises, pures ou croisées entre elles.

Ces animaux sont en général bien choisis. L'agriculteur-propriétaire de Charmont, ne regarde pas au prix d'acquisition ; ne voyant que le but poursuivi ; la perfection des espèces, il puise aux meilleures sources, coûte que coûte. Les succès qu'il a obtenus dans les différentes exhibitions, soit du département, soit de la région, sont attestés par les nombreuses médailles qui décorent l'entrée de toutes ses étables.

En fait de culture, il n'y a rien encore de bien établi. Charmont doit coûter actuellement, terrains compris, environ 600,000 fr. Tout a été payé sur la cassette particulière de M. et Mme Hamot. Jamais riche ménage n'a employé plus utilement le fruit de ses épargnes. Le chef de la communauté ne jouit pas d'une santé robuste ; mais Mme Hamot, en digne fille de fermier, se plaît à le suppléer ; elle ne s'en rapporte pas entièrement aux soins d'un régisseur, qui paraît être le factotum de l'établissement ; il faut qu'elle veille à tout : au maintien de l'organisation comme à la surveillance des détails. Les détails sont infinis et d'une tenue irréprochable. Il y a une place pour chaque chose, et chaque chose est à sa place. C'est que l'intrépide fermière a l'œil du maître, rien n'échappe à sa perspicacité. C'est l'âme de Charmont !

A l'unanimité, le jury accorde une médaille d'or à M. Hamot pour ses constructions rurales et sa porcherie.

M. LE COMTE DE POURTALÈS,

A la ferme du Pavillon (commune de Bandeville).

La ferme du Pavillon a une étendue totale de cent dix-sept hectares, dont quatre-vingt-dix-sept en terres arables et luzernières et vingt hectares en prairies naturelles.

La plaine était dans un état déplorable lorsque le propriétaire résolut en 1845 de l'exploiter par lui-même. Le fermier sortant avait pour quatre-vingt-treize hectares de terres labourables, sept vaches et deux cents chétifs moutons. Introduire tout d'un coup la culture intensive eût été s'exposer à éparpiller ses forces sans résultats. M. le comte de Pourtalès l'a compris et s'est contenté jusqu'à ce jour de travailler à l'amélioration du sol par les cultures fourragères et par l'entretien d'un nombreux bétail.

Les amendements, les engrais, les labours profonds, les assolements où les fourrages tiennent la plus large place, les drainages, les irrigations, rien n'est ménagé à la terre.

Le propriétaire de Bandeville progresse avec calme, certain d'atteindre le but.

Lors de la visite du jury, les récoltes des céréales, celles des prés irrégués et des prairies artificielles étaient généralement bonnes ; les fourrages-racines seuls avaient beaucoup souffert de la sécheresse.

Les bâtiments de la ferme, pris séparément, sont bien établis et commodément distribués.

Un solide outillage garnit la grange et la manutention.

Le bétail est l'objet de soins tout particuliers ; il se compose de sept chevaux ardennais, de trente-trois bêtes bovines de races diverses très-bien choisies — leur lait est converti en fromage de gruyère ; de quelques porcs et de cinq cent soixante-seize moutons dont deux cents agneaux. C'est à peu près une tête de bétail par hectare.

Une partie du troupeau de la ferme du Pavillon appartient à la race pure de southdown, le reste provient d'un croisement southdown - berrichon. Tout récemment M. de Pourtalès vient encore d'obtenir au concours de Poissy un double succès qui prouve une fois de plus les aptitudes de ses élèves, et met en renom les reproducteurs provenant de ses bergeries.

La comptabilité, parfaitement établie il y a vingt ans, est tenue en partie double et démontre clairement par les bénéfices réalisés et grossissant graduellement, que Bandeville n'est pas un jouet aux mains d'un grand seigneur, mais un établissement sérieux et marchant dans la bonne voie.

M. de Pourtalès répand autour de lui les bonnes méthodes culturales et trouve dans l'exploitation de son domaine des occupations qui conviennent à ses goûts et des satisfactions que ne procure point l'absentéisme.

Les choses les plus remarquables sont *le troupeau de race southdown pure, le troupeau de race southdown-berrichonne et la comptabilité en partie double*. Le jury, à l'unanimité, décerne à M. le comte de Pourtalès une médaille d'or, pour récompenser ces deux spécialités.

M. de Pourtalès ne se contente pas d'améliorer une portion de son patrimoine, il s'attire les sympathies générales de la contrée ; sa manière de pratiquer la charité en double le mérite ; en homme vraiment humain, il affiche si peu sa bienfaisance qu'il a dissimulé au jury une bonne action, un excellent exemple : M. le comte de

Pourtalès vient d'instituer, sous le titre d'Orphelinat de Plessys-Mornay, une école d'agriculture dans laquelle il reçoit et entretient gratuitement vingt-cinq jeunes gens qu'il forme à devenir un jour ce que l'on appelle des Maîtres-Jacques, de ces hommes dont le type se perd de jour en jour, et qui, sans exigences, rendent les plus grands services.

Un pareil acte doit être divulgué afin de déterminer des imitateurs, et dût la modestie exagérée de son auteur se trouver froissée, le jury se plaît, Monsieur le Ministre, à le dénoncer à Votre Excellence.

M. ROUSSEAU,

A Angerville.

Au fond de la Beauce, à l'extrémité sud du département de Seine-et-Oise, se trouve presque enclavé entre le département du Loiret et celui d'Eure-et-Loir, le peu fertile territoire d'Angerville. C'est dans cette plaine jadis en friche qu'est dispersée l'exploitation de M. Lucien Rousseau. Quelques lignes extraites du mémoire du candidat d'office vont dire le motif qui l'a déterminé à prendre part au concours, faire connaître la modération de ses prétentions.

« J'ai depuis quinze ans, dit M. Rousseau, l'honneur
« de faire partie de la commission dite des Progrès agri-
« coles, chargée par le comice agricole de Seine-et-Oise
« de décerner ses plus grandes récompenses, et depuis
« plus de dix ans j'ai été chaque année choisi par mes
« collègues pour rendre compte de leurs travaux.

« Cette longue étude m'a permis de me juger moi-
« même et me convaincre que je ne dois pas me mettre
« sur les rangs pour briguer la haute récompense que
« vous avez mission de décerner.

« Je n'aurais donc pas pensé à déposer un mémoire et

« à me mettre en évidence si une dépêche de M. le Pré-
« fet n'était venue m'annoncer que mon nom a été ins-
« crit sur la liste d'honneur dressée par notre Comice
« parmi ceux des cultivateurs dont les exploitations
« peuvent peut-être présenter quelque intérêt à vos vi-
« sites.

« Inhabile à ambitionner la grande récompense mise
« cette année au concours dans notre département, je
« me crois cependant forcé par l'honorable distinction
« dont je viens d'être l'objet, de faire cortége à ceux qui
« sont dignes d'entrer sérieusement dans la lice et d'ap-
« peler votre attention sur mes efforts en bornant mon
« ambition à solliciter près de vous comme récompense
« de mes travaux un peu de bienveillante estime. »

Le dévouement de M. Rousseau est connu depuis longtemps ; ses intéressants mémoires sont toujours lus avec
profit. Les opérations de sa pratique agricole vont être
divulguées dans ce rapport ; cela complétera la renommée de ce prudent et trop modeste agriculteur.

L'exploitation de M. Rousseau se compose actuellement de deux cent trente-neuf hectares en terres arables
dépendant de deux corps de ferme, l'un est situé à Angerville et l'autre connu sous le nom de Guestreville est
à trois kilomètres de là. La ferme d'Angerville appartient
à M. Rousseau ; Guestreville est affermé à raison de
60 fr. l'hectare, bâtiments compris. La modicité du ren-
dage indique déjà le peu de valeur de la terre. Eu effet,
généralement, l'épaisseur de la couche arable est formée
de quelques centimètres de calcaire ameubli par le travail du temps et par celui des hommes ; exceptionnelle-
ment on rencontre une terre d'alluvion légèrement
argileuse et de bonne qualité. Le sous-sol est partout
calcaire ; cependant, il est quelquefois séparé de la terre
végétale par une couche de terre rougeâtre. Les labours
profonds ne réussissent pas à Angerville. « Lorsque,

« écrivit M. Rousseau, lorsque nous saignons notre
« terre comme l'on dit dans le pays, nous nous exposons
« à des manques de récoltes longtemps prolongés. »

L'assolement suivi par M. Rousseau peut être considéré comme triennal, appartenant à la culture fourragère. Les emblavures s'y succèdent, à part quelques infractions à la règle, dans l'ordre suivant :

1° Plantes sarclées et fourrages annuels ;

2° Céréales d'automne ;

3° Céréales de printemps.

Environ quarante hectares occupés par les minette, sainfoin et luzerne sont hors d'assolement.

Des essais de colza n'ont pas réussi.

Les fumures sont mises sur les plantes sarclées et les céréales d'automne. Le fumier de ferme étant insuffisant, on a recours aux composts et aux engrais du commerce. Les produits en grain de soixante-dix-huit hectares de céréales sont exportés ; tout le reste est consommé dans la ferme.

Le jury, lors de sa visite, a trouvé de fort belles récoltes en céréales et en jeunes luzernes ; seize hectares de betteraves, globe jaune, faites à plat sur un mauvais terrain, ne manquaient pas de vigueur.

Le capital d'exploitation est de 500 fr. par hectare.

Autrefois maître de poste, M. Rousseau avait à sa disposition des quantités considérables de fumier. Depuis que la concurrence écrasante des chemins de fer a tué la diligence, M. Rousseau a recours au bétail pour satisfaire aux exigences de sa terre ; les bêtes bovines ont pris la place des chevaux. Il existe dans les deux fermes cent quarante-quatre têtes de bétail, la tête ramenée à quatre cents kilogrammes, savoir :

Trente-six vaches normandes bonnes et bien choisies comme laitières, leur lait est envoyé à Paris,

Un taureau,

Dix-huit juments poulinières,

Un étalon percheron en station,

Cinq poulains,

Cinq cents brebis adultes,

Deux cent quatre-vingt-seize agneaux très-remarquables,

Et quatre bons béliers.

Tous ces animaux sont soumis au régime des fourrages hachés.

Le troupeau appartient à la *race mérinos pure*. Après plusieurs tentatives infructueuses de croisement avec les races anglaises, l'éleveur d'Angerville se trouva ramené au point de départ. Ses bergeries furent à plusieurs reprises dépeuplées par le sang de rate, et les pertes subies ne s'élevèrent pas à moins de 100,000 fr. La suppression du parcage et le changement d'alimentation ont diminué les pertes occasionnées par cette terrible maladie. En somme, le troupeau est actuellement remarquable comme viande et comme laine.

Le fermier n'a rien modifié à Guestreville ; le propriétaire d'Angerville a fait dans cet établissement des constructions nouvelles bien disposées, et des aménagements très-entendus dans les vieux bâtiments. Les cours sont propres, et leurs étables, écuries et bergeries se font remarquer par un bon entretien. La fosse à fumier est entourée d'une muraille qui forme une enceinte octogonale de trois cents mètres carrés. Les poulains y séjournent en tout temps et opèrent le tassement des litières de chaque jour.

Les bergeries ont été creusées à soixante-dix centimètres de profondeur, puis bétonnées, et ensuite remplies de terre végétale, laquelle est destinée à servir d'accipient aux urines. Après un an de séjour sous la litière, cette terre devra former un puissant engrais.

La ferme, à l'intérieur, peut être citée comme exemplaire. L'outillage est complet : outre une bonne batteuse, on trouve à Angerville hache-paille, concasseur de grains, coupe-racine, broyeur de tourteaux, mus par manége, et réunis dans un local spécialement destiné à la préparation des aliments.

Cet agriculteur ne jouit pas des avantages que nous trouverons tout à l'heure chez d'autres candidats ; sa carrière agricole est une longüe lutte contre la nature d'un sol ingrat ; bravant ou tournant les difficultés, il est arrivé à suivre une bonne culture fourragère, s'appuyant sur l'élevage du bétail et sur la production des céréales.

Certes, ces travaux méritent plus que des félicitations et des encouragements. Le jury, à l'unanimité, décide qu'il y a lieu d'accorder à M. Rousseau, *à titre de récompense*, une médaille d'or pour l'excellente tenue de sa ferme et son installation d'instruments d'intérieur.

M. A. DECAUVILLE,

A Bois-Briard.

Ce nom rappelle le lauréat de la première coupe d'honneur en Seine-et-Oise.

Le grand agriculteur de Petit-Bourg ne s'est pas endormi à l'ombre de ses lauriers. Il marche toujours armé de ses vastes vues, de cette hardiesse d'entreprise, de cette volonté énergique, de cette vigueur d'action, qui sont le propre de son caractère et qui lui ont valu, il y a sept ans, à pareille époque, la suprême récompense. Le jury a pu s'en convaincre en visitant le colossal établissement de M. Decauville (aîné).

La ferme de Bois-Briard est une propriété de famille. M. Adrien Decauville, qui est le frère et peut-être un peu l'élève de l'agriculteur de Petit-Bourg, en acheta en 1850 les bâtiments et reprit la culture comme fermier. En 1860, il devint, par succession, propriétaire du quart du domaine, et, deux ans plus tard, il en acheta la moitié.

Le faire-valoir total est de deux cent trente hectares, d'un seul gazon, plus trente-cinq hectares de bois.

La couche arable, de nature sablonneuse, manque de profondeur ; elle repose sur le tuf mélangé de meulière ou sur du sable mêlé de grès.

L'ardent propriétaire, jaloux d'améliorer son bien, a entrepris des travaux considérables et les a menés rapidement à bonne fin : douze cents mètres de chemins ont été faits et sont entretenus avec les pierres ramassées sur la plaine ; l'élément calcaire manquant à la terre, cent vingt-cinq hectares ont été marnés ; l'imperméabilité naturelle du sous-sol indiquant la nécessité d'un assainissement complet, toute la partie cultivée du domaine a été drainée.

Presque tous les bâtiments sont antérieurs à l'entrée de M. A. Decauville à Bois-Briard et laissent, dans leur ensemble, à désirer comme appropriation et comme commodité de service.

En 1857, une distillerie champonnoise fut introduite dans la ferme ; l'outillage comportait une fabrication quotidienne de quinze mille kilos de betteraves ; des agrandissements apportés en 1859 élevèrent le travail à vingt-quatre mille kilos ; et enfin, en 1863, des additions nouvelles permirent de traiter alternativement la betterave et les grains. M. A. Decauville travaille le moult clair, selon la méthode anglaise. Ce procédé procure d'excellents résidus, convenant à toutes espèces de bétail ; cependant, il compte peu d'adeptes en France. Il doit avoir sa raison d'être de l'autre côté du détroit.

La distillerie de grains de Bois-Briard a fort peu servi, le prix du seigle comparé à celui de l'acool ne permettant pas de fabriquer avec avantage. M. Decauville estime avec raison que lorsque l'alcool vaut 70 fr., il ne faut pas que le seigle dépasse 15 fr. les cent kilos moulus pour avoir bénéfice à distiller.

L'abstention a dû lui être pénible, témoin ce passage de son mémoire : « Sans tenir compte, dit M. A. Decau-« ville, des bénéfices que peut donner la distillation, je « considère qu'une distillerie est l'annexe indispensable « de la ferme ; elle oblige à nourrir beaucoup de bes-« tiaux, par suite à faire beaucoup de fumier et à le faire « à meilleur marché. »

On ne rectifie pas à Bois-Briard, on vend les flegmes avec écart fixe sur le cours coté à la Bourse de Paris chaque jour de livraison. Cette manière d'écouler le produit est fort commode assurément, mais plus vicieux encore, car l'acquéreur, nommons-le : le grand rectificateur est intéressé, ne fût-ce que par la question du capital engagé dans sa fabrication, à faire diminuer le prix des alcools pendant la durée du travail des distilleries agricoles. La nécessité apprendra sans doute bientôt au producteur à conserver ses flegmes dans des greniers hermétiquement clos et à vendre son eau-de-vie, tout comme il vend son blé.

Cette critique ne s'adresse pas au cultivateur industriel de Bois-Briard particulièrement, elle s'applique à presque tous les agriculteurs-distillateurs.

La spéculation que fait M. A. Decauville sur le bétail est l'engraissement pendant l'hiver.

D'après les livres, la distillerie gagne et le bétail perd, ce qui s'explique par le prix trop élevé auquel les pulpes sont livrées aux animaux. En 1862-63, on a engraissé à Bois-Briard quatre-vingt-dix bêtes bovines et trois mille moutons. Durant les chaleurs de l'été, les étables ne sont point peuplées. Le troupeau de moutons est réduit à cent cinquante têtes.

Dix-sept chevaux percherons accomplissent les travaux en toutes saisons. Les bœufs de trait ne sont employés que temporairement pendant la récolte des betteraves et la semaille des blés d'automne.

Le poids total moyen du bétail, peut être déterminé approximativement de la manière suivante :

17 chevaux à 650 kilos. . . .	11,050 kilos.
2 vaches laitières à 500 kilos. .	1,000 —
150 moutons à 28 kilos	4,200 —
90 bêtes à cornes à l'engrais, à 550 kilos l'une, durant 120 jours, moyenne par an	16,500 —
2,850 moutons à l'engrais, à 35 kilos l'un pendant 120 jours, moyenne de l'année.	33,250 —
Ensemble. . . .	66,000 kilos.

Ce qui fait par hectare 287 kilogrammes ou environ 3/4 tête de bétail.

Le fumier [1] peut s'évaluer ainsi :

Chevaux	$11,050 \times 16 =$	176,800 kil.
Vaches laitières . .	$1,000 \times 24 =$	24,000 —
Moutons	$4,200 \times 18 =$	75,600 —
Bêtes à l'engrais . .	$16,500 \times 26 =$	429,000 —
Moutons à l'engrais .	$33,250 \times 22 =$	731,500 —
Total		1,436,900 kil.

Ou par hectare et par an 6,247 kilos de fumier de ferme. Les urines sont comprises dans ce poids, attendu qu'il n'y a pas de citernes pour les recueillir et que les fumiers sont conduits directement sur les champs une fois chaque mois, quand on cure les étables. Les litières des chevaux sont portées sous les bêtes à cornes avant d'être employées. Outre les fumiers produits par la ferme, M. Decauville achète tous les ans pour 20 à 25,000 fr.

---

[1] Les calculs suivants sont établis d'après les principes de Thaer.

d'engrais du commerce, tels que : tourteaux de graines oléagineuses, guano, poudrette, etc. Ces engrais pulvérulents sont employés soit comme complément du fumier de ferme pour la betterave, soit en couverture sur les blés ou sur les colzas. De nombreuses expériences comparatives ont été faites à Bois-Briard sur la valeur des divers engrais du commerce ; l'avantage est resté au guano du Pérou. Telle parcelle de terre qui, depuis huit ans, n'a reçu que des engrais pulvérulents, paraît conserver sa fertilité.

Quand le jury se présenta chez M. Decauville , les terres se répartissaient, entre les différentes cultures, de la manière suivante :

Betteraves	86 h. 12 a.	
Pommes de terres et porte-		89 h. 18 a.
graines de betteraves . .	03 h. 06 a.	
Colza.		21 h. 28 a.
Prairies artificielles		32 h. 08 a.
Céréales de toute sorte		85 h. 32 a.
Ensemble.		227 h. 86 a.

L'assolement résultant de cette répartition est biennal : 1° betteraves, 2° blé. Cependant M. Decauville attache peu d'importance à la régularité de ses assolements : considérant surtout la valeur commerciale des produits de la ferme, il cultive ce qui se vend le plus avantageusement.

Toutes les cultures envisagées dans leur ensemble étaient assez bonnes lors de la visite du jury ; quelques pièces de betteraves et une partie des blés donnaient les plus belles espérances.

L'outillage de la ferme, bien choisi, est tenu en bon état d'entretien. Les instruments en usage sont les charrues Pluchet, la herse à dents de fer, les rouleaux Croskyll, le semoir à betteraves et la houe à cheval. Ce dernier instrument n'est employé qu'aux binages des pommes de terre, et cependant la main-d'œuvre est rare et chère dans le canton de Corbeil !

A l'intérieur, on trouve une machine à battre, une grande bascule et divers autres instruments.

La comptabilité de Bois-Briard se résume en quatre comptes : 1° distillerie, 2° ouvriers, 3° cultures, 4° animaux à l'engrais ; en outre, un inventaire est fait chaque année, et c'est de cet inventaire que ressort l'augmentation du capital.

M. Adrien Decauville, comme le prouvent ses livres, a fait de très-bonnes affaires. L'ensemble de ses travaux serait plus exemplaire, si une comptabilité rigoureuse indiquait clairement quelles sont les branches de l'entreprise qui ont produit les bénéfices et constitué une grande fortune agricole. Néanmoins, différentes parties de l'exploitation méritent une récompense signalée. M. Decauville a été l'un des *promoteurs de la distillerie agricole*. Pour récompenser cet exemple donné, le jury décerne à son auteur une grande médaille en or.

M. SANGLIER,

A Brüs-sous-Forges.

M. Sanglier, jeune encore, est presqu'un vétéran de l'agriculture. Ses débuts remontent à 1839.

Des terres en mauvais état, l'inexpérience de la jeunesse, la routine tout autour de soi, telles étaient les difficultés à vaincre. Un faible capital, le feu sacré du métier, de l'intelligence et de l'activité, tel est le bagage du débutant. C'est avec ce fonds que le jeune fermier se met bravement à l'œuvre. Si la prudence ne complète pas ses ressources, le succès de l'entreprise doit être gravement compromis.

M. Sanglier commence par trancher la question de la

jachère, puis il améliore les prairies naturelles, crée des luzernières et implante la culture des fourrages-racines. Tendant à la fertilisation du sol, il augmente son bétail, nourrit trente vaches laitières et un troupeau de quatre cents moutons soumis à l'engraissement. L'engrais produit par ces animaux ne suffisant pas encore, M. Sanglier donne l'exemple de ramener aux champs des fumiers de Paris, et bientôt Brüs produit pour la vente : un peu de paille, beaucoup de foin, du blé, de l'avoine, du fromage et de la viande.

Les bénéfices ne sont pas considérables, mais ils arrivent régulièrement. Le fermier, en homme intelligent, les rend à la terre qui les a produits.

Encouragé par le succès, M. Sanglier réunit à son exploitation la ferme d'Ardillières, environ cinquante hectares. Afin de relier sa culture, il achète dix hectares de terres contiguës à celles de Brüs. Ces deux lots, améliorés en peu de temps, marchent de pair avec le noyau primitif.

Après avoir drainé, presque entièrement à ses frais, quatre-vingt-cinq hectares de son exploitation, M. Sanglier, convaincu de l'efficacité du procédé, exécuta, sans hésister et à ses dépens, le défrichement et l'assainissement par le drainage de quinze hectares de marécages et de roncières. Il dépensa 700 francs par hectare, et la transformation fut complète. Ces terrains, qui étaient loués 6 francs l'hectare, sont aujourd'hui de première qualité.

Pour récompenser cette remarquable opération et les bons exemples que M. Sanglier semait autour de Brüs, le jury du comice de Seine-et-Oise lui a décerné, en 1860, la grande médaille d'or offerte par Son Excellence M. le Ministre de l'agriculture, du commerce et des travaux publics.

Pendant que M. Sanglier perfectionnait ses cultures,

il complétait le corps de ferme par des appropriations
et des additions considérables. Une distillerie montée
d'après le système Champonnois, pouvant faire dix-sept
mille kilos de betteraves par jour, a été installée en 1860.
Tous les résidus sont consommés par le bétail. Le distillateur de Brüs commet aussi la faute de vendre ses flegmes
à écart de la cote de Paris.

Une machine fixe de six chevaux sert en même temps
à la distillerie et à faire mouvoir la batteuse et le crible
Josse adapté à cette machine. Le reste de l'outillage est
composé d'ustensiles aratoires, dont l'usage a prouvé, dit
M. Sanglier, « l'utilité et l'avantage. » La houe à cheval
manque au matériel. Cependant l'utilité et l'avantage de
cet instrument sont suffisamment démontrés par l'expérience. Sa place n'est-elle pas indiquée dans les environs
de Paris plutôt qu'ailleurs ?

Le mobilier vivant varie selon les saisons et se compose
en moyenne, pour les animaux de trait, de :

Seize chevaux,

Et douze bœufs provenant du Nivernais ou du Poitou.

Le bétail de rente comprend trois vaches laitières en
tout temps ; en été, quatre cents moutons ; ce chiffre, en
hiver, est porté jusqu'à mille cinq cents têtes. On achète
de préférence des berrichons ou des solognots croisés
southdown ou des southdown-charmoise. Ces races
ont le double avantage de prendre facilement la graisse
et d'être fort recherchées par la boucherie de Paris. Le
voisinage du marché de Sceaux permet de renouveler
fréquemment le troupeau. M. Sanglier est trop adroit
pour ne pas profiter de cet avantage.

L'engraissement des moutons se fait judicieusement.
Celui des bœufs, au contraire, a paru au jury un peu
luxueux. — Qui n'a pas son grain de vanité ? Assurément
si cette opération était pratiquée sur une grande échelle,
le nourrisseur de Brüs compterait de plus près.

On fait beaucoup de fumier à Brüs, car les rations sont largement distribuées, on ne ménage ni les résidus, ni la luzerne, ni la grenaille.

Une partie de la paille des blés est vendue à Paris; au retour les attelages ramènent du fumier qui a servi aux couches de champignons. Cette addition faite aux engrais de la ferme permet de fumer, à raison de cinquante mille kilos à l'hectare, les terres destinées à la culture de la betterave. En sus de ces fumiers, cette sole reçoit encore par hectare, en moyenne, cent cinquante kilos de guano et six cents kilos de poudrette semés en mélange.

Les blés sont fumés, lors de la semaille, avec deux cent cinquante kilos de guano à l'hectare.

L'assolement pratiqué à Brüs est triennal avec deux soles de céréales : 1° betteraves, 2° blé, 3° avoine, seigle et un peu de colza. Cet assolement productif serait par lui-même épuisant, s'il n'avait pas pour soutien trente-deux hectares de prairies naturelles ou de luzernières, et la masse importante d'engrais que nous venons d'énumérer plus haut.

Les récoltes offrent le plus bel aspect comme végétation et comme propreté.

Depuis 1860, les produits moyens annuels, par hectare, ont été les suivants :

Blé, trente hectolitres ;

Avoine, soixante hectolitres ;

Luzerne, douze mille kilogrammes, en trois coupes ;

Betteraves, quarante mille kilogrammes.

Le capital d'exploitation ne peut pas être évalué à moins de 800 fr. par hectare, non compris la valeur de la distillerie. Ces chiffres parlent plus haut que tout commentaire.

M. Sanglier ne tient point de comptabilité régulière : il cherche seulement à se rendre compte de ses opérations commerciales et à connaître sa situation par des inventaires annuels.

A part cette lacune, la ferme de Brüs est dans les meilleures conditions de succès ; c'est un excellent type de culture abordable aux agriculteurs du pays.

M. Sanglier n'est pas un de ces hommes audacieux et entreprenants, comme il en faut pourtant, védettes avancées que trop de précipitation entraîne sans réflexion à la tête de l'avant-garde du progrès. Sentinelle attentive, ne préjugeant trop ni de lui ni de ses ressources, notre vétéran avance avec précaution, et suivant les sentiers déjà battus, il arrive au port.

En deux mots, c'est le simple agriculteur pratique et rationnel.

Les termes du programme ne permettant pas de récompenser l'ensemble de tant de travaux, le jury décerne à M. Sanglier une grande médaille en or pour *ses excellants principes de culture, ses drainages et ses magnifiques récoltes.*

Il reste au jury, Monsieur le Ministre, à entretenir Votre Excellence des deux principaux candidats qui ont pris part à cette lutte pacifique. Quand la palme est aussi chaudement disputée par deux champions émérites, le triomphe de l'un ne fait que mettre en relief la valeur de l'autre. Le département de Seine-et-Oise, déjà si riche en hommes, doit être fier de voir les Tétard et les Michaux prendre rang parmi les soldats d'élite de sa grande phalange agricole.

M. ARMAND TÉTARD,

à Mortières.

Aucun domaine, parmi ceux désignés à l'examen du jury de la prime d'honneur, n'est aussi favorablement situé que Mortières. La proximité de Paris, un sol naturellement fertile, amélioré par la sollicitude de deux générations, enrichi par un long contact avec l'industrie ; voilà les facilités qui, jointes à la direction du fermier actuel, ont contribué à faire de Mortières un établissement d'élite.

Mortières se compose de trois branches distinctes : la culture, l'huilerie, la distillerie. Celle-ci date de 1860 ; l'annexion de l'huilerie à la ferme remonte à 1851. Le chef de la famille succomba peu de temps après cette création. M. A. Tétard, alors âgé de 21 ans, se voua, en bon fils, à la direction de cette lourde charge agricole et commerciale. Cinq ans plus tard, il entreprenait l'affaire pour son compte personnel et continuait à acquérir sa réputation comme industriel et comme agriculteur.

Les constructions de Mortières sont disposées autour d'une vaste cour rectangulaire, bien aménagées et confortablement entretenues. L'huilerie grandement montée, est tellement soignée qu'on la croirait nouvellement installée. L'homme d'ordre s'y révèle dans les moindres détails. Une puissante machine à vapeur sert de moteur à l'usine, qui peut travailler chaque jour quinze mille kilog. de grains. De vastes magasins, fort bien aménagés, renfermant jusqu'à seize mille hectolitres de grains, sont contigus à l'usine.

Quand la récolte n'est pas très-abondante dans son voisinage, M. Tétard achète la matière première dans les départements voisins. L'huile est vendue à Paris ; une portion seulement de tourteaux reste à la ferme et sert soit à l'alimentation du bétail, soit à la culture des plantes sarclées ou à celle des blés.

Jusqu'à la fin de 1859, l'huilerie donna des bénéfices très-clairs, en ne fonctionnant que six mois chaque année ; mais, à cette époque, la mauvaise qualité des grains vint changer la phase des choses.

M. Tétard avait suivi attentivement la propagation du système Champonnois ; il tendit cette nouvelle corde à son arc en 1860. Sa distillerie qu'il créa, comporte un travail quotidien de quinze mille kilogrammes de betteraves. Les opérations durent en moyenne six mois, et l'on ne consomme exclusivement que des racines provenant de la culture de Mortières. Ici, comme dans l'huilerie, on remarque le confortable du matériel, l'ordre dans le travail et la bonne direction d'un homme familiarisé avec la mécanique et accoutumé à commander à l'ouvrier de l'atelier.

Les flegmes de Mortières sont aussi vendus à prix variables, selon le cours de l'alcool à Paris ; mais M. Tétard a le projet, pour l'avenir, d'établir un réservoir, afin de ne plus être à la merci du rectificateur.

Les résidus de la distillerie sont entièrement consommés dans la ferme. Une partie est gardée en réserve dans un vaste silo très-digne d'être cité comme spécimen, au point de vue de l'économie.

Le reste des bâtiments comporte de grandes bergeries ; la bouverie, qui est établie sur la citerne à purin ; l'écurie ; les granges et le corps d'habitation.

L'outillage est remarquable ; on y trouve des charrues Pluchet et des brabants doubles, des herses anglaises en fer, des rouleaux Croskyll, des rouleaux en bois, des scarificateurs, des semoirs Pruvost et un rouleau à betteraves très-simple et très-efficace pour opérer le tassage de la terre sur la graine après la semaille, afin d'assurer la levée. La houe à cheval n'est employée que comme complément après les binages faits à bras. Une herse qui a certains traits de ressemblance avec celle employée dans la plupart de nos vignobles, termine ces binages. A l'interieur, la batteuse et les autres petits instruments qui garnissent la ferme, sont mis en mouvement par la machine à vapeur de la distillerie.

Les animaux trouvés à Mortières, lors du passage du jury, au mois de juin, se répartissent ainsi :

Quatorze chevaux ; ce nombre a été réduit depuis à huit chevaux entiers parfaitement choisis ;

Quatre bêtes bretonnes ;

Vingt-sept bœufs de travail et d'engrais. La moyenne est ordinairement de trente-six têtes. Les bœufs en partie charollais, sont achetés maigres environ 1,000 francs la paire ; on les fait travailler avant de les engraisser.

Le troupeau compte cinq cents bêtes, dont deux cent quarante-deux mères ; depuis deux ans qu'on élève, on engraisse les animaux de rebut seulement. Les moutons engraissés sont tués par petits lots et dépouillés à la ferme, puis vendus à la criée à Paris. Le berger fait office de boucher. Ce mode de vente paraît avantageux ; aussi M. Tétard aurait-il voulu l'appliquer aux bêtes bovines ; mais les règlements s'opposent, paraît-il, à l'introduction dans Paris des animaux de l'espèce bovine abattus à l'avance.

Les béliers proviennent des bergeries de Trappes ; ils tiennent des races dishley et mérinos. Comme ensemble, le troupeau paraît s'améliorer sensiblement.

Le poids total du bétail entretenu en moyenne, à Mortières, se divise comme suit :

Chevaux . . .	14 à 600 kilog. =	8,400 kilog.
Bœufs	36 à 700 kilog. =	25,200 —
Vaches . . .	5 à 280 kilog. —	1,400 —
Troupeau . . .	500 à 30 kilog. =	15,000 —
	Total.	50,000 kilog.

Soit par hectare, 217 kilogrammes.

Le fumier produit est de :

par les chevaux . .	8,400 × 16 =	134,400 kilog.
par les vaches . .	1,400 × 24 =	33,600 —
par les bœufs. . .	25,200 × 24 =	604,800 —
par les moutons . .	15,000 × 18 =	270,000 —
	Ensemble. . . .	1,042,800 kilog.

Outre ces engrais, M. Tétard achète à Paris deux cents soixante-dix voitures de fumier de cheval. Chaque voiture cube de sept à huit mètres et revient à 50 francs rendue.

Le cube total est de deux mille vingt-cinq mètres, qui, calculés à 550 kilog. l'un, donne. . 1,113,750 kilog.
Engrais de la ferme repris ci-haut. 1,042,800 —

Total. . . . . 2,156,550 kilog.

ou par hectare et par an, 9,376 kilogrammes. C'est un peu plus que le fumier d'une tête de bétail comptée à 400 kilogrammes.

Ce n'est pas tout, pour compléter ses fumures, le fermier de Mortières, sachant bien que les grosses récoltes font les gros profits, emploie aussi chaque année environ 80,000 kilog. de tourteaux de son huilerie et 2,000 kilog. de guano de Pérou.

En Chine, on recueille avec le plus grand soin ce que l'on est convenu en France de désigner sous le nom d'engrais flamand. La culture de la banlieue de Paris demeure jusqu'à ce jour fort indifférente aux vertus de ce puissant stimulant. Dieu sait ce que la Seine en charrie à la mer !... Assez pour fertiliser tout un département. Et nous allons chercher du guano au bout du monde, tandis que quelques millions bien employés nous fourniraient les moyens de n'être plus tributaires de l'étranger !

La terre de Mortières, soutenue par les considérables fumures énumérées ci-dessus, est soumise à un assolement de douze années, dont voici le détail :

1re année. Betteraves ou carottes, fumées avec 50,000 kilog. de fumier de cheval à l'hectare.

2e id. Blé d'hiver, avec 600 kilog. de tourteaux de colza.

29

3e année. Betteraves, avec 50,000 kilog. de fumier mélangé et 800 kil. de tourteaux de colza.

4e   id.   Blé d'hiver, avec 800 kilog. de tourteaux de colza.

5e   id.   Trèfle incarnat, vesces de printemps sans fumier, plus colza fumé, avec 25,000 kil. de fumier de cheval.

6e   id.   Blé d'hiver, avec parc de dix-huit cents moutons à l'hectare, ou 800 kilog. de tourteaux de colza.

7e   id.   Betteraves, avec 50,000 kilog. de fumier mélangé et 800 kil. de tourteaux de colza.

8e   id.   Blé d'hiver, avec 800 kilog. de tourteaux de colza.

9e   id.   Avoine.

10e id.   Luzerne.

11e id.   Luzerne.

12e id.   Luzerne.

Les terres à luzerne reçoivent, au préalable, à titre de fumure et d'amendement, un compost formé des déjections de la distillerie et fortement relevé de chaux.

En résumé, les emblavures se composent comme suit :

3 soles de racines, ou ci . . . . . 57 hectares.
4 id. de blé, ou ci. . . . . . . 76 —
1 id. d'avoine, ou ci . . . . . 19 —
3 id. de luzerne, ou ci . . . . 57 —
1 id. de fourrages annuels et de colza, ci . . . . 19 —

Ensemble. . . . . 228 hectares.

Il y a donc la moitié de la culture occupée par les fourrages, le colza et la betterave, et l'autre moitié par les céréales, dont les 3/5 des pailles sont vendues pour Paris.

Cet assolement fort rationnel, est très-productif et à peu près conforme aux règles de l'agronomie : rarement deux céréales se succèdent. Lors de la visite du jury à la fin de juin, les cultures de toute sorte, à l'exception des vieilles luzernes, étaient *fort remarquables par leur grande propreté et leur régularité.*

La comptabilité de Mortières est tenue depuis long-temps en partie double.

Le capital d'exploitation, déduction faite de la distillerie et de l'huilerie, est de 560 francs par hectare. Ce chiffre minime tient à ce que, relativement à l'étendue de l'exploitation, le mobilier vivant est peu considérable. Ce fait a sa raison d'être. Pourquoi compliquer les rouages du mécanisme quand le voisinage de la populeuse cité procure des moyens avantageux de simplification ?

La digne compagne de M. Tétard prend bravement une part des labeurs. Les soins et l'éducation d'une intéressante famille, la direction d'une importante maison et souvent la surveillance de la ferme ne suffisent pas à son activité. Mme A. Tétard trouve le temps de s'asseoir au bureau, et la plupart des comptes agricoles sont tenus de sa main. Heureux l'homme ainsi secondé ! Hommage à la laborieuse, à l'infatigable fermière de Mortières !

En résumé, M. Tétard n'a pas rencontré de ces grandes difficultés qui sont le plus souvent inhérentes aux débuts dans la carrière agricole ; mais, placé jeune à la tête d'une bonne affaire, il a eu le talent de la rendre meilleure encore, et malgré l'inaction de la branche la plus importante de son industrie, il a su augmenter considérablement une fortune déjà considérable au début.

L'ensemble de ces travaux, dignes d'un meilleur sort, mériterait à tous égards la suprême récompense ; mais il s'est trouvé un candidat qui, à des titres semblables, joint le mérite d'avoir vaincu des difficultés extraordinaires.

Le jury, n'étant autorisé qu'à récompenser des spécialités au milieu du bel ensemble de l'exploitation de Mortières, décerne une grande médaille en or à M. Tétard pour son huilerie remarquable, sa culture des plantes sarclées et son bel ensemble de récoltes.

M. MICHAUX,

à Bonnières.

En 1848, alors que tant de timides doutaient des destinées de la patrie, M. Michaux, soutenu par une ferme confiance en l'avenir, et décidé par des raisons de famille, succédait résolument à son père. Il entreprenait une culture de cent dix hectares de terre, placée dans les plus mauvaises conditions, et une poste aux chevaux dont le produit écorné par la concurrence d'un chemin de fer, ne pouvait que décroître. Notre candidat ignorait les plus élémentaires notions de l'agriculture. *Il y avait tout à apprendre et tout à faire.*

La timidité exagérée qui caractérise l'homme même le plus décidé, quand il n'est pas sûr de lui, guida les premiers pas de notre débutant. Lui seul pourrait dire tout ce qui se passa dans ce cerveau ardent et avide de progrès. Après deux longues années de culture traditionnelle, de méditations et d'écoles, M. Michaux, plutôt fatigué du repos que découragé, songeait à la retraite; mais personne ne se présenta pour lui succéder. Il fallut continuer. Pour combler la mesure, une nouvelle ligne du réseau de l'Ouest enlevait le dernier voyageur à la dernière diligence des relais de Paris à Caen. La route avait perdu son animation, le fouet du postillon devait à jamais rester muet. Qu'allait devenir le maître de poste avec de vastes bâtiments en propriété, avec cent dix hectares de pauvres terres en location?

En pareille situation, souvent rien n'est plus compromettant que l'hésitation. D'un seul coup, — coup de maître, M. Michaux tranche la question, résoud le problème par l'application d'un nouvel assolement triennal, mûrement étudié.

La pomme de terre et le colza remplaceront la jachère, le blé viendra ensuite, et l'avoine cédera la place aux prairies artificielles. Le bétail sera doublé.

L'exécution suit le programme tracé. Durant quelques années, les produits se vendent à des prix rémunérateurs, et le fermier de Bonnières constate ses premiers bénéfices. Désormais sûr de lui-même, et loin de songer à la retraite, le voilà dévoré de l'amour du métier et de la volonté de parvenir : il augmente son exploitation et il a soin de s'assurer des baux à longs termes.

Mais M. Michaux ne tarde pas à s'apercevoir que si le colza et la pomme de terre nettoient le sol, ces cultures tendent à l'épuiser, et qu'il faut pour les continuer recourir aux engrais du commerce; les exigences de la culture intensive se faisaient sentir. Pour y parer, on avait bien tenté, à Bonnières, quelques essais de fourrages-racines, qu'on livrait à la dent du bétail; mais le prix trop élevé des rations constituait le compte du bétail en perte. M. Michaux allait-il continuer à porter chez les marchands d'engrais le plus clair de ses bénéfices?

Cette situation n'est pas tenable ; quand les circonstances deviennent difficiles, il faut ou rétrograder ou avancer. Pas de moyen terme. Reculer n'entrait pas dans la nature ardente de notre candidat. Pour marcher en avant, il fallait amener l'entreprise à se suffire à elle-même, atteindre le maximum de la production, afin de diminuer le prix de revient, nouveau problème. — M. Michaux pressentait bien qu'il en trouverait la solution par l'annexion de l'industrie à la ferme. Il cherchait sans trouver rien d'applicable. La presse agricole lui porta le système Champonnois.

L'étude du nouveau procédé de distillation fut vite faite et l'installation d'une usine décidée. L'année suivante, la distillerie fonctionnait à la satisfaction du nouvel agriculteur-industriel, à la stupéfaction de ceux qui l'avaient taxé de témérité.

Quand on est saisi par l'inflexible engrenage de l'industrie, quand le succès a dépassé les espérances, il est difficile de résister à l'entraînement. Il était dit que M. Michaux ne s'arrêterait pas encore. Enhardi jusqu'à l'audace, désormais sûr de lui, fort de ses ressources pécuniaires, il veut parer à toutes les exigences de la culture intensive, faire appel aux deux plus puissants agents de l'agriculture moderne : *Le capital*, *l'industrie*. Le premier est le point d'appui, le second le levier.

Le développement de la culture de la betterave avait permis l'engraissement d'un plus nombreux bétail. Cependant, le fumier produit par la ferme ne suffisait pas encore. Les besoins de la terre devenaient plus considérables. Comment s'y prendre ? Pas d'hésitation : doubler encore le nombre des animaux à l'engraissement et leur assurer, par l'augmentation de l'industrie, une alimentation toujours abondante. Du même coup, le mouton et le cheval sont rayés de Bonnières ; la bête bovine y est amenée en masse, aussi bien pour le service des attelages que pour la rente.

C'est ainsi que M. Michaux fut conduit à compléter son outillage agricole par une importante distillerie de grains, à rectifier ses produits et à profiter enfin des avantages que la situation de Bonnières offre à l'industrie. C'est ainsi que Bonnières est devenu progressivement une immense fabrique d'engrais, c'est-à-dire de *viande et de pain*.

Rien n'est plus simple que les méthodes culturales mises en action dans cet établissement extrêmement remarquable : en hiver, 26,000 kilog. de betteraves et 1,500 kilog. de grains ; en autre temps, 3,000 kilog. à 4,000 kilog. de grains travaillés journellement à la distillerie fournissent des résidus qui composent exclusivement les rations du bétail, c'est-à-dire la nourriture de cinquante bœufs de travail et de cent cinquante à cent quatre-vingts bêtes bovines à l'engrais. Cinq chevaux ont été conservés pour le service de la distillerie. Cette population représente une tête et demie de bétail par hectare. On trouve à Bonnières des étables confortablement aménagées et des fumiers parfaitement travaillés. Pas de luxe, mais de l'ordre et de la propreté partout.

Le matériel agricole se compose de charrues Bisors de Grignon, de herses articulées, de rouleaux en bois et de Croskyll. Il y a aussi des semoirs à betteraves, des houes à cheval qui servent et une batteuse. Voilà tout.

A l'extérieur, on reconnaît le même style que dans la ferme. Les cent quatre-vingt-sept hectares en culture, après avoir été labourés profondément, sont occupés alternativement, moitié par la betterave, moitié par le blé.

Dans les plus mauvaises terres, qui sont rebelles à la culture de la betterave, on suit l'assolement triennal suivant : 1° pommes de terre, 2° avoine, 3° prairie artificielle.

Toutes les récoltes, lors de la visite du jury, formaient contraste avec celles des voisins et se faisaient remarquer en relief par une végétation vigoureuse et régulière autant que par leur propreté.

Depuis quelques années, l'ancien maître de poste de Bonnières a encore augmenté considérablement ses affaires, et quoique la plupart des additions apportées au noyau primitif ne touchent plus à l'agriculture, cela ne lui fait pas négliger la terre, car M. Michaux n'oublie point — chose rare — que c'est à la terre qu'il doit la gloire et la fortune.

Placé à la tête d'une entreprise aussi considérable et embrassant tant de branches différentes, M. Michaux attache la plus grande importance à la tenue de ses livres. La comptabilité, montée en partie double, est complète et rigoureusement tenue. Les livres auxiliaires sont remplis des plus intéressants renseignements. Les comptes démontrent clairement que le capital employé à l'agriculture a été productif autant que celui consacré à l'industrie, et que les bénéfices réalisés ne proviennent pas seulement de l'usine, mais aussi et surtout de la ferme.

Quand on parcourt bien loin de la ferme, les coteaux rapides et cailouteux qui composent l'exploitation de Bonnières, on jouit d'un charmant paysage ; mais si l'on étudie la misérable composition du sol et les accidents du terrain, on est amené à reconnaître que rarement il se trouve réunies autant de difficultés à vaincre. La tâche de l'agriculteur-améliorateur a été rude... En effet, que de travaux purement agricoles accomplis, et laissant bien loin derrière eux l'industrie proprement dite qui existe à Bonnières ! Des voies de communications créées à travers un territoire extrêmement accidenté, des terrains gagnés par les défrichements, d'autres conquis par des épierrements considérables ; la fertilisation générale d'un sol ingrat ; en un mot, la transformation d'un désert en oasis ; et comme résultat inestimable : la routine vaincue ! le triomphe du progrès !

Il a fallu un homme, et cet homme s'est rencontré pour atteindre un but devant lequel beaucoup parmi les plus décidés eussent reculé. Doué d'une énergie hors ligne, d'un esprit droit et progressiste, d'une persistance qui, avec le temps, assure le succès, M. Michaux est arrivé à la culture la plus intensive, la plus rationnelle, la plus remarquable et la plus digne d'être donnée en exemple comme type de l'agriculture moderne. Son œuvre sanctionne une fois de plus la véracité du vieil adage :

Tant vaut l'homme, tant vaut la terre !

Le jury décerne la prime d'honneur à M. Michaux.

Concours régional de Melun en 1864. — Rapport présenté à Son Excellence Monsieur le Ministre de l'agriculture, du commerce et des travaux publics, au nom de la Commission chargée de décerner la Prime d'Honneur dans le département de Seine-et-Marne [1].

Monsieur le Ministre,

Les Primes d'Honneur ont déjà été décernées une fois dans chacun des départements de la région du Nord, et les Agriculteurs de Seine-et-Marne viennent concourir de nouveau pour obtenir cette haute distinction.

Il est probable que la Prime doit devenir, avec le

---

[1] *Membres de la section du Jury :* MM. Lembezat, inspecteur général de l'agriculture, *Président.* — H. Carette, agriculteur à Nogent-sous-Coucy (Aisne). — C. Fiévet, lauréat de la prime d'honneur du Nord en 1863, agriculteur et fabricant de sucre à Masny (Nord). — Garola, agriculteur à Saint-Éloi, près Joinville (Haute-Marne). — Ch. Hary, agriculteur et distillateur à Oisy-le-Verger (Pas-de-Calais). — Leroy, agriculteur à Landèves, près Vouziers (Ardennes). — L. Rousseau, agriculteur et maître de poste à Angerville (Seine-et-Oise). — C. Wallet, agriculteur à Gannes (Oise). — H. Bertin, agriculteur et fabricant de sucre à Roye (Somme), *Rapporteur.*

temps, plus difficile à mériter ; mais il est certain qu'aujourd'hui la tâche du rapporteur de la Commission est de plus en plus sérieuse.

Les rapports ont été faits, depuis quelques années, par des agriculteurs éminents, et, pour leur succéder ici, j'ai besoin, plus que personne, de compter sur la bienveillance de Votre Excellence et sur l'indulgence de mes collègues.

Tout a été dit dans les précédents Concours sur l'utilité de l'institution des Primes d'Honneur.

Depuis 1857, le nombre des Concours régionaux a été augmenté, et ils ont pris, en même temps, plus d'importance. Espérons que, dans l'avenir, la Prime amènera des concurrents plus nombreux, surtout dans les départements de notre belle région du Nord, qui peut passer pour une des plus avancées au point de vue agricole.

Le département de Seine-et-Marne a été formé d'une partie de la Brie française et champenoise et du Gâtinais français ; il est entièrement compris dans le bassin de la Seine.

Le sol est généralement froid, difficile à travailler et dépourvu de calcaire ; il repose sur un sous-sol argileux, qui rend le drainage indispensable dans la plupart des localités ; aussi les fermiers prennent-ils l'initiative, et souvent aidés par des propriétaires intelligents, toujours soutenus par les encouragements et le concours d'une administration éclairée, ils améliorent, de la manière la plus sérieuse, les plaines humides de la Brie.

On peut dire, en résumé, « que le département de « Seine-et-Marne doit être considéré comme la véritable « école de drainage en France. »

Le pays est arrosé par un grand nombre de cours d'eau, où la Seine et la Marne tiennent le premier rang.

Sillonné par de belles routes, desservi par six chemins de fer qui convergent vers Paris, ce département peut être considéré presqu'en entier comme faisant partie de la grande Banlieue.

La proximité de la capitale, en donnant plus de valeur à toutes les denrées et en permettant d'acheter facilement des fumiers, contribue à développer la prospérité agricole de cette contrée où les grandes et belles exploitations sont nombreuses.

Dix cultivateurs se sont mis sur les rangs pour concourir; l'arrondissement de Melun est représenté par MM. Garnot et Giot; celui de Meaux par MM. d'Avène de Fontaine, Bénard et Vavasseur; celui de Coulommiers par M. Calvet; celui de Provins par MM. Devert et Leroy, et celui de Fontainebleau par MM. Dassonville et Simonet.

1° M. Calvet,

Au rû de Vrou, commune de Saint-Cyr, arrondissement
de Coulommiers.

M. Calvet, au rû de Vrou, cultive trente et un hectares dans une plaine ondulée et coupée de ruisseaux.

Le sol d'une nature argileuse repose sur une couche de meulière comme dans les envions de La Ferté-sous-Jouarre.

Il y a pour tout bétail dans les bâtiments de cette ferme, dont la tenue laisse beaucoup à désirer, sept vaches et trois chevaux qui ne représentent guère que trois mille trois cents kilogrammes de poids vif.

L'assolement est triennal, un tiers des terres est ensemencé en blé, un en avoine et le reste en fourrage. Il y a comme annexe à la ferme un moulin à blé mû par un petit ruisseau qui a une chute assez élevée et dont le père de M. Calvet a su tirer un parti assez intelligent,

en faisant construire une roue hydraulique en fer, d'une
disposition ingénieuse.

On ne fait pas consommer pour l'engraissement toutes
les issues du moulin, aussi la production des fumiers
est-elle très-restreinte. En résumé, la Commission a
pensé que M. Calvet n'était pas le moins du monde
dans les conditions voulues pour concourir à la prime
d'honneur et qu'on ne pouvait lui accorder aucune récompense.

2° M. DEVERT,

A Provins.

M. Devert rend compte dans son mémoire de divers
travaux de drainage et d'assainissement qu'il a fait exécuter à Provins, dans ses propriétés.

D'abord par deux aqueducs passant sous la rivière du
Durtin et se déchargeant dans la Voulzie, il a assaini
vingt hectares de terres et prés ; en second lieu on a transformé en jardin deux hectares cinquante ares de fossés
sans valeur, provenant des anciennes fortifications, et
M. Devert a contribué, en décidant la municipalité à
faire ces travaux, à assainir et à embellir une partie de
cinq hectares de Provins.

Troisièmement, une pièce de terre de cinq hectares a
été améliorée par des nivellements et des fossés d'écoulement ; quatrièmement, M. Devert est intervenu auprès
de l'Administration supérieure pour obtenir la création
d'une rigole traversant plus de vingt hectares appartenant à divers propriétaires sur la commune de Poigny ;
enfin par des travaux de drainage et par l'établissement
de fossés d'assainissement, il a converti en jardin maraî-
cher et en oseraies, un terrain fangeux provenant de
l'ancien canal de Provins à la Seine.

Tous ces travaux, surtout le dernier, doivent avoir un

bon résultat au point de vue de la salubrité du pays. M. Devert, du reste, cultive à peine dix hectares, la Commission n'a obtenu aucun renseignement à ce sujet, et elle a pensé que les travaux exécutés n'étaient pas de ceux qu'elle avait à récompenser.

3° M. LE BARON D'AVÈNE DE FONTAINE,

A Brinche, commune de Villemareuil, arrondissement de Meaux.

M. le baron d'Avène exploite quarante hectares réservés de son domaine de Brinche; il y en a vingt-huit en terres labourables, dix en prés, un hectare cinquante en bois et cinquante ares en vignes; cette partie du domaine est prise près du château de Brinche, placé dans une fort belle position, au haut des coteaux qui dominent la Marne près de Trilport. M. d'Avène en gardant cette petite exploitation, s'est attaché à la soigner dans tous ses détails intérieurs; les bâtiments de ferme sont établis avec beaucoup de soin et de goût, peut-être même avec luxe. La Commission a remarqué une fort jolie vacherie et la laiterie placée en sous-sol; un système ingénieux d'aération permet d'y maintenir une température égale en toute saison. Les récoltes de M. d'Avène étaient, lors de la visite, dans un état assez satisfaisant qu'il attribue avec raison à des travaux de drainage en voie d'achèvement.

Les instruments aratoires sont convenables; il n'y a pas de machine à battre, peut-être à cause du peu d'importance de l'exploitation. Le bétail se compose de douze vaches des races normande et hollandaise, de trois chevaux et de quelques moutons et porcs donnant un total d'environ huit mille kilogrammes de poids vif et un rapport de deux cent kilogrammes par hectare, ce qui reste bien au-dessous de la moyenne désirable.

L'extrait de la comptabilité ne prouve pas, du reste, que M. d'Avène ait retiré un profit de sa culture ; on a omis divers éléments sérieux de dépense, tels que le fermage des terres, dont un propriétaire se doit toujours compte à lui-même, surtout, quand le reste du domaine est loué 150 fr. l'hectare.

Comme industrie agricole, la fabrication des fromages de Brie tient le premier rang dans le pays ; on y apporte un très-grand soin chez M. d'Avène ; le produit brut de la valeur est de 400 fr. par mois environ.

Malgré les tendances intelligentes de M. le baron d'Avène la Commission n'a pas pensé que ses travaux agricoles fussent assez sérieux pour mériter une des récompenses décernées dans les Concours régionaux.

4° M. Leroy,

A Nangis, arrondissement de Provins.

La ferme exploitée par M. Leroy, à Nangis, est de cent cinquante-sept hectares, dont cent quarante-deux en terres arables, neuf en prairies naturelles et trois en bois ; le reste comprend l'emplacement des bâtiments et des cours, des vergers, des chemins d'exploitation et des fossés.

Lorsque M. Leroy prit cet établissement, en 1858, les terres étaient en mauvais état ; il a réussi depuis à les améliorer, et s'est attaché à combler des fossés et des mares, à cultiver des friches, et, en résultat, il a porté la contenance des terres en culture de cent vingt-neuf à cent quarante-deux hectares. Le sol du domaine de Nangis est froid et argileux ; le drainage y est indiqué comme amélioration sérieuse sur les deux tiers de l'étendue et il est regrettable que le propriétaire ne prête pas ici son concours au fermier. M. Leroy a drainé à ses frais sept hectares seulement, mais il n'a pu faire davantage jusqu'ici. Les bâtiments sont assez vastes, mais laissent à désirer comme aération et comme tenue générale. M. Leroy a cependant amélioré l'ancien état de choses en faisant construire une citerne à purin et en apportant des modifications dans la distribution intérieure des étables.

M. Leroy a cherché à nettoyer ses terres qui étaient remplies de chiendent lorsqu'il prit la ferme, mais il est regrettable que son assolement ne comprenne pas une plus grande quantité de plantes sarclées ; il n'y a que quatre hectares de racines dans toute cette culture, aussi la propreté des terres laisse-t-elle beaucoup à désirer ; les blés succèdent souvent aux avoines, ce qui est un inconvénient grave, et M. Leroy lui-même en convient : en se plaignant dans son mémoire des difficultés qu'il éprouve à se débarrasser du chiendent, il l'appelle son fatal ennemi.

Il a marné jusqu'ici trente-cinq hectares et il compte donner une plus grande extension à ces travaux d'amendements calcaires ; il s'occupe avec soin des composts où il utilise les résidus des pressoirs du pays. La manière dont les fumiers sont traités laisse à désirer, malgré la citerne à purin qu'on a construite. L'ensemble des récoltes, surtout des céréales, était assez satisfaisant lors de la visite, mais il n'est pas douteux que M. Leroy n'arrive à de meilleurs résultats, s'il modifie son assolement en augmentant la culture des plantes sarclées et en alternant davantage ses récoltes.

Le bétail n'a rien de remarquable ; il y a dans cette ferme outre les chevaux, vingt-huit vaches de race normande et un troupeau de métis-mérinos comprenant six cent cinquante têtes ; le total donne un poids vif environ de cinquante mille kilogrammes ou trois cent trente kilogrammes par hectare.

M. Leroy tire facilement produit de sa vacherie ; il vend le lait dans la ville de Nangis à raison de 0 fr. 17 c. le litre, ce qui doit être pour lui un prix rémunérateur ; aussi il n'élève pas, et il livre les veaux aux engraisseurs à l'âge de cinq ou six jours ; la moyenne du rendement de la vacherie est de six litres de lait par vache, ce qui est assez faible. Le troupeau, comme nous l'avons dit, est de six cent cinquante moutons ; on élève par an cent quatre-vingts à deux cents agneaux qui naissent dans le courant de novembre ; les moutons sont vendus à deux ans avec les brebis de réforme ; le poids moyen des toisons est de cinq kilogrammes et leur produit de 11 à 12 fr., y compris la laine des agnelins.

M. Leroy a établi dans sa ferme une machine à vapeur locomobile qui fait mouvoir la machine à battre, un coupe-racine et un concasseur ; des cases sont disposées à côté pour faire fermenter la nourriture des bestiaux.

La comptabilité ne présente que fort peu de renseignements, cependant, il n'est pas douteux que M. Leroy n'ait déjà obtenu des bénéfices dans son exploitation, par suite des efforts qu'il a faits.

En résumé, il exploite sa ferme depuis cinq ans seulement, et il a déjà réalisé des améliorations qui ont porté leurs fruits ; mais il lui reste encore beaucoup à faire et son établissement ne peut être comparé à celui qui obtiendra la Prime d'honneur ; la Commission n'a pas vu dans les travaux de M. Leroy une spécialité assez remarquable pour lui décerner une des médailles dont elle peut disposer.

5° M. Dassonville,

Au Fresnoy, commune de Salins, arrondissement de Fontainebleau.

M. Dassonville possède au Fresnoy un domaine de cinq cents hectares. Depuis 1856, moment où il se rendit acquéreur de cette propriété, il en a défriché une partie et sa culture s'étend aujourd'hui sur deux cent quarante hectares. Mais, il y a tant à faire pour établir une ferme dans ces conditions, que M. Dassonville, malgré de grands travaux en cours d'exécution, n'a pas encore atteint le but qu'il se propose. Aussitôt les défrichements, le propriétaire a dû créer des chemins praticables ; il en a empierré un sur trois mille deux cents mètres de longueur ; cette route agricole traverse tout le domaine et se termine à un four à chaux établi à l'extrémité des défrichements.

M. Dassonville a fait construire un grand bâtiment qui renferme les étables et la distillerie au rez-de-chaussée ; tout le premier étage sert de grange ; les trois étables qui comprennent une moitié du bâtiment, peuvent contenir au total soixante bœufs ; ces animaux sont placés dans des stalles sur cinq lignes parallèles dans le sens de la largeur ; une citerne à purin établie au centre de ces bouveries, permet d'arroser facilement le fumier qui est déposé dans une fosse placée derrière les étables ; le reste du rez-de-chaussée est occupé par la distillerie ; cette disposition qui peut avoir quelques avantages pour la surveillance générale, nous paraît peu raisonnée au point de vue des dangers d'incendie qu'une distillerie entraîne toujours. Ainsi que nous l'avons dit, le premier étage de tout le bâtiment est utilisé comme grange ; la machine à battre est à une extrémité et les gerbes y sont amenées sur un petit chemin de fer. Les greniers sont placés au-dessus de la batterie, le grain y est monté et nettoyé sans main-d'œuvre ; toute cette disposition n'est pas sans mérite. Ce grand bâtiment est construit avec des briques que M. Dassonville a fait fabriquer sur place ; il compte en faire établir un semblable parallèlement au premier.

Les engrais produits au Fresnoy sont peu abondants

jusqu'ici, eu égard à l'importance de l'exploitation ; il n'est pas douteux qu'avec la distillerie on n'arrive à en augmenter beaucoup la quantité. M. Dassonville a suppléé, dans une certaine mesure, à cette insuffisance en employant des poudrettes et du guano.

La chaux qu'il fabrique lui est fort utile comme moyen améliorateur, elle est d'excellente qualité ; on tire parti dans le four à chaux, des souches provenant des défrichements et des bois de rebut ; les cendres sont semées sur les trèfles à raison de cinq mètres cubes par hectare ; la consommation de la chaux comme amendement est de cinq à six cents mètres cubes par an.

Les récoltes de la ferme du Fresnoy n'avaient rien de remarquable lorsque la Commission fit la visite en juillet 1863 ; les betteraves présentaient déjà beaucoup de vides, et il n'est pas douteux que cette récolte n'ait été faible ; ce qui, du reste, a été général l'an dernier.

L'assolement n'a pas été régulier jusqu'ici, puisque les derniers défrichements sont nouvellement faits. M. Dassonville se loue beaucoup de la culture de betteraves en billons ; mais la Commission n'a pas pu en apprécier les résultats ; il emploie le semoir de Smith pour toutes ses cultures, et rien n'est semé à la volée.

Le bétail de la ferme de Fresnoy se compose de vingt-cinq chevaux, seize bœufs de travail et quatre-vingt-cinq vaches et génisses à l'engraissement ; tout cela est assez bien tenu et donne un total de cent vingt-six têtes de gros bétail pour deux cent quarante hectares ; il n'y a pas de moutons. M. Dassonville n'élève pas ; les vaches de race flamande viennent de la Belgique, les bœufs sont de race charollaise.

Nous n'avons pu obtenir de renseignements sur la distillerie, qui, du reste, était à peine terminée ; le matériel se compose, outre le laveur et le coupe-racine, de cinq macérateurs, de six cuves à fermenter, d'une colonne à distiller et d'un rectificateur.

La machine à vapeur, qui est utilisée pour la distillerie, fait mouvoir aussi la machine à battre avec ses accessoires et un moulin à blé.

La comptabilité est à peine établie ; il n'y a qu'un Journal-Caisse, sans comptes spéciaux qui permettent d'apprécier les résultats de cette exploitation. En résumé, la Commission a pensé que l'établissement de M. Dassonville était en voie de formation, et que rien, quant à présent, ne méritait une récompense spéciale.

6° M. Bénard,

A Chessy, arrondissement de Meaux.

M. Bénard cultive, à Chessy, près Lagny, une ferme de cent cinquante et un hectares. Cette exploitation, dont les pièces de terre sont assez disséminées, est située sur le plateau de la rive gauche de la Marne, entre Chessy et Magny.

Le sol est d'une nature argilo-siliceuse, sur une épaisseur moyenne de cinquante centimètres ; il repose sur un sous-sol formé de marne argileuse qui est complétement imperméable.

M. Bénard cultivait cette ferme depuis longtemps et n'obtenait pas la récompense des sacrifices qu'il faisait en frais de culture, d'engrais et d'amendements calcaires, parce que les eaux ne pouvaient s'écouler que très-difficilement ; il essaya d'améliorer cet état de choses en établissant des fossés sur une longueur de plus de trente mille mètres, mais il n'arriva qu'à des résultats fort incomplets ; enfin, en 1859, il se décida à employer le drainage pour débarrasser sa terre de l'excès d'humidité qui était la cause unique de l'infériorité de ses récoltes. Il fit faire, comme essai, quelques drainages, et les bons effets qu'il en ressentit le décidèrent à y donner une grande extension. Constatons ici que le concours du propriétaire fit complétement défaut au fermier ; non-seulement il ne paya pas la moindre partie d'une dépense qui améliorait sa terre d'une manière si importante, mais il ne fit même pas l'avance des fonds nécessaires, quoique comme toujours, en pareil cas, le fermier offrît de servir un intérêt convenable. M. Bénard fit seul tous les frais et n'aura pour récompense que le bénéfice qu'il pourra réaliser dans les onze dernières années de son bail.

Tous ces travaux ont été exécutés avec soin et économie ; malgré les difficultés qui se sont présentées, on a donné aux tranchées une profondeur moyenne de un mètre trente centimètres, qui, sur certains points, atteint deux et même trois mètres ; cela était nécessaire pour dessécher complétement les mares disséminées dans la plaine, et on a pu ainsi augmenter l'écartement des drains, qui est, en moyenne, de vingt-cinq mètres.

M. Bénard a donc drainé, à ses frais seuls, quatrevingt-dix hectares de terre jusqu'au commencement de 1863 ; il compte augmenter cette quantité de vingt ou trente hectares pour compléter le beau travail qu'il a entrepris.

Le fermier a bientôt trouvé la juste récompense de ses soins ; ses récoltes de blé lui ont donné jusqu'à trentetrois hectolitres à l'hectare. L'état des récoltes de la ferme de Chessy était satisfaisant au moment de la visite ; la Commission a regretté que M. Bénard ne lui ait pas fourni les renseignements nécessaires pour apprécier l'ensemble de ses travaux agricoles. Le mémoire ne parle uniquement que du drainage ; mais, rendant justice à l'initiative prise par M. Bénard, la Commission lui accorde une médaille d'or pour spécialité de travaux de drainage.

7° M. Vavasseur,

La ferme exploitée à Ferrières, par M. Vavasseur, fait partie du domaine appartenant à M. le baron de Rothschild. Son étendue est de cent quatre-vingt-cinq hectares, d'un sol argilo-siliceux où le drainage était nécessaire. Le propriétaire n'a pas fait attendre cette amélioration ; les travaux ont été entrepris dès 1853 et terminés l'année suivante sur soixante et onze hectares ; ils ont coûté plus de 20,000 fr., dont le fermier paie l'intérêt à 5 0/0.

M. Vavasseur est obligé de supporter les dégâts causés par le gibier, et, par suite, il ne peut cultiver habituellement le colza ni le blé d'hiver. La main-d'œuvre est chère à Ferrières ; la journée d'un ouvrier est de 3 fr. en moyenne, et un charretier coûte de 1,000 à 1,100 fr. par an, y compris la nourriture.

Les bâtiments de la ferme sont bien construits et bien entretenus ; tous les détails d'intérieur accusent la présence d'une maîtresse de maison intelligente et active.

Les récoltes avaient un aspect satisfaisant en juillet dernier ; les luzernes et les avoines étaient belles. Quant à l'assolement, M. Vavasseur a divisé son exploitation en deux parties ; d'un côté une rotation de sept ans comprend deux récoltes de betteraves, une de blé de mars, une d'avoine et trois de sainfoin ; le reste suit un assolement de quinze ans, où se trouvent trois récoltes de betteraves, quatre de blé de mars, trois d'avoine, quatre de luzerne et une de fourrages verts.

Les instruments de culture sont convenables et en bon état ; les fumiers sont disposés sur une plate-forme rectangulaire à proximité des étables ; une fosse à purin est placée au centre et permet d'arroser facilement les tas.

M. Vavasseur fait marner toutes ses terres, et son propriétaire a pris l'obligation de supporter tous les frais d'extraction ; le fermier n'a à payer que le chargement et à faire les transports.

La consommation du guano comme supplément de fumure, est de vingt mille kilogrammes par an environ. L'ensemble du bétail est bon et bien tenu ; il se compose de quinze chevaux, trente-six vaches, sept génisses et quatre cents moutons, donnant un poids total vif de soixante mille kilogrammes, ou de trois cent vingt-cinq kilogrammes à l'hectare. La vacherie, composée d'animaux de races normande et hollandaise est vraiment remarquable ; la ration d'hiver consiste en pulpe de distillerie mélangée de fourrages hachés et de son ; la pulpe est remplacée l'été par des fourrages verts. M. Vavasseur tire un bon parti de sa vacherie ; il vend le lait à 0 fr. 20 c. le litre ; aussi cède-t-il la plupart des veaux fort jeunes à des engraisseurs ; il n'élève que les beaux et en petite quantité.

La laiterie est bien installée et parfaitement tenue. Le haut prix des fourrages et la vente facile que procure la proximité de Paris ont engagé M. Vavasseur à ne pas élever de moutons : il engraisse tous les ans quatre cents bêtes de race métisse-mérinos ; leur nourriture se compose de pulpe et de fourrages hachés ; on utilise ainsi les produits de qualité inférieure.

M. Vavasseur n'a pas eu besoin de faire les frais d'établissement d'une distillerie. M. le baron de Rothschild, son propriétaire, a fait installer à Ferrières une fort belle usine, montée d'après le système Champonnois ; les fermiers du domaine y font distiller leurs betteraves, reprennent les pulpes et paient un prix qui, comprenant tous les frais, est fixé à forfait par journée de travail.

La consommation est de quatorze mille kilogrammes de betteraves par jour. La comptabilité n'est pas tenue en partie double. M. Vavasseur a seulement des livres de recettes et de dépenses sans répartition par comptes ; il a fourni dans son mémoire un état détaillé des produits et des frais par chaque année d'assolement, et une estimation sommaire des recettes et dépenses faites en dehors du produit des récoltes. Cette ferme, quoique bien tenue, n'a pas certainement de titres suffisants pour obtenir la prime d'honneur ; il faut néanmoins tenir compte au fermier de l'ordre intérieur, du bon état des animaux, et, avant tout, la vacherie mérite une récompense spéciale.

La Commission accorde donc à ce sujet une médaille d'or à M. Vavasseur.

<h3 style="text-align:center">8° M. Giot,</h3>

A Chevry-Cossigny, arrondissement de Melun.

M. Giot a fait preuve jusqu'ici dans les travaux de tout genre qu'il a entrepris, d'une intelligente activité et d'une grande persévérance.

Ses commencements, comme il nous le dit, ont été difficiles et il a eu le mérite d'organiser un établissement remarquable à plusieurs titres.

Le ferme de Chevry et celle de Passy qui composent son exploitation, comprennent ensemble deux cent cinquante-deux hectares.

Le sol, comme dans tout ce pays, est froid et d'une nature argilo-calcaire ; le sous-sol formé d'une marne argileuse très-tenace est imperméable et impose aux cultivateurs de grands travaux d'amélioration.

M. Giot le comprit bien vite et fit supprimer une grande partie des mares situées dans les plaines de Chevry et de Passy ; il fit établir pour l'écoulement des eaux des conduits recouverts de pierres, de nombreux fossés d'assainissement, et put ainsi suppléer, dans une certaine mesure, au drainage rendu très-difficile chez lui par le défaut de pentes de la plaine.

Cependant à la ferme de Passy et avec le concours du propriétaire (M. de Crousaz-Crétet), il a commencé des travaux complets de drainage qui sont en cours d'exécution et qui coûteront de 260 à 280 fr. l'hectare ; à la ferme de Chevry il a drainé une pièce de trente hectares, ce qui lui a permis de faire disparaître sept mares dans ce seul endroit.

Les travaux de marnage ont été exécutés à raison de quarante à cinquante mètres cubes par hectare.

M. Giot a aussi fait construire un four à chaux qui peut fournir huit à dix mètres cubes par jour.

Il a pu ainsi obtenir la chaux à un prix très-réduit, les chaulages furent faits partout avec huit mètres cubes par hectare ; M. Giot pense que l'effet s'en fera sentir pendant cinq ou six ans, et il a cessé, quant à présent, d'employer la chaux sur ses terres. Il fait semer du plâtre chaque année sur les prairies artificielles ; sept à huit hectolitres par hectare lui paraissent suffisants pour amener une augmentation de 20 à 25 p. 0/0 dans la récolte.

Les travaux d'appropriation commencés aux bâtiments de la ferme de Chevry ne sont pas encore complétement terminés ; le centre de la cour est occupé par une fosse à fumier ; il y a d'un côté la grange et le hangar, de l'autre la maison d'habitation et les écuries, le reste comprend les bouveries et les bergeries. M. Giot a eu beaucoup à améliorer de ce côté ; il a fait construire une remise pour les instruments et les voitures de la ferme ; une bouverie, des citernes à purin et une fosse à fumier très-remarquable. Aujourd'hui les bâtiments terminés sont dans un état d'entretien convenable.

L'assolement suivi à Chevry n'a rien de rigoureux ;

on a cherché à supprimer complétement les jachères et à alterner chaque genre de récoltes en évitant de faire deux céréales de suite. M. Giot trouve dans son assolement le moyen de prendre souvent des récoltes dérobées; il prétend même être arrivé à obtenir vingt-quatre récoltes en douze années; hâtons-nous de dire qu'il compté chaque coupe de fourrage pour une récolte différente et qu'il y a quatre années de luzerne dans la rotation de douze ans.

En résumé, les ensemencements peuvent se diviser ainsi : trois douzièmes en blé, quatre douzièmes en fourrages, prairies naturelles et artificielles, trois douzièmes en betteraves, colza, œillettes et pommes de terre; les derniers douzièmes comprennent les avoines, les fèves, vesces et maïs. Les fumiers que M. Giot arrive à trouver dans sa ferme, ne sont pas plus abondants qu'il ne le faut pour l'importance de sa culture, car le nombre de ses bestiaux est assez restreint, il a cherché à augmenter la qualité des engrais qu'il emploie, en les traitant d'une manière toute spéciale.

On a établi au milieu de la cour, une fosse dont la profondeur augmente vers le centre et dont le fond est garni de béton. Un puits bien étanche occupe le milieu et communique avec les citernes où sont recueillis les purins venant des étables ; le fumier de tous les animaux est étendu chaque jour dans cette fosse, sur laquelle on fait passer souvent les moutons et les vaches ; un appareil élévatoire est placé dans le puits et permet d'arroser fréquemment; c'est une espèce de chaîne à godets ou noria, très-légère à faire mouvoir ; le purin est répandu uniformément sur la couche de fumier par des rigoles en bois; tout cet ensemble formant un carré à pans coupés, est entouré d'un mur de briques et couvert d'une toiture en zinc; de larges ouvertures placées aux angles, permettent aux voitures d'arriver facilement pour enlever les fumiers faits; M. Giot a adossé des poulaillers sur deux côtés de cette construction, il se loue beaucoup de ce travail et de la préparation des engrais; il est certain que le fumier est d'une qualité excellente et toujours égale en toute saison; en résumé, ce travail mérite une mention toute spéciale. Les instruments de culture sont bons et bien entretenus, ils se composent de charrues de Brie, de Brabant à un et à deux versoirs, de charrues fouilleuses, de houes à cheval, de scarificateurs, de herses et de rouleaux. M. Giot a cherché à supprimer autant que possible les labours par sillons, il y est parvenu dans presque toute sa culture; il a commencé depuis quelque temps à cultiver des betteraves sur ados espacés de 60 à 70 centimètres et il se trouve bien de ce travail; il a modifié la charrue fouilleuse en plaçant un coutre en avant des socs et une fourche à trois dents en arrière; il croit être arrivé ainsi à compléter cet instrument si utile.

La Commission a trouvé les récoltes de Chevry en bon état; les betteraves étaient belles, les terres propres, enfin tout faisait voir que le sol avait été convenablement préparé. M. Giot a essayé plusieurs cultures industrielles qui, avant lui, étaient étrangères au pays; telles que le topinambour et le maïs pour être distillé en vert; nous n'avons pas eu de renseignements sur les résultats obtenus dans ce travail tout spécial, et on ne paraît pas avoir renouvelé les premiers essais.

Dans les bâtiments que M. Giot a fait construire près de la grange, il a placé en 1854 une machine à vapeur fixe qui fait mouvoir la machine à battre, un moulin avec sa bluterie, un hache-paille, une scie circulaire, un tour mécanique et un tarare pour nettoyer les grains.

Le bétail entretenu à Chevry appartient à beaucoup de races diverses; nulle part la Commission n'a vu autant de variétés différentes dans la même exploitation. M. Giot fait tous les ans une vente aux enchères d'animaux reproducteurs, et trouve, dans une clientèle spéciale, un placement avantageux des bestiaux qu'il achète ou qu'il élève chez lui. L'écurie renferme trente-trois chevaux et juments et sept poulains; ce nombre est ordinairement plus faible, il n'y a de ce côté rien de remarquable; la vacherie dont l'effectif change assez souvent par suite de ventes et d'achats fréquents, comprenait au mois de juillet dernier cinquante-sept têtes et soixante au mois de décembre; elles appartenaient aux races pures de durham, hollandaise, flamande, normande, mancelle, bretonne, féméline et nantaise; il y avait en outre des croisements durham-manceaux et normands-manceaux. La ration des bestiaux à l'engraissement se compose de pulpes de distillerie, mélangées à un dixième de menue paille ou de fourrages hachés, d'issues venant du moulin, de tourteaux et de trois kilogrammes de fourrage sec; la nourriture des animaux d'élevage est la même, seulement ils ne reçoivent pas d'issues ni de tourteaux.

L'état de la bouverie est satisfaisant, il y a là plusieurs sujets de choix, ce qui, du reste, est prouvé par les succès sans nombre obtenus par M. Giot dans tous les concours.

La bergerie comprend deux troupeaux différents : l'un de race mérinos, l'autre provenant d'un croisement fait sur les races southdown et berrichonne avec un bélier de l'espèce russe que M. Giot appelle Romanowski. L'effectif de ces deux troupeaux était au mois de juillet de sept cent trente-neuf bêtes et de cinq cent quatre-vingt-huit au mois de décembre.

M. Giot en cherchant à créer sa race croisée a eu pour but d'obtenir des produits plus rustiques et plus aptes à un engraissement précoce.

Nous n'avons pas eu de renseignements qui nous prouvent que ses efforts aient été couronnés de succès; du reste les moutons de ce troupeau sont d'un noir cendré, très-petits, ils rendent peu de laine (deux kilogrammes cinq cents), et il n'est pas douteux que M. Giot gagnerait davantage à entretenir des animaux plus forts, qui lui donneraient un meilleur produit comme laine et comme viande.

Le troupeau mérinos a spécialement pour but de former des animaux à laine fine, dont M. Giot tire parti en les envoyant à Montévideo où il a fondé un établissement; il y a dans cette bergerie quelques bons béliers mérinos dont plusieurs ont été achetés dans la Côte-d'Or. L'effectif de ce troupeau était moins important à la seconde visite par suite d'un envoi qu'on venait de faire en Amérique. Il y a dans la ferme un bélier southdown et un de la race mauchamp, acheté à Gevrolles; nous n'avons pas vu de croisements de cette dernière race, M. Giot ne s'étant servi jusqu'à présent de ce bélier que pour le produire dans les concours où il a déjà obtenu plusieurs prix. Les moutons sont nourris l'été au pâturage ou à l'étable avec des fourrages verts, et l'hiver avec des pulpes de distillerie mélangées de fourrages hachés, on y ajoute un peu de tourteau et des issues.

La porcherie comprend douze à vingt têtes de races anglaise et normande et quelques croisements. On utilise de ce côté les fonds de cuve de la distillerie ainsi que les déchets de la laiterie et de la cuisine. Pour résumer l'importance du bétail, nous pouvons dire qu'il se composait en décembre 1863 de trente-trois chevaux, sept poulains, soixante bêtes à cornes, deux cent douze moutons mérinos, et deux cent soixante-seize du croisement Romanowski; en y ajoutant les douze porcs on arrive à un poids vif total de soixante-deux mille huit cents kilogrammes; si l'on compte comme d'ordinaire quatre cents kilogrammes de poids vif pour une tête de bétail, on obtient à peine deux cent cinquante kilogrammes, soit un peu plus d'une demi-tête par hectare, chiffre peu considérable en résultat.

Les volailles de Houdan et de races croisées sont très-nombreuses, il y en a neuf cents environ.

M. Giot a tiré un excellent parti de sa basse-cour par l'installation de ses poulaillers roulants. Il achète à Paris de vieilles caisses d'omnibus dans lesquelles les volailles rentrent la nuit, on les conduit dans les champs où se trouvent les charrues, et toutes les poules suivent les laboureurs en détruisant les vers blancs et les autres insectes nuisibles ; dans l'été elles vont à la suite des faucheurs et des moissonneurs, et trouvent dans les grains perdus une nourriture abondante. Ainsi M. Giot utilise ses volailles pour la destruction des insectes nuisibles et tire parti en même temps de grains qui sont toujours perdus ; cet ensemble est organisé avec beaucoup d'intelligence.

On donne un grand soin à la fabrication des fromages de Brie ; Madame Giot y apporte une surveillance toute particulière, aussi les produits de la ferme de Chevry sont-ils très-estimés et à juste titre.

La distillerie de M. Giot a été une des premières qui ont été établies dans le département de Seine-et-Marne ; nous n'avons pas à décrire ici le procédé de M. Champonnois qui est connu et apprécié partout comme il le mérite.

L'usine de Chevry est bien tenue et fait un bon travail ; on opère seulement sur six à sept mille kilogrammes de betteraves par jour ; les flegmes qui sont obtenus à un degré fort élevé sont vendus pour être rectifiés.

M. Giot a installé une comptabilité en partie double

d'un système assez compliqué ; les comptes y sont très-nombreux, car il y en a plus de mille deux cents ; il est certain qu'en simplifiant ce travail et en adoptant des modèles suivis dans plusieurs exploitations remarquables de la région, il arriverait à un résultat au moins aussi satisfaisant et avec beaucoup moins de peine. Quoi qu'il en soit, M. Giot tâche de se rendre compte et ne veut pas marcher à l'aventure ; c'est beaucoup dans une exploitation qui embrasse autant de détails et il n'est douteux pour personne qu'il n'ait réalisé des profits réels et même considérables eu égard au point de départ.

En résumé cet établissement est digne d'attention ; ce que la Commission y a trouvé de plus remarquable est la disposition adoptée pour la confection des fumiers, elle décerne à ce sujet une médaille d'or à M. Giot.

9° M. SIMONET,

A la ferme de Villiers, commune de Salins, arrondissement de Fontainebleau,

Les travaux que M. Simonet a fait exécuter à Villiers comprennent les améliorations agricoles les plus sérieuses ; il faut d'abord examiner l'état de cette culture au point de départ pour se rendre compte des résultats obtenus.

La ferme de Villiers est située à huit kilomètres de Montereau, vers Nangis, sur les plateaux qui dominent la rive droite de la Seine.

M. Simonet en devint propriétaire en 1852, il trouva cette terre ainsi divisée :

1° Terres labourables	130 h.	28 a.	93 c.
2° Prés naturels	»	50	»
3° Friches comprises dans les terres de la ferme	40	»	»
4° Bois.	89	88	97
5° Bruyères	39	41	»
6° Autres friches et chemins . .	16	93	68
TOTAL	317 h.	02 a.	58 c.

La qualité des terres de Villiers était mauvaise, moins cependant qu'on ne le croyait généralement; elles furent louées d'abord de 7 à 8 fr. l'hectare, et au moment où M. Simonet devint propriétaire, le fermage total montait à 4,500 fr. ou 26 fr. l'hectare, l'impôt payé par le propriétaire; plus de cinquante-six hectares ne donnaient aucun produit. A la fin du bail, M. Simonet fit valoir lui-même et se mit résolument à l'œuvre.

Le sol de Villiers est argilo-siliceux, reposant sur un sous-sol imperméable de marne très-argileuse; la plaine est, du reste, bien ondulée. On entreprit les travaux de drainage sur une grande échelle, et les cent soixante-dix hectares de la ferme furent entièrement drainés. Les difficultés étaient assez grandes, tout fut fait pour les surmonter; les ingénieurs du département fournirent le plan complet des travaux, et M. Simonet fit venir de Paris et de la Bourgogne les tuyaux qu'on ne pouvait se procurer dans le pays. L'ouverture des tranchées d'une profondeur de un mètre quinze centimètres au maximum, fut faite à la tâche, et pour obtenir un travail plus soigné dans la pose des tuyaux et le recouvrement des joints, on le fit exécuter à la journée par des ouvriers spéciaux; le prix de revient a été de 260 fr. l'hectare en moyenne; en même temps on fit commencer les marnages et les chaulages; la marne fut employée à raison de quarante mètres cubes par hectare.

Le drainage permit de rendre à la culture plus de trois hectares de mares et de fossés; on put aussi remplacer par de larges planches les petits sillons qu'il fallait jusqu'alors faire en labourant.

La ferme quoique placée près de la route de Fontainebleau à Provins, n'y était pas reliée par un bon chemin; M. Simonet fit terrasser et empierrer deux kilomètres cinq cents mètres de chemin et il contribua par une subvention à l'achèvement de la voie de grande communication qui traverse ses terres. L'amélioration des bâtiments était urgente et l'emplacement insuffisant ; M. Simonet fit construire des granges, des bergeries et un vaste hangar ; la charpente de ces bâtiments est presque entièrement en fer, et ce système a permis de ne pas mettre de poteaux intermédiaires ; le hangar, dont une partie sert de bergerie, a quarante-six mètres cinquante centimètres de longueur sur treize mètres de largeur en œuvre. La construction d'une nouvelle grange était nécessaire, M. Simonet en fit établir une de trente mètres sur treize avec six mètres soixante-six centimètres de hauteur au carré.

Au lieu de suivre l'ancien assolement triennal comprenant une année de jachère, on a adopté une rotation de cinq ans ainsi fixée :

1re Année, betteraves fumées avec addition de guano;

2e Blé avec poudrette ;

3e et 4e, Sainfoin et trèfle mélangés ;

5e Année, avoine.

Quatorze hectares de luzerne sont en dehors de l'assolement ordinaire. Dans une terre en aussi mauvais état, il n'a pas été possible de supprimer de suite toutes les jachères, il y en a encore quatorze hectares. Mais M. Simonet arrivera avec le temps à pouvoir les remplacer par des récoltes de fourrages. Une pièce de treize hectares soixante-neuf ares était plantée en mauvais bois qui ne produisaient presque rien. M. Simonet la fit défricher et drainer, on combla les mares et la Commission a pu, en juillet 1863, voir cette terre couverte d'une belle récolte de blé.

Les fumiers produits à Villiers sont assez abondants, surtout depuis l'établissement de la distillerie ; ils sont disposés près d'une fosse à purin et arrosés au moyen d'une pompe ; les eaux des cours vont dans cette citerne mais les égouts des toits sont rejetés au dehors par des gouttières et des conduits souterrains ; du reste cette installation n'est pas complète et laisse encore à désirer. M. Simonet fait consommer toutes ses pailles et dépense chaque année une somme assez importante en achats de guano et de poudrette de Bondy.

Les instruments aratoires sont : la charrue Pluchet, les Brabants doubles, les extirpateurs, la fouilleuse du Mesnil-Saint-Firmin, la défonceuse de Pâris, de Saint-Quentin, et enfin la grande charrue de M. Vallerand.

M. Simonet a introduit cet instrument remarquable à Villiers, en 1861 ; il en obtient un travail dont il se loue beaucoup. Les labours ordinaires d'hiver sont faits à vingt et vingt-cinq centimètres avec la défonceuse Pâris, attelée de six bœufs ; la charrue Vallerand emploie dix ou douze bœufs et va jusqu'à trente-cinq centimètres de profondeur.

La Commission a constaté que les récoltes de Villiers étaient très-belles en juillet dernier, les blés étaient bons et plusieurs pièces tout à fait remarquables ; les fourrages garnissaient bien le sol ; les betteraves étaient propres et montraient une végétation vigoureuse ; en résumé tout annonçait une culture soignée et bien suivie. La variété de blé dominant était le blé Victoria, qui réussit très-bien à Villiers. M. Simonet fait mettre tous ses blés en moyettes composées de gerbes ; il fait de même pour les avoines. Nous n'avons pas à faire ici l'éloge de ce travail, qui seul est reconnu efficace pour assurer la bonne qualité du grain et de la paille.

Il n'y a à Villiers que cinquante ares de prés naturels. Au moyen des drainages et des amendements calcaires, M. Simonet est parvenu à faire une certaine quantité de luzerne ; il sème aussi un mélange de trèfle et de sainfoin à deux coupes qui dure deux ans.

En 1863 les récoltes comprenaient quatre-vingt-douze

hectares de céréales, quarante-trois de betteraves et quarante-quatre de fourrages; le reste était en jachères et défrichement de bois.

La culture des betteraves n'a été commencée qu'en 1860 ; depuis, grâce aux défoncements, aux engrais artificiels et à la culture en billons, la quantité ensemencée a été augmentée et le rendement porté de vingt-cinq mille kilogrammes à plus de quarante mille kilogrammes à l'hectare en 1862.

Le bétail de la ferme de Villiers est bien choisi et en bon état ; il y a quinze chevaux, dix bœufs de travail, vingt-trois vaches, dix porcs et un bon troupeau mérinos de cinq cent soixante têtes. Les bœufs sont de race charollaise et de première force ; leur nourriture d'hiver consiste en pulpes de distillerie, mélangées de menue paille ; l'été ils consomment des fourrages verts, et dans le moment des grands travaux ils reçoivent en plus chacun quatre litres d'avoine.

Les vaches viennent du Cotentin et sont de bonne qualité ; M. Simonet ne peut, à cause de son éloignement des villes, vendre le lait avec avantage ; on engraisse des veaux qui donnent à trois mois un produit moyen de 150 fr., et le reste du lait est converti en beurre ou en fromage. La nourriture des vaches est la même que celle des bœufs.

La partie la plus remarquable du bétail de Villiers est le troupeau ; les brebis sont généralement fortes et d'assez bonne conformation ; le poids des toisons est de cinq kilogrammes en moyenne, sans les agnelins ; la laine est de belle qualité et M. Simonet la vend avantageusement ; il a trouvé un beau produit dans la location des béliers. Le troupeau de Villiers a déjà une certaine réputation, et en 1863 on a loué cinquante-quatre béliers; il y a dans le nombre de bons animaux, mais il faudrait être plus difficile dans le choix des reproducteurs, en s'inspirant davantage des beaux modèles exposés dans les concours ; la qualité et la réputation du troupeau ne pourraient qu'y gagner.

M. Simonet vend les jeunes moutons à dix-huit mois et il a toujours plus de trois cents brebis mères. Par l'entretien de ce troupeau assez considérable il a prouvé que, grâce à tous ses travaux, le sol de Villiers pouvait avec avantage nourrir des moutons.

La basse-cour comprend des volailles de Houdan et quelques porcs de race française croisée. Le total du poids vif de tout le bétail est de soixante-neuf mille kilogrammes, qui donnent un rapport de près de trois cent cinquante kilogrammes, et il n'est pas douteux qu'on n'arrive facilement au chiffre d'une tête de bétail par hectare cultivé.

M. Simonet ne s'est pas contenté de travailler à l'amélioration des terres labourables, il a fait ouvrir dans ses bois et remettre à neuf plus de neuf mille mètres de fossés d'assainissement. Quarante hectares de bruyères ne donnaient aucun produit, il n'y avait pas d'avantage à les mettre en culture, à cause de la quantité assez grande des terres labourables ; du reste, l'éloignement de la ferme aurait rendu tous les travaux plus coûteux. On a fait semer en 1852, sur un labour ordinaire des glands et des graines de pins sylvestres et maritimes ; ces semis levèrent bien et les plants prirent de la force.

En 1861 on pratiqua une première éclaircie qui donna un produit net de plus de 6,000 fr. ; les sujets les plus beaux furent conservés, surtout dans les pins sylvestres, et il n'est pas douteux que des éclaircies pourront être faites tous les cinq ou six ans, pour permettre aux arbres de prendre de la force, cela donnera encore un revenu très-convenable. Un propriétaire intelligent a tiré là le meilleur parti possible d'un sol sans valeur et qui n'avait jamais rien rapporté.

Pour assurer à ses bestiaux une alimentation abondante et arriver à une plus grande production de fumier, M. Simonet a installé en 1860 une distillerie Champonnois ; il achète près de chez lui quelques lots de betteraves dont il est obligé de rendre les pulpes ; le travail journalier est de douze mille cinq cents kilogrammes. Une machine à vapeur fixe, de six chevaux de force, sert pour la distillerie et fait mouvoir en même temps la machine à battre, un hache-paille et un concasseur.

La distillation n'a pas lieu à feu nu, mais par une admission de vapeur prise sur le générateur de la machine.

La comptabilité est tenue en partie simple, sans comptes spéciaux pour chaque branche de produits. Il y a, outre le livre de Caisse-Journal, un relevé de la location des béliers, des comptes de dépenses personnelles, des feuilles de quinzaine pour le paiement des ouvriers et enfin un état des améliorations foncières. Le chiffre en est considérable, et si l'on compare les terres de Villiers avec celles qui ne sont pas améliorées dans les environs, on a la certitude que M. Simonet a doublé le revenu de cette ferme qui n'était pas louée 30 fr. et qui maintenant serait affermée facilement 60 fr. l'hectare.

Si nous rapprochons l'état actuel du domaine de Villiers de la situation qu'a trouvée M. Simonet au commencement de son exploitation (ce que nous avons expliqué plus haut), nous voyons que le domaine comprend aujourd'hui :

Terres labourables et prés . . .	200 h. 63 a. 61 c.	
Bois assainis par des fossés . . .	76 38 97	
Sapinière	40 » »	
Total égal	317 h. 02 a. 58 c.	

En résumé, quatre-vingt-seize hectares qui ne rapportaient rien ont été rendus à la culture ou convertis en bois de sapins, les terres ont été drainées, les chemins empierrés, les constructions augmentées et améliorées, les bois assainis ; on a formé un bon troupeau et établi une distillerie. Par ces travaux remarquables, M. Simonet, aidé de l'intelligente coopération de sa famille, a plus que doublé la valeur du domaine de Villiers, et, pour reconnaître un mérite prouvé par des améliorations foncières de tout genre, la Commission lui accorde une médaille d'or grand module.

10° M. Garnot,

A la ferme de Villaroche, commune de Réau, arrondissement de Melun.

Dans presque toutes les fermes décrites jusqu'ici, la Commission a vu l'application en grand du drainage comme principale amélioration foncière ; nulle part ces travaux n'ont été poussés aussi loin que chez M. Garnot, à Villaroche.

Cette ferme comprend deux cent trente hectares ainsi divisés :

Terres labourables	220 h.	» a.	» c.
Pâturages et vergers	2	50	»
Bâtiments et enclos.	2	60	»
Marnières.	»	70	»
Bois	4	20	»
Total égal.	230 h.	» a.	» c.

Le sol est, comme dans ce pays, d'une nature argilo-siliceuse ; le sous-sol imperméable est formé de marne argileuse et repose sur un fond de glaise. M. Garnot prit possession de sa ferme en mai 1853 et trouva les terres et les bâtiments en assez mauvais état.

Les travaux de drainage furent exécutés de 1854 à 1856 sur deux cent sept hectares ; il n'est resté en dehors que treize hectares qui n'ont pas besoin d'être drainés. La longueur totale des tranchées est de soixante-treize mille mètres sur une profondeur qui varie de un mètre quarante à un mètre quatre-vingts ; l'espacement est de treize à trente mètres. Les tuyaux sont placés bout à bout sans colliers, les joints sont seulement recouverts avec des éclats, les décharges des collecteurs arrivent dans des puits peu profonds et soigneusement maçonnés, et pour compléter ce travail on a fait sceller des grilles aux orifices des grands tuyaux. La dépense totale s'est élevée à 48,000 fr. ou 233 fr. l'hectare, avancés par le propriétaire ; le fermier paie l'intérêt de ce capital. Le drainage a permis de supprimer des mares et des fossés et de rendre quatre hectares à la culture ; on peut aussi labourer maintenant à plat et bien plus facilement. La ferme de Villaroche, placée assez loin de la commune, n'avait que de très-mauvais chemins, M. Garnot en fit empierrer à ses frais plus de cinq kilomètres.

Portant aussi tous ses soins sur l'intérieur de la ferme, il s'occupa activement d'améliorer et d'augmenter les bâtiments ; pour y parvenir plus tôt, le propriétaire, en homme intelligent, a avancé une partie de la dépense et le fermier en sert l'intérêt.

D'abord les cours furent drainées et assainies et les eaux pluviales rejetées en dehors. M. Garnot fit établir ensuite dans la seconde cour un vaste hangar de cinquante mètres de longueur sur vingt mètres de largeur ; les récoltes y sont conduites et entassées facilement ; on a disposé sur la longueur, un arbre de couche qui porte la poulie de commande de la machine à battre, et un câble en fil de fer transmet la force de la machine à vapeur qui est à cinquante mètres de là, dans les bâtiments de la distillerie. La batteuse est mobile et se place successivement dans les neuf travées du bâtiment ; nous n'avons vu nulle part une disposition mieux entendue. On est obligé de se servir de machines le plus possible à cause du prix de la main d'œuvre qui est fort élevé à Villaroche. M. Garnot augmentant tous les ans le nombre de ses bestiaux, fit transformer d'anciennes granges en étables et il vient de faire construire une grande bergerie placée derrière le hangar ; ce bâtiment de cinquante-qnatre mètres sur seize, a onze travées qui peuvent contenir chacune cent moutons, l'une de ces travées reste libre pour faciliter l'enlèvement des fumiers. M. Garnot se sert aussi de ce vaste emplacement pour y engranger des récoltes ; il y a placé une machine à battre qui est mise en mouvement au moyen d'un autre câble en fil de fer.

Tous les bâtiments de la ferme sont en bon état et bien entretenus ; on est frappé, en entrant, de l'ordre qui règne partout et qui est un des signes caractéristiques d'une exploitation bien conduite.

Le matériel agricole se compose de charrues Dombasle avec avant-train Pluchet, de Brabants doubles, de herses quadrangulaires, de scarificateurs et de houes à cheval, de rouleaux en bois et Croskill et des semoirs de Roville et du système Faitot ; tous ces instruments sont bien tenus et sont placés sous une halle en face de la ferme. M. Garnot fait labourer à une profondeur de vingt-cinq à trente centimètres, mais il a été obligé d'attendre pour en arriver là que sa terre fût améliorée par des fumures successives. Les céréales sont semées au semoir et à la volée avec des grains préparés dans une solution chaude de sulfate de cuivre, les colzas sont repiqués à la main et binés au printemps ; les betteraves reçoivent quatre ou cinq façons à la main et à la houe à cheval ; la plus grande partie des blés est mise en moyettes qui contiennent environ huit gerbes chacune.

L'assolement est alterne, mais n'est pas suivi rigoureu--sement : un tiers des terres est en blé, le second tiers en betteraves et en plantes oléagineuses, et le complément en avoine et en fourrages. Les ensemencements de 1863 étaient ainsi divisés :

Blé d'hiver et de mars.	78 h. 50 a.
Seigle	3 37
Avoine	33 »
Colza.	8 »
Betteraves	69 »
Fourrages	30 40
Total	222 h. 27 a.

Les récoltes de Villaroche avaient au moment de la visite, un aspect magnifique, les blés étaient très-fournis, les betteraves bien sarclées ne présentaient pas de vides, enfin tout montrait que la culture était faite avec beaucoup d'entente et de soin.

Les fumiers sont disposés en tas dans les deux cours devant les étables ; on a fait construire sous chaque tas des citernes à purin contenant chacune cent soixante hectolitres ; une pompe placée dans la fosse sert à arroser le fumier. Aujourd'hui, M. Garnot trouve dans la ferme une grande quantité d'engrais, mais avant d'avoir amené sa terre à un état de fertilité qui lui permît d'entretenir un nombreux bétail, il a été obligé d'acheter des fumiers à Paris et à Melun ; il ajoute encore aujourd'hui à ses fumiers, de la poudrette et du guano, et a dépensé pour cela depuis 1854, 16,171 fr. en moyenne par an ; M. Garnot comprend comme tout bon cultivateur, que plus le débit du compte engrais est élevé, plus le bénéfice des comptes de récoltes est considérable.

Les marnages ont été entrepris après les drainages et terminés en 1859 ; M. Garnot a fait marner cent hectares

à raison de quarante mètres cubes ; il pense que le reste
des terres de la ferme n'a pas besoin de cette amélioration. Il fait semer tous les ans du plâtre sur les luzernes
et emploie de sept à huit hectolitres par hectare : en un
mot, on voit que rien n'a été négligé pour l'amélioration
de cette ferme et que tous les travaux ont été exécutés
avec intelligence et sans luxe.

Le bétail de Villaroche est important et bien tenu ;
l'écurie compte toujours quinze à vingt chevaux percherons de taille moyenne et de bonne conformation ; ils
sont abondamment nourris pour pouvoir toujours fournir un travail soutenu. La bouverie de travail a de vingt
à trente-six bœufs, suivant la saison et l'importance des
travaux ; ces bœufs, qui proviennent du Charollais et du
Morvan, sont toujours attelés au joug double, ils sont de
bonne taille et de force suffisante ; leur nourriture se
compose de pulpes de distillerie mélangées à un dixième
de menue paille, de fourrages hachés, d'avoine aplatie et
de son ; M. Garnot entretient des vaches et des génisses à
l'engraissement pendant le temps des travaux de la distillerie ; il y a dans cette catégorie de quarante à cinquante animaux. On leur donne des pulpes mélangées de
la même manière que pour les bœufs de travail, et on
ajoute à cette ration de quatre-vingts kilogrammes par
jour, environ quatre à cinq kilogrammes d'un mélange
composé de farine d'orge, d'avoine aplatie et d'issues en
égales proportions.

L'état de tous les animaux à l'engraissement est satisfaisant et les bouveries sont très-bien tenues.

M. Garnot n'a pas de troupeau d'élevage ; il y supplée,
au point de vue de la production du fumier, par un
nombre considérable de moutons à l'engraissement ; dix-
huit cents à deux mille moutons passent chez lui tous
les ans pour être conduits au marché de Sceaux ou de
Poissy ; il y en a toujours pendant l'hiver onze à douze

cents à la fois. Tous ces animaux sont placés dans des bergeries bien aérées ; dix moutons reçoivent environ la ration d'un bœuf ; on substitue de temps en temps à l'avoine l'orge ou le sarrasin. Au bout de trois ou quatre mois, les premiers lots sont conduits au marché et remplacés par d'autres. M. Garnot fait tondre ses moutons à partir du mois de février.

Quant aux vaches laitières, il n'y en a que trois pour les besoins de la maison.

L'ensemble du bétail de la ferme de Villaroche comprenait en décembre 1863, dix-sept chevaux, trente-deux bœufs, treize vaches et dix-neuf génisses à l'engraissement et onze cents moutons ; le poids vif total était de plus de cent vingt mille kilogrammes, donnant cinq cent cinquante kilogrammes ou plus d'une tête par hectare ; ce résultat que nous n'avons vu nulle part, dit assez dans quelle phase de culture intensive M. Garnot est entré. Toutefois, il faut observer que ce chiffre de bétail n'existe pas à Villaroche pendant toute l'année ; il y a donc une réduction à faire sur ce que nous avons vu à la seconde visite pour obtenir une moyenne exacte ; du reste, cette remarque peut s'appliquer à presque tous les concurrents. Au milieu des travaux de tout genre exécutés à Villaroche, M. Garnot a voulu assurer à son bétail une nourriture économique et abondante, et appréciant les avantages de la réunion de l'industrie à l'agriculture, il a établi en 1857 une distillerie Champonnois.

Cette usine agricole est tenue d'une manière remarquable, la Commission n'en a pas visité une seule dont le travail fût aussi bon et aussi soigné. On opère sur vingt-deux à vingt-cinq mille kilogrammes de betteraves par jour ; M. Garnot en trouve peu à acheter, mais il est arrivé à atteindre un rendement de cinquante mille kilogrammes à l'hectare et peut alimenter son usine pendant six mois. On n'obtient que des flegmes qui sont vendus pour être rectifiés, le surplus des vinasses est utilisé pour irriguer tous les ans trois à quatre hectares de terre.

Une machine à vapeur fixe de la force de huit chevaux, sert pour la distillerie et fait mouvoir aussi deux machines à battre, un hache-paille et un aplatisseur.

La comptabilité n'est pas tenue en partie double, c'est une des rares lacunes qui existent dans ce bel ensemble ; cependant M. Garnot se rend compte autant qu'il peut le faire en dehors d'un système de comptabilité devenu aujourd'hui classique dans des établissements comme le sien. Outre le livre de Caisse-Journal, il y a des registres spéciaux pour la vente des grains et des fourrages, pour les achats et les ventes de bestiaux, des états des journées de travail qui servent au paiement des ouvriers, et enfin un livre d'assolements très-bien tenu. Depuis plus de onze ans que M. Garnot fait valoir la ferme de Villaroche, de beaux résultats sont venus le récompenser de ses travaux incessants ; la Commission a pu juger de l'importance du capital engagé et des bénéfices réalisés.

En résumé, M. Garnot a changé complétement les conditions d'exploitation suivies à Villaroche, deux cent sept hectares sur deux cent vingt ont été drainés, plus de cinq kilomètres de chemins empierrés, les bâtiments complétés et améliorés, une distillerie annexée à la ferme, l'importance du bétail entretenu arrivée au moins à une tête par hectare, le capital d'exploitation quadruplé ; et comme résultat, des récoltes de blé portées de treize hectolitres cinquante litres à trente-cinq hectolitres par hectare, et celles d'avoine de trente à soixante.

La Commission est heureuse de reconnaître ces titres sérieux chez un candidat aussi modeste qu'intelligent, en accordant, à l'unanimité, la prime d'honneur à M. Garnot.

Cette prime est non-seulement une haute récompense, mais en même temps elle sert d'indication aux cultivateurs qui cherchent de bons modèles à étudier et des exemples sérieux à suivre. Que ceux qui aiment à voir le progrès réel aillent à Villaroche, et près de là, dans cette même commune de Réau, qu'ils visitent aussi la belle ferme d'Eprunes ; c'est là que M. Dutfoy, lauréat de la prime d'honneur de 1857, continue à marcher dans les voies d'une agriculture progressive. Nous pouvons dire que les Commissions de visite trouveront rarement dans le même pays, de plus belles exploitations à examiner et de meilleurs exemples à offrir à l'attention des agriculteurs.

Nous sommes avec un profond respect, M. le Ministre,

De Votre Excellence,

Les très-humbles et obéissants serviteurs.

(*Suivent les signatures.*)

Melun, le 19 mai 1864.

Lettre de M. de Vaulx.

Monsieur,

Vous voudrez bien m'excuser du retard que j'ai mis à répondre à votre lettre du 26 décembre dernier.

Nous n'acceptons pas, mon frère et moi, les remerciements que vous avez la bonté de nous adresser pour l'accueil si modeste que nous vous avons fait. Nous n'avions pas oublié que vous étiez un ardent propagateur du progrès agricole, et à ce titre nous avons considéré comme un devoir de vous fournir tous les renseignements qu'il vous plairait de réclamer de nous.

Vous nous demandez de préciser ces renseignements en vous indiquant par quels moyens nous sommes arrivés à produire les animaux de boucherie que vous avez remarqués dans toutes nos petites exploitations cultivées sous notre direction, par des métayers. Dès 1843, nous achetions un excellent taureau durham, à M. Tachard, dans le Cher ; ce taureau nous démontra peu d'années après que la race durham alliée à notre race charollaise donnait d'excellents produits pour la boucherie. Mais ce n'est guère que vers 1858 qu'ayant agrandi notre cercle d'opération nous nous livrâmes régulièrement à l'engraissement des jeunes bêtes croisées durham. Nous achetâmes un taureau durham chez M. Henri Michel de Limoges puis une vache, Thea, de même race à Mably, pour le prix de 400 fr.; cette dernière nous donna deux excellents taureaux, le premier obtint un troisième prix au concours régional de Moulins en 1862 et le second donne encore aujourd'hui d'excellents produits, quoiqu'âgé d'au moins six ans.

En 1865, nous avons acheté à Corbon une vache suivie de son veau mâle, Nemophile et Alain, qui tous les deux sont remarquables, mais ils nous coûtent ensemble pris à Carbon 3,010 fr.; à la même vente, nous achetions Nanette et Phébée. Nanette n'ayant pas réussi, il nous reste donc deux vaches durham qui nous suffiront encore longtemps pour nous fournir des reproducteurs avec nos deux taureaux durham. Nos vaches sont charollaises, parce que nous leur demandons du travail et que nous avons reconnu que les durham ne sont pas bonnes pour le travail ; ce sont nos meilleures charollaises qui sont saillies par des taureaux charollais pour élever un certain nombre de génisses destinées à remplacer les vieilles vaches.

Nos croisés durham, mâles et femelles, se vendent de deux à trois ans pour la boucherie, de 400 à 700 fr.; ce n'est que pour les bêtes de concours que ce prix est dépassé. Du reste, nos métayers sont toujours prêts à travailler pour les concours, parce qu'ils aiment beaucoup les succès.

Quant aux jeunes charollais, leur engraissement est moins lucratif que celui des métis durham, et nous avons plusieurs fois remarqué qu'il y avait au même âge une différence de 100 fr. au profit des métis durham.

C'est seulement en 1852 que nous avons introduit les moutons dans nos exploitations; à cette époque, un agneau et une agnelle étaient ramenés de la Charmoise au prix de 250 fr. et l'année suivante, nous demandions à M. Malingié deux brebis de plus pour élever à meilleur compte les reproducteurs qui devaient améliorer nos petits troupeaux de brebis choisies à Crevan et en Berry.

Vers 1863, nous achetions cinq brebis southdown chez M. le comte de Bouillé, an prix de 105 fr. la tête, et un bélier de même race à M. Henri Michel au prix de 100 fr.

Tous les agneaux, sauf ceux qui nous sont demandés à l'avance comme reproducteurs, sont opérés à l'âge de deux à trois mois par extraction et vendus l'année suivante à l'âge de treize à dix-huit mois pour la boucherie, de 35 à 45 fr. la tête. Les moutons de race charmoise et les métis southdown s'engraissent fort bien. Les southdown sont un peu plus lourds que les charmoise, mais ils ont moins de laine. Toutes les brebis jugées inférieures ou trop vieilles, sont engraissées et vendues au même prix que les antenais gras.

Nos cochons newleicester ont été pris chez M. Henri Michel, au prix de 100 ou 120 fr. la paire; nous sommes obligés d'avoir recours de loin en loin à des croisements,

autrement ils deviennent inféconds et dans tous les cas
l'on ne peut demander aux truies les plus parfaites, plus
de deux ou trois portées, parce qu'elles deviennent trop
grasses ; aussi, pour ne pas manquer de truies, on ne fait
opérer que les mâles dès leur plus jeune âge, pour être
engraissés jusqu'à l'âge de dix à douze mois, les femelles
sont engraissées sans subir d'opération préalable ou livrées à la reproduction. Du reste, nous élevons fort peu
de cochons, seulement pour l'usage des métayers.

J'ai confié à un de mes parents le petit bon que vous
avez eu l'obligeance de m'adresser, pour retirer un paquet complet de vos ouvrages pour nous et d'autres, pour
notre comice et M. Blanchard que vous connaissez ; nous
parcourons avec grand plaisir vos relations de voyages, si
intéressantes pour les cultivateurs.

Votre très-humble serviteur.

F. DE VAULX.

Les Morets, par St-Gérand-le-Puy (Allier), 24 janvier 1868.

**Concours agricole de 1864. — Rapport de la Commission
chargée de proposer, à M. le Préfet du département
de l'Allier, l'agriculteur auquel devra être décernée
la médaille d'or donnée par Son Exc. le Ministre de
l'agriculture, à l'occasion du Concours départemental
de 1864.**

A Monsieur le Préfet du département de l'Allier.

Monsieur le Préfet,

Son Excellence M. le Ministre de l'Agriculture ayant
accordé une médaille d'or qui doit être décernée, à titre
de prime d'honneur, lors du prochain concours départe-

mental, à l'agriculteur de l'arrondissement de Lapalisse qui aura fait faire le plus de progrès à l'agriculture pendant les quatre dernières années écoulées depuis le concours départemental qui a eu lieu dans ce chef-lieu d'arrondissement, et cette médaille devant être décernée par vous, Monsieur le Préfet, sur la proposition du bureau du Comice, ce bureau avait, le 29 mai dernier, fait publier un avis spécial adressé à tous les agriculteurs de l'arrondissement, par l'intermédiaire des maires de toutes les communes, avec prière de lui donner toute la publicité possible et de le distribuer aux personnes intéressées.

Cet avis invitait tous les cultivateurs de l'arrondissement, qui pouvaient avoir le désir de prendre part au concours pour la prime d'honneur, à faire connaître leur intention à M. Meilheurat, maire de Lapalisse, président du Comice, en lui adressant, avant le 6 juillet, une déclaration indiquant la propriété pour laquelle ils désiraient concourir et la commune dans laquelle elle était située.

Le 6 juillet dernier, le bureau du Comice s'étant réuni à Lapalisse, son président lui fit connaître les déclarations qu'il avait reçues jusqu'audit jour auquel expirait le délai fixé. Ces déclarations, au nombre de trois, avaient été faites :

La première, par M. de Vaulx, représentant M. Rambourg, propriétaire de la terre de Boucé ;

La deuxième, par M. Félix Virotte, propriétaire des Gadins ;

Enfin la troisième, par M. de Chantemerle, propriétaire de la terre du Verger.

Le bureau du Comice décida qu'une Commission serait nommée immédiatement pour procéder à la visite des propriétés ci-dessus désignées.

MM. Fouquet, président de la Société d'agriculture de l'Allier ; H. de Bonnand, vice-président de ladite Société ; de l'Ecluse, propriétaire à Neuilly-le-Réal ; Chervier, directeur de la ferme-école de Belleau ; Ducroux et Blanchard, secrétaires du Comice, furent choisis pour remplir cette mission. M. le président écrivit, séance tenante, aux membres qui n'étaient pas présents, pour les convoquer le lundi 18 juillet suivant, au château de Boucé, pour commencer leur exploration.

Ledit jour, 18 juillet, M. le président du Comice, s'étant rendu à la réunion indiquée, donna lecture d'une lettre de M. de l'Ecluse, par laquelle il s'excusait de ne pouvoir remplir la mission qui lui était confiée, étant obligé de partir pour un voyage. Tous les autres membres étant présents, la Commission fut installée. M. de Bonnand ayant été désigné pour remplir les fonctions de président, et M. Blanchard ayant été également nommé pour remplir celles de secrétaire-rapporteur, la Commission commença immédiatement ses travaux.

M. le président du Comice ayant communiqué à M. le président de la Commission deux lettres, l'une de M. Méchin, propriétaire à Busset, et l'autre de M. Barbier-Labaume, fermier et maire à Droiturier, qu'il avait reçues depuis la réunion du 6 juillet, et par lesquelles ces messieurs demandaient à être admis à concourir pour la médaille d'or ; la Commission après en avoir délibéré, fut d'avis qu'il n'y avait pas lieu de procéder à la visite des propriétés de ces Messieurs, leurs demandes ayant été faites trop tardivement.

Nous ne pouvons, Monsieur le Préfet, vous faire l'exposé de tous les progrès faits par l'agriculture dans cet arrondissement pendant ces quatre dernières années ; bornons-nous à vous dire que ces progrès sont réels et constants ; il nous serait d'ailleurs difficile de vous signaler toutes les personnes qui y ont pris part, aussi nous croyons devoir nous borner à vous faire connaître, le plus succinctement qu'il nous sera possible, les titres qui ont paru recommander chacun des trois candidats qui se sont présentés à l'attention de la Commission. Nous aurons ensuite l'honneur de soumettre à votre approbation éclairée le choix fait par la Commission, de concert avec les membres du bureau du Comice agricole de l'arrondissement de Lapalisse.

§ 1er.

M. Félix Virotte, propriétaire de la terre de Château-Gadin, commune de Servilly.

M. Félix Virotte, après avoir administré de 1842 à 1845 la propriété de Château-Gadin, en qualité de fermier de son père, en est devenu propriétaire en 1846, par suite d'arrangements de famille. Depuis cette époque, cette propriété, dont l'étendue est de cent-dix hectares, a subi une transformation complète.

Aujourd'hui, le manoir de Château-Gadin est entouré d'un parc charmant, dont l'exploitation agricole tout entière semble n'être que la continuation. En sortant du jardin, placé au bas d'un vallon très-étendu, on rencontre le premier bâtiment agricole, c'est une vaste orangerie, d'une architecture élégante, destinée à protéger, contre les rigueurs de l'hiver, les magnifiques orangers qui décorent le jardin, mais qui, en même temps, abrite sous son toit d'immenses greniers pour les grains de l'exploitation. De là, la vue s'étend sur une belle nappe de verdure qui, faisant suite au parc, s'élève en formant une prairie de trente-quatre hectares d'un seul tenant. Un cours d'eau sortant d'un réservoir qui se trouve à la partie supérieure de la vallée, après avoir fourni l'eau nécessaire pour faire marcher une machine à battre et avoir ensuite irrigué la plus grande partie de cette vaste prairie à l'aide de rigoles habilement tracées, se réunit avec les eaux provenant des drainages, en un ruisseau

qui semble uniquement destiné à l'ornement du parc
qu'il traverse au milieu de riants bosquets.

En remontant le vallon, à mi-côte, se trouvent les bâtiments plus spécialement consacrés à l'exploitation rurale, qui formaient autrefois le domaine des Guérinots ;
aux anciens bâtiments, on a ajouté récemment une grange
d'une belle construction, contenant de vastes étableries
dont la disposition paraît bien ordonnée et où règne une
propreté parfaite. Comme annexe à ces écuries, il y a en
outre en construction, dans le bourg de Servilly, près du
manoir, un autre bâtiment ayant la destination spéciale
de servir de vacherie.

Les membres de la Commission remarquent, sous le
hangar destiné à remiser les instruments agricoles, deux
râteaux à cheval, le double rouleau squelette et plein, fabriqué par MM. Bruel frères, et d'un si bon usage, une
charrue fouilleuse qui se trouve parmi plusieurs charrues
Dombasle, différentes herses, enfin un tonneau à répandre
le purin.

A l'intérieur des bâtiments se trouvent encore d'autres
engins perfectionnés ; outre la machine à battre dont nous
avons parlé et qui paraît fort bien organisée, il y a deux
coupe-racines, dont l'un vertical, un trieur Pernollet,
l'appareil du même fabricant destiné à faire cuire les racines, plusieurs tarares, etc. Tout cet attirail est com-
plété par un atelier de charron-forgeron installé dans les
dépendances du château, qui permet de pouvoir faire de
suite les petites réparations nécessaires au matériel agricole.

Le fumier est l'objet de soins tout particuliers ; à sa sortie des étables, il est placé sur une plate-forme bétonnée,
de laquelle le purin s'écoule dans une vaste citerne munie
d'une pompe ; il est stratifié de plâtre et l'on en répand
également dans les écuries, chaque fois qu'elles sont nettoyées.

Pour les différentes constructions destinées à la manipulation des fumiers, pour le pavage des écuries, pour la construction d'un beau bassin destiné à abreuver les bestiaux, pour le sol d'une grange, pour celui de la machine à battre et pour les fondations de l'orangerie dont nous avons parlé, M. Virotte semble s'être servi très-heureusement d'une composition faite de chaux hydraulique, de ciment et de sable, formant une pierre factice qui paraît s'être merveilleusement prêtée à ces différents usages. Le prix de revient de cette composition, faite par les ouvriers du pays, est évalué par M. Virotte, à environ 10 fr. le mètre cube, prix qui paraît très-peu élevé aux membres de la Commission. Nous ajouterons cependant que ces constructions sont encore récentes, quoique cette pierre factice soit employée depuis quelque temps aux environs de Roanne; il faut peut-être attendre plusieurs années encore avant de savoir si elle est propre à des ouvrages aussi nombreux et variés.

Au-dessus de la prairie se trouvent presque toutes les terres arables, présentant une étendue de quarante-cinq à cinquante hectares environ; elles forment une espèce de plateau qui domine la propriété. On a habilement tiré partie de cette disposition des lieux, et des eaux, provenant de plusieurs drainages pratiqués dans ces terrains, soigneusement recueillies, ont permis d'augmenter l'étendue du sol irrigable, et par conséquent susceptible d'être converti en prés. On a même, dans cette intention, diminué la profondeur des drains pour faire remonter l'eau plus haut, et l'on voit plusieurs tuyaux sortant du sol à une profondeur qui n'excède guère un mètre. D'après les notes remises par M. Virotte à la Commission, des drainages auraient été exécutés sur une étendue d'à peu près vingt hectares, avec une dépense moyenne d'environ 200 fr. par hectare.

La nature du sol de toute la propriété des Gadins pré-

sente les plus grandes variations ; c'est un terrain dont
la base est siliceuse, mais dans quelques portions l'argile
domine. Des bancs de marne se trouvent à différentes
profondeurs, il y a quelques gisements calcaires avec des
bancs de pierres qui ont servi à faire les premiers chaulages sur la propriété ; on trouve en outre de très-petites
parties en terres d'alluvion. On a pu, par suite de l'emploi des amendements calcaires, remplacer, dans toute la
propriété, la culture du seigle par celle du froment. Ces
amendements, tombés aujourd'hui dans la pratique générale, ont là, comme ailleurs, transformé le sol par leur
action énergique, dont nous admirons les effets dans
toute la commune de Servilly, comme dans tant d'autres
terrains de notre département, dépourvus de principes
calcaires.

Du plateau formé par les terres arables descend un second vallon de moindre étendue que le premier et dominé
également par un réservoir, ainsi que par une partie des
terres drainées. Ce vallon a été tout récemment converti,
comme le premier, en une belle prairie et par les mêmes
moyens. Les chaussées des anciens étangs ont été, dans
l'un et l'autre, complétement nivelées, ainsi que tous les
mouvements du terrain qui auraient pu gêner le cours
des eaux destinées aux irrigations. Les haies et broussailles arrachées, les parties marécageuses assainies par
des drainages partiels, ont livré au fer de la bèche un sol
nettoyé ensuite par des cultures sarclées faites pendant
plusieurs années, avec abandon de tout ou partie des
produits pour salaire du travail exécuté.

Par suite de la création de ces prairies, la terre de
Château-Gadin se trouve actuellement présenter presque
égale étendue en terres et en prés.

D'après les déclarations de M. Virotte, les terres arables
seraient, depuis 1859, soumises à un assolement régulier
de six ans établi ainsi qu'il suit :

1re année, avoine fumée ; — 2e année, trèfle ; — 3e année, blé ; — 4e année, jachère fumée ; — 5e année, blé ; — 6e année, racines et plantes sarclées.

Depuis 1862, cet assolement aurait été modifié : en ajoutant à la jachère de la quatrième année un ensemencement partiel en vesces ; par la fumure de la sole de racines de la sixième année comprenant une plus grande quantité de betteraves, et enfin en intercalant un blé entre les racines de la sixième année et l'avoine fumée de la première, ce qui rend l'assolement septennal.

Le cheptel, successivement augmenté et amélioré depuis le commencement de l'exploitation, se compose aujourd'hui de douze bœufs de travail, autant de taureaux, une quinzaine de vaches et de leurs élèves, le tout présentant une moyenne de cinquante à cinquante-cinq animaux de race charollaise, avec quelques croisements durham. Ces animaux, tous nourris à l'étable de novembre à juillet, sont, pendant le reste de l'année, nourris avec les secondes herbes des prés et un supplément de nourriture à l'écurie lorsqu'il est nécessaire. On engraisse quelques bœufs de temps en temps ; les animaux hors d'âge ou réformés se vendent tantôt gras, tantôt maigres, suivant les ressources alimentaires dont on peut disposer.

On n'élève point d'animaux de l'espèce ovine ; on engraisse pendant l'hiver, suivant les déclarations de M. Virotte, de soixante à quatre-vingts moutons achetés maigres à l'automne.

On n'élève pas non plus d'animaux de l'espèce porcine, chaque année on en engraissé quelques-uns.

La culture, contrairement à l'usage du pays, est faite en totalité, non par colons à moitié fruits, mais par domestiques et ouvriers, sous la surveillance directe de M. Virotte.

Comme accessoire de son exploitation agricole, M. Virotte fait fonctionner deux usines considérables pour la fabrication de la chaux destinée principalement à l'amendement des terres. L'une de ces usines est située dans la commune de Cindré, et l'autre dans celle de Saint-Gerand-le-Puy ; elles ont huit fours constamment en activité et peuvent fabriquer environ cinq cents hectolitres de chaux par jour. La chaux est expédiée jusque au delà de Roanne par le chemin de fer ; elle est vendue à raison de 0 fr. 90 c. l'hectolitre, en sacs, prise sur place. M. Virotte a obtenu une médaille au dernier concours régional de Roanne, pour la bonne qualité de la chaux fabriquée avec la pierre de Saint-Gerand-le-Puy, si riche en phosphates.

§ 2.

M. Louis de Chantemerle, propriétaire de la terre du Verger, communes de Chaveroche, Cindré et Trézel.

La terre du Verger est située sur un des versants de la belle vallée que la Bèbre arrose de ses eaux limpides. Elle fut achetée par M. L. de Chantemerle vers 1841 ; à cette époque, elle se composait uniquement de la réserve et des deux domaines des Tillets et des Moustiers, le tout présentant une étendue de cent trente hectares environ. Les acquisitions successives des deux domaines des Poulards et des Courselles, ainsi que différentes pièces détachées, ont porté sa contenance actuelle à deux cent vingt-cinq hectares environ.

Tout voyageur qui a suivi la route départementale qui réunit Lapalisse à Dompierre, connaît les deux châteaux du Verger, ainsi que le beau parc qui descend jusqu'à la route, mais beaucoup ignorent qu'il y a à peine quelques années, la colline qu'ils voient couverte d'une belle végétation, présentait l'image de la plus affreuse aridité et qu'il en était de même de la plus grande partie de la propriété. De l'autre côté du chemin s'étend, jusqu'aux rives de la Bèbre, une magnifique prairie qui sert comme de cadre au charmant tableau que présente le bourg de Chaveroche, dont les maisons s'étalent en amphithéâtre, d'une manière si pittoresque, sur un mamelon couronné par les restes du château de ses anciens seigneurs.

La création de cette prairie fut une des premières améliorations de M. de Chantemerle, après son entrée en jouissance du Verger. Comme M. Virotte, il se préoccupa d'augmenter les anciens prés et d'en créer de nouveaux, dans le but d'améliorer un sol naturellement pauvre, par une plus grande production de fumiers.

Les moyens mis en œuvre furent d'autant plus inévitablement les mêmes, que la nature des terres est à peu près la même aux Gadins et au Verger. Dans l'une et l'autre de ces propriétés, la base du sol est de nature siliceuse, variée par des gisements d'argile et de marne qui se trouvent à différentes profondeurs, et quelquefois à la surface ; d'autres champs sont assez calcaires pour permettre la culture du sainfoin, et il y a également quelques parties de terrains d'alluvion. La configuration du sol même présente quelques analogies ; les vallées que l'on y remarque avaient jadis été coupées de chaussées pour y créer des étangs comme aux Gadins ; aussi nous y voyons faire les mêmes travaux. Les vieilles chaussées, dont plusieurs étaient énormes, disparaissent, les haies et broussailles sont enlevées, les parties marécageuses assainies par des drainages partiels ; puis viennent les cultures à la bêche sur le sol amélioré, soit par des amendements calcaires, soit par des fumiers, et enfin les semis en graines fourragères et la confection de rigoles utilisant, soit les eaux de sources, soit les eaux pluviales pour l'irrigation.

Ces travaux se poursuivent d'année en année, et l'étendue des prairies qui était, lors des acquisitions successives, de vingt hectares environ, sera portée l'année prochaine à près de soixante.

Ces prairies, une fois faites, sont soigneusement entretenues, et chaque métayer est obligé d'y conduire, tous les ans, deux chars de fumier et toutes les balles des céréales ; de plus, de temps en temps, pendant l'hiver, on y écarte des composts faits avec de la chaux ou des cendres de chaux.

Tout en s'occupant de créer des prairies, M. de Chantemerle a également transformé peu à peu et amélioré successivement les autres parties de la propriété. Un de ses premiers soins a été d'y établir partout une bonne viabilité.

Le transport des fumiers, des amendements et des récoltes rendait cette mesure des plus urgentes et elle devait précéder presque toutes les améliorations qui, sans elle, étaient à peu près impossibles. Aujourd'hui, de très beaux chemins remplacent partout les ravins et les fondrières qui rendaient la circulation difficile et même dangereuse. Pour créer ces chemins, comme pour beaucoup de travaux exécutés dans le but d'établir les prairies, M. de Chantemerle a souvent concilié son intérêt et celui de ses ouvriers en les faisant travailler à la tâche et non à la journée comme autrefois. Les chemins une fois créés, chaque métayer est obligé, par bail, d'entretenir ceux qui lui sont nécessaires.

Il était également indispensable de changer la limitation des terres : des clôtures formées de haies énormes, des configurations bizarres de plusieurs champs qui ne semblaient avoir aucune raison d'être et qui gênaient l'action de la charrue Dombasle remplaçant les antiques araires, devaient nécessairement disparaître, c'est ce qui fut fait, et de plus des fossés furent creusés dans le double but de rectifier les limites des champs et de les assainir.

Le drainage a été également employé pour produire ce dernier résultat. Ce fut une des premières tentatives de ce travail dans notre département ; aussi il est à regretter qu'il ait été fait, même dans ces derniers temps, sans le secours d'aucun instrument de précision et sans se préoccuper des règles de l'art, quoique néanmoins il ait contribué visiblement à améliorer quelques champs.

Les marnages et les chaulages pratiqués sur les terres du Verger qui étaient dépourvues de principes calcaires ont là, comme ailleurs, produit les plus heureux résultats.

Le seigle remplacé par le froment a disparu de la culture, des fumiers achetés un peu partout à l'origine des améliorations ont hâté cette transformation. Les métayers contribuent, suivant l'usage du pays, pour un tiers aux frais d'acquisition de la chaux, et à peu près pour égale portion aux frais de marnage.

Les cheptels qui, à l'époque des acquisitions successives se composaient de quelques animaux sans valeur et n'ayant aucun caractère distinct ont progressé avec l'amélioration du sol. Ils sont, dans tous les domaines, composés avec un ensemble des plus satisfaisants de beaux animaux de race charollaise.

Une vacherie qui compte une sixaine de vaches de choix et un très bel étalon, est nourrie dans la réserve, principalement dans le but de servir à l'amélioration des cheptels des domaines. Cette réserve, dont l'étendue est d'environ onze hectares de terres et de vingt de prés, engraisse en outre avec les secondes herbes des prés une douzaine de vaches achetées dans ce but, ainsi que quelques moutons.

Les cheptels des domaines se composent de huit bœufs de travail, sauf un seul qui n'en a que quatre, de trois à six vaches et leurs produits ; il y a en outre deux ou trois truies de l'espèce du pays. Comme chez M. Virotte, on n'élève pas d'animaux de l'espèce ovine, on engraisse quarante à cinquante moutons achetés par domaine ; enfin, il y a une ânesse attachée à chaque cheptel.

Les animaux de la réserve sont nourris à l'écurie de novembre à juin, ceux des domaines également, à l'exception toutefois des vaches et jeunes taureaux, qui vers la fin d'avril, sont conduits dans les pacages des bords de la rivière. Toute l'année les animaux couchent à l'écurie et y reçoivent, si cela est nécessaire, un supplément de nourriture lorsqu'ils pâturent. Les bœufs sont vendus sans être engraissés ; il en est de même des vaches hors d'âge et des élèves dont le nombre excède celui des animaux à remplacer.

La Commission croit devoir signaler particulièrement la manière dont les fumiers sont traités et employés. Chaque fois qu'il est nécessaire de les enlever des étables, ils sont conduits immédiatement dans le champ que l'on se propose de fumer ; là, ils sont écartés de suite et enterrés plus tard, lorsqu'on exécute les labours. Cette méthode, qui est loin de ressembler à celle de M. Virotte, beaucoup plus conforme à la théorie, a été mise en usage pour la première fois dans nos pays, il y a déjà plusieurs années, par MM. Frantz et Paul de Vaulx. Elle commence à se répandre chez les métayers qui, dans l'origine, y faisaient la plus grande opposition ; mais ils ont vu les résultats qui sont incontestables. Nous connaissons plusieurs domaines dans lesquels la production a été augmentée de la manière la plus notable, uniquement par l'emploi de cette méthode si simple et d'une pratique bien plus facile que toutes celles usitées.

La progression des récoltes paraît du reste avoir été très sensible chez M. de Chantemerle. Il résulte d'un tableau qu'il présente à la Commission, que, pendant la dernière période décennale, le rendement du froment qui, dans les trois grands domaines, était, pendant les cinq premières années, de six fois la semence en moyenne, se serait élevé, pendant les cinq dernières, à une moyenne de près de neuf. La production des autres grains, orge et avoine, aurait suivi le même progrès.

L'assolement, au Verger, est à peu près le même que celui des domaines voisins, et ne présente pas toujours une régularité des plus parfaites. Une partie des jachères est cultivée en plantes sarclées, betteraves, pommes de terre ou haricots; en tout à peu près un hectare par domaine. Cette sole est fumée et remplacée par un blé que suit une avoine ou une orge, dans laquelle on sème un trèfle qui souvent est coupé la première année et pacagé la seconde, puis revient le blé. M. de Chantemerle se trouve quelquefois très-bien de semer dans ses blés des pacages composés de minette, ray-grass et autres herbes, qu'il conserve deux ou trois ans, suivant la vigueur de leur végétation ; quelques soles en sainfoin, dans le petit nombre des terres où l'on peut le cultiver, contribuent encore à varier l'assolement.

Toute l'exploitation de la terre du Verger, sauf la réserve, est faite par colons à moitié fruits dont la position s'est grandement améliorée par suite des progrès réalisés dans la culture. Pauvres et nécessiteux dans l'origine, débilités par l'usage du seigle et par une mauvaise nourriture, la paresse et l'indolence les maintenaient dans un état de misère auquel ils semblaient résignés. Aujourd'hui, l'aisance est arrivée à la suite d'un travail encouragé par le succès. Il résulte du tableau que nous venons de citer que les bénéfices nets de chaque colon, qui étaient il y a dix ans d'environ 2 à 300 fr. par an, dans chaque domaine, sont progressivement montés jusqu'à plus de 1,000 fr. ; aussi plusieurs ont-ils pu réaliser de notables économies.

La Commission exprime le regret de n'avoir pu trouver, ni chez M. Virotte, ni chez M. de Chantemerle, aucune comptabilité sérieuse qui lui eût permis de bâser son travail sur des chiffres indiscutables, et, à un autre point de vue, d'établir peut-être une comparaison utile entre une culture directe et notre vieux système de métayage qui a survécu à tant d'autres.

Les membres de la Commission doivent encore vous faire observer, Monsieur le Préfet, que M. de Chantemerle n'a pas contribué aux progrès de l'agriculture autour de lui uniquement par l'exemple des progrès réalisés sur la terre du Verger ; il y a coopéré d'une manière pour le moins aussi active en imprimant une bonne direction au comice de son canton, qu'il préside depuis plusieurs années avec beaucoup de zèle et d'intelligence. Sous ce rapport, il n'est pas étranger à l'amélioration, très-sensible depuis quelques années dans ce canton, de toutes les races d'animaux.

§ 3.

M. Louis Rambourg, propriétaire de la terre de Boucé, communes de Boucé et de Treteau.

La terre de Boucé, dont l'étendue est de sept cents hectares environ, est située presqu'en entier sur la commune de ce nom ; une très-petite partie seulement de cette propriété se trouve sur la commune de Treteau.

Le 24 juin 1857, à l'époque de son entrée en jouissance, M. Rambourg, qui peu de temps avant était devenu propriétaire de cette terre par voie d'acquisition, la trouva divisée en deux parties distinctes, à peu près d'égale superficie, l'une cultivée, l'autre inculte et incultivable.

La partie cultivée présentait, dans sa plus grande étendue, un sol de riche nature formé d'un calcaire lacustre d'eau douce, analogue à celui qui se retrouve dans presque tout le canton de Varennes, mais avec plus de profondeur et une plus grande dose d'humus que dans la majorité des terres de ce canton : quelques champs seulement étaient improductifs par suite de la stagnation des eaux. La culture se divisait entre six domaines : les Zéros, Breland, les Mardoux, les Poulaillers, Montagne et Lignières. Les cinq premiers domaines, dont les terres étaient les plus riches, présentaient un morcellement très-préjudiciable à la culture, morcellement qui, nous ne savons par suite de quelles causes probablement lo-cales, se retrouve dans toutes les grandes propriétés de la commune de Boucé. Le sixième domaine, celui de Lignières, avait il est vrai, l'avantage d'être d'un seul ténement; mais par compensation, à la différence des autres, ses terres de nature argilo-siliceuse, excessive-ment compactes, tantôt noyées par l'humidité restant à la surface, tantôt réduites à l'état de briques par l'ar-deur du soleil, donnaient des récoltes tellement pré-caires, qu'il était rare de voir le métayer qui travaillait ce sol ingrat recueillir la quantité de blé nécessaire à la nourriture de sa famille.

La partie inculte et incultivable de la terre de Boucé, occupait une partie de la plaine où se trouvait, il y a une trentaine d'années, l'ancienne forêt de Voudelle. Là se réunissaient quatre ruisseaux; qui venant des communes de St-Gerand-le-Puy, Montaigut-le-Blin, Cindré et Treteau, forment la petite rivière du Valençon. Le cours sinueux de ces ruisseaux traverse une large vallée qui fut évidemment, dans les âges reculés, l'emplacement d'un immense lac dont les eaux allèrent se joindre à celles de l'Allier, lorsque à la suite peut-être des convul-sions causées par l'éruption des volcans de l'Auvergne, fut brisée la gigantesque chaussée dont nous voyons encore aujourd'hui les restes parfaitement dessinés, par les points culminants où se trouve actuellement Mou—

toldre, Gayette et ses bois, Rongères et Langy. Le Valençon et ses affluents, dont le cours était resté entièrement abandonné depuis cette époque lointaine aux
caprices de la nature, coulaient sur des lits qui par suite
de l'accumulation des terres et des débris de toute espèce
entraînés par les flots, s'étaient dans plusieurs endroits
élevés peu à peu au dessus du niveau du sol ; et la main
de l'homme, loin de favoriser l'écoulement de leurs
eaux, n'était intervenue que pour le contrarier par des
plantations envahissantes. Pendant toutes les périodes
pluvieuses, il arrivait inévitablement qu'une étendue
plus ou moins grande se trouvait submergée pour un
temps plus ou moins long, et il résultait de ces inondations, survenant à des intervalles irréguliers, que l'on
ne voyait dans cette plaine que des prairies d'un produit
peu en rapport avec la richesse du sol, et des pacages
dont la plus grande partie était envahie par des broussailles entremêlées de vieilles souches et de troncs d'arbres, restes des forêts séculaires que notre génération
voit peu à peu disparaître.

M. Rambourg, avec le coup d'œil sûr que donne l'habitude des grandes affaires, comprit que la terre de
Boucé était une propriété qui ne se trouvait pas dans des
conditions ordinaires, et que pour faire un placement
avantageux des capitaux qu'il avait consacrés à cette
acquisition, il ne fallait pas se borner à de simples améliorations de culture.

Il fallait remédier autant que faire se pourrait à l'ex-
cessif morcellement de ses meilleures terres, et de plus,
affaire capitale, arriver à l'assainissement complet de la
partie submergée de sa propriété. M. Rambourg connaissait parfaitement l'influence funeste des eaux stagnantes sur le sol, car à l'époque même où il devenait
propriétaire de la terre de Boucé, il s'occupait, dans sa
belle terre de la Ferté, en Nivernais, où il habite, de

travaux considérables d'assainissement. Ces travaux exécutés sur de grandes étendues, avec toutes les ressources de l'art, ont eu pour résultat de convertir en champs fertiles et en vastes prairies irriguées, des terres qui jusqu'à lui étaient restées improductives, par suite du défaut d'écoulement des eaux.

Avec cette activité si remarquable qui lui est propre, à peine M. Rambourg eut-il conçu le plan des améliorations que réclamait la terre de Boucé, qu'il se mit à l'exécuter. Avant même d'avoir signé l'acte qui devait le rendre propriétaire, il commençait à faire les démarches nécessaires pour pouvoir arriver à obtenir le curage et le redressement du Valençon et de ses affluents. Ces démarches furent continuées pendant plus de quatre années, pendant lesquelles M. Rambourg n'eut pas seulement à surmonter des difficultés administratives, mais en outre, de même que tant d'autres novateurs, il eut à lutter, pourquoi ne le dirions-nous pas? contre une opposition mesquine et aveugle, qui lui fut faite par plusieurs de ceux dont les champs devaient, comme les siens, participer aux bienfaits de l'assainissement. Ce ne fut qu'à sa seule persévérance qu'il dut de voir ses efforts couronnés par un succès qui eût été impossible pour beaucoup d'autres.

En attendant le moment où il pourrait tirer de la terre de Boucé tous les produits que lui promettait la richesse du sol, M. Rambourg songea à réaliser immédiatement les améliorations possibles pour le présent et à préparer celles qu'il entrevoyait dans l'avenir. Occupé par d'autres soins, et avec les exigences de sa position sociale, il ne pouvait se consacrer directement et d'une manière exclusive à la réalisation des plans qu'il avait conçus; il fallait donc trouver quelqu'un qui pût le seconder dans ses projets. Un fermier, avec des intérêts distincts et quelquefois contraires aux siens, l'eût peut-être plus gêné qu'aidé dans les nombreux travaux de toute nature qu'il avait à entreprendre. Un régisseur n'eût peut-être pas déployé toute l'énergie et l'activité nécessaires ; de plus, les capacités et les garanties désirables pour pouvoir mener son entreprise à bonne fin étaient difficiles à rencontrer. M. Rambourg eut recours à un autre moyen ; il employa pour assurer la réussite de ses projets la puissante ressource de l'association, et c'est dans le pays même qu'il trouva les auxiliaires qui lui étaient nécessaires. Peu de temps avant de devenir propriétaire de Boucé, il avait vu des travaux de drainage exécutés avec succès par MM. Frantz et Paul de Vaulx, dans une propriété voisine de la sienne où, réalisant en petit ce qu'il voulait faire en grand, ces Messieurs avaient régularisé et abaissé le niveau du cours d'eau affluent du Valençon, ce qui leur avait permis d'améliorer leurs terres par le drainage. Le choix de M. Rambourg fut bientôt fait, et trois ans après, en 1860, il avait la preuve que ce choix ne pouvait être meilleur, car M. Frantz de Vaulx fut admis à partager, avec l'honorable marquis de Chabannes, la médaille d'or décernée au meilleur agriculteur de l'arrondissement, et, presque en même temps, M. Paul de Vaulx obtenait la même distinction du comice agricole d'Ebreuil, pour ses belles cultures dans l'arrondissement de Gannat.

Avant d'aller plus loin, nous devons vous faire connaître, Monsieur le Préfet, quelles furent les principales bases de l'association formée entre MM. Rambourg et de Vaulx frères, car nous ne connaissons point d'autre exemple d'une association analogue.

M. Rambourg abandonnait sa propriété aux soins et à l'intelligence de MM. de Vaulx, pour un laps de temps de quinze années, leur laissant toute liberté d'action et se réservant uniquement de se concerter avec eux pour les principales opérations à exécuter. Pendant ces quinze années, quel que fût le revenu de la terre, MM. de Vaulx avaient droit à son dixième du produit net, à titre d'indemnité pour leurs soins. Une fois ce revenu arrivé à un certain chiffre déterminé et qualifié de prix de ferme, le surplus devait être partagé par moitié entre MM. de Vaulx frères et M. Rambourg qui, par suite de cette combinaison, se trouvait associé aux bénéfices éventuels d'un fermier, tandis que MM. de Vaulx n'avaient à courir aucun des risques qui incombent ordinairement à celui-ci. Le revenu de la propriété et le prix de ferme devaient être calculés, déduction faite du dixième alloué pour frais de régie à MM. de Vaulx. De plus, M. Rambourg prenant l'engagement de livrer la terre en bon état, et ayant fait les réparations indispensables aux bâtiments, ainsi que les chemins reconnus nécessaires, entièrement à ses frais, il fut convenu que le prix de ferme serait calculé, déduction faite chaque année de l'intérêt à cinq pour cent de la dépense faite pour toutes les constructions neuves, et de tous les frais de drainage, mais non de ceux de curage ou redressement de ruisseaux, mais que l'on en déduirait cependant les sommes nécessaires pour l'entretien annuel de ces cours d'eau.

Il fut de plus inséré, à titre de contrôle et de garantie pour M. Rambourg, une clause par laquelle il se réservait la faculté de pouvoir résilier l'association, si un certain chiffre de revenu que l'on pouvait raisonnablement espérer, ne se trouvait pas atteint à l'expiration de la septième année.

Cette septième année de l'exploitation de la terre de Boucé, d'après les bases que nous venons d'indiquer, a expiré le 24 juin dernier, et en se reportant à l'exposé que nous avons eu l'honneur de vous faire précédemment, Monsieur le Préfet, on voit que ces sept années peuvent se diviser en deux périodes distinctes :

La première depuis l'entrée en jouissance de M. Rambourg jusqu'au curage des ruisseaux, qui fut terminé en 1862 ;

La seconde, du curage des ruisseaux à ce jour.

Au début de la première période, M. Rambourg se préoccupa, en premier lieu, de remédier au morcellement de ses meilleures terres par achats, ventes et principalement par le moyen beaucoup plus difficile d'échanges avec ses voisins. Ce fut grâce à l'extrême bienveillance qui forme le fond de son caractère, jointe à une grande largeur d'idées, que M. Rambourg put arriver à mener à bonne fin beaucoup de ces petites négociations, dont il n'est pas un propriétaire intelligent qui n'ait reconnu l'excessive difficulté. Trente parcelles contenant plus de vingt hectares, ont été échangées jusqu'à ce jour, avec ou sans soulte, entre M. Rambourg et une douzaine de grands ou de petits propriétaires, à l'avantage réciproque de l'un et des autres.

Il fallut ensuite procéder à une nouvelle délimitation des domaines, dont plusieurs terres se trouvaient entremêlées. On restreignit autant que possible la culture dans le domaine de Lignières, et on empêcha également les métayers de cultiver les terres humides, dont la culture dans les années pluvieuses faisait retomber sur eux une perte évidente.

Les anciens bâtiments furent réparés, l'air et la lumière assurèrent la salubrité des habitations, les cours furent nivelées, pavées et même drainées. Les terres humides purent être livrées peu à peu à la culture, et on draina successivement dans ce but, et suivant les règles de l'art, toutes les terres des anciens domaines qui en avaient le plus besoin. On dépensa pour ces premiers drainages 6,480 fr., dans la période de quatre ans qui s'écoula du 24 juin 1857 au 24 juin 1861.

L'homme est toujours disposé à abuser des meilleures

choses, et l'on ne peut se dissimuler qu'avant l'entrée en jouissance de M. Rambourg, on avait abusé de la manière la plus étrange des céréales dans les terres naturellement si fertiles de Boucé ; il a fallu rétablir les jachères, nécessaires dans une terre où la végétation spontanée est aussi luxuriante, et créer de nouveaux assolements. Les cinq meilleurs domaines furent en conséquence soumis à un assolement raisonné qui, contrarié dans le début par les drainages et les ventes, achats ou échanges de terrains, se régularise de jour en jour.

Cet assolement de neuf ans est ainsi établi :

1re année, jachère fumée, labourée, dont une partie indéterminée en plantes sarclées, betteraves dans la meilleure partie, avec une plus forte fumure ; — 2e année, blé ; — 3e année, trèfle avec ray-grass d'Italie fauché ; — 4e année, même trèfle pacagé et demi jachère ; — 5e année, blé ; — 6e année, jachère fumée et plantes sarclées et labourées ; — 7e année, blé ; — 8e année, avoine ; — enfin 9e année, sainfoin ou luzerne ayant une durée indéterminée.

Le domaine des Zéros, ayant des terres plus particulièrement propres au sainfoin, la durée de cette plante y est fixée régulièrement à trois ans ; il y a de plus, dans ce domaine, une sole de colza qui remplace le blé de la seconde année ; le blé se trouve après le colza à la troisième année, puis les trèfles, etc., ce qui constitue un assolement de treize ans.

Chacun de ces cinq domaines a de quatre à six hectares de prés, qui sont généralement d'un assez mauvais rapport ; aussi lorsque les défrichements de Voudelle seront terminés, on a le projet de drainer ceux qui en auront besoin et de les livrer à la culture ; il est certain que les récoltes que l'on en peut espérer par ce moyen présenteront au bétail d'autres ressources alimentaires que leurs maigres produits actuels. L'absence de principes siliceux que l'on remarque dans presque toute l'étendue de la terre de Boucé, jointe au peu d'inclinaison des pentes, fait d'ailleurs que la culture des prés, si avantageuse en général, doit par exception y être à peu près abandonnée.

Les fumiers sont conduits et écartés aussitôt après leur sortie des écuries, comme nous l'avons expliqué en parlant de l'exploitation de M. de Chantemerle.

Les cheptels se sont peu à peu renouvelés et améliorés, à mesure que se développait la culture des plantes fourragères. La Commission a admiré le bel ensemble que l'on remarque dans tous les domaines de l'ancienne culture (les nouveaux domaines n'ont encore que des animaux de travail). Chaque domaine présente pour tous les animaux des espèces bovine et ovine, un type à peu près uniforme et très bon. On s'explique cette uniformité, lorsque l'on sait que la plupart des animaux sortent des écuries de MM. de Vaulx, qui depuis longtemps s'occupent avec succès de l'amélioration de leurs races d'animaux. Dans tous les domaines, les anciens attelages ont été considérablement réduits comme constituant un luxe inutile. On voit deux paires de bœufs où on en comptait autrefois quatre et six. Il est vrai que des vaches fortes et robustes, bien nourries comme les bœufs, partagent partout avec eux les travaux de la culture. Il y en a en moyenne six par domaine dont on élève les produits, qui sont en partie destinés à renouveler le cheptel. Ce n'est que par exception que l'on élève des bœufs de travail. Les jeunes taureaux, castrés à l'âge de deux mois, à l'aide d'une opération si facile que tous les métayers la pratiquent eux-mêmes, ainsi que pour les moutons, sont livrés à la boucherie entre deux et trois ans, comme les génisses inférieures en qualité, ou excédant les bornes du cheptel. Avec le prix

de vente des jeunes bœufs, et souvent même avec un bénéfice, on achète des animaux de travail tout dressés,
que l'on engraisse à leur tour lorsque l'âge les rend
paresseux.

La race charollaise domine; on voit cependant quelques croisements durham, mais ces derniers animaux
ont principalement la boucherie pour destination; on
n'en remarque pas parmi les animaux de travail.

Chaque domaine a, en outre, un bon troupeau de
bêtes ovines, composé de vingt-cinq à trente brebis de
race charmoise, avec quelques croisements southdown.
Les produits sont vendus à la boucherie vers l'âge de
quinze à dix-huit mois avec les brebis réformées.

Il y a très-peu de cochons; ils sont tous de race new-
leicester plus ou moins croisée.

La réserve, qui est composée uniquement du meilleur
pré de la propriété, ayant une dizaine d'hectares, et de
quelques hectares de betteraves, nourrit deux taureaux
durham et un charollais pur qui servent pour tous les
domaines. Il y a encore un très bel étalon anglo-nor-
mand approuvé par l'administration des Haras avec
prime, et deux juments appartenant à l'État, ainsi que
plusieurs poulains et pouliches. Ces derniers produits,
très-supérieurs à la race du pays, proviennent de plusieurs juments normandes achetées au début de l'exploitation pour utiliser les anciennes pâtures de la propriété.
On voit également, dans plusieurs domaines, quelques
bonnes juments poulinières et leurs produits, mais les
chevaux disparaissent peu à peu, à mesure que la
culture s'étend.

Les animaux composant les cheptels de la terre de
Boucé sont, dans tous les domaines, d'autant mieux
nourris, qu'en réduisant leur nombre on a augmenté
considérablement toutes les cultures fourragères. Les
animaux de la race bovine sont à peu près exclusivement

soumis au régime de la stabulation permanente; les moutons ont de bons pacages; l'état d'embonpoint dans lequel tous se trouvent, prouve que l'on est pénétré de ce principe incontestable, quoique rarement appliqué : que tous les produits des animaux, travail, lait, viande et fumier, sont en raison directe des aliments qu'on leur donne et en raison inverse du nombre de têtes qui les consomment.

Nous avons eu l'honneur de vous dire, Monsieur le Préfet, que l'assainissement de la plaine de Voudelle fut le résultat de l'énergique initiative et de la persévérance de M. Rambourg. Dès son entrée en jouissance, un syndicat provisoire fut organisé par ses soins, et les ingénieurs des ponts et chaussées se mirent à l'œuvre. Les plans et devis furent faits avec beaucoup de soin, dans le but d'arriver à un redressement des ruisseaux et à abaisser leur lit. Malheureusement, dans l'état de notre législation, cette utile opération ne pouvait s'opérer dans les conditions que l'on se proposait, et après deux ans de démarches et de travaux, l'affaire portée devant le conseil d'État fut rejetée. Cet échec ne découragea pas M. Rambourg, il se remit résolument à l'œuvre, se bornant à demander la seule chose légalement possible, c'est-à-dire le simple curage sans redressement. Nous devons le dire ici, il fut activement secondé dans sa nouvelle entreprise, Monsieur le Préfet, par votre honorable prédécesseur. Le 24 septembre 1860, M. Genteur vint en personne visiter la plaine de Voudelle; il se rendit compte sur le terrain de toutes les difficultés et comprit l'importance de la belle opération agricole à laquelle son concours fut dès lors acquis. Les ingénieurs reprirent leurs travaux sur de nouvelles bases, et les difficultés administratives étant surmontées, l'opération du curage, commencée le 1ᵉʳ juillet 1861 et poussée avec activité, fut terminée le 1ᵉʳ août 1862.

La dépense de cette opération, répartie proportionnel-
lement d'après les bases admises par le syndicat, entre
tous les propriétaires intéressés, s'éleva à 47,000 fr.; sur
cette somme, la part contributive de M. Rambourg fut
fixée à 18,828 fr., et celui-ci affecta, en outre, une
somme de 8,000 fr. à des travaux de redressement dans
la partie des ruisseaux qui se trouvait en entier sur sa
propriété. La longueur du curage effectué était de trente-
cinq mille cinq cent quatre-vingt-six mètres. Le résultat, suivant les calculs de MM. les ingénieurs, fut
l'assainissement d'une zone de mille cinq cents hectares
dont M. Rambourg n'en possède pas quatre cents.

En présence des résultats obtenus par M. Rambourg,
plusieurs propriétaires, dont les terres se trouvaient au-
dessus de la partie assainie, adressèrent à M. le Préfet
de l'Allier des demandes dans le but d'obtenir une plus
grande extension de l'association syndicale. Ces demandes ayant été prises en considération, d'après l'avis
du syndicat, le curage de plusieurs affluents du Valençon fut ordonné. Ces nouveaux travaux ayant, d'après
les calculs des ingénieurs, assaini une deuxième zone de
cinq cents hectares, il en résulte qu'il y a aujourd'hui en
tout deux mille hectares assainis dans le bassin du Valençon, par suite de l'intelligente initiative de M. Rambourg. Notons, en passant, que l'effet de cet assainissement n'a pas été uniquement de mettre en valeur des
terres incultivables jusqu'à ce jour, mais qu'il a en
outre contribué d'une manière efficace à la salubrité de
toute l'étendue du bassin.

A dater de l'assainissement, une activité nouvelle se
déploie dans la terre de Boucé, et les travaux agricoles
reçoivent la plus vigoureuse impulsion. Le drainage,
arrêté par le défaut d'écoulement des eaux, ne l'est plus
que par le manque de bras; de cette époque, jusqu'à la
fin des travaux qui compléteront les drainages projetés,

dont une grande partie reste encore à faire, tout homme sachant manier la bêche et creuser une tranchée a, en toute saison, un salaire assuré de deux à trois francs par jour sur les vastes ateliers de drainages tracés par les soins intelligents de M. Vedrinne, ancien employé des ponts et chaussées, actuellement entrepreneur de travaux, sous l'habile direction de M. Virollet, conducteur des ponts et chaussées, qui a présidé à toutes ces opérations difficiles. Il a fallu, en effet, déployer toutes les ressources de l'art pour pouvoir utiliser, sur de très-grandes étendues, des pentes presque insensibles, et l'on peut regarder comme des modèles les plans des travaux, tels qu'ils ont été ou seront exécutés fidèlement sur le terrain, qui ont été mis sous les yeux de la Commission au château de Boucé.

Les dépenses pour les travaux de drainage qui, pour les quatre premières années, figurent dans la comptabilité pour une somme totale de 6,480 fr., s'élèvent rapidement, et on les voit portées, pour la cinquième année, à 9,400 fr. ; pour la sixième, à 17,700 fr., et enfin, pour la septième qui a expiré au 24 juin dernier, à 16,500 fr., ce qui donne un total de plus de 50,000 fr., ayant pour résultat l'assainissement complet de plus de cent quatre-vingts hectares. Nous devons cependant ajouter que cette dépense n'a pas été complétement absorbée par des travaux de drainage. Les tranchées pratiquées dans les terres du domaine de Lignières, dont nous avons signalé l'infécondité, ayant mis à découvert de riches bancs de marne, on eut l'idée de l'utiliser en la répandant à la surface. Les frais de ces marnages, qui furent également exécutés avec succès dans d'autres parties des défrichements où la terre ne paraissait pas présenter une dose suffisante de calcaire, sont compris pour une somme assez forte, mais non déterminée, dans le total ci-dessus.

A mesure que s'effectuaient les drainages, il devenait nécessaire de mettre en rapport les terres conquises à la culture. Pour se procurer des bras, on a construit successivement quatre nouveaux domaines, et on a installé provisoirement un cinquième métayer dans une petite locaterie. Ces domaines sont encore dépourvus de granges, sauf deux, entre lesquels on a pu partager une grange assez vaste. Des abris provisoires reçoivent les animaux de travail, les récoltes mises en meules sont battues par une machine à vapeur nomade, les pailles et foins sont également mis en meules et les betteraves en silos.

Les maisons construites pour loger les métayers employés aux défrichements ont été bâties sur des plans faits par des hommes de l'art, sans luxe et de manière à utiliser les bois qui se trouvaient sur la propriété, elles sont saines et commodes, chacune a sa cave, et est surmontée de deux étages de greniers.

Dans l'hiver de 1861-62 on commença les défrichements sur un terrain rapproché d'un ruisseau et que le simple curage paraissait avoir suffisamment assaini pour que l'on pût y espérer une récolte d'avoine. Ce défrichement fut opéré par un métayer des anciens domaines et on obtint une magnifique récolte sur une terre restée jusqu'alors improductive. On employa pour défoncer le sol une charrue Dombasle du plus fort modèle, avec avant-train, venant de Nancy. Cette charrue, mise en mouvement par quatre fortes paires de bœufs, servit de type pour d'autres charrues qui, plus solidement établies encore, de manière à résister aux broussailles et aux racines des bois disparus, furent fabriquées par le maréchal du bourg de Boucé. Ces charrues munies d'un versoir en bois, qui fonctionne beaucoup mieux que ceux en fonte dans les terres compactes, défoncent le sol à une profondeur de vingt à vingt-cinq centimètres. Les

animaux sont attelés à l'aide de fortes chaînes de fer par
un système particulier qui ne les rend pas solidaires les
uns des autres comme le mode usité dans le pays : la
traction individuelle de chaque paire de bœufs s'exerce
directement sur le point de résistance, ce qui leur donne
une plus grande facilité d'action et plus de force.
Chaque métayer employé aux défrichements possède en
propre sa grosse charrue munie de ses chaînes d'attelage ; ils sont astreints, sous peine d'amende par chaque
heure perdue, à travailler régulièrement, tous les jours,
en toute saison, huit heures par jour ; plusieurs consentent même volontiers à labourer neuf heures.

Le sol que le fer de la charrue déchire pour la première fois, présente en général toutes les apparences
d'une riche terre végétale à base calcaire, dont la profondeur parfois très-grande est variable ; elle semble
formée en majeure partie par les détritus des forêts qui
l'ombragèrent pendant tant de siècles ; son principal caractère, nous pourrions même dire son principal défaut,
est d'être dépourvue d'éléments siliceux. Ce n'en est pas
moins une terre très-riche et qui n'attend que des bras.
Dès à présent, on est certain d'y obtenir les plus belles
récoltes de betteraves et d'avoine ; les membres de la
Commission remarquent la vigueur de toutes celles qui
couvrent le sol, ainsi que plusieurs pièces de blé. Plus
tard, on pourrait élever là une distillerie qui sera très-
certainement largement alimentée, lorsque les défrichements seront plus avancés.

Pour le moment, il n'est pas possible de suivre un
assolement régulier ; la charrue fait son œuvre et on
laisse aux intempéries le soin de l'achever. Lorsqu'arrive
le printemps, suivant que le sol retourné se trouve plus ou
moins ameubli par les effets de l'hiver, on sème après
les travaux préparatoires nécessaires, betteraves, pommes
de terre ou avoine. Les terres trop crues encore sont

abandonnées à l'action du soleil de l'été , qui permettra peut-être de leur confier du blé , lorsque l'automne sera venu ; dans le cas contraire, elles attendront le printemps , en recevant d'autres façons , si on le croit utile.

Toute la culture de la terre de Boucé est faite par les métayers, qui sont de simples agents, marchant sous la direction immédiate de MM. de Vaulx Les assolements, l'économie du bétail, toutes les opérations de la culture sont réglées par ces messieurs, sans aucun contrôle de la part des métayers, dont on exige une obéissance passive, définie et réglée, toutefois, par des baux librement discutés et consentis. Les métayers obéissent d'autant mieux que leur travail, dirigé avec intelligence, n'est point ingrat. Leurs comptes, réglés régulièrement tous les ans, constatent les profits nets qui varient de 1,000 à 1,800 fr., sans compter leur part des céréales dont le rendement s'est notablement élevé depuis que l'on a restreint la culture dans de justes limites. Les impôts des anciens baux ont été diminués, mais par compensation, l'extension donnée à la culture des plantes sarclées, l'augmentation de tous les produits et les soins donnés aux animaux, exigent de leur part plus de travail. Les métayers employés aux défrichements ne payent aucun impôt. Les anciens métayers sont tous dans l'aisance , les nouveaux y arrivent peu à peu ; mais pour le moment leurs bénéfices sont plus restreints, parce qu'indépendamment des avances qu'exige toute entreprise agricole à son début, leurs premiers profits sont employés chaque année à les rendre propriétaires d'une partie du cheptel ; par ce moyen, ils se constituent des capitaux en réserve.

M. Rambourg , quoique n'habitant pas la terre de Boucé , n'est étranger à aucun des détails de son administration. Une correspondance fréquente et détaillée qu'il entretient avec ses associés, lui permet, indépendamment des visites qu'il fait régulièrement à sa propriété, de pouvoir se concerter avec eux pour toutes les opérations à faire, et de connaître les résultats obtenus.

La comptabilité de la terre de Boucé n'est point, à proprement parler, une comptabilité agricole; les comptes, à part ceux consacrés à chaque domaine, y sont plutôt ouverts aux personnes qu'aux choses. Son but principal est de régler les intérêts des associés, ainsi que ceux des métayers. Elle est tenue avec toute la rigueur de la partie double, elle est constamment à jour, et les comptes sont régulièrement balancés tous les ans. A la fin de chaque exercice, au 24 juin de chaque année, on dresse également les inventaires et l'on fait l'estimation de tous les cheptels de la propriété.

Nous nous hâtons de terminer ce travail dont la longueur dépasse malgré nous, Monsieur le Préfet, les limites que nous voulions imposer à votre bienveillante attention; bornons-nous à vous exposer très-sommairement quelques détails qui nous ont frappés, regrettant de ne pouvoir entrer dans des détails qui eussent peut-être pu contenir quelques utiles enseignements.

Au 24 juin dernier expirait la septième année, celle marquée dans le traité par une clause transitoire. Nous remarquons tout d'abord que le revenu fixé a été pleinement atteint, résultat d'autant plus beau que l'assainissement s'est trouvé retardé de deux ans, et que nous voyons que ce revenu s'est trouvé grevé de l'intérêt de 50,000 fr. de drainage, dont une partie seulement a pu effectuer une augmentation de produits, et qu'il en est de même pour l'intérêt d'une somme de plus de 26,000 fr. consacrée aux bâtiments neufs.

La progression des revenus est très-caractérisée dans chaque domaine, mais elle paraît à peine croyable pour le domaine de Lignières, car, dans ce domaine qui ne pouvait pas produire toujours, il y a sept ans, le blé nécessaire à la nourriture du métayer, nous voyons que celui-ci a eu pour sa part, en 1863 : neuf cent quatre-vingts doubles décalitres de blé, treize cent quatre-vingt-sept doubles décalitres d'avoine et soixante-dix doubles décalitres d'orge. Le relevé du nombre des gerbes de la récolte de cette année, sur la main courante, constate pour 1864 un résultat encore plus considérable, dû au drainage combiné avec le marnage et de bons labours.

Constatons encore que le cheptel de la terre, qui lors de l'entrée en jouissance de M. Rambourg, en 1857, n'était estimé qu'à la somme de 31,074 fr. 55 c., a suivi une progression constante, marquée par les inventaires de chaque exercice, et qu'à celui de cette dernière année, il est arrivé au chiffre de 88,728 fr.

L'assainissement de la plaine de Voudelle, Monsieur le Préfet, est un fait agricole de la plus haute importance et dont le souvenir survivra très-certainement à plusieurs générations, quoique l'on puisse dire avec raison qu'il n'est rien qui s'oublie plus vite qu'un bienfait. Cette entreprise est à peine terminée et déjà, on peut noter comme un résultat acquis l'augmentation du prix des fermages et de la valeur vénale des terres dans tout le périmètre assaini. Le seul fait de l'abaissement du niveau des cours d'eau ne suffit pas cependant partout pour améliorer les terres ; des drainages sont nécessaires dans certaines parties, mais ils sont maintenant possibles partout. M. Rambourg enseigne par son exemple à ses voisins la manière dont ces travaux doivent être exécutés pour produire un résultat utile, et ce n'est pas le seul enseignement que l'on puisse trouver en examinant son exploitation. Agissant en tout avec une prudence extrême, il n'a point cherché ces résultats brillants qui, après avoir ébloui pendant quelque temps le public, n'aboutissent que trop souvent à des déceptions. Le seul luxe que l'on trouve dans son exploitation est celui des bons animaux et des belles récoltes. La terre de Boucé n'est qu'une grande fabrique de grains et de viande, où l'on met en usage les procédés les plus simples et les plus économiques. Rien n'y est livré au hasard. Après avoir choisi dans le pays même des hommes qui, connaissant parfaitement le terrain, devaient nécessairement imprimer une bonne direction à l'exploitation, on a tout simplement conservé, non-seulement le mode du métayage, mais encore plusieurs des anciens métayers, en faisant toutefois quelques modifications à leurs baux, et pendant qu'ailleurs on dissertait sur le métayage, on démontrait à Boucé de la manière la plus péremptoire que tous les progrès de l'agriculture la plus avancée étaient parfaitement réalisables avec des métayers bien dirigés. Des assolements régulièrement établis, d'excellents animaux parfaitement soignés, toutes les opérations de la culture parfaitement exécutées, et enfin de grands et difficiles travaux de défrichement menés à bonne fin ; voilà les résultats obtenus, d'une manière plus économique et avec beaucoup moins de surveillance qu'avec tout autre mode de culture, par le moyen de métayers qu'un travail actif et exécuté avec intérêt conduit à l'aisance.

M. Rambourg a prouvé depuis longtemps qu'il savait faire un noble usage d'une grande fortune. A Boucé, il a fait voir que l'homme sage et prudent qui confie avec intelligence ses capitaux à la terre, y trouve un placement pour le moins aussi avantageux et plus sûr que dans les meilleures entreprises industrielles. Sans ajouter ici aucun chiffre à ceux que nous avons indiqués précédemment, bornons-nous à dire que les drainages exécutés représentent un peu plus de la moitié de ceux qui restent à faire ; chacun peut, en outre, se faire une idée de la somme nécessaire pour bâtir trois ou quatre granges et créer les cheptels qui manquent pour compléter les cinq nouveaux domaines qui composent la colonie créée dans la plaine de Voudelle. Cela fait, la terre de Boucé comptera onze domaines au lieu de six ; il n'est pas nécessaire de se livrer à des calculs très-compliqués pour voir que la valeur de cette terre sera plus que doublée dans un très-petit nombre d'années, et que ce résultat sera obtenu avec une mise de fonds relativement très-minime.

On s'effraye avec raison du dépeuplement des campagnes ; une de ses principales causes est très-certainement la parcimonie avec laquelle on voit beaucoup de grands propriétaires consacrer leurs capitaux aux améliorations agricoles, auxquelles ils négligent d'appliquer leur esprit. L'exemple des succès obtenus par M. Rambourg doit donc être signalé d'une manière toute particulière ; aussi la Commission, à l'unanimité et avec l'approbation du bureau du comice agricole de l'arrondissement de Lapalisse, croit devoir vous proposer, Monsieur le Préfet, de vouloir bien décerner la médaille d'or, donnée par S. Exc. M. le ministre de l'agriculture, à M. Louis Rambourg.

La Commission, en présence des résultats constatés par elle sur la terre de Boucé, ne peut se dissimuler qu'il n'y a point de comparaison possible entre cette exploitation et celle de Messieurs de Chantemerle et Virotte. Cependant, elle a cru devoir, Monsieur le Préfet, signaler aux agriculteurs quelques spécialités qui l'ont frappée dans la visite qu'elle a faite des exploitations de ces Messieurs.

Chez M. de Chantemerle, on peut signaler la bonne administration de l'ensemble de sa propriété, la création de belles prairies irriguées, de bons chemins d'exploitation, une belle uniformité dans ses cheptels, et enfin, comme nous avons l'honneur de vous le dire, Monsieur le Préfet, cet agriculteur a imprimé une bonne direction au Comice de son canton, qu'il préside depuis plusieurs années avec intelligence et dévouement.

Chez M. Virotte, il y a une très-belle et très-complète installation agricole : on remarque de magnifiques prairies créées par lui et irriguées avec beaucoup d'art et d'habileté ; des bâtiments d'une grande élégance, et des cultures sarclées très-soignées.

Sans vouloir établir aucune espèce de priorité ni de comparaison entre l'exploitation du Verger et celle des Gadins, la Commission, avec l'assentiment du bureau du Comice, croit devoir vous prier, Monsieur le Préfet, de vouloir bien autoriser M. le Président du Comice agricole de l'arrondissement de Lapalisse, à décerner, à titre d'encouragement, une médaille d'argent à M. Louis de Chantemerle, et une pareille médaille à M. Félix Virotte.

Le Secrétaire du Comice agricole de l'arrondissement
de Lapalisse, Rapporteur de la Commission,

F. BLANCHARD.

Rapport de la Commission chargée d'examiner les exploitations qui ont concouru pour la médaille d'or offerte par M. le Ministre de l'agriculture en 1866, dans le département de l'Allier.

Monsieur le Préfet,

La Société d'Agriculture de l'Allier nous a confié la délicate mission de désigner, parmi les exploitations de l'arrondissement de Moulins, celle qui mérite d'obtenir la médaille d'or offerte par **M.** le Ministre de l'agriculture. C'est de cette mission que nous avons à vous rendre compte. Nous sommes certains de nous en être acquittés avec conscience, mais nous n'oserions pas assurer que nous nous en soyons acquittés avec bonheur. Il est toujours difficile de faire un choix entre des concurrents qui se distinguent par des mérites divers, et dont chacun est ordinairement supérieur à tous les autres par quelque côté. Cette difficulté nous a paru, cette année-ci, plus grande que d'habitude. Toutes les exploitations qui nous ont été présentées sont fort remarquables, et nous pouvons dire sans optimisme que la plupart d'entre elles mériteraient un prix.

Neuf concurrents avaient fait parvenir à la Commission des demandes de visite. Nous avons cru devoir en écarter deux, parce que leurs demandes nous ont été adressées après l'expiration des délais de rigueur. Un troisième, M. de Beaumont, a été mis hors de concours par ce motif, fort honorable pour lui, que son exploitation de la Sauvate avait déjà obtenu la médaille d'or il y a quatre ans.

Restent six concurrents dont les exploitations ont été visitées, et dont nous allons successivement vous entretenir.

1. — *Domaine de Lamothe, à M. Bleuart.*

M. Bleuart exploite directement une réserve de cent cinquante hectares, faisant partie d'une propriété plus vaste, dont le surplus est affermé.

L'exploitation de M. Bleuart est peut-être celle qui a marché le plus hardiment dans la voie des améliorations pendant ces dernières années. L'installation des bâtiments est presque luxueuse. Les écuries sont vastes, bien aérées, et surtout propres. Des tuyaux habilement disposés reçoivent l'eau pluviale qui tombe sur les toits, et la conduisent dans les rigoles où s'écoulent les purins. Le tout descend dans un vaste réservoir, d'où les eaux sont dirigées à volonté sur les prairies ou sur les luzernes. L'outillage est aussi complet que possible et composé d'instruments de choix. Nous avons remarqué une fort belle machine à battre et un moulin d'une paire de meules, qui fournit la farine nécessaire à l'alimentation de tout le personnel, et sert aussi à moudre les grains inférieurs, que l'on réserve pour nourrir les animaux. Le tout est mis en mouvement par une machine à vapeur locomobile, de la force de cinq chevaux.

Le domaine de Lamothe nourrit actuellement trente-sept têtes de bêtes à cornes, neuf chevaux ou poulains, et un troupeau de bêtes à laine de deux cent cinquante brebis mères, auxquelles il faut ajouter les agneaux de l'année et quelques agnelles conservées pour la reproduction. Le tout, ramené selon les proportions ordinaires, équivaut à peu près à cent-seize têtes de gros bétail de tout âge. M. Bleuart n'est donc pas encore arrivé à ce *desideratum* des agriculteurs, qui consiste à nourrir une tête de gros bétail par hectare. — Son troupeau, de race charmoise, est le plus remarquable qui nous ait été présenté. Les trois béliers sont du plus beau type, et les brebis sont toutes excellentes. Les agneaux sont vendus gras pour la boucherie à l'âge de quatorze mois, et atteignent le prix de 40 fr. par tête. Ce troupeau est parqué la nuit, pendant la belle saison. On doit savoir gré à M. Bleuart d'avoir introduit dans le pays cette excellente pratique du parcage. Ses blés de Hallett, obtenus dans les champs où le troupeau avait été parqué, sont les plus beaux que nous ayons vus.

Nous ne pouvons pas donner, quant à présent, au gros bétail de Lamothe, les mêmes éloges qu'à son troupeau de bêtes ovines. La vacherie est en voie de formation;

elle ne présente encore rien de bien remarquable, et nous croyons qu'il n'est pas temps de la juger. Le taureau, qui nous a été montré, nous a paru médiocre.

Les terres de Lamothe sont argilo-siliceuses, assez fertiles, mais très-compactes et difficiles à cultiver. Elles ont été chaulées, défoncées et largement améliorées. Seize hectares ont été drainés. Pour donner une idée de l'activité avec laquelle ont été poussés les travaux d'amélioration, il nous suffira de dire que mille huit cents mètres de chemins, parfaitement construits et empierrés, ont été créés cette année avec les seules ressources de l'exploitation, et sans aucun secours étranger.

M. Bleuart n'a pas entièrement rompu avec l'assolement triennal; mais il y a soustrait une partie de ses terres. Nous avons trouvé à Lamothe vingt-sept hectares de luzerne en plein rapport, et neuf hectares cultivés en plantes sarclées, dont huit en betteraves. L'extension donnée à ces riches cultures est fort digne d'éloges, mais notre impartialité nous oblige à dire qu'elles ne sont pas aussi méritantes au point de vue de la qualité des produits. Nous avons trouvé les betteraves petites et peu avancées pour la saison. L'éclaircie et le binage qui, à notre avis, auraient dû être déjà terminés, ne faisaient, au contraire, que commencer. Les luzernes ne nous ont pas paru tenir tout ce que l'on pouvait attendre de la richesse du terrain. Enfin les blés ne sont pas tous aussi beaux que ceux qui ont été obtenus sur parcage de moutons. Nous avons remarqué quelques champs où le froment laissait des vides qui étaient envahis par l'herbe. Toutes les jachères qui doivent recevoir du blé sont cultivées en fourrage vert, pour la consommation du bétail. Cette pratique, comme on nous l'a très-justement fait observer, a le grand avantage de produire une récolte supplémentaire de fourrages, sans épuiser beaucoup les terres; mais on peut se demander si elle ne contribue pas un peu à les salir. Une jachère complète doit, croyons-nous, détruire plus efficacement les mauvaises herbes, qu'une jachère remplie par une récolte de moutarde ou de blé noir.

M. Bleuart a eu à lutter, comme beaucoup d'agriculteurs, contre les difficultés qui viennent du manque de bras. Il en a heureusement triomphé en fixant auprès de lui une population de travailleurs. Dix hectares de terre, mis en dehors de l'assolement, sont cultivés à la bêche à moitié fruits par les ouvriers ordinaires de l'exploitation. Les hommes que l'exploitation proprement dite ne peut pas occuper tous les jours, trouvent ainsi sur la place un travail assuré. — Les ouvriers qui cultivent les betteraves sont rétribués à raison de 2 fr. par cinq cents kilos de racines récoltées. Ce mode de rémunération, qui proportionne le salaire aux résultats obtenus, nous a paru digne d'être signalé. C'est évidemment l'application d'une idée juste. Cette application est encore de date trop récente pour avoir pu produire tous les résultats qu'on doit en attendre, mais on peut affirmer sans crainte qu'une fois entré dans les habitudes, le système réussira. Il est évident que, toutes choses égales d'ailleurs, les hommes qui ont un intérêt dans la récolte n'en sont que plus disposés à se donner les peines nécessaires pour la conduire à bonne fin.

Les luzernes de Lamothe sont ordinairement rentrées sèches et consommées à l'état de foin. Elles sont fanées par un procédé fort ingénieux, qui mérite d'être signalé. Les tiges à peine coupées sont réunies en petites moyettes, et plantées debout sur le sol, jusqu'à parfaite dessication. Les moyettes une fois formées ne sont plus ouvertes jusqu'au moment où on les fait manger par le bétail. Ce procédé a l'avantage de conserver toutes les feuilles, d'exiger peu de main-d'œuvre et de produire des foins d'excellente qualité. Il serait à désirer qu'il se généralisât.

L'énumération des titres de M. Bleuart serait in-complète, si nous ne citions pas avec éloge son jardin potager, dont la tenue est admirable sous tous les rap-ports. Le jardinier de M. Bleuart fait une fois par semaine un cours gratuit, dont tout le voisinage est admis à profiter, et qui est, à ce que l'on nous a affirmé, très-assidûment suivi. On ne saurait trop encourager de pareils actes d'initiative, et, quoique les progrès de l'horticulture ne rentrent que très-imparfaitement dans notre cadre, nous croyons devoir signaler à la reconnais-sance publique les services rendus à cet art utile par le propriétaire de Lamothe.

En rapportant les brillantes améliorations qui ont été réalisées chez M. Bleuart, nous ne saurions passer sous silence le nom d'un homme auquel elles sont dues en grande partie. C'est M. Petit, régisseur de M. Bleuart, qui a dirigé l'exploitation dans cette voie prospère où nous l'avons trouvée. D'importants travaux avaient sans doute été faits avant lui, mais son habile administration les a fait fructifier, et c'est à partir de son arrivée que se sont produits les beaux résultats que nous avons vus. L'installation de M. Petit est assez récente; c'est pour-quoi nous avons cru devoir faire ressortir dès le début le principal mérite de l'exploitation de Lamothe, en di-sant qu'aucune autre n'avait marché plus vite ou plus hardiment dans la voie du progrès.

Malheureusement, il y a à cet éloge un correctif, dont l'importance nous a paru grande : nous n'avons pas été admis à examiner la comptabilité de M. Bleuart. On nous a communiqué, il est vrai, des notes rédigées exprès pour la circonstance, et dont la sincérité ne nous est nul-lement suspecte; mais nous avons pensé que la mission dont nous étions investis nous imposait une impartialité rigoureuse, et que nous n'avions pas le droit, quelles que fussent d'ailleurs nos impressions, d'accorder officiellement à l'un des concurrents une confiance dont nous ne pourrons pas user vis-à-vis de tous, et accepter sans contrôle les déclarations de tous les concurrents, il y aurait évidemment risque d'abus. Lorsqu'il s'agit d'apprécier s'il y a eu perte ou profit dans une grande entreprise, les moyens de contrôle n'existent guère en dehors de la comptabilité originale, qu'il faut pouvoir étudier et discuter à loisir.

C'est donc sous la responsabilité de M. Bleuart et non sous la nôtre, que nous reproduisons les chiffres suivants :

Le produit brut de l'exploitation dans l'état actuel est, année commune, de . . . . 29,325 fr.

Les dépenses, y compris l'amortissement du matériel et de la chaux employée, s'élèvent à. 17,187

D'où un produit net de . . . . . 12,138 fr. qui représente 80 fr. 90 c. à l'hectare.

En 1846, les cent cinquante hectares étaient affermés sur le pied de 10 francs l'un, soit 1,500 francs pour le tout.

L'augmentation obtenue s'élèverait donc à 10,638 fr. de revenu, mais elle aurait nécessité, pour construction de bâtiments et autres travaux, une première mise de fonds de 67,600 francs, qui seraient ainsi placés à un fort bel intérêt.

2. — *Domaine du Grand-Luçay, à M. Alleyron.*

Le domaine du Grand-Luçay, que nous a présenté M. Alleyron, n'a que soixante-quinze hectares de superficie.

M. Alleyron a adopté la spécialité la plus lucrative

qui soit encore connue en agriculture : il s'est appliqué à produire et à vendre des étalons. Ses dispositions ont été prises avec une remarquable intelligence, et son succès a été complet, On peut en juger par ce fait qu'en 1866 il a vendu à dix éleveurs différents dix jeunes taureaux, dont un seul était âgé de plus d'un an, pour un prix total de 5,325 fr. Le prix moyen obtenu est donc de 532 fr. 50 par tête, toute compensation faite des meilleurs aux moindres. De tels chiffres nous dispensent de tout commentaire. Nous ne croyons pas que, pécuniairement parlant, pareil résultat ait été réalisé dans aucune des autres exploitations que nous avons visitées.

La vacherie du Grand-Luçay est d'autant plus méritante, qu'elle paraît avoir été organisée à peu de frais. Les premières mères ont été, pour la plupart, choisies dans les foires et payées à des prix modérés. Il n'a été fait de sacrifices pécuniaires, que pour un ou deux taureaux. Celui dont on se sert aujourd'hui a été élevé dans le domaine.

Tous les efforts de M. Alleyron paraissent s'être concentrés sur l'espèce bovine. Ses bêtes à cornes ont été primées dans une multitude de concours. Le reste de son bétail n'a rien de remarquable. Il n'élève point de bêtes à laine, et son troupeau se compose de moutons achetés pour être revendus.

Le domaine du Grand-Luçay nourrit actuellement cinquante-cinq bêtes à cornes de tout âge, sept juments ou poulains, quatre truies avec leurs petits et quatre-vingt-un moutons, ce qui équivaut à soixante-dix têtes de gros bétail. La proportion d'une tête de gros bétail par hectare a donc été atteinte à très-peu de chose près, car, sur les soixante-quinze hectares dont se compose le domaine, il y a trois hectares de vignes qui ne doivent point entrer en compte. — Observons toutefois que,

dans ce calcul, nous comptons comme unité les bêtes de
tout âge, même les plus jeunes, ainsi que nous l'avons
fait pour M. Bleuart, et que nous le ferons, au surplus,
pour les autres concurrents.

Les étables du Grand-Luçay sont belles et bien installées. Elles sont contenues dans une vaste grange, dont
la construction est toute récente. A part ce bâtiment qui
a été construit avec un certain luxe, il ne nous paraît
pas que de grands travaux d'améliorations aient été
faits. Nous n'avons à signaler ni drainages, ni création
de luzernes, ni irrigations remarquables. La propriété
entière a été chaulée. L'extension donnée aux cultures
sarclées mérite des éloges ; il y en a actuellement sept
hectares, dont quatre en betteraves, mais nous sommes
obligés de faire à ces dernières le même reproche qu'à
celles de Lamothe : elles nous ont paru petites et le binage et l'éclaircie étaient en retard.

L'assolement porte sur cinq années, savoir : 1° jachère, en partie remplacée par des cultures sarclées ;
2° blé ; 3° orge ou avoine avec trèfle et ray-grass ;
4° trèfle et ray-grass fauchés ; 5° les mêmes trèfles et
ray-grass pâturés. Ce n'est pas autre chose que l'ancien
assolement triennal, augmenté des deux années de
trèfle. Les froments, les orges et les avoines, que nous
avons vus sur pied, ne nous ont rien offert de remarquable. En résumé, à part sa vacherie, qui est tout-à-fait
hors ligne, la régie de M. Alleyron ne nous paraît pas
être beaucoup au-dessus des bonnes cultures ordinaires
du pays.

L'exploitation du Grand-Luçay a déjà traversé deux
phases distinctes, et vient d'entrer dans une troisième.
Nous croyons utile d'en dire quelques mots, parce qu'un
jour, peut-être, il pourra en sortir un enseignement :

Du 11 novembre 1858 au 11 novembre 1862, le domaine a été exploité par métayers. C'est pendant cette

période que les terres ont été chaulées en totalité. Malgré l'amélioration considérable que ce chaulage complet aurait dû produire, les résultats obtenus n'ont rien eu de remarquable. Il y a eu pourtant un certain progrès : le cheptel, qui avait été estimé 5,060 fr. en 1858, s'est trouvé valoir 9,819 fr. en 1862.

A partir de 1862 jusqu'en 1865, M. Alleyron voyant, à ce qu'il nous a déclaré, « la négligence et le mauvais vouloir des métayers, » s'est décidé à faire valoir par domestiques. C'est pendant cette période de trois ans que la vacherie a acquis sa réputation, que les étalons se sont vendus, d'abord au prix moyen de 337 fr., puis à celui de 516, en attendant le prix de 532 fr. 50, qui a été réalisé en 1866. — Le cheptel, estimé de nouveau, valait 19,930 fr. au 11 novembre 1865.

Mais la culture par domestiques exige une surveillance minutieuse. Cette surveillance était difficile pour M. Alleyron, qui ne réside pas toujours sur son domaine. C'est pourquoi il s'est décidé à essayer une autre organisation.

La famille de cultivateurs qui, depuis le 11 novembre 1861, est installée au Grand-Luçay, reçoit un gage de 700 fr. Elle prélève sur les produits du domaine sa nourriture et son chauffage. On inscrit sur un livre toutes les recettes et toutes les dépenses de la culture, y compris le gage de 700 fr. alloué aux cultivateurs, et les achats qu'il serait nécessaire de faire pour compléter leur nourriture et leur chauffage, lesquels gage et achats figurent parmi les dépenses. A la fin de l'année, les dépenses sont déduites des recettes, et le *produit net* est partagé par moitié entre le propriétaire et le colon, après prélèvement d'une somme fixe de 5,000 fr. au profit du premier.

La Commission regrette qu'en outre de cette somme de 5,000 fr. qui lui paraît déjà bien forte, M. Alleyron ait cru devoir stipuler encore en sa faveur un certain nombre de prélèvements, soit en travail, soit en denrées, dont la valeur additionnée paraît s'élever assez haut. Elle pense que, s'il survenait des circonstances défavorables, l'exagération de ces prélèvements serait de nature à compromettre le succès de l'expérience en décourageant les colons. Quoi qu'il en soit, le bail dont M. Alleyron a bien voulu nous remettre une copie, est digne de remarque, parce qu'il constitue la première application d'un système nouveau. Sans se prononcer sur la valeur de ce système, la majorité de la Commission a pensé qu'il était utile de faire connaître l'essai qui se poursuit, afin que, bons ou mauvais, ses résultats puissent être observés.

3. — *Terre de Lécluse, à M. de Lécluse.*

Si l'exploitation de M. Bleuart a été remarquable par ses progrès rapides, celle de M. de Lécluse n'est pas moins méritante à un autre point de vue. Sa marche paraît avoir été plus lente, mais plus soutenue, et nous croyons qu'elle a plus complétement atteint son but.

M. de Lécluse nous a présenté 420 hectares environ, qui se divisent ainsi :

Réserve de Lécluse et domaine des Mimorins, directement cultivés par des domestiques. . .   135 hectares.

Quatre domaines exploités par métayers.   285   —

420   —

Il y a entre ces deux parties de l'exploitation une différence tranchée, et nous serons obligés de les décrire séparément.

§ 1. *Réserve et Domaine des Mimorins.*

Comme ensemble de culture, nous n'avons rien vu qui fût comparable à cette première partie de l'exploitation de M. de Lécluse : sauf deux observations critiques, qui trouveront leur place un peu plus loin, nous n'avons ici que des éloges à formuler.

L'installation des bâtiments ne laisse rien à désirer. Les étables des Mimorins sont saines et bien aérées. Les purins s'écoulent directement dans les rigoles qui servent à arroser les prés. Le tout paraît avoir été organisé aux moindres frais possible. On s'est servi des anciens bâtiments du domaine, dont une partie seulement a été reconstruite.

La vacherie est tout-à-fait remarquable, et ne renferme que des animaux de races choisies : soit durham purs, soit charollais améliorés. Le taureau durham des Mimorins est le plus beau que nous ayons vu dans nos visites.

Nous avons vu, tant aux Mimorins qu'à la réserve, quelques vaches mères supérieures à tout ce qui nous a été montré ailleurs. Les élèves de l'année que nous avons examinés ne laisseront pas dégénérer ces beaux types reproducteurs.

Le troupeau des Mimorins se compose de soixante-dix têtes de bêtes à laine. Comme nombre, il est de beaucoup inférieur à celui de M. Bleuart ; comme qualité, il ne lui cède en rien. Les agneaux se vendent gras au prix de 40 fr. par tête, à quatorze mois. Ce troupeau a été obtenu par un croisement d'étalons southdown avec des brebis communes du pays.

Les porcs des Mimorins sont de race berkshire, d'excellente qualité et fort recherchés par les éleveurs des environs. Somme toute, il y a là un ensemble de cheptel qu'aucun autre concurrent n'a pu égaler.

Cette supériorité de M. de Lécluse est d'autant plus remarquable, qu'elle a été obtenue dans un des plus mauvais sols que l'on puisse voir : les terres de Lécluse sont eu partie formées de sable pur, et en partie d'une argile froide, qui semble rebelle à toute production. Leur aspect seul suffirait pour décourager tout autre que leur propriétaire, qui a eu le talent de leur faire rendre d'excellents produits.

Les prés des Mimorins donnent autant de fourrage que s'ils reposaient sur un sol de bonne qualité. Les froments seraient bons partout ; ils sont remarquables, eu égard à la terre qui les produit. Il en est de même pour toutes les récoltes, sans exception. Nous avons trouvé les betteraves binées et éclaircies, et déjà plus fortes que celles que nous avions vues dans le canton de Bourbon.

M. de Lécluse a adopté un assolement de cinq années, savoir : 1° racines sarclées ; 2° blé ; 3° trèfle ; 4° blé suivi d'une récolte fourragère dérobée ; 5° avoine. Cet assolement laisse deux années sur cinq aux fourrages et aux racines fourragères, sans compter les récoltes dérobées. Un septième environ des terres est mis en dehors de l'assolement, et transformé en prairies temporaires. Il y a actuellement au domaine des Mimorins huit hectares de luzerne et huit hectares de ray-grass, sans préjudice des prairies naturelles qui ont été récemment augmentées de trois hectares et demi. Il y aura l'année prochaine quinze hectares et demi en luzerne. Tout cet ensemble constitue une large production de fourrage et de fumier, qui a dû servir de base à toutes les autres améliorations.

Les Mimorins nourrissent actuellement quarante-trois bêtes à cornes, vingt-quatre porcs, deux chevaux et soixante-dix brebis et agneaux. La proportion, même en tenant compte des bois et des terres incultes dont il sera parlé tout à l'heure, n'est guère que d'une tête de gros bétail pour un hectare et un tiers.

M. de Lécluse a créé, avec un peu d'aide de sa commune, quinze kilomètres d'excellentes routes, qui desservent ses terres et sont utiles au pays. Les terres en culture de la réserve et des Mimorins sont presque toutes chaulées; vingt hectares au moins ont été drainés.

Sur les cent trente-cinq hectares qui composent la superficie de la réserve et des Mimorins, la Commission a remarqué vingt-cinq hectares environ absolument incultes, et à l'état d'abandon complet. M. de Lécluse déclare que cette portion de son domaine est infertile, que c'est du sable pur, et que les frais que nécessiterait sa mise en culture ne pourraient en aucune façon être couverts par les produits. Cette observation ne nous a paru juste que dans une certaine mesure. La majorité de la Commission a pensé que les terrains impropres à la culture peuvent être utilement peuplés en bois et qu'avec un bon choix d'essences et des précautions intelligentes, le boisement est toujours possible. L'abandon volontaire où M. de Lécluse laisse une partie de ses terres nous paraît donc regrettable, et nous croyons devoir le signaler, comme un des rares défauts que présente sa belle exploitation.

Il nous a été permis de jeter les yeux sur le livre de compte de M. de Lécluse; mais les totaux n'étaient pas à jour, et ses écritures, un peu trop élémentaires, n'auraient pu nous fournir qu'après de longs dépouillements les indications dont nous avions besoin pour apprécier la partie financière de son exploitation. Nous laisserons donc sous sa responsabilité les chiffres suivants, comme nous avons laissé sous la responsabilité de M. Bleuart ceux qui regardent Lamothe :

Le produit net moyen de l'exploitation des Mimorins, depuis 4 années, a été de . . . . . . 4,164 fr. 50

Auxquels il faut ajouter pour améliorations foncières prises sur les revenus. 1,900 »

Total. . . 6,064 fr. 50

Il y a dix-huit ans que ce domaine est régi par son propriétaire. Lorsque M. de Lécluse l'a pris en mains, il pouvait être affermé 1,000 fr. tout ou plus, les impôts étant à la charge du fermier. La marche nouvelle imprimée à l'exploitation a exigé, dès le début, quelques avances. Vers la fin de la quatrième année, le propriétaire était à découvert de 18,000 fr. environ, mais il avait en magasin plusieurs récoltes invendues. Dès la sixième ou la septième année, les avances étaient couvertes, et l'exploitation était en bénéfice.

§ 2. *Domaines exploités par métayers.*

Si la réserve et les Mimorins forment le côté brillant de l'exploitation de M. de Lécluse, les domaines exploités par métayers en sont le côté faible. Nous avons trouvé là des étables basses, assez semblables à celles que l'on voit, malheureusement, partout; un bétail en voie d'amélioration, peut-être, mais qui n'est en aucune façon comparable à celui des Mimorins; trop d'extension donnée aux cultures de céréales; des récoltes en terre déjà belles sur quelques points, mais inférieures sur d'autres; enfin peu de luzernes et de plantes sarclées.

Somme toute, la culture de ces domaines nous a paru ne pas s'éloigner assez de celle des métayers ordinaires, et s'éloigner trop du magnifique modèle que les Mimorins leur fournissent. Il est juste de dire que M. de Lécluse n'en a pris la direction que depuis cinq ans.

4. — *Terre de Bellevue, exploitée par M. Girard.*

M. Girard est le seul des concurrents qui cultive en qualité de fermier. Il nous a présenté deux cents hectares environ dépendant de la terre de Bellevue, dont le propriétaire est M. Deschamps de Verneix.

S'il y a quelque mérite à améliorer un sol dont on est propriétaire, il y en a bien plus encore quand l'améliorateur est un fermier qui n'a, pour rentrer dans ses frais, qu'une jouissance temporaire. C'est à ce titre surtout que l'exploitation de M. Girard est recommandable. Son bail remonte à quatorze années, pendant lesquelles il a marché très-hardiment dans la voie des améliorations.

Les deux cents hectares qui nous ont été présentés comprennent : une réserve de quarante hectares environ, directement cultivée par le fermier ; trois domaines de quarante-cinq à cinquante-cinq hectares exploités par métayers, et un tènement de vignes d'environ quinze hectares, qui est partagé entre quatre vignerons. L'ensemble de ce terrain, qui est argilo-siliceux, réclamait des amendements calcaires. Quelques gisements de marne se trouvaient sur place ; M. Girard les a largement utilisés. Il a marné à ses frais la propriété tout entière, à l'exception d'un champ trop éloigné, sur lequel il a préféré mettre de la chaux. — Une partie des vignes avait besoin d'être renouvelée. M. Girard en a arraché et replanté dix hectares à ses frais. Enfin, il a créé dix ou douze hectares de luzernes, dont sept dans sa réserve et le surplus chez ses métayers.

Ces diverses améliorations ont porté leurs fruits. Le cheptel entier valait 9,000 f. au commencement du bail ; sa valeur actuelle est de 30,000 fr.

Nous avons trouvé dans la réserve de Bellevue un cheptel de bêtes à cornes presque aussi beau que celui des Mimorins. M. Girard a pris le sage parti de faire, avec des chevaux, la culture de sa réserve. Deux chevaux suffisent à toute cette tâche, et évitent au cultivateur la nécessité d'élever des bœufs de travail. C'est ainsi que M. Girard a pu donner la préférence aux races précoces de boucherie, telles que les Durham, dont il a obtenu d'excellents produits. Nous avons vu dans ses étables de superbes reproducteurs, et des élèves non moins bons. Au surplus, ses succès sont attestés par un grand nombre

de médailles, obtenues dans divers concours. Son troupeau de bêtes ovines n'est pas aussi remarquable que sa vacherie. Il est composé de brebis southdown, dont quelques-unes sont fort belles; mais il y a dans l'ensemble beaucoup d'inégalité.

La réserve de Bellevue nourrit actuellement dix-neuf ou vingt bêtes à cornes, trois chevaux et quatre-vingts brebis ou moutons, ce qui équivaut à trente-trois ou trente-quatre têtes de gros bétail, et représente une tête pour un hectare vingt ares. La proportion est moindre dans les domaines exploités par métayers. Le domaine de *Fougerolle*, dont la superficie est de cinquante-cinq hectares, ne nourrit que quarante têtes de gros bétail, et a cette année quinze hectares semés en gros grains. Il y a entre ces deux chiffres une certaine disproportion, et l'étendue semée en gros grains nous paraît surtout trop grande. Nous croyons qu'en général on peut reprocher à M. Girard de semer trop de blé.

On peut regretter aussi que les cultures sarclées n'aient pas reçu à Bellevue tout le développement qu'il eût été possible de leur donner. Nous en avons trouvé trois hectares dans la réserve, mais fort peu dans les domaines. La terre, cependant, nous a paru assez riche pour que l'on pût, avec profit, leur consacrer plus d'étendue. Nous avons remarqué un champ de topinambours envahi par l'herbe. Les façons à donner à la vigne étaient aussi en retard pour une partie.

Les récoltes en céréales, que nous a présentées M. Girard, sont fort belles pour la plupart, mais il y a ici encore un peu d'inégalité. Nous devons ajouter que le pays est bon, et que nous avons remarqué, chez les cultivateurs voisins, quelques champs de blé qui ne sont guère inférieurs à ceux de Bellevue.

Les trois domaines exploités par métayers ont un cheptel de bestiaux bien différent de celui de la réserve.

Dans l'ensemble de leur culture, ces domaines ne nous ont pas paru être beaucoup au-dessus du niveau ordinaire. Nous devons donc renouveler contre M. Girard une critique déjà formulée contre M. de Lécluse, en regrettant qu'il n'ait pas su faire imiter plus complétement par ses métayers les exemples tout-à-fait dignes d'éloges qu'il leur a donnés.

5. — *Terre de Lavarenne, à M. Méplain.*

L'exploitation de M. Méplain emprunte un intérêt tout particulier aux circonstances dans lesquelles elle a été créée.

C'est en 1828 que M. Méplain, arrivant de Paris où il venait de terminer ses études de médecine, acheta dans un des cantons les plus reculés du Bourbonnais une terre de grande étendue, mais d'une valeur relativement faible, et d'un revenu plus faible que sa valeur. A partir de ce moment, il se voua tout entier à l'agriculture.

La terre de Lavarenne était alors inabordable faute de chemins. Elle se composait de quelques maigres prairies, de pauvres champs, qui produisaient à peine de quoi nourrir leurs colons, et d'une grande étendue de bois, dont les coupes étaient difficiles à vendre en l'absence de débouchés. L'acquéreur n'avait pas plus de ressources qu'il n'en fallait pour solder le prix de son acquisition. — Aujourd'hui cette même terre porte une des plus riches exploitations du département de l'Allier. On peut la classer parmi les plus fertiles, et sa valeur est en raison de cette fertilité même et de son étendue. Cet acquéreur, qui avait débuté presque sans capital, a pu solder toute les dépenses d'améliorations, s'ouvrir des débouchés en créant une route, et trouver encore sur les profits de sa culture assez de ressources pour acheter d'autres domaines d'une grande valeur.

Nous devons donc à M. Meplain un exemple précieux malheureusement trop rare : celui d'une grande fortune créée par l'industrie agricole. Par les tentatives qu'il peut encourager, par les imitateurs qu'il instruira peut-être, par les préjugés hostiles qu'il doit nécessairement contribuer à vaincre, cet exemple seul constitue déjà un grand service rendu à l'agriculture.

La portion de la terre de Lavarenne que nous avons eu à examiner est réunie en bloc de cinq cents et quelques hectares. Elle se compose d'une réserve cultivée par domestiques, et de quatre domaines exploités par métayers. L'étendue de la réserve est de cent dix hectares. Celle de chacun des domaines est de cent hectares environ. — Les moyens employés par M. Méplain pour mettre en valeur cette grande étendue sont des plus simples : après avoir défriché les bois, il a chaulé, défoncé, et s'est appliqué à produire des fourrages et du fumier.

Le sol de Lavarenne est argilo-siliceux, profond, compact et très-difficile à travailler. Un banc de roche calcaire traverse la propriété dans toute sa longueur. Cette roche a fourni les amendements qui ont transformé le sol et créé la richesse à la place de la misère. Un four à chaux a été construit pour le service exclusif de la propriété. Toutes les terres en culture ont été chaulées, mais ce résultat n'a été obtenu ni sans efforts ni sans dépense. La pierre était dure et rebelle à la cuisson. La houille était loin. Il résulte des calculs faits par M. Méplain, que l'hectolitre de chaux fabriqué chez lui revient, porté dans les champs, à 1 fr. 50 c. Il y a peu de cantons dans l'arrondissement de Moulins, où cet amendement soit aussi cher.

Les défoncements sont faits avec une charrue fouilleuse. La presque totalité de la réserve est déjà défoncée ; les domaines ne le sont encore qu'en partie. L'opération se poursuit.

Les cultures fourragères de M. Méplain ne ressemblent en rien à celles que nous avons vues dans les autres exploitations. Nous avons trouvé à Lavarenne peu de plantes sarclées. Il n'y avait en tout dans la réserve que un hectare de betteraves et trois hectares de topinambours. Il n'y a point ou presque point de luzernes. Peut-être faut-il regretter que M. Méplain n'ait pas donné plus de développement à la culture de ces plantes riches, auxquelles nous croyons que son sol amélioré eût bien convenu; mais la critique s'arrête, quand on se rend compte de l'immense production fourragère qu'il a obtenue par d'autres moyens. L'exploitation de Lavarenne n'est pas tout à fait celle qui nourrit le plus de bétail en proportion de son étendue, mais nous croyons que c'est celle qui produit le plus de fourrages. Cette apparente contradiction s'explique, parce qu'on y engraisse beaucoup de bestiaux.

Il y a trente hectares de prés naturels dans la réserve de Lavarenne et autant dans chacun des quatre domaines, soit un total de cent-cinquante hectares de prairies, sur cinq cent-dix hectares environ qui nous ont été présentés. C'est plus du quart, et un peu moins du tiers. Ces prés ont tous ou presque tous été créés par M. Méplain. Leur irrigation est très-bien entendue, et ils sont généralement fort bons.

L'assolement de la réserve roule sur quatre années, savoir : 1° vesces ou récoltes sarclées, en partie suivies d'une récolte de raves dérobées; 2° blé; 3° avoine ou orge avec trèfle et ray-grass fauchés. Cet assolement donnerait partout deux récoltes de fourrages sur quatre années, sans compter les raves dérobées; mais il est à remarquer qu'à Lavarenne la totalité des orges et avoines récoltées est consommée sur place pour engraisser les

animaux de boucherie. Ce sont donc en réalité trois récoltes sur quatre, qui sont employées à la nourriture du
bétail. — L'assolement des domaines est pareil à celui
de la réserve, avec cette différence que le trèfle et le ray-
grass y durent une année de plus, pendant laquelle ils
sont pâturés. La rotation est donc de cinq années au
lieu de quatre, et compte une année de fourrage de
plus.

La réserve de M. Méplain nourrit soixante-six têtes de
bêtes à cornes, huit chevaux, cent moutons et dix-huit
porcs, soit environ quatre-vingt-dix têtes de gros bétail
pour cent-dix hectares, ce qui représente une tête pour un
peu moins de un hectare un quart. Mais il est à remarquer que plusieurs bœufs sont engraissés chaque année,
et que le troupeau de bêtes à laine se compose en totalité
de moutons achetés maigres et revendus gras, qui sont
renouvelés deux fois par an.

La vacherie de M. Méplain n'est pas la plus remarquable qui nous ait été présentée. Nous y avons trouvé
quelques beaux types, mais avec trop d'inégalité dans
l'ensemble. En revanche ses bœufs de travail, élevés chez
lui, égalent ou surpassent tout ce que nous avons vu ailleurs. Sa réserve seule nous en a présenté quatorze,
parmi lesquels il eût été difficile de faire un choix. Il y
a, entre ces grands bœufs et les vaches-mères, qui les
ont produits, une différence surprenante. Pareille différence s'observe même entre les bœufs adultes et les
jeunes taureaux qui sont destinés à les remplacer. On
comprend avec peine comment ceux-ci peuvent être ap-
pelés à acquérir le développement qu'on admire chez
ceux-là ! Il faut pourtant s'incliner devant le fait qui
frappe les yeux. Nous devons conclure de cette comparaison que le mode de nourriture pratiqué chez M. Méplain produit des animaux dont le développement est
tardif. Ce résultat pourrait être critiqué, si l'on ne te-

nait pas compte de la nature du sol ; mais il faut remarquer que les terres de Lavarenne sont très-résistantes, qu'elles exigent de robustes attelages, et que par conséquent la précocité doit ici être sacrifiée à la vigueur.

Trois chiffres peuvent donner une idée des progrès accomplis par M. Méplain sur son exploitation : A l'époque de son acquisition, le cheptel entier de Lavarenne valait environ 14,000 francs. Il y a quatre ans, la réserve et les quatre domaines que nous avons vus avaient ensemble un cheptel de 30 à 31 mille francs. Aujourd'hui le cheptel entier peut valoir 100,000 fr.

Les récoltes de toute nature que nous avons trouvées chez M. Méplain, nous ont paru fort belles. Nous devons une mention spéciale aux trèfles et aux vesces de printemps, dont la végétation est magnifique.

Les bâtiments de la réserve sont très-convenablement installés, ceux des domaines laissent à désirer. Nous avons revu là des étables basses et peu aérées, comme on n'en trouve que trop souvent dans les exploitations ordinaires. A part ce défaut, les domaines de M. Méplain nous ont paru peu inférieurs à sa réserve. Nous y avons trouvé, à peu de chose près, pareils bétails et pareilles récoltes. Chaque domaine engraisse quatre bœufs par année, et ces bœufs sont d'une qualité hors ligne, comme tous ceux qui sortent des étables de Lavarenne.

Nous ne nous sommes point enquis de la comptabilité de M. Méplain. La mission qui nous était confiée consistait à rechercher quelle est l'exploitation qui a fait faire le plus de progrès à l'agriculture. Nous avions donc à examiner si les exploitations par nous visitées donnaient des profits et non des pertes, car une exploitation qui ne réaliserait que des pertes ne serait bonne ni à récompenser, ni à imiter. C'est pour être édifiés sur ce point délicat, que nous nous sommes fait un devoir de demander à chacun des concurrents la communication de son livre de compte ; mais il nous a paru que cette demande n'était pas de celles qui sont le plus ordinairement accueillies avec plaisir. Nous avons donc été heureux de pouvoir la considérer comme inutile, quand nous nous sommes trouvés, chez M. Méplain, en présence d'une justification d'un ordre supérieur. M. Méplain porte avec lui la plus décisive de toutes les épreuves : il a fait fortune.

6. — *Terre de Toury, à Mgr de Conny.*

L'exploitation de Mgr de Conny ressemble par un côté à celle de M. Bleuart : son principal mérite consiste dans la rapidité des progrès accomplis depuis peu d'années. Il y a toutefois cette différence, que les améliorations faites par M. Bleuart sont toutes concentrées dans sa réserve, tandis que celles de Mgr de Conny ont été plus ou moins énergiquement répandues sur une terre de huit cents hectares, et que nous avons pu constater leur entier succès dans une réserve et quatre domaines, composant ensemble un bloc de quatre cents hectares, qui nous a été présenté.

L'exploitation de Toury a subi de longues vicissitudes, avant d'atteindre l'état de prospérité où nous l'avons trouvée. Des sommes importantes paraissent y avoir été dépensées sans grand résultat, jusqu'au jour où Mgr de Conny a eu l'heureuse inspiration d'en confier la régie à M. Talon, qui en est aujourd'hui chargé. L'ordre remarquable que nous y avons trouvé est évidemment dû aux rares qualités de ce régisseur.

M. Talon a obtenu presqu'instantanément un résultat que la plupart des agriculteurs poursuivent en vain : son exploitation est la seule où nous ayons trouvé les métayers marchant de pair avec la réserve. A part les bâtiments, qui sont plus vastes dans la réserve, on trouve à peine entre celle-ci et les quatre domaines une différence appréciable. Ce sont mêmes cultures sarclées, même assolement, mêmes récoltes et même qualité de bétail. Aucun domaine n'est en retard, et les observations que nous avons à faire s'appliquent indistinctement à toute la masse.

Le terrain de Toury est à peu de chose près aussi mauvais que celui de Lécluse. M. Talon y a improvisé une belle production fourragère. Les prés naturels occupent environ le seizième de la superficie. L'assolement roule sur sept années, savoir : 1° jachère fumée ; 2° froment, avec trèfle et ray-grass semés ; 3° trèfle et ray-grass fauchés ; 4° les mêmes trèfles et ray-grass pacagés ; 5° avoine ou topinambours ; 6° diverses plantes fourragères (pommes de terre, vesces, moha, maïs) ; 7° froment. En dehors de l'assolement se trouvent les luzernes, de création récente, et dont l'étendue est à peu près égale à une sole entière. Il y en a dix hectares dans la réserve, huit hectares dans un domaine (celui des Bruyères), et à peu près autant à proportion chez les autres métayers. — On ne saurait trop insister sur le mérite de ces créations de luzernes. Le terrain de Toury est rebelle à toute production fourragère. Le succès des ray-grass y est précaire. Sans ces luzernes, dont la réussite est une difficulté vaincue, la nourriture du bétail ne serait jamais assurée. Les plantes sarclées partagées entre la cinquième et la sixième année de la rotation, occupent dans leur ensemble une étendue à peu près égale à celle des luzernes. Elles ne consistent guère qu'en pommes de terre et en topinambours. Dans l'état actuel du terrain, la betterave serait vraisemblablement peu productive.

Il n'y a encore que deux hectares drainés dans toute la

terre de Toury. En revanche , les défoncements ont été pratiqués sur une grande étendue. Tous les labours sont remarquablement profonds. Les haies ont été arrachées pour faciliter le travail de la charrue. Nous n'avons rien à dire des chaulages qui, pour une partie, sont antérieurs à l'arrivée de M. Talon.

Tous les détails de la culture nous ont paru fort soignés. Les plantes sarclées, que nous avons vues, étaient en bon état de travail et de nettoiement. Les fumiers sont employés d'une manière très-judicieuse ; on les laisse reposer pendant quinze jours environ dans de grandes fosses, où ils achèvent de s'imprégner de purin, après quoi on les transporte sur les terres pour les enfouir à l'état frais. On doit à M. Talon d'avoir introduit dans le pays l'usage de la sape pour moissonner les blés. On lui doit aussi l'introduction d'un système de moyettes, excellent pour garantir de l'humidité le blé qui se récolte dans les saisons pluvieuses. Ces moyettes ne sont pas d'invention récente, car elles sont décrites dans le *Calendrier du Bon cultivateur* de Mathieu de Dombasle ; mais elles n'avaient pas, nous ignorons pourquoi, pris la place qu'elles méritent dans la pratique agricole du Bourbonnais.

Les récoltes en terre que nous avons vues à Toury sont loin d'être supérieures à celles que nous ont présentées les autres concurrents, mais il est juste de tenir compte de la qualité du terrain. Nous avons cherché des points de comparaison dans les cultures voisines , et nous avons trouvé que, pour une même qualité de terre, les meilleurs blés étaient toujours ceux de Toury. Nous croyons même que cette supériorité, par rapport aux cultures voisines, est plus marquée chez Mgr de Conny que chez la plupart des autres concurrents.

Les bêtes à cornes nourries à Toury sont loin de valoir celles des Mimorins, et les troupeaux de bêtes ovines ne sont pas comparables à celui de M. Bleuart; mais ici encore, l'infériorité de M. Talon est plus apparente que réelle. Ses troupeaux, composés primitivement de brebis communes, sont améliorés progressivement par un bon choix d'étalons. Le progrès est visible à l'œil et il se poursuit. Les brebis de race croisée sont déjà bien supérieures à leurs mères, et les béliers southdown sont complétement beaux. Sans doute, le résultat eût été plus vite atteint en achetant de toutes pièces un troupeau de pure race, mais c'eût été beaucoup plus cher, et, si le temps vaut de l'argent, l'argent aussi vaut du temps. Les bêtes à cornes sont en progrès comme les brebis, et nous croyons qu'avec le temps elles égaleront les meilleures. Pourtant nous avons ici une critique sérieuse à formuler : à côté d'un taureau charollais suffisamment bon, et qui avait le mérite d'être élevé dans l'exploitation, on nous a présenté un taureau croisé durham, acheté tout exprès pour servir de reproducteur, et qui nous a paru manifestement défectueux.

Nous devons un éloge aux porcs de Toury. Ils sont de race berkshire et viennent de La Saussaye.

Nous avons trouvé dans la réserve quatre chevaux, cinquante-quatre bêtes à cornes, deux cent cinquante ovines et dix porcs, le tout équivalant à quatre-vingt-dix têtes de gros bétail, qui sont nourries sur une étendue de cent-vingt hectares, soit environ une tête de bétail pour un hectare un tiers. La proportion est un peu moindre dans les domaines.

Les étables de la réserve ont été, pour une partie, construites par M. Talon. Leur installation laisse peu de chose à désirer. Nous n'en avons pas vu qui fussent mieux aérées et plus favorables à la santé du bétail. Nous avons remarqué des portes à claire-voie munies de volets, qui permettent de faire circuler l'air à volonté. Les veaux ne sont pas attachés, mais enfermés deux à deux dans des *box* où ils peuvent se mouvoir. Toute cette construction paraît avoir été faite aux moindres frais possible. Elle est formée de matériaux communs et n'en comporte que la quantité strictement nécessaire. Il nous a semblé que les purins provenant de la porcherie auraient pu être mieux utilisés. A part cette petite critique, nous ne pouvons donner que des éloges à cette partie des travaux de M. Talon.

L'outillage de cette réserve est excellent. Pour éviter d'entrer dans de trop longs détails, nous nous bornerons à dire qu'il approche beaucoup de celui de M. Bleuart.

Nous devons encore mentionner favorablement quelques créations de routes et une création de huit hectares de pins ou d'ailantes faite pour utiliser les plus mauvais terrains.

Enfin, nous croyons devoir appeler l'attention sur quelques détails d'organisation : une bonne partie des travaux de la réserve se fait à la tâche ; la moisson des blés, y compris la ligature des gerbes et la mise en moyettes, est payée à raison de 30 fr. par hectare ; la récolte des fourrages (fauchaison seulement), coûte 8 fr. l'hectare ; les avoines et orges sont fauchées à raison de 15 fr. l'hectare. Cette manière d'organiser le travail nous paraît propre à simplifier de beaucoup la direction et la surveillance, tout en évitant une partie des inconvénients qui sont ordinairement attachés à la culture par domestiques. M. Talon a donné un bon exemple en l'appliquant dans sa réserve.

La comptabilité de M. Talon est tenue en partie double. Nous croyons qu'on peut la citer comme un modèle. Elle est à la fois si complète qu'il nous paraît difficile d'obtenir mieux, et si simple, qu'elle pourrait, sans beaucoup de peine, être imitée presque partout. Ses premiers éléments sont en partie fournis par des notes en forme de tableaux, que tout ouvrier capable de tenir une plume peut apprendre à remplir en moins d'une heure, et dont l'invention est due à notre compatriote, M. Taizy. Cette comptabilité nous a été montrée sans aucune hésitation. Elle justifie de bénéfices surprenants pour une exploitation qui est entrée depuis si peu de temps dans la voie du progrès. La réserve produit 8,000 fr. nets, et chacun des domaines 2,800 fr. en moyenne, soit environ 48 fr. par hectare dans un pays où la moyenne des prix de ferme ne dépasse guère 25 fr.

Il convient toutefois de placer ici une observation critique. Les dépenses de chaulage ne sont amorties dans la comptabilité qu'en quinze années, et les dépenses de construction de bâtiments ne sont pas amorties du tout. On les considère comme accroissant d'autant, et pour toujours, la valeur du fonds. Nous ne saurions en aucune façon nous associer à cette manière de voir. Les bâtiments comme tout ce qui est œuvre de l'homme, sont sujets à l'usure et à la destruction, et il n'y aura certainement pas d'exception pour ceux de Toury qui, par de sages raisons d'économie, ont été construits sans aucun luxe de solidité. Quant à la chaux, son effet dure rarement quinze ans, et les cultivateurs qui l'emploient perdraient au moins l'intérêt de leur argent, si elle n'était pas payée par les produits longtemps avant l'époque où son effet cesse. Nous croyons qu'il eût été d'une meilleure économie d'amortir la chaux en sept ou huit ans, et les bâtiments en quinze ou vingt ans tout au plus. Le chiffre apparent des bénéfices en eût été quelque peu réduit pendant les premières années, mais la marge est grande, et ce chiffre réduit nous eût encore paru fort beau.

Nous terminerons en citant seulement deux chiffres, qui peuvent donner une idée des progrès accomplis à Toury :

Il y a quatre ans, le cheptel réuni de la réserve et des trois premiers domaines (nous manquons de renseignements sur le quatrième) valait en tout.   .   22,200 fr.

Aujourd'hui, il vaut 41,900

Augmentation. . . . . 19,100 fr.

La valeur de ce cheptel a donc presque doublé en quatre ans.

CONCLUSION.

Nous espérons que l'exposé qui précède aura suffi pour faire comprendre combien notre choix était difficile. L'embarras de la Commission devait être grand, si la majorité n'eût tout d'abord été frappée par une considération, qui lui a paru décisive : nous n'avons pas à discuter le programme qui nous a été tracé, nous avons encore moins à le juger, nous avons seulement à l'appliquer. S'il nous eût été simplement enjoint de fixer notre choix sur l'exploitation la plus méritante, il est probable que nos voix se seraient fort partagées, et que plusieurs se seraient portées sur M. de Lécluse, ou peut-être sur M. Méplain. Mais telle n'était pas notre mission : nous devions désigner l'exploitation *qui a fait faire le plus de progrès à l'agriculture depuis quatre ans.*

Or, il nous a paru qu'en se plaçant à ce point de vue, l'hésitation n'était possible qu'entre l'exploitation de Lamothe et celle de Toury. Sans doute, on peut discuter sur leur mérite intrinsèque. On peut leur reprocher d'avoir trop longtemps cherché leur voie, peut-être même leur opposer quelques revers d'ancienne date. On peut se demander si l'effort violent de quatre années doit être prisé plus haut que le progrès persévérant, qui a tranquillement marché pendant un quart de siècle; mais toute cette discussion est hors de notre cadre et ne nous appartient pas. Il est incontestable pour nous que, depuis quatre ans, les progrès les plus rapides ont été accomplis par M. Bleuart et par Mgr de Conny.

Restait à décider entre ces deux derniers concurrents. Il nous suffira de mettre leurs titres en parallèle, pour faire comprendre ce qui a dicté notre choix :

Il y a chez M. Bleuart quelques parties plus brillantes : un troupeau hors ligne, une installation et un outillage magnifiques, quelques grands travaux, des blés incomparablement plus beaux. Mais le mérite est moindre, là où le terrain est meilleur. Toutes les améliorations de M. Bleuart sont concentrées dans une réserve, tandis que le reste de sa terre est livré à des fermiers. Nous ne voyons pas de comptabilité, et nous savons à peine s'il en existe une.

Mgr de Conny nous présente une masse de quatre cents hectares de mauvais terrains, où la fertilité a été créée comme par enchantement. Il a réalisé ce tour de force, de lancer à toute vitesse sur le chemin du progrès quatre métayers à la fois ; de leur faire suivre un assolement uniforme ; d'obtenir en moins de quatre années des créations telles que huit hectares de luzerne pour un seul domaine, et des cultures de plantes sarclées dont l'étendue n'est pas beaucoup moindre. Les bâtiments et l'outillage de sa réserve ne sont guère inférieurs à ceux de son concurrent, et semblent moins coûteux. La comptabilité est un modèle que chacun peut suivre, et où nous croyons trouver la preuve de bons bénéfices acquis.

Enfin l'exploitation de M. Bleuart est montée sur un pied qui n'est pas accessible à tout le monde. Une partie des bons exemples qu'il donne peut se trouver perdue, faute d'imitateurs assez riches, ou assez hardis pour se lancer. — Mgr de Conny est d'une imitation plus facile. L'amélioration progressive de son bétail par voie de croisement, les créations opérées par les mains de ses métayers,

en un mot l'ensemble et les détails de sa culture, semblent
être plus à la portée de toutes les bourses, sinon de toutes
les intelligences. Nous croyons que le commun des agriculteurs trouvera plus de choses à imiter chez lui que
chez M. Bleuart.

Nous estimons donc que l'exploitation de Mgr de Conny
est réellement celle qui, depuis quatre années, a fait faire
le plus de progrès à l'agriculture, et nous avons l'honneur
de vous proposer, monsieur le Préfet, de lui décerner la
médaille d'or.

Pour la Commission :

Le Rapporteur, vicomte DE DREUILLE.

Culture des lupins à fleurs jaunes et de la séradelle dans le nord de la Prusse,

Par le comte DE GOURCY.

MM. Thaër père et fils, le premier, successeur de son
père, le célèbre auteur des *Principes raisonnés d'agriculture* dans la direction de Moglin, la plus ancienne
école d'agriculture d'Allemagne, m'ont dit, dans une visite qu'ils me firent en 1855, des merveilles sur la culture
des lupins à fleurs jaunes.

Ces récits me furent confirmés par la lecture de plusieurs brochures destinées à faire connaître cette plante,
et par la vue d'un très-grand nombre de petits champs
de lupins jaunes, qui devaient fournir un fourrage très-
abondant, que je rencontrai, dans mon voyage de 1856,
dans les sables arides du nord de la Prusse.

Cet ensemble de renseignements favorables me décida
à porter à la connaissance de mes compatriotes une découverte si utile pour les mauvaises terres non calcaires,

en publiant, il y a deux ans, une notice que j'ai adressée à cinq cents personnes cultivant des terres siliceuses.

Les années 1857 et 1858 ayant été, malheureusement, extrêmement sèches, la plupart des essais de culture de lupin n'ont pas réussi. Comme j'étais persuadé que cette non-réussite n'était due qu'à une température extraordinaire, et encore à ce qu'on ne connaissait pas bien la culture de cette plante, je me suis rendu, l'été dernier, dans la partie de la Prusse connue sous le nom de l'Altmarc, contrée des plus pauvres, où un paysan du nom de Borchers (à qui le premier ministre, M. Manteuffel, a donné depuis une grande médaille d'or) avait découvert les mérites des lupins à fleurs jaunes, et en avait répandu la culture dans ses environs, à partir de l'année 1840. Ces mérites sont de donner, dans de très-pauvres terres ne contenant point de calcaire, de quatre à dix mille kilogrammes par hectare de fourrage sec, ayant le très-grand mérite de préserver les bêtes à laine de la cachexie aqueuse ; enfin ils produisent de trente à quarante hectolitres de graines qui, d'après les analyses, contiennent autant d'azote que les féverolles, et servent à l'engraissement du bétail.

Voici ce que j'ai appris chez M. Herman Rimpau, propriétaire de la terre de Cunraw, par Klôtz, Altmarc, en Prusse : cet habile cultivateur a, dans ses plus mauvais sables, soixante-quinze hectares de lupins à fleurs jaunes, et est décidé à porter cette culture à cent hectares, tant il la trouve avantageuse, depuis six ans qu'il l'a adoptée ; il en sèmerait une plus grande étendue, pour augmenter encore ses bêtes à laine, si le reste de ses terres n'avait pas été marné ou chaulé, opération qui empêche la réussite de cette plante.

Dans la partie de sa terre qui est trop pauvre pour qu'il puisse cultiver la pomme de terre destinée à sa distillerie, M. Rimpau a adopté l'assolement suivant : première sole, lupins jaunes; deuxième sole, seigle sur une fumure de seize mille kilogrammes, mélangée à deux fois son volume de terre tourbeuse ; troisième sole, lupins jaunes ; quatrième et cinquième soles, pâture de fétuque ovine ; l'assolement recommence ensuite. Dans un sable un peu moins mauvais, il y a un autre assolement où entre aussi le lupin : première sole, fumure de seize mille kilogrammes avec trente-deux mètres de terre tourbeuse, et seigle ; deuxième sole, pommes de terre avec la même fumure ; troisième sole, lupins jaunes ou séradelle ; quatrième sole, seigle sans fumure; cinquième et sixième soles, pâture de fétuque ovine et plantain lancéolé. Dans un troisième assolement, fait sur un défrichement de pins âgés de trente ans, qui avaient été détruits par une petite chenille, M. Rimpau met, la première année, lupins jaunes ; deuxième sole, pommes de terre avec une fumure pareille à celles citées précédemment ; troisième sole, seigle ; quatrième et cinquième soles, fétuque. L'époque de semaille des lupins jaunes est entre le 15 avril et la mi-mai pour en tirer de la semence. Pour en faire du fourrage sec, on peut en semer jusqu'en juillet. On les fauche lorsqu'ils sont complétement défleuris. M. Rimpau en sème jusqu'au 1ᵉʳ août, pour les faire pâturer par ses nombreuses bêtes à laine, dont le chiffre s'élève jusqu'à deux mille huit cents, les agneaux compris. L'étendue de la terre de Cunraw est de seize cent vingt-cinq hectares, sur lesquels il y a peu de bois, car ils viennent mal dans ces sables, qui ont une très-grande profondeur.

Culture des lupins jaunes. — Ce qu'il y a de mieux est de labourer très-profondément avant l'hiver; on herse avant de les semer, à moins que ce ne soit une terre qui se batte, car alors on donnerait un coup de scarificateur ; on enterre la semence, qui devra peser de cent trente-cinq à cent quatre-vingts kilogrammes, par un léger coup de herse; on ne doit pas rouler. Il est à désirer que la terre soit propre, et surtout exempte de chiendent; mais, si on sème une terre sale, il faut plus de semence, afin d'empêcher les herbes de prendre le dessus pendant la jeunesse des lupins, qui se développent lentement. Pour les récolter en semence, il faut les semer plus clair dans les terres les plus maigres, et, si cela se trouve, à sous-sol ferrugineux, qu'on cherchera à ramener à la surface par un labour très-profond; on les fauche pour semence lorsque les premières gousses mûrissent; on les laisse quatre jours en andains, ensuite on les met en petits meulons de soixante centimètres de diamètre et de trente de hauteur. Au bout de huit jours on en prend cinq pour former une moyette non serrée, d'un mètre de hauteur sur deux de base.

On agit de même pour faire sécher les lupins-fourrage qui ont été coupés plus tôt, et ces meulons ou moyettes peuvent rester jusqu'à ce que la plante soit parfaitement sèche, ce qui, par le beau temps, demande de trois semaines à un mois; et, si le temps est mauvais pendant tout le reste de l'automne, ces meulons de fourrage peuvent rester indéfiniment et être consommés au fur et à mesure, quoique mouillés, sans nuire aux bêtes à laine. Quant aux lupins pour semence, il faut les battre aussitôt qu'ils sont un peu secs, et les étendre mêlés de leurs gousses, au grenier, où ils devront être remués souvent, afin d'éviter la moisissure.

Les énormes champs de lupins jaunes que j'ai encore vus sur pied chez M. Rimpau avaient souffert de l'extrême sécheresse, et avaient cependant, en général, quatre-vingts centimètres et même un mètre de haut; mais ils étaient très-épais.

On m'en a fait voir un fort beau champ sur une bruyère défrichée deux années auparavant; il avait porté, l'année précédente, un seigle qui avait reçu, par hectare, quatre cents kilogrammes d'os pulvérisés.

M. Rimpau m'a dit que cette excellente plante lui donnait encore de cinq à dix mille kilogrammes par hectare, suivant les années plus ou moins sèches; car il dit qu'il a beaucoup à souffrir de la sécheresse sur ces sables, très-perméables jusqu'à une très-grande profondeur.

On a souvent de la peine à accoutumer les moutons à manger les lupins jaunes, car ils sont très-amers. Voici les manières de les y habituer qui m'ont été indiquées : on leur donne d'abord un peu de graine de lupin dans le cours de l'hiver; une fois qu'ils l'auront mangée, ils s'accommoderont aussi de la paille des lupins, et, lorsqu'on aura du fourrage sec de lupins jaunes, ils finiront par le manger facilement en hiver; car les animaux sont bien moins délicats pour leurs aliments dans la mauvaise saison. Pour les accoutumer à manger les lupins sur pied, il est bon de semer, avec cette plante, de la séradelle ou des vesces. On a souvent été obligé de les envoyer huit jours de suite dans un champ de lupins et de les y tenir une couple d'heures, sans qu'ils voulussent y toucher. Au bout de ce temps, il y en a qui, par ennui, se décident à en manger, et, bientôt après, tous suivent leur exemple; une fois qu'ils y sont accoutumés, ils les dévorent avec une grande avidité.

En quittant M. Rimpau, j'ai vu, pendant un voyage qui a duré treize heures, une grande quantité de beaux petits champs de lupins à fleurs jaunes appartenant aux paysans. Cette plante disparaît dans les environs de Magdebourg, car les terres y sont marnées ou chaulées. Je les ai retrouvées à vingt kilomètres de l'autre côté de cette ville, en m'approchant du château de Hundisburg, demeure de M. de Nathuzius, le cultivateur le plus progressif que j'aie rencontré dans mes quatre voyages en Allemagne.

Dans une ferme qui est tellement maigre, qu'on n'y semait, il y a douze ans, époque à laquelle M. de Nathuzius a connu les lupins jaunes, que du seigle et de la fétuque ovine, il cultive depuis lors d'abord du lupin jaune, ensuite du seigle, auquel on donne huit à dix mille kilogrammes de fumier par hectare, dans lequel on sème de la fétuque ovine, qui y reste deux ans, après quoi l'assolement recommence. M. de Nathuzius a dans cette ferme cent hectares de lupins chaque année, et dans la terre qu'il habite une cinquantaine, dans la partie la moins fertile et la plus siliceuse. Lorsque j'étais chez lui, le temps était pluvieux depuis plusieurs jours, il était occupé à rentrer une partie de ses lupins liés en bottes, quoique encore humides; il en faisait faire une étroite meule, n'ayant que trois mètres à sa base, et allant de suite en se rétrécissant; elle était posée sur la crête d'une colline, afin d'être exposée au vent qui devait sécher les bottes à travers la couverture de paille de seigle qu'il leur faisait appliquer; on les amenait du champ dans des voitures garnies de toile, afin d'éviter la déperdition de la graine, qui se trouvait en abondance dans le fond de la voiture; il la faisait mettre, garnie de ses gousses, dans un grenier, où elle devait être remuée souvent, pour l'empêcher de se moisir.

M. de Nathuzius m'a assuré, et je lui ai fait répéter, de crainte d'erreur de ma part, qu'il avait récolté plusieurs fois douze mille kilogrammes de cet excellent fourrage par hectare.

Ayant visité M. Villeroy dans sa charmante terre du Littershof, non loin de Saarbruck, il m'a fait voir un champ d'une couple d'hectares semé en lupins jaunes, qui avaient plus d'un mètre de hauteur et qui étaient très-épais.

M. de Béhague, au château de Dampierre, près Gien (Loiret), cultive des lupins jaunes avec succès depuis deux ans; il m'a dit aussi qu'il pourrait en céder quelques hectolitres.

M. Bodin, à l'école d'agriculture des Trois-Croix, près de Rennes, ainsi que M. Rieffel, directeur de la ferme régionale de Grand-Jouan près Nozay (Loire-Inférieure), en cultivent aussi depuis deux ans, et en sont fort contents.

Il y en a encore dans les fermes impériales de la Motte-Beuvron et de la Grillière, en Sologne, ainsi que dans la propriété du Grand-Liau, près de Romorantin, où j'en ai vu, l'an dernier, sept hectares. Il doit donc y avoir de la graine à vendre.

Je voudrais aussi recommander aux cultivateurs qui ont des terres sablonneuses la culture de la séradelle, plante que j'ai vu cultiver à Ostmale dans la Campine, chez M. le comte Dubus, dans mon voyage agricole de 1849. Elle avait été semée d'abord en avril, et le froid l'avait détruite. On l'a ressemée, en mai, dans un fond de sable des plus mauvais, mais qui avait reçu un bon labour et une forte fumure, dont la litière n'était que de la bruyère. Cette séradelle, dont trente ares avaient déjà été coupés pour nourriture verte, avait fourni une quantité suffisante pour remplir quinze tombereaux attelés d'un bon bœuf : cela ferait donc cinquante tombereaux pour un hectare. Elle était très-épaisse, et les brins de séradelle que j'ai allongés avaient un mètre trente centimètres de longueur. Le bétail la mangeait avec avidité. Je l'ai vu se cultiver, en 1853, dans de très-mauvais sables de la Hollande. La seconde coupe avait 45 centimètres de haut, et était fort épaisse. On fauchait un superbe champ de séradelle lorsque je me trouvai chez M. Rimpau : elle avait près d'un mètre de hauteur, et se trouvait si épaisse, que les faucheurs avaient grande peine à la couper. M. Rimpau m'a dit que toutes les bêtes de sa ferme en faisaient le plus grand cas. Cette plante est bonne à faucher pour en faire du foin lorsque sa graine entre en maturité, ce que l'on voit lorsque ses minces siliques commencent à blanchir; car elle s'é-grène très facilement. Lorsqu'on la prend à temps, elle donne de deux à quatre cents kilogrammes de graine, et il n'en faut que vingt pour ensemencer un hectare. Aussi cette graine ne se vend-elle pas cher, et on peut en trouver à Paris chez M. Vilmorin. Le produit en foin de la séradelle est de quatre à cinq mille kilogrammes par hectare. M. Rimpau cultive aussi avec grand succès la fléole des prés ou le timothy des Américains dans ses meilleures terres, et y récolte jusqu'à quatre mille kilogrammes d'excellent foin. On la sème, dans diverses parties du nord de l'Allemagne, dans de fort mauvais sables, pour la récolter en graine.

M. Rimpau cultive encore avec succès le trèfle hybride ou de Suède. Cette légumineuse préfère les terres hu-mides; il la met dans ses terres tourbeuses. Sa première coupe est beaucoup plus abondante que celle du trèfle ordinaire; mais aussi la seconde lui est inférieure. Le bétail la mange mieux lorsqu'elle est en pleine fleur. Cette espèce de trèfle est bonne à couper pour fourrage vert, lorsque le trèfle ordinaire devient trop dur. Le trèfle hybride a, en outre, le mérite, assure-t-on, de durer aussi longtemps que la luzerne : il est donc bon d'en mêler de la semence à celles destinées à former des prés ou bien des pâtures devant durer plusieurs années. J'en ai vu dans le pays de Luxembourg, en 1856, dans de fort mauvaises terres, ayant 60 centimètres de haut; dans de bonnes terres il avait un mètre, et à l'école royale d'agriculture du Wurtemberg, à Hohenheim, il était tellement beau, que, lorsqu'on en allongeait les tiges, elles avaient un mètre soixante-six de longueur.

Encore une plante très-recommandable pour les sables, c'est la spergule géante.

Le sorgho de la Chine, qui se répand en France avec un grand succès, est à peine connu en Allemagne, où l'on cultive beaucoup le maïs d'Amérique dit dent de cheval, dont Hambourg et les autres ports de mer importent tous les ans la semence venant de l'Amérique méridionale. Elle mûrirait fort bien en Provence, si on voulait l'y cultiver. Il donne des tiges de huit à dix pieds de hauteur, dont les feuilles sont si larges et les tiges si grosses, qu'on en sème des touffes comme'ornement dans les jardins à l'anglaise. Ces deux dernières plantes sont très-gourmandes d'engrais, mais elles en fournissent énormément.

Le ray-grass d'Italie est encore une des meilleures plantes pour la nourriture des animaux; il demande de fortes fumures et une terre ayant été chaulée ou marnée. En l'arrosant avec du purin au moment où la végétation commence, et ensuite chaque fois que le fourrage vient d'être emmené, on peut faire au moins cinq coupes en été et arriver à un produit de quatre-vingts à cent mille kilogrammes de fourrage vert par hectare. Si la terre était très-maigre, il faudrait arroser deux fois entre chaque coupe. Comme les urines et déjections liquéfiées, même d'un très-nombreux bétail, sont loin de suffire pour des irrigations si abondantes, on met trois cent cinquante kilogrammes de guano dans autant d'hectolitres d'eau, qu'on laisse tremper pendant vingt-quatre heures, avant de les employer à arroser un hectare de ray-grass d'Italie. Un excellent fermier écossais emploie huit tonnes de purin, pesant ensemble huit mille kilogr., pour arroser ses prés, en mettant cette dose au printemps avant la pousse de l'herbe, et la même quantité après la fenaison.

Lorsqu'on a de l'urine de cheval, on met deux hectolitres d'eau pour un d'urine; avec celle de bêtes à cornes on met cinq hectolitres d'eau pour cinq hectolitres d'urine. Lorsque la sécheresse a trop éclairci le trèfle ordinaire, on devra, par un temps humide, y semer du ray-grass d'Italie qui viendra très-bien, même sans hersage.

Je finis cette note en engageant les cultivateurs des terres légères, qui ne sont pas naturellement calcaires, à semer des lupins blancs, pour être enterrés en guise de fumure. S'ils sont épais et hauts d'un mètre, ils donneront une plus belle récolte de seigle que vingt-cinq mètres de fumier de ferme. On peut s'en procurer de la graine chez M. Bergerand, négociant en grains, à Marsigny (Saône-et-Loire), dans les prix de 12 à 15 fr. l'hectolitre.

Association libre de cultivateurs. — Lait, crême et beurre.

L'industrie beurrière est l'une des industries agricoles les plus importantes et les plus productives. Cette fabrication laisse encore beaucoup à désirer dans la majeure partie des fermes. — Le choix des vaches, leur nourriture ; les soins à donner au lait après la traite ; la construction et la disposition de la laiterie ; l'époque la plus favorable pour l'écrémage ; les meilleurs instruments à employer pour séparer le beurre de la crême ; la température à laquelle cette opération doit être faite ; le délaitage du beurre et sa conservation : voilà autant de points essentiels qui ne sont encore compris que d'une manière insuffisante et sur lesquels il ne paraît pas inutile d'appeler l'attention des cultivateurs.

Le lait abandonné au repos dans un lieu frais et tranquille, au contact de l'air, se couvre bientôt d'une couche jaunâtre, onctueuse et épaisse, connue sous le nom de *crême*. Celle-ci étant enlevée, il reste un liquide d'un blanc bleuâtre, plus lourd et moins consistant, qu'on appelle le *lait écrémé*.

En laissant le lait écrémé en repos pendant un certain temps, on voit se produire un liquide appelé *lait caillé* ou *petit lait*.

Il se trouve dans le lait trois corps bien distincts : la *crême*, la *caséine* et le *serum*, qu'on parvient à séparer du lait par des moyens presque naturels.

La *crême* est une substance onctueuse qui augmente graduellement de consistance par son exposition à l'air, tandis qu'elle moisit à sa surface ; elle perd alors sa saveur douce et agréable pour prendre celle des fromages gras.

C'est la *crême*, considérée dans sa richesse en beurre, qui donne au lait sa valeur commerciale : plus il en renferme, plus il est estimé.

Du beurre. — Le beurre est un produit de nature grasse qui, sous la forme de globules, est en suspension dans le lait et qui s'élève à la surface, en vertu de sa légèreté spécifique, entraînant avec lui le *petit lait*, et la *matière caséeuse*, avec lesquels il forme la *crême*. Les globules de matière grasse sont renfermées dans des espèces d'enveloppes sphériques très-minces formées par la *caséine*.

De la crême. — La crême contient donc les mêmes principes que le lait ordinaire, mais en proportion différente ; la matière grasse y prédomine, et ses parties globuleuses, déjà plus rapprochées, ne demandent qu'à être mises en contact plus immédiat pour se réunir définitivement entre elles, en brisant leur enveloppe et en s'isolant des autres substances. C'est ce résultat qu'on obtient par le *barattage*.

Température de la crême. — Pour que l'agglomération de globules butireux se fasse plus facilement, il faut que la matière grasse ne soit ni trop solide, ni trop fluide : par conséquent une température douce qui, sans rendre le beurre liquide, l'amollisse cependant assez pour permettre aux globules de se coller les uns contre les autres , contribue beaucoup à isoler le beurre de la crême. Il résulte d'expériences faites par les praticiens les plus habiles que la plus grande quantité et la meilleure qualité du beurre sont produites à une température de 13 à 14 degrés centigrades. — Une température de 18 degrés donne déjà un beurre très-inférieur, soit pour le goût, soit pour l'apparence, parce qu'il renferme beaucoup de *caséine*.

On conçoit très-bien qu'en élevant trop la température de la crême on puisse renfermer dans le beurre plus ou moins de caséine, que l'eau ensuite ne peut séparer, puisque cette substance est insoluble dans l'eau. Or, c'est la portion de caséine emprisonnée dans le beurre qui le rend plus altérable, et qui lui donne une saveur piquante et fromageuse due à la promptitude avec laquelle elle fermente dès qu'elle se trouve en contact avec l'air.

Préparation du beurre au moyen de la crême. — Il existe deux méthodes généralement répandues pour préparer le beurre. La plus ordinaire consiste à laisser à la crême le temps de se séparer du lait, à prendre cette crême et à la battre pour en séparer le beurre. Si l'on n'obtient pas ainsi le produit le plus délicat possible, on en récolte du moins une plus grande quantité. Dans les essais faits en grand, on a trouvé que vingt-deux litres de lait, tirés depuis vingt-quatre heures, donnent environ deux litres soixante-quinze de crême et près d'un kilo de beurre de bonne qualité après un heure de barattage.

Préparation du beurre au moyen du lait frais. — Par l'autre procédé, qui emploie le lait frais et le soumet au barattage aussitôt après qu'il a été trait, on n'a obtenu de vingt-deux litres de lait et après une heure de travail, que six cent deux grammes de beurre. Dans une expérience faite à Gournay-en-Bray en 1856, devant l'Association normande, au moyen de la baratte suédoise, M. Girard, qui a perfectionné cet instrument et qui présidait lui-même aux opérations, ne put retirer de douze litres de lait frais que deux cent cinquante grammes de beurre.

Il est juste de dire, à l'avantage de ce dernier mode, qu'en employant un lait de bonne qualité, on obtient un produit irréprochable sous le rapport du goût. Au reste, le beurre de la Prévalaye, près de Rennes, dont tout le monde connaît la réputation, et une partie des beurres de Bretagne sont préparés de cette manière. Je dois ajouter que le beurre obtenu directement du lait frais se conserve plus difficilement que celui qu'on retire de la crème, et qu'il exige des soins de toute sorte dans sa fabrication.

Conditions que doivent offrir les appareils employés pour extraire le beurre. — Quel que soit le mode employé pour extraire le beurre, les appareils dont on se sert à cet effet pourraient être partout les mêmes. Les plus simples et les moins chers sont en même temps les meilleurs ; mais ils doivent remplir, quant à leur construction, les conditions suivantes :

1° Si l'appareil est en bois, il faut avoir soin de choisir du bois bien sec, homogène, et qui ne communique aucun goût ni aucune odeur au produit ; il doit être cerclé en fer. — On en construit aussi de très-bons en fer-blanc.

2° Etre facile à nettoyer, à visiter intérieurement et à faire sécher promptement ;

3° Etre construit avec beaucoup de précision, toutes les pièces joignant avec exactitude ; — avoir le moins possible d'angles aigus , de vides, de fissures et de réduits ;

4º Permettre un écoulement facile du petit lait, un lavage parfait et l'enlèvement facile du beurre ;

5º Offrir des moyens prompts et sûrs de réunir le beurre, une fois qu'il est formé, en une seule masse solide ;

6º Donner accès à l'air et permettre son renouvellement ;

7º Exiger le moins possible de force pour transformer en beurre une quantité donnée de crême ;

8º Permettre un mouvement lent, régulier et mesuré. Le défaut de la plupart des barattes tournantes, c'est la disposition qu'elles offrent à prendre un mouvement trop rapide.

Vitesse de battage. — Le battage de la crême ne doit se faire ni trop vite, ni trop lentement. Dans le premier cas, le beurre perd de son arôme et contracte même quelquefois un mauvais goût ; dans le second cas, le beurre se forme difficilement et n'a plus la qualité supérieure qu'on recherche. Au reste, plus la température est basse, plus le battage peut être vif.

Température. — Le point important, c'est d'opérer le battage à une température qui ne dépasse pas 13 à 14 degrés centigrades. Or, pour rester toujours dans ces limites de température, il y a quelques précautions à prendre. Ainsi, en hiver, il faut chauffer la baratte avant d'y introduire la crême, soit en approchant l'appareil à quelque distance du foyer, soit en le plongeant dans l'eau tiède ou chaude pendant un quart d'heure ou une demi-heure. A cette époque de l'année, c'est vers le milieu du jour qu'on bat la crême.

En été, il faut opérer dans le moment le plus frais de la journée, le matin ou le soir, et dans la partie la plus froide de l'habitation. Pour plus de sûreté, il est convenable de rafraîchir la baratte en y laissant séjourner de l'eau fraîche avant d'y introduire la crême, et même, pendant le battage, de l'entourer de linge humide, ou de la plonger dans un baquet plein d'eau froide. Une baratte offrant deux enveloppes constituant une capacité moyenne dans laquelle on placerait de l'eau chaude en hiver, de l'eau froide en été, est à coup sûr préférable à toutes les autres, puisqu'on peut alors rester toujours facilement à la température de 13 à 14 degrés.

Beurre fin. — La jeune crême est seule propre à faire du beurre extrêmement fin; c'est à son emploi que la Normandie et la Bretagne doivent l'excellence de leurs beurres. On doit battre tous les jours quand cela est possible, quoique la crême très-récente exige plus de travail pour être convertie en beurre et en fournisse moins que la crême très-épaisse. Généralement, dans les temps chauds, la crême ne doit pas rester plus de vingt-quatre heures, et en hiver plus de deux à trois jours, par une température modérée, sans être battue. Dans le Bessin, pour obtenir le beurre de choix, on enlève la première crême montée après quelques heures de repos à la surface du lait. Ce procédé donne peu de beurre, mais celui-ci offre un arôme fin et un goût exquis.

D'après toutes les observations fournies, tant par la science que par la pratique, on peut établir ceci en principe : un lait étant donné, le beurre que l'on en retire pour l'usage de l'économie domestique sera d'une qualité d'autant meilleure, toutes circonstances égales, d'ailleurs, qu'il aura été extrait d'un liquide se rapprochant davantage de l'état de fluidité du lait ; alors il sera en moindre quantité. La proportion obtenue sera, au contraire, d'autant plus grande que la crême qui aura servi à le préparer sera plus épaisse, mais alors la qualité sera moindre.

Le producteur peut donc se régler d'après ce principe

et faire, à volonté, ou du beurre fin ou du beurre commun, suivant ses intérêts pécuniaires.

En général, plus l'on opère sur de grandes masses, plus la formation du beurre est facile, meilleure aussi est sa qualité.

Délaitage. — Le délaitage, opération par laquelle on sépare les dernières portions de lait retenues dans les interstices du beurre, a une très-grande importance. En effet, si on laissait du serum et du caséum dans le beurre celui ne tarderait pas à s'altérer, à rancir. Le délaitage se fait en pétrissant le beurre avec ou sans eau, soit avec les mains, soit au moyen d'un rouleau en bois ou de battes.

Dans quelques pays, pour conserver au beurre tout son arôme, on extrait le lait du beurre sans employer d'eau ; pour cela on le pétrit à sec et on le comprime au moyen d'une presse. Il vaut mieux toutefois, tout en pétrissant le beurre, l'immerger de temps à autre dans l'eau pure.

Le bon lavage des beurres a une telle importance qu'il leur fait souvent acquérir une valeur de 50 à 60 centimes de plus par kilogramme sur les marchés.

On peut estimer que le beurre brut contient environ les trois quarts de son poids de beurre pur, le surplus étant formé de *serum* et d'un peu de caséine.

Dans tous les cas, le beurre préparé en grand, retient moins d'eau et de caséine que le beurre qui est préparé en petit.

Au reste, plus le beurre a été produit à une température élevée, plus il retient obstinément de la caséine que les lavages ne peuvent enlever et qui lui communique de mauvaises qualités. Un moyen aussi simple qu'expéditif de dépouiller le beurre du *caséum* qu'il retient ainsi emprisonné, serait de le laver avec une eau légèrement alcaline, c'est-à-dire renfermant un peu de *bicarbonate de soude*, qui dissout parfaitement bien ce principe étranger au beurre.

Quantité de lait nécessaire pour obtenir un kilogramme de beurre. — La quantité de lait nécessaire pour obtenir un kilogramme de beurre dépend de la richesse du lait, de la manière de former et de recueillir la crême, et de la méthode adoptée pour le battage. Voici des résultats constatés dans divers pays par les méthodes les plus usuelles et pour un kilogramme de beurre.

Vaches de Jersey (Girardin et Morièrez .	de 13 à 16 lit.
Salzbourg, dans les Alpes (Burger) et vaches de Bretagne	18
Suisse, Hautes-Alpes (Hœpfner). . . .	19
Angleterre, bonnes vaches de Devonshire .	20
France, Roville. Vaches nourries de regain et un kilo de tourteau de lin (Mathieu de Dombasle)	21
Angleterre, Sussex (W. Cramp)	22
Suisse, Hoffwick (Schwertz)	26
Suisse (Dick)	26
Saxe, Altembourg (Smalz).	26
Weimar (baron de Reidesel)	28
Wurtemberg (Pabst)	28
Prusse (Thaër)	28
Voigtland (Schweitzer).	29
Holstein (Lengerke).	29
Saxe basse (Neyer)	29
Belgique (Schwertz).	30
Angleterre; Glowcester	30
Flandre	31
Suisse, Glaris (Steinmuller)	35
Saxe (Hark)	36
Suisse, Hoffwick (Schubler)	39

La moyenne est vingt-huit litres, soit trente-cinq grammes et demi par litre. Un lait dont il ne faut que dix-huit à vingt litres pour faire la même quantité de beurre est d'une très-grande richesse ; on en rencontre plus communément qui exige de trente-deux à trente-quatre litres.

Quantité de beurre fournie annuellement par les vaches. — Plusieurs agronomes ont fait connaître la quantité de beurre fournie par jour par les vaches ; mais cette manière d'estimer le produit est peu rigoureuse par suite des circonstances très-variables de la saison, de l'état de santé de l'animal, de la température. Il y a plus d'exactitude à faire connaître le produit annuel, dont voici la moyenne pour divers pays :

Vaches des environs de Berlin (Thaër), terme
    moyen . . . .   44 kil.
Vaches du Holstein (Langerke) . . . . 37 à 52
   —   de Roville (Mathieu de Dombasle) .   50
   —   de Suffolk, dans la laiterie du duc de
       Richemond . . . . 60 à 67
   —   d'Angleterre, terme moyen . . .   68
   —   —   les bonnes vaches. .   82
   —   de Hollande   70
   —   de Flandre , avec nourriture peu
       abondante, terme moyen . . .   65
   —   de Flandre, avec nourriture plus co-
       pieuse et meilleure, terme moyen.   86
   —   d'Epping, troupeaux mélangés de
       vaches de races de Devon, de Suf-
       folk, de Leicester, de Holderness
       et d'Ecosse   96
Dans les polders de la Belgique et de la Hol-
    lande, les bonnes vaches donnent jusqu'à   130
Une vache de Sussex a donné, pendant l'es-
    pace de huit ans, 1,952 kilos de beurre,
    ou, terme moyen, par an   244
Les bonnes vaches de Jersey donnent par an   250

Détermination de la richesse du lait en beurre. —
M. Marchand, de Fécamp, a fait connaître, en 1854,
une méthode très-prompte pour déterminer la richesse
en beurre d'un lait donné. Le dosage est effectué en quelques minutes au moyen d'un instrument que son inventeur a nommé *lacto-butiromètre*, et que M. Salleron,
ingénieur-opticien à Paris, a modifié de manière à en
rendre l'adoption facile dans les fermes.

Beurre de vaches nourries à l'étable. — Quelques
auteurs ont avancé que, d'après les expériences faites,
principalement dans le Holstein, le beurre produit par
les vaches nourries à l'étable n'a pas la même qualité et
ne se conserve pas aussi bien que celui des vaches nourries au pâturage.

Dans les étables mal disposées, mal ventilées, et où
les vaches respirent continuellement un mauvais air, il
est certain que les animaux donnent peu de lait et du
beurre de mauvaise qualité ; mais dans les étables bien
entendues, là où les vaches sont bien dirigées et bien
nourries, le beurre frais est de bonne qualité. Quant à
la faculté de se conserver plus ou moins longtemps, il n'y
a vraiment pas d'expériences précises à cet égard. Au
reste, la qualité du beurre obtenu à l'étable dépend entièrement de la nature des aliments consommés.

Influence des aliments. — En général, les nourritures sèches sont moins convenables que les nourritures
humides ; celles-ci favorisent le production du lait et
concourent à conserver à ce produit la matière butireuse
d'assez bonne qualité. La carotte et le panais, trop peu
cultivés, sont souvent les aliments qui procurent le meilleur beurre.

Les mauvais effets de la nourriture se font aussi
remarquer lorsqu'on nourrit longtemps avec une seule
espèce de plante ; les tourteaux de navette, de colza,
introduits en proportions notables dans la ration alimen-

taire des vaches, leur font donner un beurre plus fluide et qui possède à un point intolérable la saveur propre aux huiles de navette et de colza.

Beurre rance. — Quelque soin que l'on prenne, le beurre devient parfois rance, surtout en été. Un moyen bien simple d'enlever au beurre sa rancidité consiste à le pétrir avec une eau légèrement alcaline, renfermant un peu de bicarbonate de soude qui dissout parfaitement bien les matières (*acide butirique* et *caséine*) qui donnent au beurre rance une saveur détestable. Lorsque cette saveur a disparu par un lavage suffisant, on pétrit le beurre à plusieurs reprises dans l'eau froide, puis on le sale immédiatement.

C'est aujourd'hui un fait réputé incontestable dans le Bessin, que plus la crême est fraîche, c'est-à-dire de date récente, plus le beurre est délicat. Aussi s'efforce-t-on de faire le beurre le plus souvent possible. Dans les grandes fermes, on le fait deux fois par semaine, et même souvent trois fois, lorsqu'on en a les éléments.

Si la propreté, les soins assidus exercent une grande influence sur la qualité du beurre, il est notoire que la nature du sol et le choix des aliments contribuent également à la supériorité ou à la médiocrité de cette denrée.

Le panais, trop peu cultivé, et la carotte fournissent un beurre riche. Le sainfoin est dans ce sens une excellente plante fourragère ; la meilleure nourriture est l'herbe, dont les fermiers intelligents font, si le climat le permet, des réserves pour l'hiver, afin d'avoir un beurre de choix.

Quant au sol, on pense dans le Bessin que les vaches nourries dans les pays marécageux donnent un lait moins riche en crême que celles qui paissent dans des contrées moins humides, — que les herbages dans les terres fortes sont favorables à la production de la crême ; —

que le sol contenant du calcaire donne en général un beurre délicat et fin.

A la conférence si intéressante et si instructive de M. Morière, dont nous avons extrait les passages principaux, nous nous permettrons d'ajouter quelques faits pratiques annotés à la ferme *Britannia* où l'on opère sur de la crême obtenue de vingt-quatre vaches; ces faits, nous les résumons en peu de lignes :

La betterave *globe jaune* ou le *navet jaune d'Aberdeen*, fermentée à froid en y ajoutant 10 0/0 de foin de luzerne mélangé à un peu de balle de froment ou de capsules de lin, augmente, durant l'hiver, sensiblement la quantité du lait et améliore la crême ; — de toutes les barattes dont il a été fait usage, aucune n'a donné d'aussi bons résultats que celle de Girard ; c'est celle dont parle M. Morière dans sa conférence, c'est celle qui offre deux enveloppes, ce qui permet d'obtenir facilement une température de 13 à 14 degrés centigrades; c'est celle encore qui donne accès à l'air et en opère le renouvellement. Les ustensiles de laiterie de Girard sont d'un nettoyage facile, suppriment tout écrémage à la main, main qui n'est pas toujours d'une blancheur parfaite ; ils économisent encore considérablement la main-d'œuvre, aussi les avons-nous vus adopter avec empressement par une des fermières des environs de Dixmude qui fournit d'excellent beurre, Mme Ch. Misselyn, de Nieucappelle.

Ghistelles, 1er octobre 1867.

Le Secrétaire, P. BORTIER

Le Président, VANDEKERCKHOVE.

F I N.